"十四五"职业教育河南省规划教材

数字资源版

化工原理

新世纪高职高专教材编审委员会 组编
主 编 李丹娜 郭军利
副主编 刘 丽 朱 冰

第五版

- "互联网+"创新型教材
- 微视频、动画讲解重点、难点，通俗易懂
- 在线测试、实训、课件等配套资源丰富

大连理工大学出版社

图书在版编目(CIP)数据

化工原理 / 李丹娜，郭军利主编. -- 5 版. -- 大连：
大连理工大学出版社，2021.11(2025.6 重印)
新世纪高职高专化工类课程规划教材
ISBN 978-7-5685-3491-8

Ⅰ. ①化… Ⅱ. ①李… ②郭… Ⅲ. ①化工原理－高
等职业教育－教材 Ⅳ. ①TQ02

中国版本图书馆 CIP 数据核字(2021)第 252606 号

大连理工大学出版社出版

地址:大连市软件园路 80 号　　邮政编码:116023

发行:0411-84708842　邮购:0411-84708943　传真:0411-84701466

E-mail:dutp@dutp.cn　URL:https://www.dutp.cn

大连图腾彩色印刷有限公司印刷　　大连理工大学出版社发行

幅面尺寸:185mm×260mm　　印张:19.5　　字数:449 千字

2005 年 3 月第 1 版　　2021 年 11 月第 5 版

2025 年 6 月第 4 次印刷

责任编辑:马　双　　责任校对:李　红

封面设计:张　莹

ISBN 978-7-5685-3491-8　　定　价:51.80 元

前　言

《化工原理》(第五版)是“十四五”职业教育河南省规划教材、“十二五”职业教育国家规划教材,也是新世纪高职高专化工类课程规划教材之一。

本教材于2005年3月第一版出版发行,历经十几年教学实践的检验,以其创新的理论体系、鲜明的高职特色和精练的教学内容,受到广大教材使用者的普遍欢迎和好评。

本教材重点讲述了各化工单元操作的基本原理、典型设备及其计算。全书除绪论和附录外,包括流体流动、流体输送机械、非均相物系的分离、传热、蒸发、气体吸收、液体精馏、固体干燥共8个模块内容。每个模块编入较多的例题,并配有习题及参考答案,便于广大教师和学生的学习和使用。

本次修订是在第四版的基础上,进一步删减了不必要的数理推导和逻辑论证,删除了部分章节和段落,精简了部分插图,对部分教学内容进行了重新编排,对例题和习题进行了增删和调整,对文字进行了反复推敲和润色,从而使其结构更加严谨,内容更加精练,文字更加流畅,具有鲜明的针对性、适用性和实用性。本次修订工作由李丹娜主持完成,增加了数字化内容,配套开发了丰富的教学资源,建设了与教学内容相配套动画、教学微课、视频、在线自测等教学素材,并以二维码形式直接植入教材,采用移动终端扫描嵌入教材中的二维码,即可观看和使用。

河南应用技术职业学院李丹娜、郭军利担任主编,庆阳职业技术学院刘丽、河南应用技术职业学院朱冰担任副主编,四会邦得利化工有限公司余记乐为教材的内容选取提供了参考意见并参与了部分内容的编写。具体编写分工如下:李丹娜修订了模块1、模块4和模块7,郭军利修订了绪论、模块3和模块6,刘丽修订了模块2和附录,朱冰修订

了模块8，余记乐修订了模块5。

在编写本教材的过程中，曾得到参编人员所在院校的大力支持，并参阅了有关文献资料，在此向参编院校的领导及有关文献的作者表示诚挚感谢。

本教材可作为高职院校化工、环保、生物、制药、粮油、食品等各专业的教材，也可供科研、设计及生产单位技术人员参考。

由于编写时间仓促，加之编者水平有限，错误和疏漏在所难免，恳请广大读者不吝赐教，以便下次修订时进一步完善。

编 者

2021年11月

所有意见和建议请发往：dutpgz@163.com

欢迎访问职教数字化服务平台：https://www.dutp.cn/sve/

联系电话：0411-84706231 84707604

目　录

数字化资源索引

续表

序号	名称	位置
24	对流传热过程分析	115
25	传热平均温度差	125
26	固定管板式换热器	138
27	U 形管式换热器	139
28	模块 4 传热在线自测	152
29	升膜蒸发器	156
30	模块 5 蒸发在线自测	167
31	吸收机理——双模理论	176
32	全塔物料衡算——操作线方程	182
33	填料吸收塔	185
34	模块 6 气体吸收在线自测	204
35	精馏原理	210
36	连续精馏装置	211
37	物料衡算——操作线方程	212
38	回流比	222
39	板式塔内流体的流动	226
40	模块 7 液体精馏在线自测	245
41	湿空气的湿度图及其应用	254
42	物料衡算	258
43	模块 8 固体干燥在线自测	275

绪论

0.1 本课程的性质、内容和任务

化工原理既不同于自然科学中的基础学科，又有别于专门研究具体化工类产品生产工艺的专业课。它是应用基础学科中的一些基本原理，来研究化工类产品生产过程中共同遵循的基本规律和典型设备的一门技术基础课。对于化工、环保、制药、食品及其相近专业的学生来说，则是一门重要的专业基础课。

化学工业是一个多行业、多品种的生产部门。例如生产酸、碱、盐的无机工业，生产醇、酚、醚、塑料、合成橡胶、合成纤维等的有机工业和高分子工业，以及从石油中提取各种化工产品的石油化学工业、环保、食品、医药工业等，其原料广泛，产品种类繁多，生产工艺过程复杂多样且差别很大。然而，若将化学工业类产品的生产过程加以分析整理，可见其中有若干应用较广而又为数不多的化工基本过程。这些化工基本过程具有共同的基本原理并各有其通用的典型设备。例如在烧碱生产中，碱液借蒸发而浓缩；同样，在食盐精制、制糖工业中的溶液浓缩等亦是采用蒸发操作来完成的。可见蒸发是一个化工基本过程。又如在氮肥生产中，获得的晶体肥料需要干燥；在食品生产中的原料及成品等也都需要干燥。因此，干燥也是一个化工基本过程。这些化工基本过程也称化工单元操作，简称单元操作。所谓单元操作是指在各种化工类产品的生产过程中，普遍采用、遵循共同的规律、所用设备相似、具有相同工艺作用的基本操作。单元操作的概念在化工学科中占有重要的地位，这是因为任何一个具体的化工生产工艺过程，无论情况如何错综复杂，均可归结为若干个单元操作；反之，若干个单元操作结合生产的具体要求也可以串联组合，构成一个完整的化工生产工艺过程。

各个单元操作并不是彼此孤立的，经过分析研究，按照各单元操作遵循的基本规律，可把它们归纳为如下几类：

1. 动量传递过程，包括遵循流体力学基本规律的单元操作，如流体输送、沉降、过滤、离心分离等。

2. 热量传递过程（简称传热过程），包括遵循传热基本规律的单元操作，如加热、冷却、蒸发和冷凝等。

3.质量传递过程(简称传质过程),包括遵循传质基本规律的单元操作,如吸收、精馏、干燥等。

化工原理的内容主要介绍单元操作的基本原理以及所用典型设备的结构、计算和选用。计算包括设计计算和设备校核两种,前者是指根据给定的生产任务计算出设备的工艺尺寸,然后进行结构设计或选型;后者是指对现有的设备进行校核,看其能否满足工艺要求。

学习本课程的目标是掌握各个单元操作的基本规律,能分析和解决工程技术中所遇到的一些实际问题。了解有关典型设备的构造、工作原理及主要性能,熟悉其操作原理及基本计算方法。

0.2 化工过程的四个基本概念

在分析各单元操作原理及设备计算中,都是以物料衡算、能量衡算、平衡关系和过程速率这四种基本计算为依据。下面分别介绍:

1.物料衡算

根据质量守恒定律,在稳定的化工生产系统中,输入系统的物料质量必等于从系统中输出的物料质量与在系统中损失的物料质量之和。即

$$\sum F = \sum D + A \tag{0-1}$$

式中 $\sum F$—— 输入系统的物料质量,kg;

$\sum D$—— 输出系统的物料质量,kg;

A—— 在系统中损失的物料质量,kg。

式(0-1)是物料衡算的通式,该式不仅适用于整个生产系统的计算,也适用于生产系统中某一工序或某一设备的计算;既可对系统作总的物料衡算,也可对混合物中某一组分进行物料衡算。

进行物料衡算时,首先要确定衡算的范围,明确是对整个生产系统作衡算,还是对某一工序或某一设备作衡算;是对总物料进行衡算,还是对物料中某一组分作衡算。其次是确定衡算基准,对于间歇生产,一般以每一生产周期为基准进行衡算;对于连续生产,则以kg/h 或 kg/s 为基准进行衡算。

物料衡算是化工计算中的重要内容之一,它对设备尺寸的设计和生产过程的分析具有重要意义。

2.能量衡算

根据能量守恒定律,在稳定的化工生产系统中,输入系统的能量必等于从系统输出的能量与在系统中损失的能量之和。在化工系统中所涉及的能量多为热能,因此,通常涉及的能量衡算是热量衡算。热量衡算的基本关系式可表示为

$$\sum Q_F = \sum Q_D + q \tag{0-2}$$

式中 $\sum Q_F$—— 输入系统的各物料带入的总热量，kJ；

$\sum Q_D$—— 输出系统的各物料带出的总热量，kJ；

q—— 系统损失的热量，kJ。

在进行热量衡算时，也要先确定衡算范围，明确是对整个生产系统做衡算，还是对系统中的某一工序或某一设备作衡算。然后确定衡算基准，对于间歇生产，一般以每一生产周期为基准进行衡算；对于连续生产，则以 kJ/h 或 kW 为基准进行衡算。

通过热量衡算，可以检验在生产操作中热量的利用及损失情况；而在生产工艺与设备设计时，通过热量衡算可以确定是否需要从外界引入热量或向外界输出热量。

3. 平衡关系

若组成不同的两相互相接触，则各组分将在两相间进行传递，直到每一组分在两相间相互传递的速率相等，两相的组成不再发生变化，此时称为平衡。这种平衡是一种动态平衡。例如，将一包食盐放入一杯水中，盐逐渐溶解，直至溶液达到饱和为止。此时，单位时间从盐粒表面进入溶液的盐质量数与从溶液中沉积到盐粒表面的盐质量数相等，即达到动态平衡。只要温度不变，而且有过量食盐存在，溶液中食盐浓度保持一定值。这种平衡状态是自然界中广泛存在的现象，只有当与物系有关的条件(如温度)改变时，原平衡关系被打破，物系再建立新的平衡。

物系平衡关系表示了各种自发过程可能进行到的极限程度。对于化工生产过程，可以从物系平衡关系来判断其能否自发进行以及进行到何种程度。平衡关系也为设备的尺寸设计提供理论依据。

4. 过程速率

平衡关系表示了物系自发变化的极限，但物系变化的快慢并不取决于平衡关系，而是受多种因素的影响。各种不同物系变化速率的影响因素往往很复杂，其中有些影响机制还不清楚，因此很难将变化速率用一种能普遍适用的数学公式定量地表示出来。但对化工过程来说，为了发挥设备的生产能力，过程进行的速率往往比过程的极限显得更重要。因此，为了帮助分析化工过程，可将物系变化速率表述为推动力与阻力之间的关系。即

$$\text{过程速率}=\frac{\text{过程推动力}}{\text{过程阻力}}$$

推动力的性质取决于过程的内容，过程的内容不同，推动力的性质也不同。如传热过程的推动力是温度差，物质扩散过程的推动力是浓度差。但在物系达到平衡时其推动力等于零。至于过程的阻力则较为复杂，具体过程要做具体分析。

0.3 单位制和单位换算

本课程涉及的物理量很多，这些物理量的大小都是用数字和计量单位来表示的。

人们把科技和工程领域中众多的物理量人为地分成基本量和导出量两大类，选定少

数几个基本量，其他导出量可以根据有关物理定律由基本量导出。基本物理量的单位称为基本单位，导出物理量的单位称为导出单位，也就是说，物理量的单位也分成两大类，基本单位和导出单位。例如，规定长度为基本量，其单位米为基本单位；规定时间亦为基本量，其单位秒亦为基本单位；速度为路程与时间之比，由长度与时间导出，是一个导出量，其单位米/秒为导出单位。

1. 单位制

由于对基本量选择的不同，或对基本单位规定的不同，便形成了不同的单位制。下面我们将化学工程计算中经常涉及的几种单位制简介如下：

(1)绝对单位制

常用的绝对单位制有两种：

①厘米·克·秒制(简称 CGS 制)，又称物理单位制。其基本量为长度、质量和时间，它们的单位为基本单位。其长度单位是厘米，质量单位是克，时间单位是秒。力是导出量，力的单位由牛顿第二定律 $F = ma$ 导出，其单位为克·厘米/秒^2，称为达因。在过去的科学实验和物理化学数据手册中常用这种单位制。

②米·千克·秒制(简称 MKS 制)，又称绝对实用单位制。其基本量与 CGS 制相同，但基本单位不同，长度单位是米，质量单位是千克，时间单位是秒。导出量力的单位是千克·米/秒^2，称为牛顿。

(2)工程单位制

选定长度、力和时间为基本量，其基本单位分别为米、千克力和秒。质量成了导出量。工程单位制中力的单位(千克力)是这样规定的：它相当于真空中以 MKS 制量度的 1 千克质量的物体，在重力加速度为 9.807 米/秒^2 下所受的重力。质量的单位相应为千克力·秒^2/米，并无专门名称。

(3)国际单位制

国际单位制(简称 SI 制)，规定了七个基本量及对应的基本单位，即长度—米、质量—千克、时间—秒、电流强度—安培、热力学温度—开尔文、发光强度—坎德拉及物质的量—摩尔，还有两个辅助单位和大量的导出单位。这些单位构成了 SI 制。SI 制还规定了一套词冠(单位词头)来表示十进倍数或分数。

由于 SI 制有其独特的优点，即它的通用性及一贯性。自然科学与工程技术领域里的一切单位都可以由 SI 制的七个基本单位导出，所以 SI 制通用于所有科学部门，这就是其通用性。在 SI 制中任何一个导出单位由基本单位相乘或相除而导出时，都不引入比例常数，或者说其比例常数都等于 1，从而使运算简便，不易发生错漏，这就是其一贯性。世界各国都有采用 SI 制的趋势。我国为了适应科学技术的迅速发展和国际交流的需要，1977 年国务院颁布的计量管理条例规定：“我国的基本计量制度是米制(公制)，逐步采用国际单位制。”1984 年 2 月国务院又颁布了关于在我国统一实行法定计量单位的命令。我国的法定计量单位是以国际单位制为基础的，能完全体现出 SI 制的优越性。

2. 单位换算

本书采用 SI 制。鉴于本课程过去曾有采用工程单位制的历史，现存文献、手册中尚有许多采用非国际单位制的数据、图表，而在进行化工计算之前必须把采用不同单位制表示的有关数据(物理量)换算成统一的单位,因此,熟悉各种不同单位制度,并能熟练地相互换算是学好本课程及将来正确进行化学工程计算的关键技能之一。

实践证明,对单位换算不能掉以轻心,不仅初学者常常造成混乱,就是很有经验的人,如在运算中不遵守一定的规则也容易发生错误。但只要熟练地掌握换算法则,就可避免差错。

我们知道,物理量由一种单位制的单位转换成另一种单位制的单位时,物理量本身并无变化,只是在数值上有所改变。在进行单位换算时要乘以两单位间的换算因数。所谓换算因数,就是彼此相等而各有不同单位的两个物理量的比值。譬如 1 小时的时间和 60 分的时间是两个相等的物理量,但其所用的单位不同,即

$$1\text{ 小时}=60\text{ 分}$$

那么,小时和分两种单位的换算因数便是

$$\frac{60\text{ 分}}{1\text{ 小时}}=60\text{ 分}/1\text{ 小时}$$

又如 1 m^3 体积等于 10^6 cm^3 体积,则将 m^3 换算成 cm^3 的换算因数就是 10^6。

化工中常用的单位间的换算因数可从本书附录中查得。

单位换算的规则为:

(1)一定大小的物理量,在进行单位换算时,其数值要跟着改变,即要将原单位的数值乘以换算因数,才可以得到新单位的数值。

(2)在一个组合形式的单位(简称组合单位)中,任何一个单独的单位要换算成其他单位时,要连同换算因数一起换算。

【例 0-1】 1 kcal/h 等于多少 W?

解:由附录查知:1 kcal=4.187×10^3 J,1 h=3 600 s

则 $$1\ \text{kcal/h}=\frac{4.187\times10^3\ \text{J}}{3\ 600\ \text{s}}=1.163\ \text{J/s}=1.163\ \text{W}$$

【例 0-2】 通用气体常数 $R=82.06\ \text{atm}\cdot\text{cm}^3/(\text{mol}\cdot\text{K})$。将其换算成国际单位制:kJ/(kmol·K)。

解:$$R=82.06\frac{\text{atm}\cdot\text{cm}^3}{\text{mol}\cdot\text{K}}=82.06\left(\frac{1.013\times10^5\ \text{N}}{\text{m}^2}\right)(0.01\text{m})^3\left(\frac{1}{0.001\ \text{kmol}}\right)\left(\frac{1}{\text{K}}\right)$$
$$=8\ 313\ \text{N}\cdot\text{m}/(\text{kmol}\cdot\text{K})=8.313\ \text{kJ}/(\text{kmol}\cdot\text{K})$$

0.4 学习本课程的基本要求

各门学科都有其自身固有的特点,在学习中要注意针对学科的特点总结并改进学习方法,才能取得较好的效果。现对学习本课程提出以下几点要求,供学习时参考:

1. 化工原理中涉及的物理量很多,要高度重视各物理量的意义及单位,把每个物理量的确切意义弄明白,并注意相近或相似物理量之间的区分和联系。例如,流体的体积流量和质量流量,流体混合物各组分的摩尔分数和摩尔比,传热速率与热负荷,等等。这是因

为工程上涉及相当多的计算，而计算中又涉及众多物理量，如果对物理量缺乏明确的理解，就容易引起混淆。

2. 化工过程中牵连的影响因素多，化工原理是一门综合性的课程，它以实际化工生产中的有关问题为研究对象，探讨其原理及规律，因此，涉及的面很广，牵连的因素很多。对这些因素不能等量齐观，而应当通过分析，分清主次，抓住主要矛盾，并搞清主、次间的相互关系，只有这样，才可能理解得比较深刻，所获得的知识就不是零碎和孤立的，而是比较系统和完整的。

3. 本课程中计算公式多，计算数字比较繁杂，这正体现了工程类课程的特点。要求对基本计算方程式的物理意义及应用条件有清晰的了解。根据以往经验，工程计算中的大部分错误主要来自三个方面：套用公式而不明了公式的物理意义，不掌握公式应用的前提或条件；物理量的运用不严格，单位不统一或单位没有经过必要的换算；计算时没有选用一定的基准，以致前后数据混淆。这三点是我们学习时必须避免的。

4. 与其他课程一样，学习时首先要理解各章中的基本概念、基本原理和基本运算方法，然后在此基础上联系实际，逐步深入。要注意防止和纠正重计算轻概念及原理的倾向。以模块1流体流动中的伯努利方程为例，只有对该公式的本质——机械能守恒在流体流动中的特殊表达形式，及公式中每一项表达的确切物理意义搞清楚了，才能正确而灵活地应用它进行计算。

习题

1. 一锅炉采用连续操作，每小时送入煤 A kg，空气 B kg，水 C kg，同时排出炉渣 D kg，烟道气 E kg，产生水蒸气 F kg。当操作达到稳定，即上述各量以及炉内存渣量和压力锅内水液面、水蒸气压强都不随时间而变化时，求各量之间的关系。若已知 $A=2\ 000$ kg，$D=560$ kg，$E=26\ 000$ kg；那么 B 是多少 kg？（答案：$B=24\ 560$ kg）

2. 某物质的黏度 $\mu=0.006\ 56$ g/(cm·s)，把此黏度的单位换算成国际单位制。

模块1　流体流动

液体和气体统称为流体。研究流体平衡和运动规律的学科称为流体力学。流体力学广泛地应用于国民经济的各个部门。在水利电力工程、船舶制造、锅炉制造、动力机械、交通运输以及化工、冶金、矿山、机械制造及建材工业等各个生产部门都必须应用流体力学的知识来解决实际问题。例如，要使用各种泵来输送水、料浆、油液等，要使用各种风机来输送空气、废气、蒸气等，还有生产过程中的通风、除尘、尘粒的离析、料浆的过滤、物料的气力输送等，选用这些输送机械的型号、功率大小，都需要应用流体力学的基础知识来解决。

本模块着重讨论流体流动过程的基本原理以及流体在管道内的流动规律，并应用这些原理与规律去分析和计算流体的输送问题。

1.1　流体静力学

流体静力学是研究流体在外力作用下处于静止或相对静止状态下的规律，即流体平衡规律。在实际生产中，流体静力学的应用非常广泛，如管道或设备内压强的测量、贮槽内液面的测量以及液封高度的计算等，都是以流体平衡规律为依据的。

1.1.1　流体的主要物理量

1. 流体的密度

(1)密度的定义

单位体积的流体具有的质量称为流体的密度。其表达式是

$$\rho = \frac{m}{V} \tag{1-1}$$

式中　ρ—— 流体的密度，kg/m^3；

m—— 流体的质量，kg；

V—— 流体的体积，m^3。

各种流体的密度可以从有关手册和资料中查得，本教材附录中列出某些流体在给定条件下的密度，仅供做习题时查用。

液体一般被看作不可压缩流体,因为液体的体积不随其压强的变化而发生大的改变。因此在工程实际中认为液体的密度仅与温度有关,而且当温度变化不大时看作常数处理。

气体一般被看作可压缩流体,即气体的体积随其压强的变化而发生显著的改变。但是一般当压强不太高、温度不太低时,可以按理想气体来处理,遵守理想气体的状态方程

$$pV=\frac{m}{M}RT \tag{1-2}$$

所以说气体的密度与温度及压强都有关系,其计算公式为

$$\rho=\frac{m}{V}=\frac{pM}{RT} \tag{1-3}$$

式中 p—— 气体的压强,kPa;

M—— 气体的千摩尔质量,kg/kmol;

T—— 气体的热力学温度,K;

R—— 气体常数,其值为 8.314 kJ/(kmol·K)。

由式(1-3)很容易得出理想气体在某一状态下的密度 ρ 与标准状态(0 ℃,101.33 kPa)下密度 ρ_0 之间的关系

$$\rho=\rho_0\frac{T_0 p}{Tp_0} \tag{1-4}$$

式中,T_0 和 p_0 分别代表标准状态(0 ℃,101.33 kPa)下的温度和压强,T 和 p 是某一状态下的温度和压强。

流体的密度通常由实验测得,常用流体的密度值可由表 1-1 中查得。

表 1-1　几种常见流体的密度值

流体名称	密度/(kg·m^{-3})	测试条件	流体名称	密度/(kg·m^{-3})	测试条件
纯 水	1 000	4 ℃	空 气	1.293	标准状态
海 水	1 020	15 ℃	燃烧产物	1.30～1.34	标准状态
汞	13 600	15 ℃	CH_4	0.716	标准状态
汽 油	680～790	15 ℃	SO_2	2.858	标准状态
重 油	900～950	15 ℃	H_2S	1.521	标准状态
O_2	1.429	标准状态	CO_2	1.963	标准状态
H_2	0.090	标准状态	H_2O	0.804	标准状态
CO	1.25	标准状态	N_2	1.250	标准状态

(2)液体混合物的密度

化工生产中所处理的液体经常是由若干纯液体组成的液体混合物。液体混合时体积变化不大,为了便于计算,一般忽略这种变化,认为各纯液体混合后总体积等于各纯液体的体积之和。因此,以 1 kg 混合液体为基准得到液体混合物的密度计算公式

$$\frac{1}{\rho_m}=\frac{x_{w1}}{\rho_1}+\frac{x_{w2}}{\rho_2}+\cdots+\frac{x_{wn}}{\rho_n}=\sum_{i=1}^{n}\frac{x_{wi}}{\rho_i} \tag{1-5}$$

式中 ρ_m—— 液体混合物的密度,kg/m^3;

$x_{w1},x_{w2},\cdots,x_{wn}$—— 液体混合物中各组分的质量分数;

$\rho_1,\rho_2,\cdots,\rho_n$—— 液体混合物中各纯态组分的密度，$kg/m^3$。

(3)气体混合物的密度

气体混合物的密度可用加和法则计算，以 1 m^3 混合气体为基准，得出计算公式

$$\rho_m = y_1\rho_1 + y_2\rho_2 + \cdots + y_n\rho_n = \sum_{i=1}^{n} y_i\rho_i \tag{1-6}$$

式中 ρ_m—— 气体混合物的密度，kg/m^3；

$y_1,y_2,\cdots,y_n$—— 气体混合物中各组分的体积分数；

$\rho_1,\rho_2,\cdots,\rho_n$—— 气体混合物中各纯态组分的密度，$kg/m^3$。

应用时需注意：同一物质在不同单位制中，密度的单位与数值均不同。还应指出：在化工计算中，常采用密度的倒数，称为比容，其定义为单位质量物质具有的体积。以 υ 表示，单位为 m^3/kg。

【例 1-1】 将密度为 1 600 kg/m^3 的糖浆按 1∶1 的质量比用清水稀释，求稀释后糖浆溶液的密度。

解：按题意，糖浆和水的质量分数都是 0.5，根据式(1-5)得

$$\frac{1}{\rho_m} = \frac{x_{w1}}{\rho_1} + \frac{x_{w2}}{\rho_2} = \frac{0.5}{1\ 600} + \frac{0.5}{1\ 000} = 8.125 \times 10^{-4}$$

$$\rho_m = 1\ 230(kg/m^3)$$

【例 1-2】 已知烟气的体积组成：H_2O 0.12，CO_2 0.18，N_2 0.70，求此烟气在标准状态及 200 ℃时的密度。

解：上述三种气体在标准状态时的密度可查表 1-1 得到，于是烟气在标准状态时的密度依据式(1-6)得

$$\rho_{m,0} = \sum_{i=1}^{3} y_i\rho_i = 0.12 \times 0.804 + 0.18 \times 1.963 + 0.7 \times 1.250 = 1.325(kg/m^3)$$

200 ℃时烟气的密度可根据式(1-4)$\rho=\rho_0\dfrac{T_0 p}{T p_0}$计算，而烟气在 200 ℃时的压强与标准状态下的压强可近似认为相等，因此可得 200 ℃时烟气的密度为

$$\rho_m = \rho_{m,0}\frac{T_0}{T} = 1.325 \times \frac{273}{273+200} = 0.765(kg/m^3)$$

2. 流体的静压强

(1)流体静压强的定义及其单位

在静止的流体中，垂直作用于单位面积上的压力，称为流体的静压强，简称压强。其表达式为

$$p = \frac{P}{A} \tag{1-7}$$

式中 P—— 垂直作用于流体截面积 A 上的压力，N；

A—— 流体的截面积，m^2；

p—— 流体的平均静压力强度，又称静压强，简称压强，Pa。

在 SI 制中，压强的单位是 Pa 或 N/m^2。工程上有时还用其他单位，如 atm(标准大气压)、at(工程大气压)、mH_2O(米水柱)、mmHg(毫米汞柱)、bar(巴)。它们之间的换算关

系为

$1\ atm = 101\ 330\ Pa = 10.33\ mH_2O = 760\ mmHg = 1.013\ 3\ bar$

$1\ at = 10\ mH_2O = 735.6\ mmHg = 98\ 100\ Pa$

(2)绝对压强、表压强、真空度

按基准点不同,流体的压强有两种表示方法:一种是以绝对真空为起点,称为绝对压强,用 p 表示;另一种是以周围环境大气压强为起点,称为表压强或真空度。被测流体的绝对压强与表压强的关系为

$$表压强=绝对压力-大气压力 \tag{1-8}$$

被测流体的绝对压强与真空度的关系为

$$真空度=大气压力-绝对压力 \tag{1-8a}$$

从上述关系可以看出,真空度等于负的表压强。在本章中所提到的压强,如未加说明均指绝对压强。

绝对压强、表压强及真空度三者之间的关系可以用图 1-1 表示。

【例 1-3】 已知甲地区的环境大气压强为 85.3 kPa,乙地区的环境大气压强为 101.33 kPa,在甲地区的某真空蒸馏塔操作时,塔顶真空表读数为 20 kPa。若改在乙地区操作,真空表的读数为多少才能维持塔内的绝对压强与甲地区操作时相同?

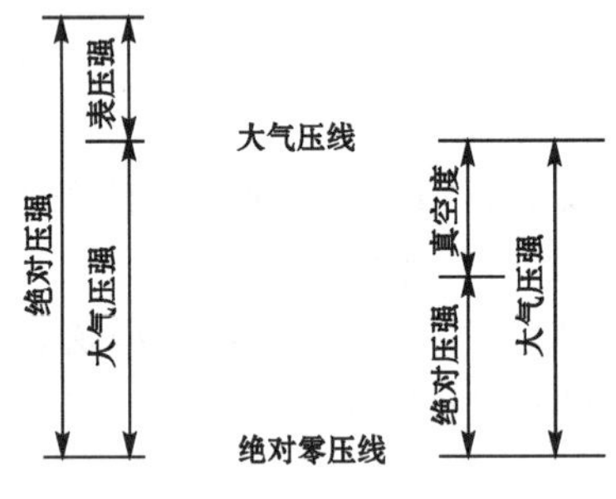

图 1-1 绝对压强、表压强和真空度之间的关系

解:根据甲地区的大气压条件,可求得操作时塔顶的绝对压强为

$$\begin{aligned}绝对压强&=大气压强-真空度\\&=85.3-20\\&=65.3(\text{kPa})\end{aligned}$$

在乙地区操作时,塔顶的真空度为

$$真空度=大气压强-绝对压强=p_a-p=101.33-65.3=36.03(\text{kPa})$$

1.1.2 流体静力学基本方程式及其应用

1. 流体静力学基本方程式

流体静力学基本方程式及其应用

(1)方程式的推导

如图 1-2 所示,容器中装有密度为 $\rho(\text{kg/m}^3)$ 的静止流体,今在流体内部任取一个截面积为 $A(\text{m}^2)$,高为 $h(\text{m})$ 的垂直液柱,由于流体是静止的,作用在其上的外力的代数和等于零。设作用在液柱上表面的压力为 $P_1(\text{N})$,作用于液柱下表面的压力为 $P_2(\text{N})$,液柱的重力为 W,则得

$$P_2 - P_1 - \rho Agh = 0 \tag{1-9}$$

把上式各项除以面积 A 得

$$p_2 - p_1 - \rho gh = 0 \tag{1-10}$$

由于 $h=z_1-z_2$，所以式(1-10)可写为

$$p_2=p_1+\rho g(z_1-z_2) \tag{1-11}$$

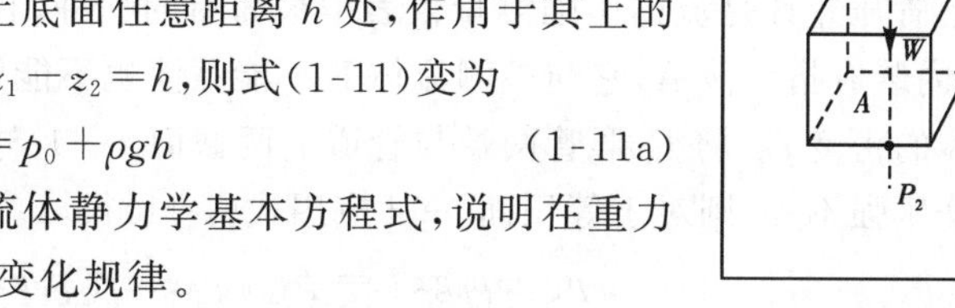

图 1-2　静止液体内部力的平衡情况

为方便讨论，将液柱的上底面取在容器的液面上，设液面上方的压强为 p_0，下底面取在距上底面任意距离 h 处，作用于其上的压强为 p，则 $p_1=p_0$、$p_2=p$、$z_1-z_2=h$，则式(1-11)变为

$$p=p_0+\rho gh \tag{1-11a}$$

式(1-11)和(1-11a)称为流体静力学基本方程式，说明在重力作用下，静止流体内部压强的变化规律。

(2)讨论

①当液体内任一点 z_1 上的压强 p_1 有任何大小改变时，液体内部 z_2 上的压强 p_2 也有同样的改变。因此说当作用于液面上方的压强有任何大小改变时，液体内部各点上的压强也有同样的改变。

②若 $z_1=z_2$，则有 $p_1=p_2$。因此，在静止的同一种连续液体内，处于同一水平面上各点的压强都相等。

③式(1-11a)可改写为

$$\frac{p-p_0}{\rho g}=h$$

上式说明压强差的大小可以用液柱高度来表示。由此引申出压强的大小也可用一定高度的液柱表示，这是前面介绍的压强可以用 mmHg、mmH_2O 等单位来计量的依据。但用液柱高度计量压强时，必须注明是何种液体，否则就失去意义。

④气体的密度除随温度变化外还随压强发生变化，因此会随它在容器内的位置的高低不同而变化。

但在化工容器内这种变化一般可以忽略。所以说式(1-11)和式(1-11a)也适用于气体。

【例 1-4】　如图 1-3 所示的敞口容器内盛有油和水，油层高度和密度分别为 $h_1=1\ \text{m}$，$\rho_1=800\ \text{kg/m}^3$，水层高度和密度分别为(指油、水分界面与小孔中心的距离)$h_2=0.8\ \text{m}$，$\rho_2=1\ 000\ \text{kg/m}^3$，(1)判断下列等式是否成立 $p_A=p_A'$，$p_B=p_B'$；(2)计算水在玻璃管内的高度 h。

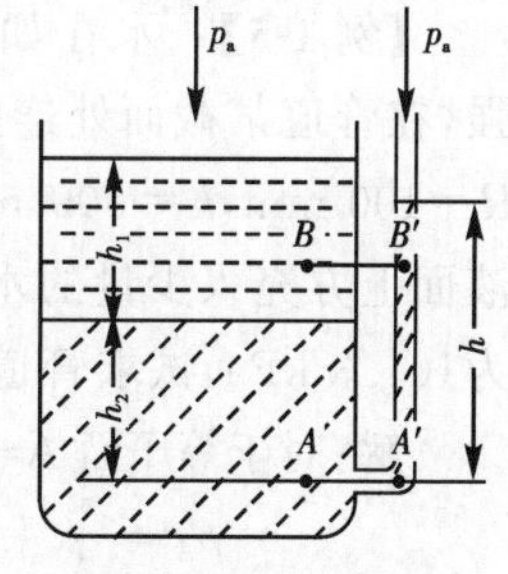

图 1-3　例 1-4 附图

解：(1)由于 A 与 A' 两点在静止的连通着的同一流体的同一水平面上，故 $p_A=p_A'$ 成立。

由于 B 与 B' 两点虽在静止流体的同一水平面上，但不是连通着的同一种流体，因此 $p_B=p_B'$ 不成立。

(2)由上面的讨论知，$p_A=p_A'$，而 p_A 与 p_A' 都可以用流体静力学方程计算，即

$$p_A=p_a+\rho_1 gh_1+\rho_2 gh_2$$

$$p_A'=p_a+\rho_2 gh$$

于是　$p_a+\rho_1 gh_1+\rho_2 gh_2=p_a+\rho_2 gh$

简化上式并代入已知数值，得　$800\times 1+1\ 000\times 0.8=1\ 000(h)$

解得 $h=1.6(\text{m})$

说明水在玻璃管内的高度为 1.6 m。

2.流体静力学基本方程式的应用

(1)压强差与压强的测量

U 形管压差计是流体压强测量仪表中最简单的一种,它是一根如图 1-4 所示的 U 形玻璃管,内装有指示液 A,它与被测流体 B 不能互溶也不能发生化学作用,其密度 ρ_A 大于被测流体的密度 ρ_B,将 U 形管两端与管道上两截面 1—1′与 2—2′相连,如果作用于两截面上的静压强不等,则对于等压面 e—f 应用式(1-11)得

$$p_1 + \rho_B g z_1 = p_2 + \rho_A g R + \rho_B g z_2$$

把 $z_1 = z_2 + R$ 代入上式,并整理得

$$p_1 - p_2 = (\rho_A - \rho_B) g R \tag{1-12}$$

若被测流体是气体,则因为气体的密度远小于指示液的密度,所以

$$p_1 - p_2 = \rho_A g R \tag{1-13}$$

式(1-12)为测量液体压强差的计算公式,式(1-13)为测量气体压强差的计算公式。当 U 形管一端连接大气时,测得的就是管道内流体的表压强或真空度。如图 1-5 为测量管道某截面上的静压强,(a)测量的是流体的压强大于大气压时的情况,(b)测量的是流体的压强小于大气压时的情况。

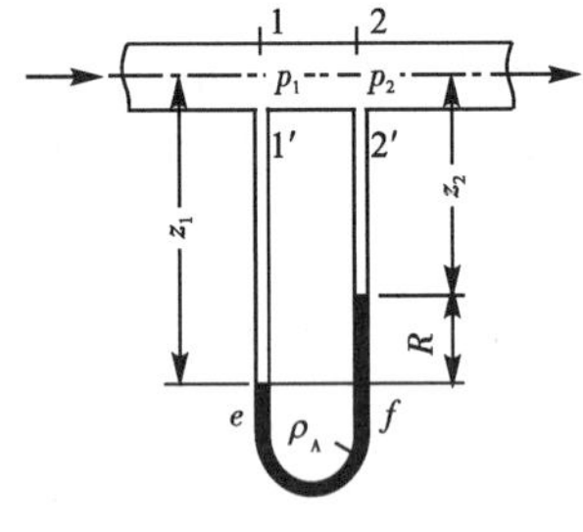

图 1-4 U 形管压差计

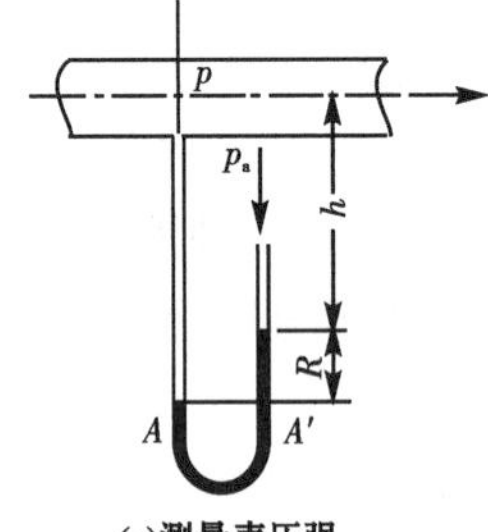

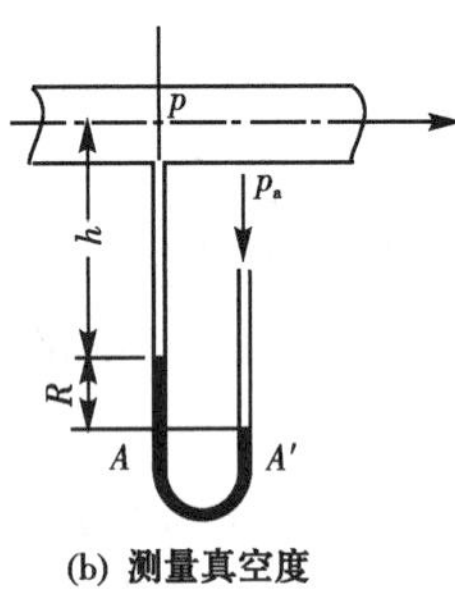

图 1-5 测量管道某截面上的静压强

【例 1-5】 水在如图 1-6 所示的管道内流动,为测量其压强,在管道某截面处连接一 U 形管压差计,指示液为水银,读数 $R=100$ mm,$h=800$ mm。为防止水银扩散到空气中,在水银液面上方充入少量的水,其高度可以忽略。已知当地大气压强为101.3 kPa,试求管道中心处流体的压强。

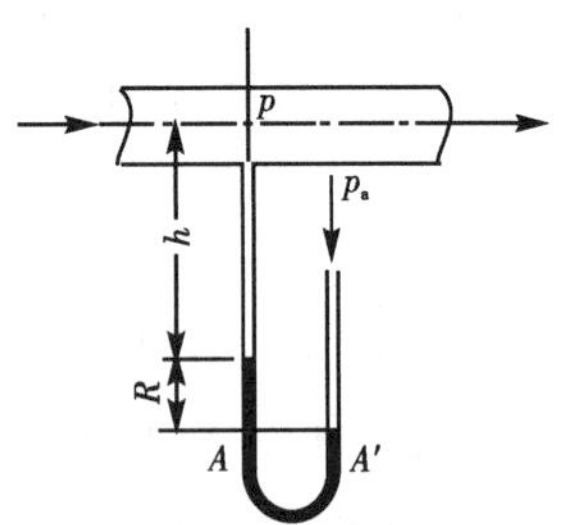

图 1-6 例 1-5 附图

解:对于等压面 A—A′,应用流体静力学基本方程式(1-11)得

$$p_A = p + \rho_{水} g h + \rho_{水银} g R = p_A{}' = p_a$$

式中:$p_a=101\ 300(\mathrm{Pa})$ $\rho_{水}=1\ 000(\mathrm{kg/m^3})$ $\rho_{水银}=13\ 600(\mathrm{kg/m^3})$

则 $p = p_a - \rho_{水} g h - \rho_{水银} g R$

$=101\ 300-1\ 000\times 9.81\times 0.8-13\ 600\times 9.81\times 0.1$

$=80.11\times 10^3(\mathrm{Pa})$

由计算结果可知，该处流体的绝对压强小于大气压强，故该处流体的真空度为

$$101.3\times10^3-80.11\times10^3=21.19\times10^3(\text{Pa})$$

【例 1-6】 常温的水在如图 1-7 所示的管道中流过，为了测量 $a—a'$ 与 $b—b'$ 两截面间的压强差，安装了两个串联的 U 形管压差计，压差计中的指示液为水银。两 U 形管间的连接管内充满了水，指示液的各个液面与管道中心线的垂直距离为：$h_1=1.2$ m，$h_2=0.3$ m，$h_3=1.3$ m，$h_4=0.35$ m，试计算 $a—a'$ 与 $b—b'$ 两截面间的压强差。

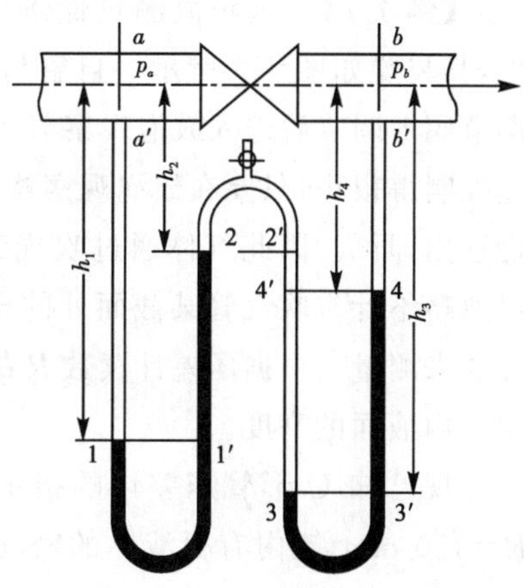

图 1-7 例 1-6 附图

解：首先确定等压面 1—1′，2—2′，3—3′（注意 4—4′不是等压面）

根据流体静力学基本方程式(1-11)可知

$$p_4=p_b+\rho_{水}gh_4$$

$$p_3=p_3'=p_4+\rho_{水银}g(h_3-h_4)$$

$$p_2=p_2'=p_3-\rho_{水}g(h_3-h_2)$$

$$p_1=p_1'=p_2'+\rho_{水银}g(h_1-h_2)$$

$$p_a=p_1-\rho_{水}gh_1$$

将上述各式相加，得

$$\begin{aligned}p_a-p_b&=(\rho_{水银}g-\rho_{水}g)[(h_1-h_2)+(h_3-h_4)]\\&=(13\,600\times9.81-1\,000\times9.81)[(1.2-0.3)+(1.3-0.35)]\\&=228.671(\text{kPa})\end{aligned}$$

(2)液位的测量

化工生产中，经常要测量和控制各种设备和容器内的液位。液位的测量同样是依据静止液体内部压强的变化规律。如图 1-8 所示为基于流体静力学原理的液位计。在容器或设备的外面连接一个称为平衡器的小室，其内装入与容器内相同的液体，让平衡器内液体液面的高度维持在容器液面所能达到的最大高度处。用一装有指示液 A 的 U 形管压差计将容器与平衡器连接起来，则由压差计读数便可求出容器内液面的高度

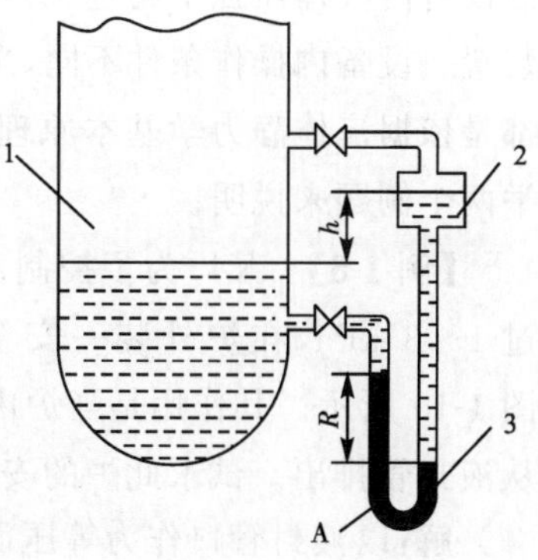

1. 容器 2. 平衡器 3. U 形管压差计

图 1-8 压差法测量液位

$$h=\frac{(\rho_A-\rho)}{\rho}R \tag{1-14}$$

由式(1-14)可以看出，容器内的液面愈低，压差计的读数愈大；当液面达到最大高度时，压差计读数为零。

若要测量距离操作室较远或埋在地面以下的容器内的液位时，可以采用例 1-7 附图所示的装置。

【例 1-7】 远距离测量储罐内某有机液体的液位，其装置如图 1-9 所示。自管口通入压缩氮气，经调节阀 1 调节后进入鼓泡观察器 2。管路中氮气的流速控制得很小，只要在鼓泡观察器 2 内看出有气泡缓慢逸出即可。因此气体通过吹气管 4 的流动阻力可以忽略不计。吹气管某截面处的压强用 U 形管压差计 3 来测量。根据压差计读数 R 的大小，即可求出储罐 5 内液面的高度。

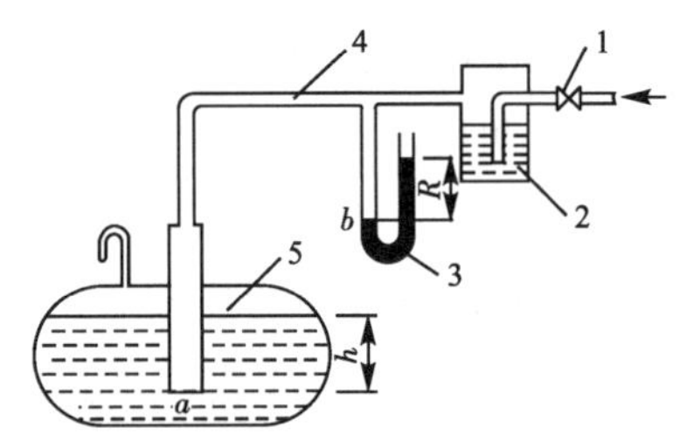

1. 调节阀　2. 鼓泡观察器　3. U 形管压差计　4. 吹气管　5. 储罐

图 1-9　例 1-7 附图

现已知 U 形管压差计的指示液为水银，其读数 $R=150$ mm，罐内有机液体的密度 $\rho=1\ 250\ \mathrm{kg/m^3}$，储罐上方与大气相通。试求储罐中液面离吹气管出口的距离 h 为多少？

解：由于吹气管内氮气的流速很低，且管内不能存有液体，故可认为管出口 a 处与 U 形管压差计 b 处的压强近似相等，即

$$p_a = p_b$$

若用表压强表示，根据流体静力学基本方程得 $p_{a表}=\rho gh$，$p_{b表}=\rho_{水银}gR$

因为 $$p_{a表}=p_{b表}$$

故 $$h=\frac{\rho_{水银}R}{\rho}=\frac{13\ 600\times 0.15}{1\ 250}=1.63(\mathrm{m})$$

(3)液封高度的计算

设备的液封也是化工生产中经常遇到的问题，为了控制设备内气体压强不超过某规定值，常于设备外安装液封装置。设备内操作条件不同，采用液封的目的也就不同，但都是依据流体静力学基本原理来确定设备的液封高度，现举两个例题来说明。

【例 1-8】 某厂为了控制乙炔发生炉内的表压强不超过 13.3 kPa，在炉外装一安全液封（又称水封）装置，如图 1-10 所示。其作用是当炉内压强超过规定值时，气体便从液封管排出。试求此炉的安全液封管应插入槽内水面下的深度 h。

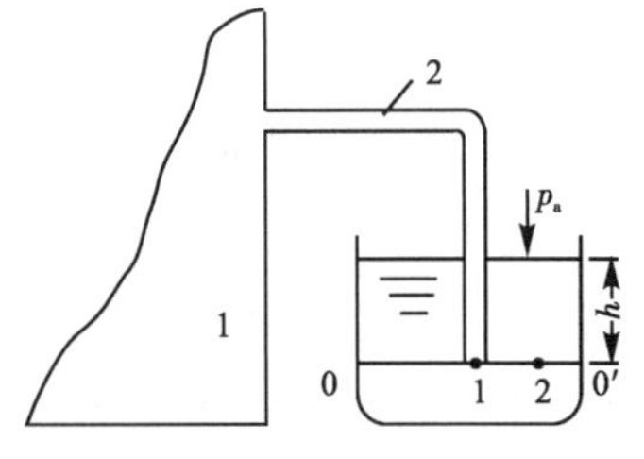

1. 容器或设备　2. 液封管

图 1-10　安全液封装置

解：以液封管口作为等压面 0—0′，在其上取 1、2 两点，其中

$$p_1 = 炉内的压强 = p_a + 13.3\times 10^3$$
$$p_2 = p_a + \rho_{水}gh$$

因为 $p_1=p_2$

故 $p_a+13.3\times 10^3=p_a+1\ 000\times 9.81h$

解得 $h=1.36(\mathrm{m})$

说明此炉的安全液封管应插入槽内水面下的深度为1.36 m。

【例 1-9】 真空蒸发操作中产生的水蒸气，送入如图 1-11 所示的混合冷凝器中与冷水直接接触而冷凝。为了维持操作的真空度，在冷凝器上方接有真空泵，以抽走器内的不凝性气体(空气)。同时，为了防止外界空气漏入，将气压管插入液封槽中，于是水就会在管内上升一定的高度 h，这种措施也称为液封。若真空表的读数为 80 kPa，试求气压管中水上升的高度。

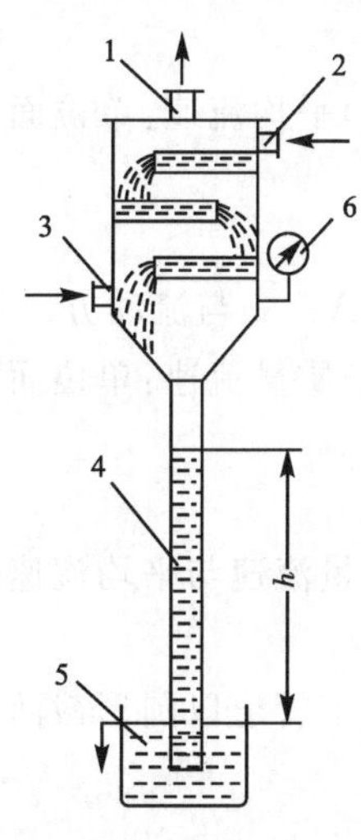

1. 与真空泵相通的不凝性气体出口
2. 冷凝水进口 3. 水蒸气进口
4. 气压管 5. 液封槽 6. 真空表

图 1-11 例 1-9 附图

解：设气压管内水面上方的绝对压强为 p，作用于液封槽内水面的压强为大气压强 p_a，根据流体静力学基本方程得

$$p_a = p + \rho g h$$

于是 $h=\dfrac{p_a-p}{\rho g}$

式中 $p_a-p=$真空度$=80\times10^3$ Pa

所以 $h=\dfrac{80\times10^3}{1\ 000\times9.81}=8.15(\text{m})$

1.2 流体动力学

流体动力学是研究流体流动时的基本规律，并用这些规律来解决流体流动中的实际问题。下面先介绍有关流体流动的基本概念。

1.2.1 流量与流速

1. 流量

单位时间内流过管道任一截面的流体数量称为流量。常用的流量表示方法有两种：体积流量和质量流量。

(1)体积流量：单位时间内流过管道任一截面的流体体积。用 V_s 表示，单位 m^3/s。

(2)质量流量：单位时间内流过管道任一截面的流体质量。用 w_s 表示，单位 kg/s。

质量流量与体积流量的关系为

$$w_s = \rho V_s \tag{1-15}$$

2. 流速

单位时间内流体在流动方向上流过的距离称为流速。

实际上流体在管道任一截面沿径向各点上的速度都不同，管道中心处速度最大，越接近管壁处流速越小，管壁处流速为零。工程中，为了计算方便常采用平均流速和质量流速表示。

(1)平均流速:单位面积上的体积流量。常用 u 表示,单位 m/s。

$$u=\frac{V_s}{A} \tag{1-16}$$

式中 A——与流动方向相垂直的管道截面积,m^2。

(2)质量流速:单位面积上的质量流量。常用 G 表示,单位 $kg/(m^2 \cdot s)$。

$$G=\frac{w_s}{A} \tag{1-17}$$

质量流速与平均流速的关系为

$$G=\rho u \tag{1-18}$$

化工管道以圆形截面居多,若以 d 表示管道内径,则

$$u=\frac{V_s}{\frac{\pi}{4}d^2}=\frac{4V_s}{\pi d^2} \tag{1-19}$$

或

$$d=\sqrt{\frac{4V_s}{\pi u}} \tag{1-19a}$$

式(1-19a)是确定输送流体的管道直径的最基本公式。流体的体积流量一般由生产任务所决定,平均流速则需要综合考虑各种因素后进行合理地选择。流速选择得过高,管径可以减小,但流体流经管道的阻力增大,动力消耗大,操作费用随之增加。反之,流速选择得过低,操作费用可相应地减少,但管径增大,管路的投资费用随之增加。因此,适宜的流速需根据经济核算权衡决定。表 1-2 列出了一些流体在管道中流动时流速的常用范围。

表 1-2　某些流体在管道中的常用流速范围

流体及其流动类别	流速范围/$(m \cdot s^{-1})$	流体及其流动类别	流速范围/$(m \cdot s^{-1})$
自来水(3×10^5 Pa 左右)	1.0~1.5	高压空气	15~25
水及低黏度液体(1×10^5 Pa~1×10^6 Pa)	1.5~3.0	一般气体(常压) 鼓风机吸入管	10~20 10~20
高黏度液体	0.5~1.0	鼓风机排出管	15~20
工业供水(8×10^5 Pa 以下)	1.5~3.0	离心泵吸入管(水类液体)	1.5~2.0
锅炉供水(8×10^5 Pa 以下)	>3.0	离心泵排出管(水类液体)	2.5~3.0
饱和蒸气	20~40	往复泵吸入管(水类液体)	0.75~1.0
过热蒸气	30~50	往复泵排出管(水类液体)	1.0~2.0
蛇管、螺旋管内的冷却水	<1.0	液体自流速度(冷凝水等)	0.5
低压空气	12~15	真空操作下气体流速	<50

【例 1-10】 某厂需要铺设一条输送自来水的管道,输水量为 42 000 kg/h,试设计所需的管道直径。

解:水的密度 ρ 约为 1 000 kg/m^3,体积流量为

$$V_s=\frac{42\ 000}{3\ 600\times 1\ 000}=0.011\ 7(m^3/s)$$

查表 1-2 得到输送自来水时的流速，取 $u=1.5$ m/s。

依据式(1-19a)

$$d=\sqrt{\frac{4V_s}{\pi u}}=\sqrt{\frac{4\times 0.0117}{\pi\times 1.5}}=0.0997(\text{m})$$

算出的管径往往不能和管子规格中所列的管径相符，此时可在规格中选用和计算直径相接近的管子。参考附录，本题选用 $\Phi 108\times 4$ mm 的热轧无缝钢管合适。其内径

$$d=108-4\times 2=100\ \text{mm}=0.1\ \text{m}$$

重新校核流速 $u=\frac{4V_s}{\pi d^2}=\frac{4\times 0.0117}{\pi\times 0.1^2}=1.49(\text{m/s})$

1.2.2 稳定流动与非稳定流动

按流速和压强等参数是否随时间变化，把流体流动分为稳定流动和非稳定流动。图 1-12(a)中水箱在不断充水的同时，通过溢流使水位保持不变，任取两个不同的截面 1—1′和 2—2′，测得两截面上流速和压强始终保持恒定。像这种系统的参数(流速、压强等)不随时间而变化，仅随所在空间位置而改变的流动过程称为稳定流动。图 1-12(b)中水在流动过程中水位不断降低，测得排水管 1—1′和 2—2′两截面上流速和压强随时间而改变，像这种系统的参数(流速、压强等)不但随所在空间位置变化，而且随时间而变化的流动过程称为非稳定流动。

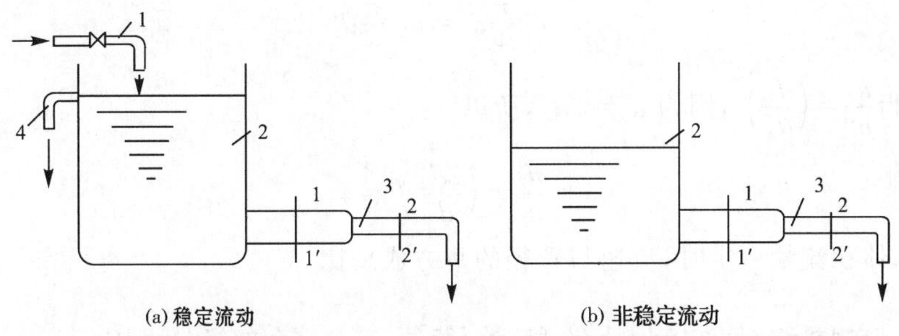

1. 进水管　2. 贮槽　3. 排水管　4. 溢流管

图 1-12　流体流动情况

实际流体的运动都不是绝对的稳定流动。但是在工程实践中，一般都按稳定流动来考虑。这是因为，一方面为了便于研究和简化问题，另一方面工程中的设计和运行工况通常都是以稳定流动为基础的。例如，启动泵(风机)或调节阀门时，在短时间内，管道中流体的流速、压强等参数随时间迅速发生变化，是非稳定流动。但是泵(风机)启动后或阀门调节后的长时间内，流体的流速、压强等参数是不随时间而变化的，属于稳定流动过程。这样，在整个过程中，显然稳定流动是主要的。因此本教材只介绍稳定流动。

1.2.3 流体稳定流动时的物料衡算——连续性方程

设流体在变截面的管道中稳定流动，从截面积为 A_1 的截面流入，从截面积为 A_2 的截面流出，如图 1-13 所示。截面积为 A_1 的截面上流体的密度为 ρ_1、流速为 u_1，截面积为

A_2 的截面上流体的密度为 ρ_2、流速为 u_2。因为是稳定流动，在流动过程中，管道各截面上的流速、压强、温度等参数均不随时间而改变。如果在管道两截面之间的流体既无积聚也无漏失，根据质量守恒定律，单位时间内通过管道各截面的流体质量即质量流量应当相同。即

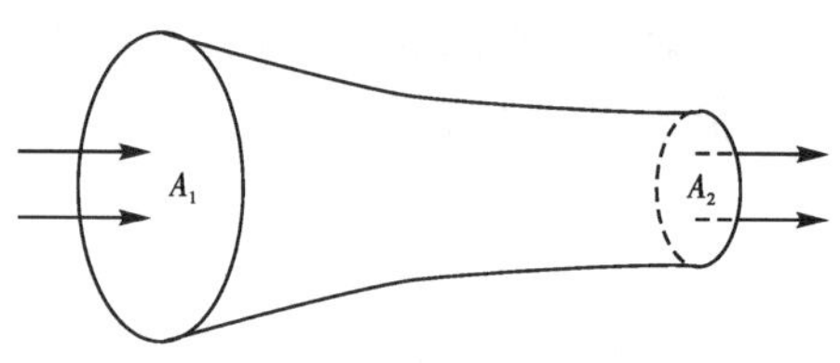

图 1-13　连续性的分析

$$w_1 = w_2 = 常数 \tag{1-20}$$

或

$$\rho_1 u_1 A_1 = \rho_2 u_2 A_2 = \rho u A = 常数 \tag{1-21}$$

对于不可压缩流体，因流体的密度为常数，式(1-21)可写为

$$u_1 A_1 = u_2 A_2 = uA = 常数 \tag{1-22}$$

即各个截面上流体的体积流量均相等。

式(1-20)～式(1-22)称为流体稳定流动的连续性方程。

【例 1-11】 在稳定流动系统中，水连续地从粗管流入细管。粗管内径为细管的两倍，求细管内水的流速是粗管内的多少倍？

解：以下标 1 和 2 分别表示粗管和细管。对于水应用不可压缩流体的连续性方程

$$u_1 A_1 = u_2 A_2$$

圆管的截面积 $A=\frac{\pi}{4}d^2$，于是上式可以写为

$$u_1 \frac{\pi}{4} d_1^2 = u_2 \frac{\pi}{4} d_2^2$$

由此得 $\frac{u_2}{u_1}=\left(\frac{d_1}{d_2}\right)^2$，因为 $d_1=2d_2$，所以

$$\frac{u_2}{u_1}=\left(\frac{2d_2}{d_2}\right)^2=4$$

可见，体积流量一定时，流速与管径的平方成反比。

1.2.4 流体稳定流动时的能量衡算——伯努利方程

1. 流动流体本身所具有的机械能

(1)位能

伯努利方程

流体因受重力的作用，在不同的高度处具有不同的位能。计算位能时应先规定一个水平基准面。假设流体与基准面的距离为 z，则 1 kg 流体具有的位能为 gz，相当于将1 kg 流体从基准面提升到 z(m)高度所做之功，其单位为 N·m/kg 或 J/kg。

(2)动能

流动着的流体因为有速度所具有的能量，其值等于流体从静止状态加速到流速为 u 所做的功，1 kg 流体所具有的动能为 $\frac{1}{2}u^2$，其单位为 N·m/kg 或 J/kg。

(3)静压能

静止流体内部任一处都具有相应的静压强，流动着的流体内部任一位置上也有静压

强 p。测压管内流体能自动上升到某一高度，说明静压强具有做功的本领，使流体位能增加。1 kg 流体所具有的静压能为$\frac{p}{\rho}$，其单位为 N · m/kg 或 J/kg。

上述三项之和为 1 kg 流体所具有的机械能，用 E 表示。即

$$E = gz + \frac{1}{2}u^2 + \frac{p}{\rho} \quad (\text{J/kg})$$

2. 外加能量和能量损失

(1)外加能量

实际流体在流动过程中，经常有机械能输入，如安装水泵或风机。1 kg 流体从外界所获得的机械能称为外加能量。用符号 W_e 表示，其单位为 J/kg。

(2)能量损失

实际流体由于具有黏性，在流动时就会产生摩擦阻力；同时，又由于在管路上一些局部装置引起流动的干扰、突然变化而产生附加阻力，这两种阻力都是在流动过程中产生的，称之为流动阻力。流体流动时必然要消耗一部分机械能来克服这些阻力。1 kg 流体克服各种阻力消耗的机械能称为能量损失。用 $\sum h_f$ 表示，其单位为 J/kg。

3. 实际流体的伯努利方程

如图 1-14 所示，根据能量守恒定律，输入系统的总能量应等于输出系统的总能量。1 kg 流体从 1—1′截面流入，在 2—2′截面流出，其能量衡算式为

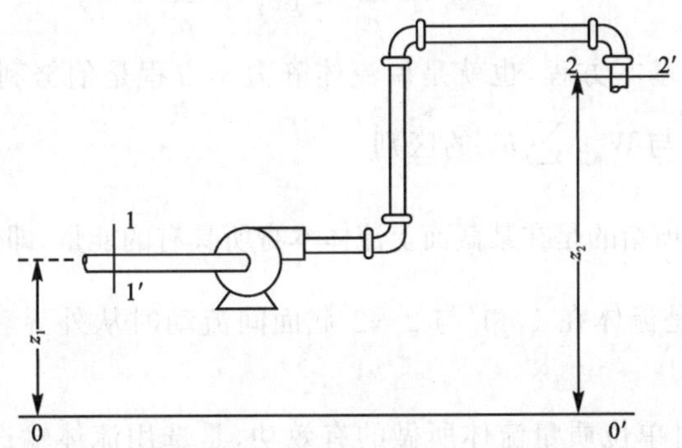

图 1-14　典型化工流动系统

$$gz_1 + \frac{1}{2}u_1^2 + \frac{p_1}{\rho} + W_e = gz_2 + \frac{1}{2}u_2^2 + \frac{p_2}{\rho} + \sum h_f \quad (\text{J/kg}) \tag{1-23}$$

式(1-23)称为伯努利方程。它是能量守恒与转化定律在运动流体中的具体体现。

伯努利方程可以有多种表示方法，式(1-23)是以单位质量流体为衡算基准的一种形式，若以单位体积流体为衡算基准，将式(1-23)各项乘以流体的密度 ρ，得到

$$\rho g z_1 + \frac{\rho}{2}u_1^2 + p_1 + W_e\rho = \rho g z_2 + \frac{\rho}{2}u_2^2 + p_2 + \rho\sum h_f \quad (\text{Pa}) \tag{1-24}$$

若以单位质量流体为衡算基准，将式(1-23)各项除以 g，得到

$$z_1 + \frac{1}{2g}u_1^2 + \frac{p_1}{\rho g} + \frac{W_e}{g} = z_2 + \frac{1}{2g}u_2^2 + \frac{p_2}{\rho g} + \frac{\sum h_f}{g} \quad (\text{m}) \tag{1-25}$$

令
$$H_e = \frac{W_e}{g}, H_f = \frac{\sum h_f}{g}$$

则
$$z_1 + \frac{1}{2g}u_1^2 + \frac{p_1}{\rho g} + H_e = z_2 + \frac{1}{2g}u_2^2 + \frac{p_2}{\rho g} + H_f \quad (\mathrm{m}) \tag{1-26}$$

上式中各项的单位都是长度的单位“m”，因此常把 z，$\frac{u^2}{2g}$，$\frac{p}{\rho g}$ 与 H_f 分别称为位压头、动压头、静压头和压头损失，H_e 则是输送设备对流体所提供的能量称为外加压头。

4. 伯努利方程的讨论

(1)理想流体的伯努利方程

所谓理想流体是指无内摩擦力即黏度等于零的流体，则式(1-23)中的 $\sum h_f = 0$，当无外功加入时，$W_e = 0$，于是伯努利方程式(1-23)变为

$$gz_1 + \frac{1}{2}u_1^2 + \frac{p_1}{\rho} = gz_2 + \frac{1}{2}u_2^2 + \frac{p_2}{\rho} \tag{1-27}$$

或
$$gz + \frac{1}{2}u^2 + \frac{p}{\rho} = 常数 \tag{1-28}$$

上式说明不可压缩的理想流体在流动过程中，在管道的任一截面上流体的位能、动能与静压能之和是不变的，但三者之间可以相互转化。

(2)静止流体其流速为零，伯努利方程式(1-27)变为

$$gz_1 + \frac{p_1}{\rho} = gz_2 + \frac{p_2}{\rho} \tag{1-29}$$

上式就是流体静力学基本方程，也就是说流体静力学方程是伯努利方程的一个特例。

(3) gz，$\frac{1}{2}u^2$，$\frac{p}{\rho}$ 与 W_e，$\sum h_f$ 的区别

gz，$\frac{1}{2}u^2$，$\frac{p}{\rho}$ 这三项指的是在某截面上流体本身所具有的能量，即位能、动能、静压能。

W_e，$\sum h_f$ 指的是流体在 1—1′与 2—2′截面间流动时从外界获得的能量以及损失的能量。

W_e是输送机械对单位质量流体所做的有效功，是选用流体输送机械的重要依据。单位时间内输送机械所做的有效功称为有效功率。以 N_e表示。

$$N_e = W_e w_s \quad 或 \quad N_e = H_e w_s g \tag{1-30}$$

其单位为 J/s 或 W。

若泵的效率为 η，则泵的轴功率为

$$N = \frac{N_e}{\eta} \tag{1-31}$$

(4)对可压缩流体的流动，若所取系统两截面间绝对压强变化率小于 20%($\frac{p_1 - p_2}{p_1} < 20\%$)时，仍可用式(1-23)、式(1-24)与式(1-25)进行计算，流体密度用两截面间流体的平均密度来代替，产生的误差在工程上是允许的。

5. 伯努利方程的应用

伯努利方程阐明了流体在静止及流动时，流体中所具有的各种形式能量之间的相互

转化规律。在这个方程中，将流体的流速、压强、位置及其与外界的能量交换等联系起来，在分析与解决流体的平衡、流动及输送等实际问题中，应用十分广泛。下面我们通过实例来说明伯努利方程的应用及方程中各种形式能量之间的转化关系。

(1)静压能与位能的转化

【例 1-12】 水在如图 1-15 所示的虹吸管内做稳定流动，各段管路的直径均相等，水流经管路的能量损失可以略去不计，已知大气压强为 101.33×10^3 Pa。试计算管内截面 2—2′、3—3′、4—4′及 5—5′上的压强。

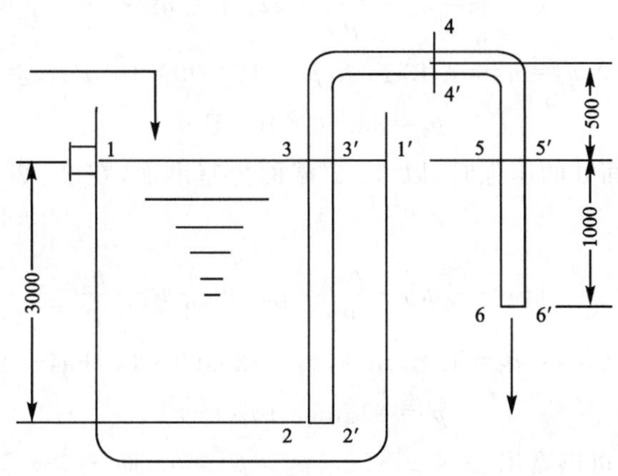

图 1-15 例 1-12 附图

解：欲计算管内各截面的压强，须先计算管内的流速。依题意先求出出口处的流速。以截面 6—6′为基准面，在 1—1′和 6—6′截面间列伯努利方程

$$gz_1+\frac{1}{2}u_1^2+\frac{p_1}{\rho}=gz_6+\frac{1}{2}u_6^2+\frac{p_6}{\rho}$$

已知条件 $z_1=1\text{m}, z_6=0, p_1=p_6=101.33\times10^3$ Pa，因为水箱上部装有溢流管，故 1—1′处的流速为零即 $u_1=0$

把上述数据代入方程式解得：出口处的流速 $u_6=4.43(\text{m/s})$

由于管路直径均相等，所以管路各段的截面积相等。根据连续性方程

$$uA=\text{常数}$$

故流体在管道各段内的流速都相等。即

$$u_2=u_3=u_4=u_5=u_6=4.43(\text{m/s})$$

①计算 2—2′截面处的压强时，以 2—2′截面为基准面，在 2—2′和 1—1′截面间列伯努利方程

$$gz_2+\frac{1}{2}u_2^2+\frac{p_2}{\rho}=gz_1+\frac{1}{2}u_1^2+\frac{p_1}{\rho}$$

把 $z_2=0, u_2=4.43$ m/s$, u_1=0, z_1=3$ m$, p_1=101\ 330$ Pa 代入方程式

解得 $p_2=120.99\times10^3(\text{Pa})$

②计算 3—3′截面处的压强时，以 2—2′截面为基准面，在 2—2′和 3—3′截面间列伯努利方程

$$gz_2 + \frac{1}{2}u_2^2 + \frac{p_2}{\rho} = gz_3 + \frac{1}{2}u_3^2 + \frac{p_3}{\rho}$$

把已知条件 $z_2=0, u_2=u_3=4.43$ m/s，$p_2=120.99\times10^3$ Pa，$z_3=3$ m 代入上式

解得
$$p_3=91.56\times10^3(\text{Pa})$$

③计算 4—4′截面处的压强时，以 2—2′截面为基准面，在 2—2′和 4—4′截面间列伯努利方程

$$gz_2 + \frac{1}{2}u_2^2 + \frac{p_2}{\rho} = gz_4 + \frac{1}{2}u_4^2 + \frac{p_4}{\rho}$$

把已知条件 $z_2=0, u_2=u_4=4.43$ m/s，$p_2=120.99\times10^3$ Pa，$z_4=3.5$ m 代入上式

解得
$$p_4=86.66\times10^3(\text{Pa})$$

④计算 5—5′截面处的压强时，以 2—2′截面为基准面，在 2—2′和 5—5′截面间列伯努利方程

$$gz_2 + \frac{1}{2}u_2^2 + \frac{p_2}{\rho} = gz_5 + \frac{1}{2}u_5^2 + \frac{p_5}{\rho}$$

把已知条件 $z_2=0, u_2=u_5=4.43$ m/s，$p_2=120.99\times10^3$ Pa，$z_5=3$ m 代入上式

解得
$$p_5=91.56\times10^3(\text{Pa})$$

从以上计算结果可以看出：$z_2<z_3<z_4$，$p_2>p_3>p_4$；而 $z_4>z_5>z_6$，$p_4<p_5<p_6$，即位能大，则静压能小，反之相反。这是由于流体在管道内流动时位能与静压能反复转化的结果。

(2)位能与动能的转化

【例 1-13】 常温的水从图 1-16 所示的水塔经管道输送至车间。水由水塔液面流至管道出口内侧的能量损失为143 J/kg。若要求水在管道中的流速为2.9 m/s，试求水塔内的液面与水管出口之间的垂直距离。设水塔内的液面维持恒定。

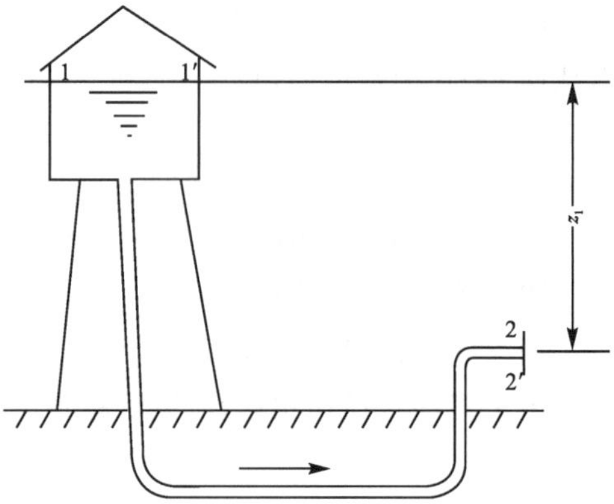

图 1-16 例 1-13 附图

解：取水管出口的中心线为基准面，在 1—1′与 2—2′截面间列伯努利方程

$$gz_1 + \frac{1}{2}u_1^2 + \frac{p_1}{\rho} = gz_2 + \frac{1}{2}u_2^2 + \frac{p_2}{\rho} + \sum h_f$$

因水塔的液面维持恒定，所以 $u_1=0$

又已知 $p_1=p_2=p_a, z_2=0, u_2=2.9$ m/s，$\sum h_f=143$ J/kg

把以上数据代入方程式，解得 $z_1=15$(m)

即水塔内的液面应高于排水管出口中心线 15 m，才能保证水在管道中的流速为 2.9 m/s。从该题可以看出，1—1′截面的位能转化成 2—2′截面的动能。

(3)静压能与动能的转化

【例 1-14】 如图 1-17 所示，20 ℃的低压空气以 20 m/s 的速度进入截面积逐渐缩小的管道，已知进口面积 $A_1=5A_2$，试求空气在两个截面上的压强差(不计能量损失)。

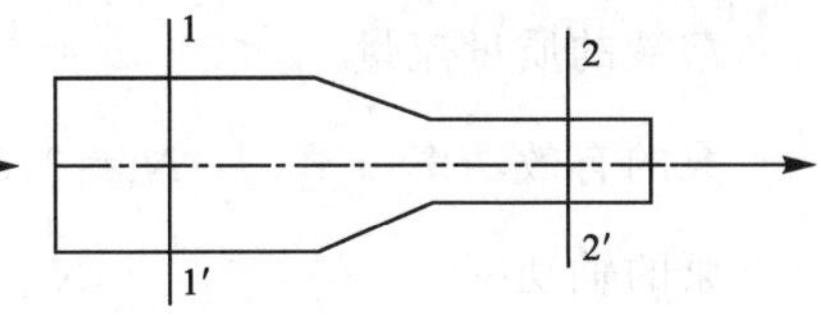

图 1-17 例 1-14 附图

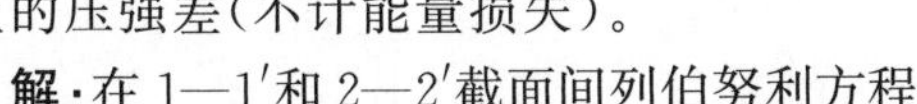
解:在 1—1′和 2—2′截面间列伯努利方程

$$gz_1+\frac{1}{2}u_1^2+\frac{p_1}{\rho}=gz_2+\frac{1}{2}u_2^2+\frac{p_2}{\rho}+\sum h_f$$

水平流动 $z_1=z_2$，因为不计能量损失，故 $\sum h_f=0$

根据连续性方程 $u_1A_1=u_2A_2$ 得 $u_2=5u_1=5\times20=100(\text{m/s})$

空气在 20 ℃时的密度为 1.2 kg/m^3

于是 $p_1-p_2=\dfrac{u_2^2-u_1^2}{2}\rho=\dfrac{100^2-20^2}{2}\times1.2=5\ 760(\text{Pa})$

说明气体通过截面积逐渐缩小的管道后，静压能减小，动能增加，即静压能转变为动能。这种将静压能转变为动能的装置称为加速管。同样道理，气体通过截面积逐渐扩大的管道后动能转变为静压能，这种装置称为扩压管。

(4)流体输送机械外加能量及功率的计算

【例 1-15】 某化工厂的开口贮槽内盛有密度为 1 100 kg/m^3 的溶液，今用泵将溶液从贮槽输送至常压吸收塔 1 的顶部，经喷头 2 喷到塔内以吸收某种气体，如图 1-18 所示。已知输送管路与喷头连接处的表压强为 0.3×10^5 Pa，连接处高于贮槽内液面 20 m，输送管路为 Φ57×2.5 mm，送液量为 15 m^3/h，已测得溶液流经管路的能量损失为150 J/kg。泵的效率为 0.7，求泵的轴功率。

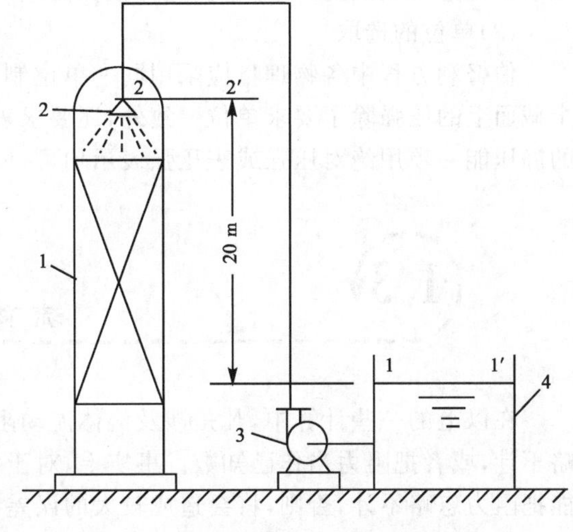

1. 吸收塔 2. 喷头 3. 泵 4. 开口贮槽

图 1-18 例 1-15 附图

解:取贮槽液面 1—1′截面为基准面，在 1—1′与 2—2′截面(管道与喷头连接处)间列伯努利方程

$$gz_1+\frac{1}{2}u_1^2+\frac{p_1}{\rho}+W_e=gz_2+\frac{1}{2}u_2^2+\frac{p_2}{\rho}+\sum h_f$$

其中 $z_1=0$，$u_1\approx0$，表压强 $p_1=0$，$p_2=0.3\times10^5$ Pa ，$z_2=20$ m

$$u_2=\frac{15}{3\ 600\times\frac{\pi}{4}\times0.052^2}=1.96(\text{m/s})$$

$$\sum h_f=150(\text{J/kg})$$

把数据代入方程式得 $W_e=375.4(\text{J/kg})$

溶液的质量流量 $w_s=\frac{15\times 1\ 100}{3\ 600}=4.58(\mathrm{kg/s})$

泵的有效功率 $N_e=375.4\times 4.58=1\ 719.3(\mathrm{W})$

泵的轴功率 $N=\frac{1\ 719.3}{0.7}=2\ 456(\mathrm{W})$

6. 应用伯努利方程时应注意的问题

(1)截面的选取

截面是划定能量衡算范围的，因此，两截面均应与流动方向垂直；两截面间的流体须作连续流动，且 1—1′截面与 2—2′截面必须是上、下游的关系；所求取的未知量必须在某一截面上或两截面之间，且截面上的 z,u,p 等有关物理量，除所求取的未知量外，都应已知或可求。

(2)水平基准面的选取

选取水平基准面的目的是确定流体位能的大小，实际上在伯努利方程中所反映的是位能差的数值。所以，水平基准面的选择可以是任意的，但必须与地面平行。为计算方便，通常取水平基准面通过两截面中较低的一个截面(如果该截面与地面垂直，则取水平基准面通过该截面的中心线)。这样该截面上的位能为零，而另一截面的位能为正值。

(3)单位的选取

伯努利方程中各物理量应采用同一单位制中的单位，两种单位制不能同时并用。两个截面上的压强除了要求单位一致外，还要求表示方法要一致。也就是说，伯努利方程中的静压能一项用绝对压强或表压强表示均可，但等号两侧必须一致。

1.3 流体阻力

在以上的一些计算中，凡是涉及流体流动阻力或能量损失的时候，我们或者把阻力忽略不计，或者把阻力当作已知数。事实上，对于实际遇到的流体，在绝大多数情况下，都不能把阻力忽略不计，否则，将会造成较大的误差甚至造成谬误，因此本节将讨论流体阻力产生的原因以及计算方法。

1.3.1 流体阻力产生的原因——内摩擦

设于圆管内放一根直径与管内径十分接近的圆木杆，在杆的一端施以一定的推力来克服杆的表面与管壁间的摩擦力，木杆才能在管内通过，这种摩擦力就是两个固体壁面间发生相对运动时出现的阻力。同样，水在圆管内流过时也有类似现象，但也有特殊地方，木杆是作为一个不可分割的整体向前滑动，杆内部各点的速度都相同，摩擦阻力作用于木杆的外周与管内壁接触的表面上。而水在管内流过时，由实测知任一截面上各点水流的速度并不相同，管子中心处速度最大，越接近管壁速度就越小，在贴近管壁处速度为零。所以，流体在管内流动时，实际上被分割成无数极薄的一层套着一层的“流筒”，各层以不同速度向前流动，如图 1-19 所示。速度快的“流筒”对慢的起带动作用，而速度慢的“流筒”对快的又起拉曳作用，因此“流筒”间的相互作用形成了流体阻力，因为它发生在流体内部,故称为内摩擦力。内摩擦力是流体黏性的表现,所以又称为黏滞力或黏性摩擦力。

1.牛顿黏性定律与流体的黏度

(1)牛顿黏性定律

设想在两块面积很大、相距很近的平板中间夹着某种液体,如图 1-20 所示。若令上面平板固定,以恒定的力 F 推动下板,使它以速度 u 向 x 方向运动。此时两板间的液体也分为无数薄层向 x 方向运动,附在下层板表面的一薄层液体也以同样速度 u 随下板运动,其上各层液体的速度依次减慢,到上层板底面时速度降为零。

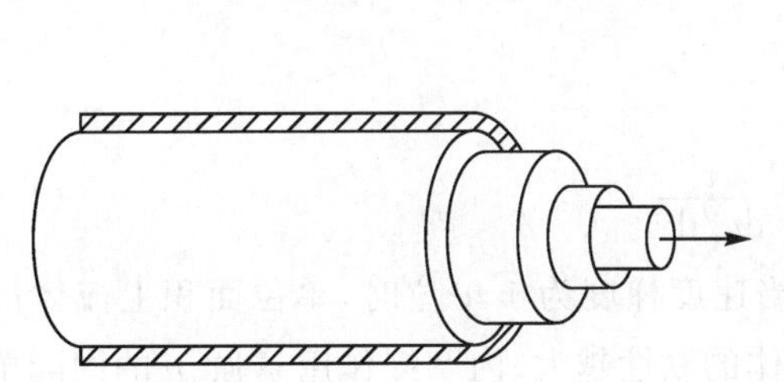

图 1-19 流体在管道内分层流动

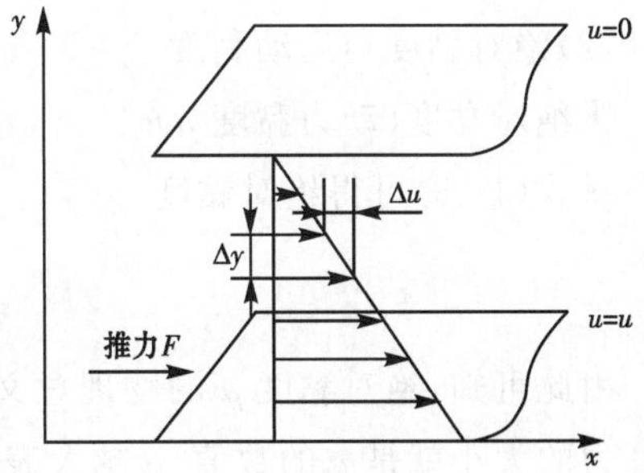

图 1-20 平板间液体速度变化

实际图 1-20 中推力 F 相当于内摩擦力,又称为剪力,单位接触面上的剪力称为剪应力。实验证明,推力 F 与两层间的速度差 Δu 及接触面积 S 成正比,与两板间的垂直距离 Δy 成反比,即

$$F \propto \frac{\Delta u}{\Delta y} S \tag{1-32}$$

式中 F——剪力,N;

u——速度,m/s;

y——距离,m;

S——接触面积,m^2。

写成等式则有

$$F = \mu \frac{\Delta u}{\Delta y} S \tag{1-33}$$

或

$$\tau = \frac{F}{S} = \mu \frac{\Delta u}{\Delta y} \tag{1-34}$$

式中 τ——剪应力,Pa;

μ——比例系数。

比例系数 μ 随流体性质而异,流体黏性越大,μ 就越大,所以 μ 又称为流体的绝对黏度或动力黏度,简称黏度。

式(1-33)或式(1-34)只适用于 u 与 y 成直线关系的场合,当流体在管内流动时的速度分布如图 1-21 所示的曲线关系时,则式(1-34)应改写成:

$$\tau = \mu \frac{du}{dy} \tag{1-35}$$

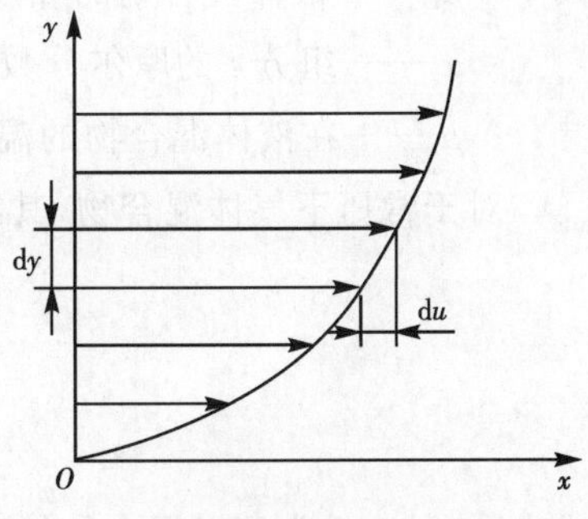

图 1-21 一般速度分布

式中$\frac{du}{dy}$称为速度梯度，即与流动方向垂直的 y 方向上流体速度的变化率。

式(1-34)和式(1-35)均称为牛顿黏性定律，说明流体的黏度越大，流动时产生一定速度梯度的剪应力就越大。凡是服从牛顿黏性定律的流体均称为牛顿型流体，所有的气体和大多数液体都属于牛顿型流体。凡是不服从牛顿黏性定律的流体均称为非牛顿型流体，例如某些高分子溶液、胶体溶液、油漆以及泥浆等液体都属于这一类。本教材只介绍牛顿型流体。

(2)绝对黏度与运动黏度

①绝对黏度(动力黏度 μ)

从式(1-35)可得绝对黏度

$$\mu = \frac{\tau}{du/dy} \tag{1-36}$$

由此可知，绝对黏度 μ 的物理意义是：当速度梯度为 1 单位时，单位面积上流体的内摩擦力的大小就是 μ 的数值。μ 越大表明流体的黏性越大，内摩擦作用越强。μ 的国际单位制单位是 $N \cdot s/m^2$ 或 $Pa \cdot s$。

② 运动黏度 ν

在工程计算中，常采用绝对黏度 μ 与密度 ρ 的比值来表示流体的黏性，这个比值称为运动黏度，以 ν 表示，即

$$\nu = \frac{\mu}{\rho} \tag{1-37}$$

在国际单位制和工程单位制中，ν 的单位均为米^2/秒，物理单位制中的单位为厘米^2/秒，称为沲。因为这个单位太大，应用不便，故常用厘沲，1 厘沲=1/100 沲。

(3)流体混合物的黏度

工业上遇到的流体大多是混合流体，对于互溶的液体混合物，其黏度的计算常采用下面的公式

$$\mu_m^{1/3} = \sum_{i=1}^{n} x_i \mu_i^{1/3} \tag{1-38}$$

式中 μ_m——液体混合物的黏度，$Pa \cdot s$；

x_i——组分 i 的摩尔分数；

μ_i——在液体混合物的温度下，纯组分 i 的黏度，$Pa \cdot s$。

对于常压下气体混合物，其黏度的计算公式如下

$$\mu_m = \frac{\sum_{i=1}^{n} y_i \mu_i M_i^{1/2}}{\sum_{i=1}^{n} y_i M_i^{1/2}} \tag{1-39}$$

式中 μ_m——常压下混合气体的黏度，$Pa \cdot s$；

y_i——纯组分 i 的体积分数；

μ_i——在混合气体的温度下，纯组分 i 的黏度，Pa·s；

M_i——组分 i 的千摩尔质量，kg/kmol。

2. 流体的流动型态与雷诺准数

(1)雷诺实验

英国物理学家奥斯本·雷诺经过多次实验发现，在不同的条件下，流体运动有不同的运动状态。图 1-22 是雷诺实验装置。

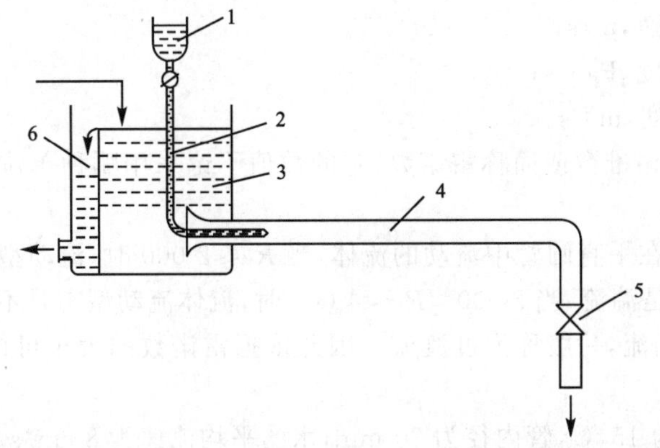

流体的流动型态与雷诺准数

1. 小水箱 2. 细管 3. 水箱 4. 水平玻璃管 5. 调节阀门 6. 溢流装置

图 1-22 雷诺实验装置

图中采用溢流装置维持水箱内液面稳定，水箱 3 中的水通过水平玻璃管 4 流出，有色液体由小水箱 1 通过细管 2 注入水平玻璃管 4 入口的轴线上。

雷诺在实验中观察到下列现象：

①当水在玻璃管内流速不大时，有色液体呈一条直线在整个管子中心线位置上流过，如图1-23(a)所示。这说明水平玻璃管 4 中水的流线都与轴线平行，互不干扰。雷诺称这种流动状态为层流或滞流。

②当水平玻璃管 4 中水的流速增大到一定程度时，有色液体线发生波动，如图 1-23(b)所示。这说明水的质点在沿轴向前进的同时，在垂直于轴线的方向上也有分速度，水的流线已不再是平行于轴线的直线，而是呈不规则的曲线。雷诺称这种流动状态为过渡流。

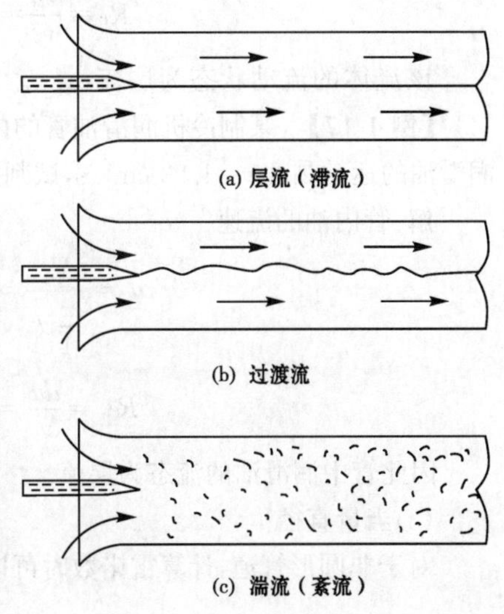

图 1-23 流动类型

③当流速增大到某种程度时，有色液体线已混淆在主流中而消失，这表明水平玻璃管 4 中水的垂直于轴向的分速度已达到足以产生旋涡，使水质点的运动轨迹错综复杂，但整个主流仍沿轴向流动，如图 1-23(c)所示。雷诺称这种流动状态为湍流或紊流。

(2)流动型态的判定——雷诺准数

雷诺通过对大量实验数据的研究发现,除了流速影响运动情况外,管子的直径、流体的黏度和密度也都对流动状态有影响。把这四个物理量组成一个无因次数群,即

$$Re=\frac{du\rho}{\mu}=\frac{du}{\nu} \tag{1-40}$$

式中 d——管道的内径,m;

ρ——流体的密度,kg/m^3;

u——流体的平均流速,m/s;

μ——流体的绝对黏度,Pa·s;

ν——流体的运动黏度,m^2/s。

无因次数群 Re 称为雷诺准数或简称雷诺数,它的数值不论采用哪种单位制,计算的结果都相同。

大量的实验表明,对于在平直圆管中流动的流体,当 $Re\leqslant 2\ 000$ 时,流动型态是层流,当 $Re\geqslant 4\ 000$ 时,流动型态是湍流,当 $2\ 000<Re<4\ 000$ 时,流体流动型态是不稳定的,可能转向层流也可能转变为湍流,一般称为过渡流。因此依据雷诺数的大小可以判断流体流动的型态。

【例 1-16】 水的温度为 15 ℃,管内径为 20 mm,水的平均流速为 8 cm/s。试确定管中水流的型态。

解:根据式(1-40)求出雷诺数即可判断水的流态。

已知 15 ℃时水的运动黏度 $\nu=0.011\ 4\ cm^2/s$

$$Re=\frac{du}{\nu}=\frac{2\times 8}{0.011\ 4}=1\ 404<2\ 000$$

该流体的流动状态为层流。

【例 1-17】 某制冷机润滑油管的内径 $d=10$ mm,其中通过的油量 $V_s=80\times 10^{-6}\ m^3/s$,润滑油的运动黏度 $\nu=1.93\ cm^2/s$,试判别润滑油在管中的流态。

解:管内油的流速

$$u=\frac{V_s}{\frac{\pi}{4}d^2}=\frac{80}{0.785\times 1^2}=102(cm/s)$$

$$Re=\frac{du}{\nu}=\frac{1\times 102}{1.93}=52.8<2\ 000$$

因此管中润滑油的流态为层流。

(3)当量直径

对于非圆形管道,计算雷诺数时可以用当量直径 d_e 来代替圆管的直径 d。

所谓当量直径其定义为:当量直径$(d_e)=4\times\frac{\text{管道截面积}}{\text{浸润周边}}$

①按此定义边长为 a、b 的矩形截面,其当量直径为

$$d_e=4\times\frac{ab}{2(a+b)}=\frac{2ab}{a+b} \tag{1-41}$$

当 $b=a$ 时,得到正方形截面管道的当量直径为 $d_e=a$。

②对于圆环形管道，其当量直径为

$$d_e = 4 \times \frac{\frac{\pi}{4}(D^2 - d^2)}{\pi(D+d)} = D - d \tag{1-42}$$

式中 D——外管的内径，m；

d——内管的外径，m。

1.3.2 流体在圆管中的速度分布

无论是层流还是湍流，流体在管内流过时各截面上任一点的速度随该点与管中心的距离而变化，这种变化关系称为速度分布。

1.层流时的速度分布

理论分析和实验都已证明，流体在层流状态时的速度沿管径按抛物线的规律分布，如图1-24(a)所示。管道截面上的平均流速等于管中心处最大流速的一半，即 $u=\frac{1}{2}u_{max}$。

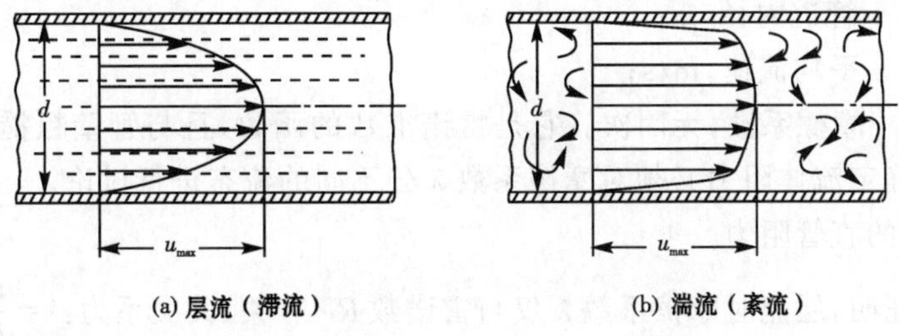

(a) 层流（滞流） (b) 湍流（紊流）

图1-24 圆管内速度的分布

2.湍流时的速度分布

湍流时流体质点的运动情况比较复杂，目前尚不能完全由理论推出速度分布的规律，实验测得的湍流速度分布曲线如图1-24(b)所示。由于流体质点的强烈分离与混合，使管道截面上靠中心部分各点的速度彼此接近，速度分布比较均匀，所以速度分布曲线不再是严格的抛物线。管道截面上平均流速与最大流速的关系为

$$u = (0.8 \sim 0.85)u_{max} \tag{1-43}$$

实验表明，不论湍流程度如何，由于流体的黏性和管壁的摩擦作用，在紧贴管壁附近总有一层流体保持层流运动状态，这一薄层流体称为层流内层。层流内层的厚度随着雷诺数的增大而减小。层流内层的厚薄对流体运动时的摩擦阻力损失以及传热、传质等都有很大的影响。在壁面附近存在着较大速度梯度的流体层称为流动边界层。

1.3.3 流体阻力的计算

流体在管路中流动时的阻力可分为直管阻力和局部阻力两种。直管阻力是流体流经一定长度的直管时，由于流体内摩擦而产生的阻力，又称为沿程阻力，以 h_f 表示。局部阻力主要是由于流体流经管路中的管件、阀门以及管道截面的突然扩大或缩小等局部变化所引起的阻力，又称形体阻力，以 h_f'表示。流体在管道内流动时的总阻力 $\sum h_f = h_f + h_f'$.流体阻力随计算基准的不同而有不同的表示形式。

$\sum h_f$ 是指单位质量流体流动时的流体阻力，单位为 J/kg；

$H_f = \dfrac{\sum h_f}{g}$ 是指单位重量流体流动时的流体阻力，单位为 J/N = m；

$\Delta p_f = \rho \sum h_f$ 是指单位体积流体流动时的流体阻力，单位为 J/m^3 = Pa。Δp_f 又称为压强降。

1. 直管阻力的计算

流体在圆形直管中做稳定流动时，其阻力可用下式计算

$$h_f = \lambda \cdot \frac{l}{d} \cdot \frac{u^2}{2} (\mathrm{J/kg}) \tag{1-44}$$

或

$$\Delta p_f = \rho h_f = \lambda \cdot \frac{l}{d} \cdot \frac{\rho u^2}{2} (\mathrm{Pa}) \tag{1-45}$$

式(1-44)和式(1-45)称为范宁公式。

式中 l——管道长度，m；

d——管道内径，m；

u——平均流速，m/s；

λ——摩擦系数，无因次。它是雷诺准数的函数，且与管壁粗糙度有关。所以要确定流体阻力必须对摩擦系数 λ 分不同的流态进行讨论。

(1)层流时的直管阻力

理论分析证明，层流时摩擦系数 λ 仅与雷诺数 Re 有关，其关系为：$\lambda = \dfrac{64}{Re}$ 而 $Re = \dfrac{\rho d u}{\mu}$

将此关系代入式(1-44)整理得

$$h_f = \frac{32 \mu l u}{\rho d^2} \quad (\mathrm{J/kg}) \tag{1-46}$$

或

$$\Delta p_f = \frac{32 \mu l u}{d^2} \quad (\mathrm{Pa}) \tag{1-47}$$

式(1-47)为流体通过圆形直管作层流流动时的压强降计算式，称为泊肃叶公式。

(2)湍流和过渡流时的直管阻力

湍流和过渡流时摩擦系数 λ 与雷诺数 Re 及管壁的相对粗糙度 $\dfrac{\varepsilon}{d}$ 有关。即 $\lambda = f(Re, \dfrac{\varepsilon}{d})$，式中 d 是管道的内径，ε 是管壁内表面上凸出物高度的平均值，称为管壁的绝对粗糙度。表 1-3 列出了某些工业管道的绝对粗糙度。$\dfrac{\varepsilon}{d}$ 称为相对粗糙度，其倒数 $\dfrac{d}{\varepsilon}$ 称为相对光滑度。

流体作层流流动时，管壁上凹凸不平的地方都被层流内层所覆盖，而流动速度又比较缓慢，流体质点对管壁突出部分没有碰撞作用，所以摩擦系数与管壁粗糙度无关。流体作湍流流动时，紧贴管壁附近总有一层保持层流运动的层流内层。其厚度用 δ_b 表示，如果 $\delta_b > \varepsilon$，如图 1-25(a)所示，管壁粗糙度对摩擦系数的影响与层流相近，这种管道叫作光滑管。随着雷诺数的增大，层流内层的厚度逐渐变薄，当 $\delta_b < \varepsilon$ 时，如图 1-25(b)所示，壁面突出部分与流体质点发生碰撞，使湍流加剧，因此管壁粗糙度对摩擦系数有很大的影响，这种管道叫作粗糙

管。光滑管与粗糙管只是相对概念，当流动条件发生变化时，雷诺数就会随之发生变化，于是 δ_b 相应的也会发生变化，因此同一管道可能是光滑管也可能是粗糙管。

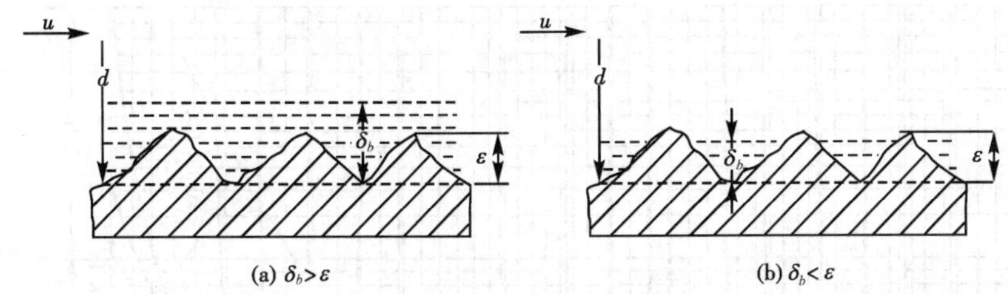

图 1-25 流体流过管道壁面的情况

表 1-3　各种管子的绝对粗糙度表

金属管	绝对粗糙度 ε/mm	非金属管	绝对粗糙度 ε/mm
无缝黄铜管、铜管及铝管	0.01～0.05	干净玻璃管	0.001 5～0.01
新的无缝钢管或镀锌铁管	0.1～0.2	橡皮软管	0.01～0.03
新的铸铁管	0.3	木管道	0.25～1.25
具有轻度腐蚀的无缝钢管	0.2～0.3	陶土排水管	0.45～6.0
具有显著腐蚀的无缝钢管	0.5 以上	很好整平的水泥管	0.33
旧的铸铁管	0.85 以上	石棉水泥管	0.03～0.8

摩擦系数 λ 值均由实验确定，其计算公式多为经验关联式，但都比较复杂，用起来很不方便。工程实践中，一般将实验数据进行综合整理后标绘在双对数坐标上，得到 λ 与 $(Re,\frac{\varepsilon}{d})$ 的关系曲线图，通过查关系曲线图来得到摩擦系数 λ。图 1-26 是摩擦系数 λ 与 $(Re,\frac{\varepsilon}{d})$ 的关系曲线。

图 1-26 中摩擦系数 λ 与雷诺数 Re 及相对粗糙度 $\frac{\varepsilon}{d}$ 的关系可以分为四个不同的区域：

①层流区 $Re\leqslant 2\ 000$

摩擦系数 λ 仅与雷诺数 Re 有关，与相对粗糙度 $\frac{\varepsilon}{d}$ 无关，即 $\lambda=\frac{64}{Re}$，在双对数坐标图 1-16 中 λ 与 Re 成直线关系。直管阻力的计算公式为：

$$h_f=\frac{64}{Re}\ \frac{l}{d}\ \frac{u^2}{2}=\frac{32\mu lu}{\rho d^2}(\mathrm{J/kg})$$

②过渡流区 $2\ 000<Re<4\ 000$

在这个区域内流态是不稳定的，可能是层流，也可能是湍流。工程计算中一般将该区域的 λ 按湍流处理，即将湍流时的曲线外延，查取 λ 值。

③湍流区 $Re\geqslant 4\ 000$ 及虚线以下的区域

在这一区域内，摩擦系数 λ 不仅与雷诺数 Re 有关，还与相对粗糙度 $\frac{\varepsilon}{d}$ 有关。当 $\frac{\varepsilon}{d}$ 一定时，λ 随 Re 的增大而减小，Re 增大到某一数值后 λ 的值下降缓慢，当 Re 一定时，λ 随 $\frac{\varepsilon}{d}$ 的增加而增大。

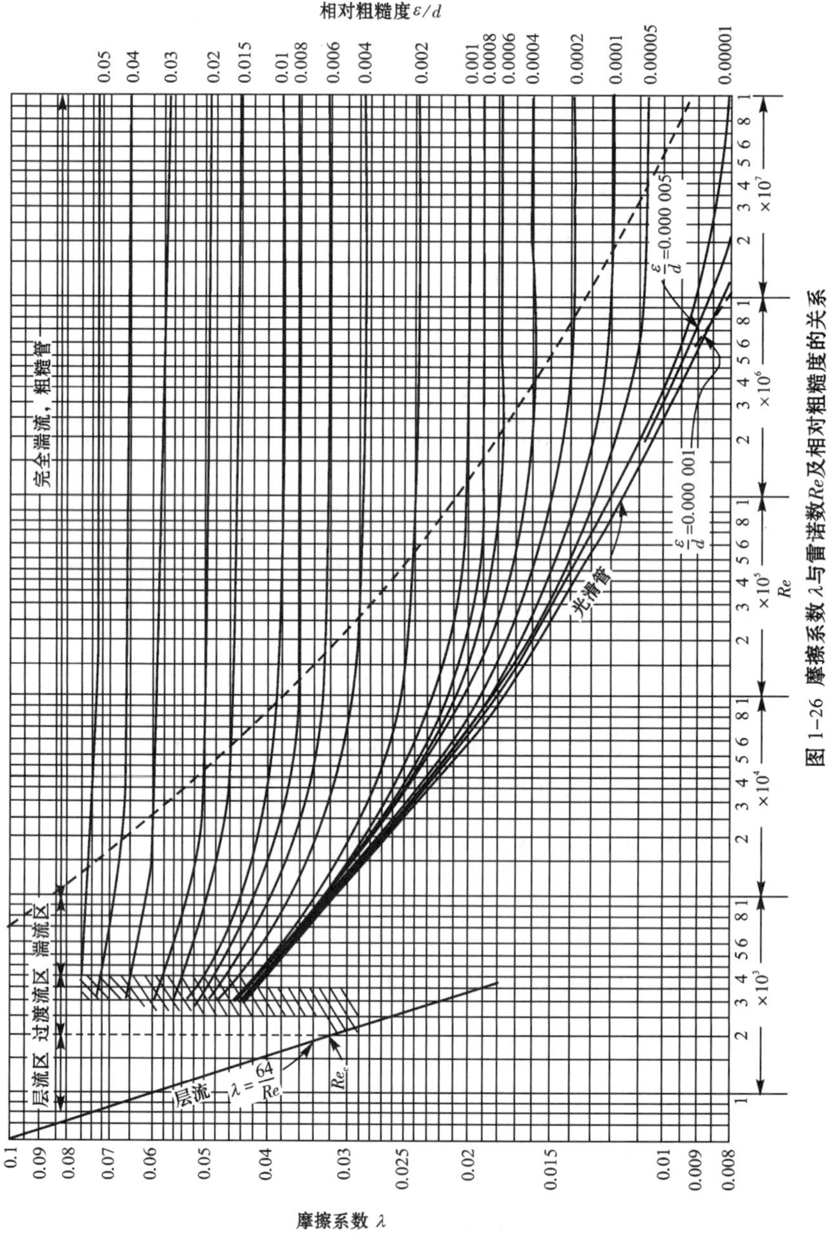

图1-26 摩擦系数λ与雷诺数Re及相对粗糙度的关系

④完全湍流区(阻力平方区) 图中虚线以上的区域

此区内摩擦系数λ的曲线趋于水平线。这时，摩擦系数λ的值只随相对粗糙度$\frac{\varepsilon}{d}$而变，与雷诺数Re的大小无关。对于确定的管道，相对粗糙度为一定值，λ等于常数。流体流过的两个截面间的长度一定时，受到的阻力h_f与动能$\frac{u^2}{2}$成正比，所以此区又称为阻力平方区。

【例 1-18】 某热水采暖管道，输送 80 ℃的热水，已知管内水的流速 $u=0.6$ m/s，管长 $l=10$ m，管道内径 $d=50$ mm，管壁的粗糙度 $\varepsilon=0.2$ mm，试求流体流经该管道的阻力损失。

解：已知 80 ℃时水的运动黏度为 0.37×10^{-6} m²/s

雷诺数 $Re=\dfrac{ud}{\nu}=\dfrac{0.6\times0.05}{0.37\times10^{-6}}=81\ 081>4\ 000$

故流体的流动型态为湍流。

查图 1-26 求摩擦系数 λ 的值。$Re=81\ 000$，$\dfrac{\varepsilon}{d}=0.004$ 得 $\lambda=0.027$

则管道的阻力损失为

$$h_f=\lambda\frac{l}{d}\frac{u^2}{2}=0.027\times\frac{10}{0.05}\times\frac{0.6^2}{2}=0.972(\text{J/kg})$$

2.局部阻力的计算

局部阻力是流体通过管路中的管件（三通、弯头、大小头等）、阀门、管子进出口及流量计等局部障碍而引起的阻力。这是由于在局部障碍处，流体的流动方向和流速突然改变而引起的。局部阻力可加剧流体质点间的相对运动，产生大量漩涡，从而造成能量的较大损失。

局部阻力常采用以下两种方法进行计算。

(1)当量长度法

把局部阻力的计算折合成具有一定长度的直管的阻力来计算，这时式(1-44)中的长度称为当量长度，这种计算方法称为当量长度法。其计算式为

$$h_f'=\lambda\frac{l_e}{d}\frac{u^2}{2} \tag{1-48}$$

式中 l_e——管件、阀门的当量长度。

管件或阀门的当量长度数值都是由实验测定的。在湍流情况下，某些管件与阀门的当量长度可以从图 1-27 的共线图查得。

先于图左侧的垂直线上找出与所求管件或阀门相应的点，再在图右侧的标尺上找出与管内径相当的点，两点的连线与图中间的标尺相交，交点在标尺上的读数就是所求的当量长度。有时用管道直径的倍数来表示管件或阀门的当量长度，如对于直径为 9.5 mm 到 63.5 mm 的 90°弯头，l_e/d 的值约为 30，由此即可求出其相应的当量长度。l_e/d 的值由实验测得，各管件或阀门的 l_e/d 的值可以从化工手册中查到。

管件、阀门等构造细节与加工精度往往差别很大，从手册中查得的 l_e 只是近似值，也就是说，局部阻力的计算只是一种粗略的估算方法。

(2)阻力系数法

将局部阻力看作动能的函数，即与动能成正比，其计算式为

$$h_f'=\zeta\frac{u^2}{2} \tag{1-49}$$

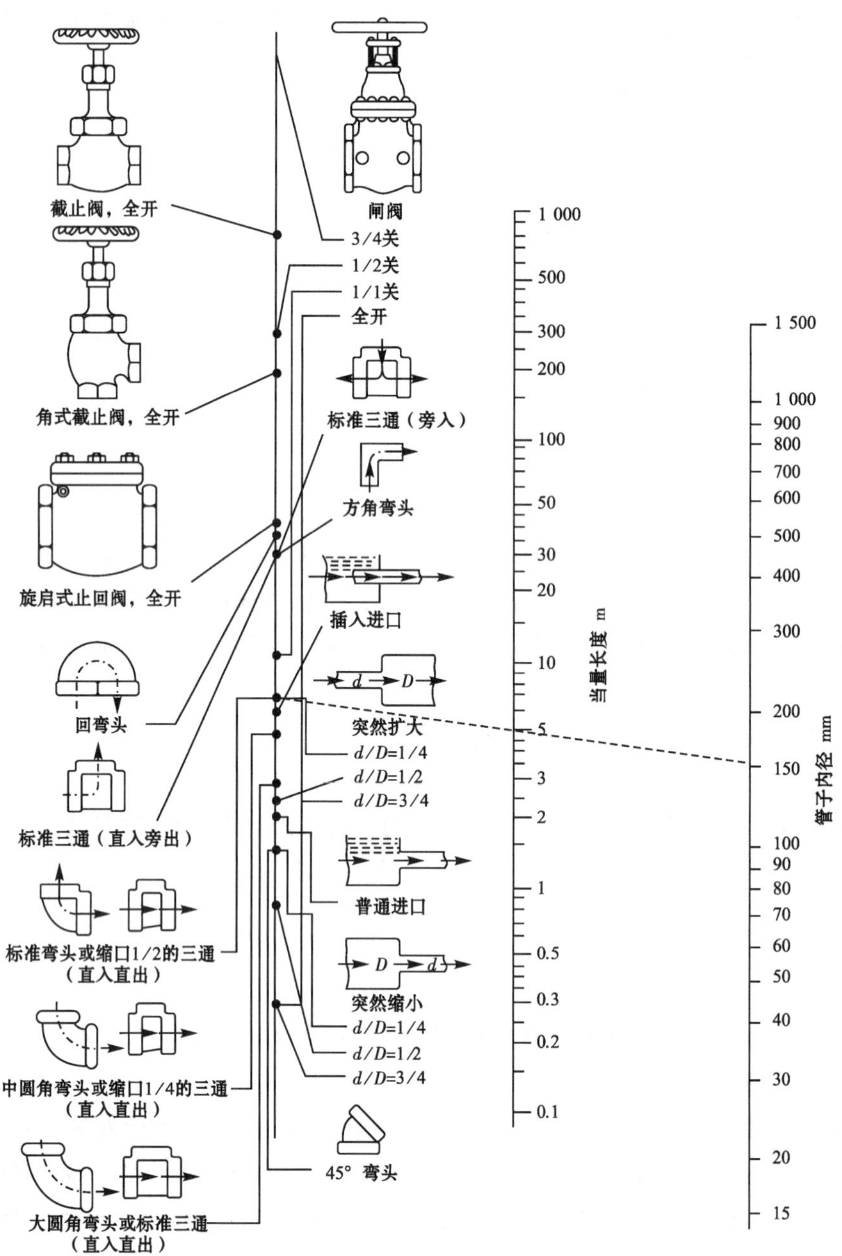

图 1-27 管件与阀门的当量长度共线图

式中 ζ 称为局部阻力系数。一般由实验测得，可通过手册及有关资料查到。下面介绍几种常遇到的局部阻力系数的求法。

①突然扩大与突然缩小

管路由于直径改变而突然扩大或缩小所产生的阻力损失，可按式(1-49)计算。局部阻力系数可以根据小管与大管的截面积之比从图 1-28 的曲线上查得。式中的流速均以小管的流速为准。

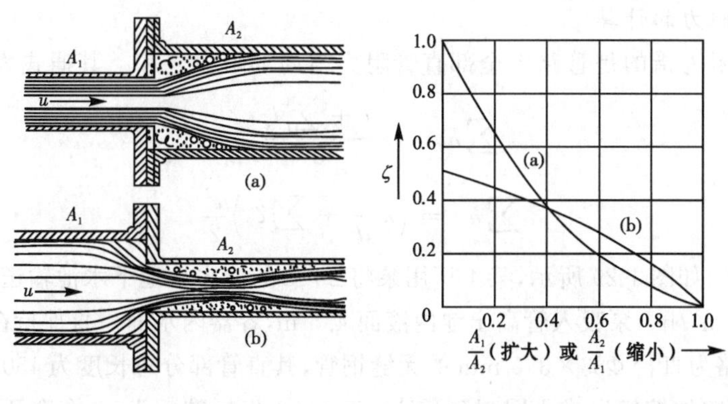

(a)突然扩大 (b)突然缩小

图 1-28 突然扩大和突然缩小的局部阻力系数

②进口与出口

进口是指流体从设备进入管道。出口是指流体从管道流到设备或空间。

流体由设备流入管道,实质上是截面突然缩小,一般设备截面积比管道截面积大得多,故 $A_2/A_1 \approx 0$,由图 1-28 查得 $\zeta_i = 0.5$,这种损失称为进口损失,相应的阻力系数称为进口阻力系数。若管道进口被制成喇叭状或圆滑管口,阻力系数可以减至 0.05~0.25。

流体由管道流入设备或空间,实质上是截面积突然扩大,一般设备或空间的截面积比管道截面积大得多,故 $A_1/A_2 \approx 0$,由图 1-28 查得 $\zeta_o = 1$,这种损失称为出口损失,相应的阻力系数称为出口阻力系数。

流体从管道直接排放到管外空间时,管道出口内侧截面上的压强可以取管外空间的压强。应当指出,若出口截面处在管道出口的内侧,表示流体尚未离开管路,截面上仍具有动能,出口损失不应计入系统的总能量损失内,即 $\zeta_o = 0$;若截面处在管道出口的外侧,表示流体已经离开管路,截面上的动能为零,但出口损失应当计入系统的总能量损失内,此时 $\zeta_o = 1$。

③管件与阀门

管路上的配件如弯头、三通、活接头等总称为管件。常见管件与阀门的局部阻力系数可以从表 1-4 中查到。

表 1-4　常见管件与阀门的局部阻力系数

名　称	局部阻力系数 ζ	名　称	局部阻力系数 ζ
弯头,45°	0.35	标准阀(全开)	6.0
弯头,90°	0.75	标准阀(半开)	9.5
三通	1	角阀(全开)	2.0
管接头	0.04	止逆阀(球式)	70.0
活接头	0.04	旋启式止回阀(全开)	1.7
闸阀(全开)	0.17	水表(盘式)	7.0
闸阀(半开)	4.5	回弯头	1.5

3. 管路总阻力的计算

管路的总阻力指的是管路上全部直管阻力与局部阻力之和。其通式为

$$\sum h_f = \lambda \frac{l + \sum l_e}{d} \frac{u^2}{2} \tag{1-50}$$

或

$$\sum h_f = \left(\lambda \frac{l}{d} + \sum \zeta_i\right) \frac{u^2}{2} \tag{1-51}$$

【例 1-19】 如图 1-29 所示，某工厂用泵将 20 ℃的清水从地下水池输送到高位容器内，体积流量为 25 m^3/h。泵吸入管高出池内液面 4.5 m，容器内水面一直保持在泵的入口以上 30 m。输送管路为直径 $\Phi 83 \times 3.5$ mm 的无缝钢管，其直管部分总长度为 150 m，管路上装有一个底阀（可粗略地按旋启式止回阀全开计），三个 90 ℃标准弯头；一个全开的闸阀，两个标准三通（直入旁出）。设容器内液面维持恒定，试求泵的轴功率，设泵的效率为 70%。

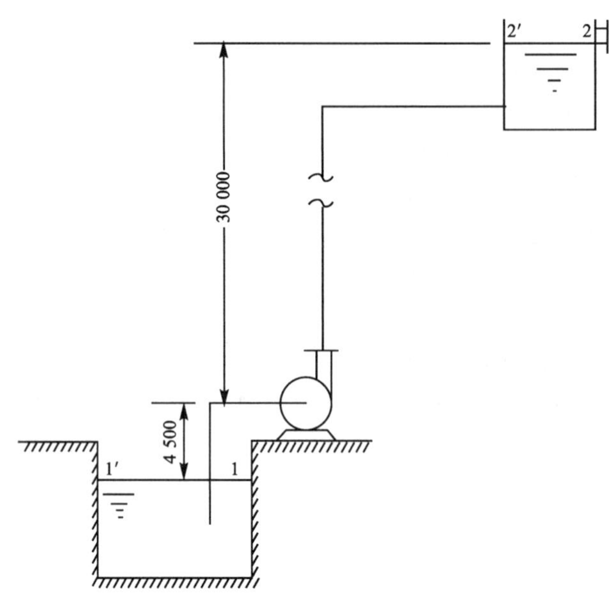

图 1-29 例 1-19 附图

解：(1) 取水池液面为截面 1—1′，并为基准面，容器液面为截面 2—2′。在两截面间列伯努利方程，即

$$gz_1 + \frac{u_1^2}{2} + \frac{p_1}{\rho} + W_e = gz_2 + \frac{u_2^2}{2} + \frac{p_2}{\rho} + \sum h_f$$

其中 $z_1 = 0$ $z_2 = 34.5$ m 水池液面远较管路截面大，故 $u_1 = u_2 \approx 0$ $p_1 = p_2 = p_a$

于是上式可以整理成：$W_e = gz_2 + \sum h_f = 338 + \sum h_f$

(2) 计算流体的总阻力损失 $\sum h_f$，它包括直管的摩擦阻力、管件和阀门的局部阻力以及进出口阻力。

① 先算出直管的摩擦阻力

管路的内径 $d = 83 - 2 \times 3.5 = 76(\text{mm}) = 0.076(\text{m})$

查表得 20 ℃时水的密度 $\rho = 1\ 000$ kg/m^3

绝对黏度 $\mu=1\times10^{-3}$ Pa·s

流体在管路中的流速 $u=\dfrac{V_s}{\dfrac{\pi}{4}d^2}=\dfrac{25}{3\,600\times0.785\times0.076^2}=1.53(\mathrm{m/s})$

$Re=\dfrac{\rho du}{\mu}=\dfrac{1\,000\times0.076\times1.53}{1\times10^{-3}}=1.16\times10^5>4\,000$ 属于湍流

由表 1-3 取管壁的粗糙度 $\varepsilon=0.3$ mm，则相对粗糙度 $\dfrac{\varepsilon}{d}=\dfrac{0.3}{76}=0.003\,95$

查图 1-26 得流体的摩擦系数 $\lambda=0.029\,5$

于是得到直管的摩擦阻力：$h_f=\lambda\dfrac{l}{d}\dfrac{u^2}{2}=0.029\,5\times\dfrac{150}{0.076}\times\dfrac{1.53^2}{2}=68.14(\mathrm{J/kg})$

②再计算局部阻力。先按当量长度法计算

查图 1-27 得阀门、管件的当量长度为

底阀(按旋启式止回阀全开考虑) $l_e=5.8$ m

标准弯头 $l_e=2.4$ m

全开闸阀 $l_e=0.5$ m

标准三通 $l_e=5$ m

总当量长度 $\sum l_e=5.8+2.4\times3+0.5+5\times2=23.5(\mathrm{m})$

查图 1-28 知进口阻力系数 $\zeta_i=0.5$

出口阻力系数 $\zeta_o=1$

$$h_f'=\left(\lambda\frac{\sum l_e}{d}+\sum\zeta\right)\frac{u^2}{2}=\left(0.0295\times\frac{23.5}{0.076}+0.5+1\right)\frac{1.53^2}{2}=12.4(\mathrm{J/kg})$$

按阻力系数法计算局部阻力

查表 1-4 得阻力系数 底阀(按旋启式止回阀全开考虑)$\xi=1.7$

标准弯头 $\zeta=0.75$ 全开闸阀 $\zeta=0.17$ 标准三通 $\zeta=1$

又知进口阻力系数 $\zeta_i=0.5$ 出口阻力系数 $\zeta_o=1$

$$h_f'=\sum\zeta\frac{u^2}{2}=(1.7+0.75\times3+0.17+1\times2+1.5)\frac{1.53^2}{2}=8.92(\mathrm{J/kg})$$

(3)功率的计算

$$W_{e_1}=338+\Sigma h_f=338+68.14+12.4=419(\mathrm{J/kg})$$

$$W_{e_2}=338+\Sigma h_f=338+68.14+8.92=415.1(\mathrm{J/kg})$$

水的质量流量 $w_s=\dfrac{25\times1\,000}{3\,600}=6.94(\mathrm{kg/s})$

泵的轴功率 $N_1=\dfrac{W_{e_1}w_s}{\eta}=\dfrac{419\times6.94}{0.7}=4\,154(\mathrm{W})\approx4.2(\mathrm{kW})$

$$N_2=\frac{W_{e_2}w_s}{\eta}=\frac{415.1\times6.94}{0.7}=4\,115(\mathrm{W})\approx4.1(\mathrm{kW})$$

本例按两种方法计算局部阻力 h_f' 得到不同的值，是由于查图或经验数据造成的误差。

1.4 管路计算和流量的测量

1.4.1 管路计算

管路计算实际上是连续性方程、伯努利方程以及流体阻力计算式的具体运用。由于已知量与未知量情况不同，计算方法也随之改变。在实际工作中常遇到的简单管路计算问题，归纳起来有以下三种情况：

(1)已知管径、管长、管件和阀门的设置及流体的输送量，求流体通过管路系统的阻力损失，以便进一步确定输送设备所加入的外功、设备内的压强或设备间的相对位置等。这一类的计算比较容易，例1-19就属于这种情况。

(2)已知管径、管长、管件和阀门的设置及允许的阻力损失，求流体的流速或流量。

(3)已知管长、管件或阀门的当量长度、流体的流量及允许的阻力损失，求管径。

后两种情况都存在着共性问题，即流速 u 或管径 d 未知，因此不能计算 Re，则无法判断流体的流动状态，所以亦不能确定摩擦系数。在这种情况下，工程计算中常采用试差法来求解。下面通过例题来介绍试差法的应用。

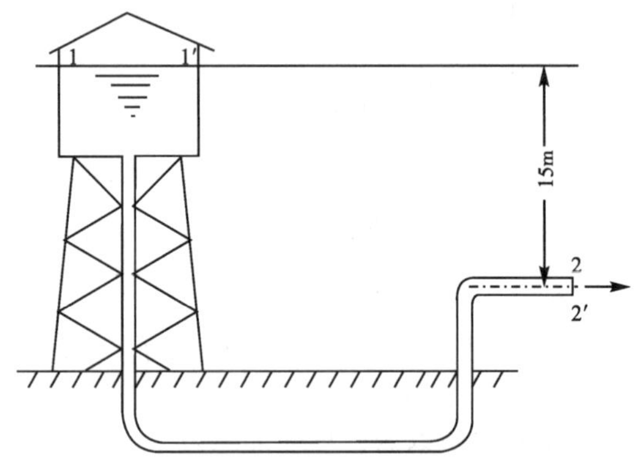

图1-30　例1-20附图

【例1-20】 如图1-30所示，将水塔的水送至车间，输送管路采用 $\Phi114\times4$ mm 的钢管，管路总长为190 m(包括管件与阀门的当量长度，但不包括进、出口损失)。水塔内水面保持恒定，并高于出水口15 m。设水的温度为12 ℃，试求管路的输水量(m^3/h)。

解:取塔内水面为1—1′截面，管道出口为2—2′截面，以2—2′截面中心线为水平基准面，列伯努利方程

$$gz_1+\frac{1}{2}u_1^2+\frac{p_1}{\rho}=gz_2+\frac{1}{2}u_2^2+\frac{p_2}{\rho}+\sum h_f \tag{1}$$

其中　$z_1=15$ m　$z_2=0$　$u_1=0$　u_2未知　$p_1=p_2=p_a$

$$\sum h_f=\left(\lambda\frac{l}{d}+\sum\zeta_i\right)\frac{u^2}{2}=\left(\lambda\frac{190}{0.106}+1.5\right)\frac{u_2^2}{2}$$

将以上各值代入式(1)中，经整理得

$$u_2=\sqrt{\frac{294.3}{1\ 792\lambda+1.5}} \tag{2}$$

而

$$\lambda=f(Re,\frac{\varepsilon}{d})=\varphi(u_2) \tag{3}$$

(2)式中含有两个未知数 λ 和 u_2。由于 λ 的求解依赖于雷诺数 Re，而雷诺数 Re 又是 u_2 的函数，故采用试差法求解。其步骤为

①设定一个 λ 的初值 λ_0；

②根据式(2)求 u_2；

③根据此 u_2 求 Re；

④用求出的 Re 以及 ε/d 查摩擦系数图 1-16 得到新的 λ_1；

⑤比较 λ_0 与 λ_1，若二者接近或相符，u_2 即所求，并据此计算输水量；否则以当前的 λ_1 代入式(2)，按上述步骤重复计算直到二者接近或相符为止。

本题中，取管壁的粗糙度 $\varepsilon=0.2$ mm，则相对粗糙度 $\frac{\varepsilon}{d}=\frac{0.2}{106}=0.001\ 89$。

12 ℃时水的物性参数 $\rho=1\ 000\ \text{kg/m}^3$，$\mu=1.236\times10^{-3}\ \text{Pa}\cdot\text{s}$

于是根据上述步骤计算的结果为

次数	λ_0	u_2	Re	ε/d	λ_1
第一次	0.02	2.81	2.4×10^5	0.001 89	0.024
第二次	0.024	2.58	2.2×10^5	0.001 89	0.024 1

由于两次计算的 λ 基本相符，故 $u_2=2.58$ m/s，所以输水量为

$$V_s = uA = 2.58\times\frac{\pi}{4}\times0.106^2 = 0.023(\text{m}^3/\text{s}) = 81.9(\text{m}^3/\text{h})$$

1.4.2 流体流量的测量

流体的流量是化工生产过程中必须测量并加以调节、控制的重要参数之一。测量流量的仪表种类很多，本节仅介绍几种根据流体流动时能量守恒原理设计的流速计与流量计。

1. 测速管

测速管又称毕托管(Pitot Tube)如图 1-31 所示。它是用两根弯成直角的同心圆套管组成。为了减少流体的涡流，外管的端口制成封闭的半球体。操作时将测速管放在管道内任意位置，使内管的管口与流动方向垂直，测得该位置上的动能与静压能之和，称为冲压能。以 h_A 表示

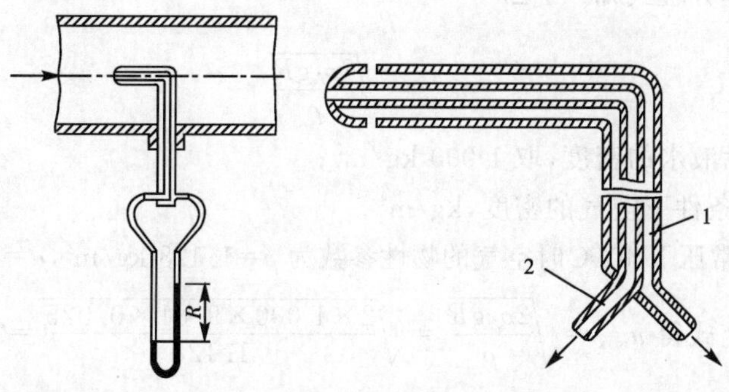

1. 静压管 2. 全压管

图 1-31 测速管

$$h_A = \frac{u_r^2}{2} + \frac{p}{\rho} \tag{1-52}$$

式中 h_A——冲压能，J/kg；

u_r——测速管所在位置上的流速称为局部流速，m/s。

测速管的外管前端壁面四周的测压孔口与管道中流体的流动方向相平行，故测得的是流体的静压能。即

$$h_B = \frac{p}{\rho} \tag{1-53}$$

测量点处的冲压能与静压能之差 Δh 为

$$\Delta h = h_A - h_B = \frac{u_r^2}{2} \tag{1-54}$$

于是测量点处的局部流速为 $u_r = \sqrt{2\Delta h}$ (1-55)

式中 Δh 的值由 U 形管压差计的读数 R 来确定。Δh 与 R 的关系式随所用的 U 形管压差计的形式而异，可以根据流体静力学基本方程进行推导。

测速管测得的是流体在测速管放置位置上的局部流速，而不能测得平均流速。将测速管放在管道中心时，测得的是管道中心的最大速度 u_{max}。

用测速管测量流速时应注意以下几点：

①内管的管口要与流动方向相垂直。

②测速管安装在距任何管件有一定距离的下游稳定段之后。

③测速管的外径不应大于管径的 1/50。

④不适用于含尘气体的测量。

【例 1-21】 常压下平均温度为 40 ℃的空气在 Φ159×6 mm 的钢管内流过。于管子中心线上装一毕托管，与毕托管相连的 U 形管压差计上的读数为 25 mm，压差计的指示液为水。试求空气的质量流量。

解：先用式(1-55)求出空气在管道中心线上的最大速度，然后再计算空气的质量流量。

$$u_{max} = \sqrt{2\Delta h}$$

由静力学基本方程式知 $\Delta h = \frac{(\rho_A - \rho)gR}{\rho} \approx \frac{\rho_A gR}{\rho}$

所以 $u_{max} = \sqrt{\frac{2\rho_A gR}{\rho}}$

式中 ρ_A——指示液水的密度，取 1 000 kg/m³；

ρ——操作条件下空气的密度，kg/m³。

由附录查出，常压下 40 ℃时空气的物性参数为 ρ=1.128 kg/m³，μ=1.91×10⁻⁵ Pa·s

把数据代入上式得 $u_{max} = \sqrt{\frac{2\rho_A gR}{\rho}} = \sqrt{\frac{2\times 1\,000\times 9.81\times 0.025}{1.128}} = 20.85(\text{m/s})$

雷诺数 $Re_{max} = \frac{\rho d u_{max}}{\mu} = \frac{1.128\times 0.147\times 20.85}{1.91\times 10^{-5}} = 181\,009$，湍流

取 $u = 0.84\,u_{max}$

于是平均流速 $u=20.85\times0.84=17.51(\mathrm{m/s})$

质量流量为 $w_s=\rho uA=1.128\times17.51\times\frac{0.147^2\pi}{4}=0.335(\mathrm{kg/s})=1\,206(\mathrm{kg/h})$

2. 孔板流量计

在管道里插入一片与管轴垂直并带有通常为圆孔的金属板，孔的中心位于管道的中心线上，如图1-32所示，这样构成的装置，称为孔板流量计。孔板称为节流元件。

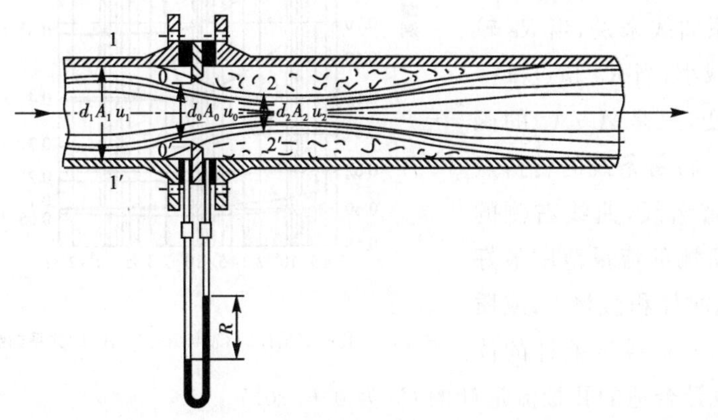

图1-32 孔板流量计

孔板流量计

当流体流过小孔以后，由于惯性的作用，流体截面并不立即扩大到与管道截面相等，而是继续收缩一定距离后才逐渐扩大到整个管道截面。流体截面最小处(如图中截面2—2′)称为缩脉。流体在缩脉处的流速最高，即动能最大，而相应的静压强就最低。因此，当流体以一定的流量流经小孔时，就产生一定的压强差。流量越大，所产生的压强差也就越大。因此可以利用测量压强差的方法来测量流体的流量。

设孔板装在某水平管道内，根据伯努利方程可推导出用孔板流量计测量流量的计算式。

相应的体积流量和质量流量为

$$V_s=u_0A_0=C_0A_0\sqrt{\frac{2(p_a-p_b)}{\rho}} \tag{1-56}$$

$$w_s=u_0A_0\rho=C_0A_0\sqrt{2\rho(p_a-p_b)} \tag{1-57}$$

以上各式中(p_a-p_b)可用孔板前、后测压口连接的压差计测得。若采用的是U形管压差计，其读数为R，指示液的密度为ρ_A，被测流体的密度为ρ，则

$$p_a-p_b=(\rho_A-\rho)gR$$

所以式(1-56)和式(1-57)又可以写成

$$V_s=C_0A_0\sqrt{\frac{2(\rho_A-\rho)gR}{\rho}} \tag{1-58}$$

$$w_s=C_0A_0\sqrt{2gR\rho(\rho_A-\rho)} \tag{1-59}$$

各式中的C_0称为流量系数或孔流系数，无因次。A_0为孔板小孔的截面积。C_0与雷诺数Re有关，与取压法有关，与面积比A_0/A_1(管道的截面积)有关。

C_0 与这些变量间的关系由实验测定。用角接取压法安装的孔板流量计(如图 1-32 所示),其 C_0 与 Re、A_0/A_1 的关系如图 1-33 所示。

图 1-33 中雷诺数 Re 是由管道内径和流体在管道内的平均流速计算出的。由图看出:对于任一条 A_0/A_1 的关系曲线来说,当 Re 较小时,C_0 随 Re 的加大而减小;当 Re 超过某一值 Re_c 时,C_0 不随 Re 而变,只是 A_0/A_1 的函数。Re_c 称为临界雷诺值。将每条线的转折点连起来的曲线称为临界雷诺线,曲线右侧的 C_0 接近于常数。流量计所测的流量范围最好在 C_0 为定值的区域内,这时体积流量 V_s 或质量流量 w_s 只与压强差 p_a-p_b 或压差计的读数 R 的平方根成正比。设计合适的孔板流量计的 C_0 为 0.6～0.7。

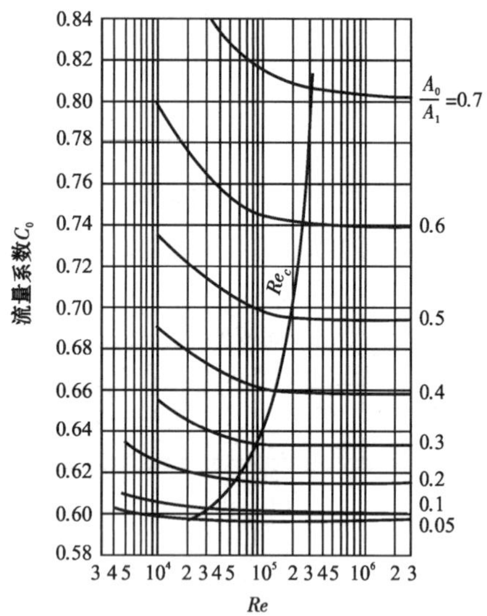

图 1-33 孔板流量计的 C_0 与 Re、A_0/A_1 的关系曲线

用式(1-58)和式(1-59)计算 V_s、w_s 时,必须先确定流量系数 C_0,但是 C_0 又与 Re 数有关,而管道中流体的流速 u 未知,此时可以采用试差法。先假设 $Re \geqslant Re_c$,根据 A_0/A_1 查出 C_0,用上面相应的公式算出流量后,再算平均流速 u,从而计算 Re 再核对原先假设的 Re。若计算的 Re 等于或大于 Re_c,则假设合适,否则另设 Re,重复上面的计算,直到计算的雷诺数等于或大于 Re_c 为止。

孔板流量计是按系列生产的,若使用严格按照标准图加工出来的孔板流量计,在保持清洁并不受腐蚀的情况下,直接用上面的公式计算出的流量,误差仅为 1%～2%。在其他情况下,要用称量法或用标准流量计加以校核,做出这个流量计专用的流量与读数的关系曲线。这曲线称为校核曲线。

孔板流量计安装位置的上、下游都要有一段内径不变的直管,以保证流体通过孔板之前的速度分布稳定。若孔板上游不远处装有弯头、阀门等,流量计读数的精确性和重现性都会受到影响。通常要求上游直管长度为 50 d_1,下游直管长度为 10 d_1。若 A_0/A_1 较小,则这段长度可缩短一些。

孔板流量计的优点是构造简单、制造方便,当流量发生变化时调换孔板比较方便;其缺点是阻力损失较大。

【例 1-22】 在 $\Phi 38 \times 2.5$ mm 的管路上装有标准孔板流量计,孔径为 16.4 mm,管中流动的液体是甲苯。采用角接取压法用 U 形管压差计测量孔板两侧的压强差,以汞为指示液,测压连接管中充满甲苯。现测得 U 形管压差计的读数为 600 mm,试计算管路中甲苯的质量流量。已知操作条件下甲苯的密度为 868 kg/m^3、黏度为 0.6×10^{-3} Pa·s。

解:用式(1-59)计算甲苯的质量流量

$$w_s = C_0 A_0 \sqrt{2gR\rho(\rho_A - \rho)}$$

$$\frac{A_0}{A_1} = \left(\frac{d_0}{d_1}\right)^2 = \left(\frac{16.4}{33}\right)^2 = 0.247$$

设 $Re > Re_c$，查图 1-21 得 $C_0 = 0.626$

$$w_s = C_0 A_0 \sqrt{2gR\rho(\rho_A - \rho)}$$

$$= 0.626 \times \frac{\pi}{4} \times (0.016\,4)^2 \times \sqrt{2 \times 9.81 \times 0.6 \times 868(13\,600 - 868)}$$

$$= 1.51(\text{kg/s}) = 5\,436(\text{kg/h})$$

校核雷诺数 Re 的值

流体在管道内的流速

$$u = \frac{w_s}{\rho A} = \frac{1.51}{868 \times \frac{\pi}{4} \times (0.033)^2} = 2.03(\text{m/s})$$

$$Re = \frac{\rho d u}{\mu} = \frac{868 \times 0.033 \times 2.03}{0.6 \times 10^{-3}} = 97\,000 > Re_c$$

故前面的假设正确。

3. 文丘里(Venturi)流量计

为了减少流体流经孔板时的阻力损失，可以用一段渐缩、渐扩管代替孔板，这样构成的流量计称为文丘里流量计或文氏流量计，如图 1-34 所示。

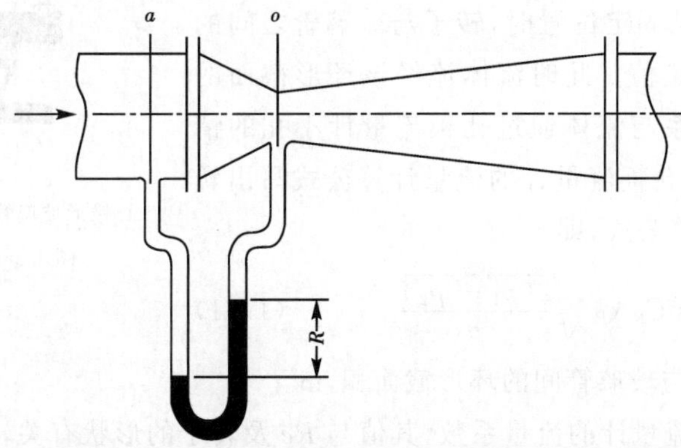

图 1-34 文丘里流量计

文丘里流量计上游测压口距管径开始收缩处的长度为 1/2 管径，下游测压口设在称为喉管(管径最小处)的中心。由于收缩段与扩大段都是逐渐均匀地改变，流体在文丘里管内速度改变缓慢，涡流现象不显著。喉管处所增加的动能可于其后渐扩的过程中转为静压能，所以能量损失大大减少。

文丘里流量计测量流量的原理与孔板流量计基本相同，同样道理推导出文丘里流量计流量计算的公式，即

$$V_s = C_v A_0 \sqrt{\frac{2(p_a - p_0)}{\rho}} \tag{1-60}$$

式中 V_s——体积流量，m^3/s；

C_v——文丘里流量计的流量系数,无因次,由实验确定或从手册中查得;

A_0——喉管的截面积,m^2;

$p_a - p_0$——截面 a 与截面 O 间的压强差,单位为 Pa,其值大小由压差计的读数 R 来确定;

ρ——被测流体的密度,kg/m^3。

文丘里流量计的优点是能量损失小,但是各部分尺寸要求严格,需要精细加工,所以造价较高。

4. 转子流量计

前述各流量计的共同特点是收缩口的截面积保持不变,而压强随流量的改变而变化,这类流量计统称为变压强流量计。另一类流量计是压强差几乎保持不变,而收缩的截面积变化,这类流量计称为变截面流量计,其中最为常见的是转子流量计。

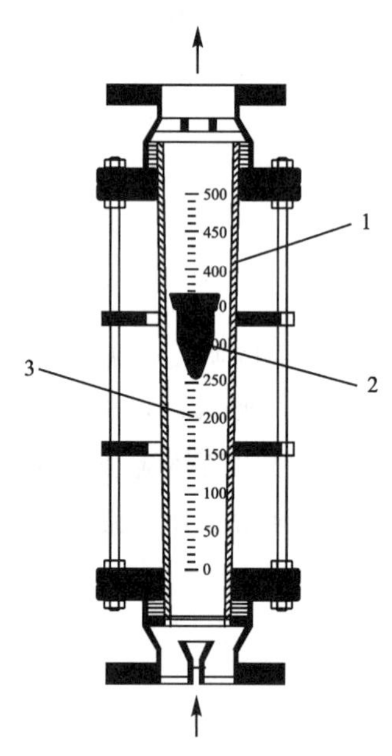

1. 锥形玻璃管 2. 转子 3. 刻度

图 1-35 转子流量计

转子流量计的构造如图 1-35 所示,在一根截面积自下而上逐渐扩大的垂直锥形玻璃管 1 内,装有一个能够旋转自如的由金属或其他材质制成的转子 2(或称浮子)。被测流体从玻璃管底部进入,从顶部流出。

当转子停留在某固定位置时,转子与玻璃管之间的环形面积就是某固定值。此时流体流经该环形截面的流量和压强差的关系与流体通过孔板流量计小孔的情况类似,因此可仿照孔板流量计的流量计算公式写出转子流量计的流量计算公式,即

$$V_s = C_R A_R \sqrt{\frac{2(p_1 - p_2)}{\rho}} \qquad (1\text{-}61)$$

式中 A_R——转子与玻璃管间的环形截面积,m^2;

C_R——转子流量计的流量系数,其值与 Re 及转子的形状有关,需由实验测定。

$p_1 - p_2$——流体流经环形截面所产生的压强差,Pa。

转子流量计

由式(1-61)可知,对于某一转子流量计,如果在所测量的流量范围内,流量系数 C_R 为常数时,流体的流量只随环形截面积 A_R 发生变化。由于玻璃管是上大下小的锥体,所以环形截面积的大小随转子所处的位置而变,因而可以用转子所处位置的高低来反映流量的大小。

转子流量计由专门厂家生产,通常厂家选用水或空气作为标定流量计的介质。因此,当测量其他流体时,需要对原有的刻度加以校正。转子流量计的优点是能量损失小,测量范围宽,但缺点是耐温、耐压性差。

习　题

1. 燃烧重油所得的燃烧气，经分析知其中含 CO_2 8.5%，O_2 7.5%，N_2 76%，H_2O 8%（体积%），试求此混合气体在温度 500 ℃、压强 101.3 kPa 时的密度。（答：$\rho=0.455\ kg/m^3$）

2. 在大气压强为 101.33×10^3 Pa 的地区，某设备上真空表的读数为 14.5×10^3 Pa。试将其换算成绝对压强。（答：$p=86.83$ kPa ）

3. 在大气压强为 101.3 kPa 的地区，某真空蒸馏塔塔顶的真空表读数为 85 kPa。若在大气压强为 90 kPa 的地区，仍使该塔塔顶在相同的绝压下操作，则此时真空表的读数应为多少？（答：p(真)＝73.7 kPa）

4. 什么叫等压面？在附图中所示的水平面 A—A，B—B、C—C 是否都是等压面？为什么？（答：略）

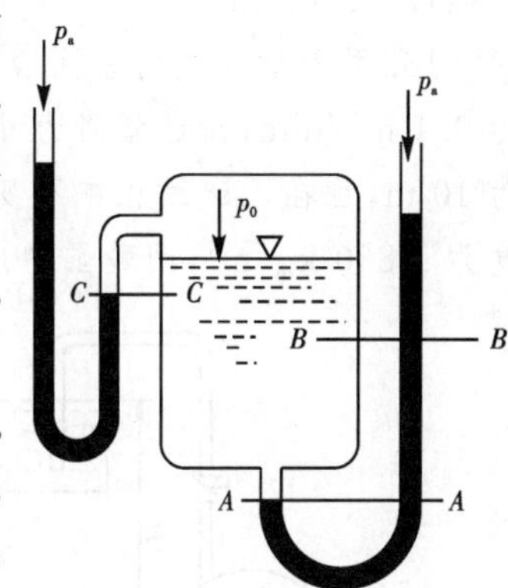

习题 4 附图

5. 水平管道中两点间连接一 U 形压差计，指示液为汞。已知压差计的读数为 30 mm，试分别计算管内流体为(1)水；(2)压强为 101.3 kPa、温度为 20 ℃的空气时压强差。（答：$\Delta p_1=3\ 708$ Pa；$\Delta p_2=4\ 002$ Pa）

6. 封闭容器的形状如图所示，若 U 形管中水银柱的读数 $\Delta h=100$ mm，求水面下深度 $H=2.5$ m 处的压强表的读数。（答：p(表)＝37 866 Pa）

7. 附图中已知倒置 U 形管中的读数为 $h_1=2$ m，$h_2=0.4$ m，求 A 点的表压强。（答：p(表)＝15 696 Pa）

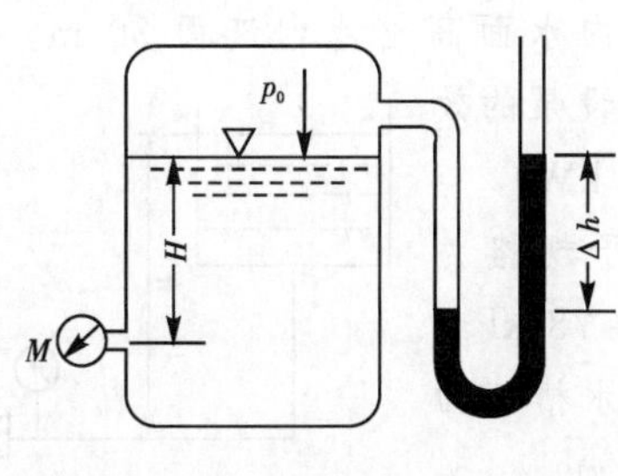

习题 6 附图

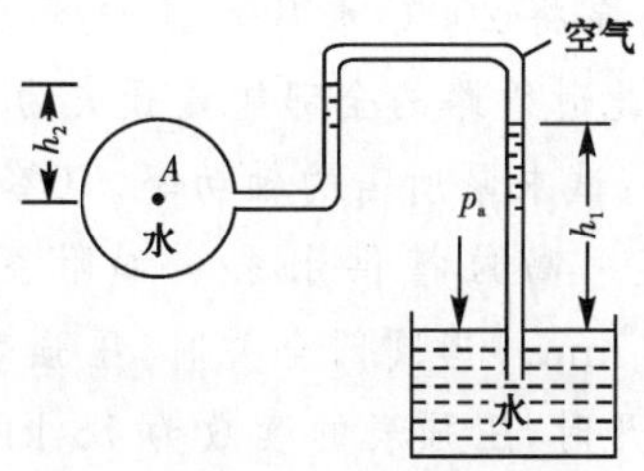

习题 7 附图

8. 为了排出煤气管中的少量积水，用附图所示的水封装置，水由煤气管道中的垂直支管排出。已知煤气压强为 10 kPa(表压)，试求水封管插入液面下的深度 h。（答：$h=1.02$ m）

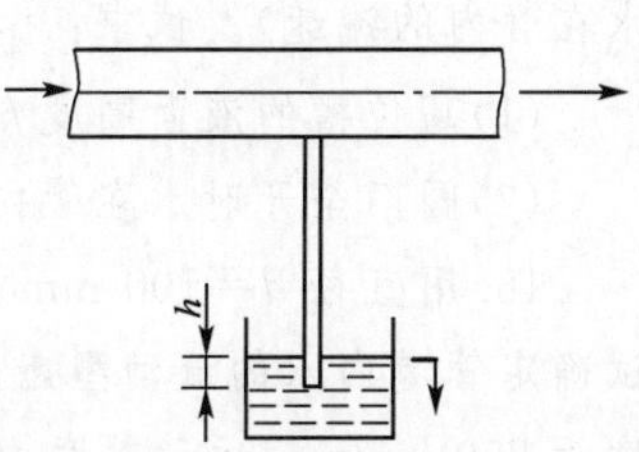

习题 8 附图

9. 矩形风管的截面为 $300\times400\ mm^2$，风量为 2 700 m^3/h，求其截面平均流速。若风管截面缩小为 $150\times200\ mm^2$，则该处截面的平均流速为多少？（答：$u_1=6.25$ m/s；$u_2=25$ m/s）

10. 一供热水管直径 $d_1=200$ mm，通过流量 $V_s=25\times10^{-3}\ m^3/s$，求管中水的平均流速。

若该管后面接一直径 $d_2=100$ mm 的较细管道，则细管中的平均流速为多少？（答：$u_1=0.79$ m/s；$u_2=3.2$ m/s）

11. 绝对压强为 540 kPa、温度为 30 ℃的空气，在 $\Phi 108\times 4$ mm 的钢管内流动，流量为 1 500 m^3/h（标准状况）。试求空气在管内的流速、质量流量和质量流速。（答案：$u=11$ m/s；$w_s=0.537\ 5$ kg/s；$G=68.47$ $kg/m^2\cdot s$）

12. 如附图所示，用虹吸管从高位槽向反应器加料，高位槽与反应器均与大气相通，且高位槽中液面恒定。现要求料液以 1 m/s 的流速在管内流动，设料液在管内流动时的能量损失为 20 J/kg（不包括出口），试确定高位槽中的液面应比虹吸管的出口高出的距离。（答：$H=2.09$ m）

13. 用压缩空气将密闭容器（酸蛋）中的硫酸压送至敞口高位槽，如附图所示。输送量为 0.1 m^3/min，输送管路为 $\Phi 38\times 3$ mm 的无缝钢管。酸蛋中的液面离压出管口的位差为 10 m，且在压送过程中不变。设管路的总压头损失为 3.5 m（不包括出口），硫酸的密度为 1 830 kg/m^3，问酸蛋中应保持多大的压强？（答：p（表）$=246.3$ kPa）

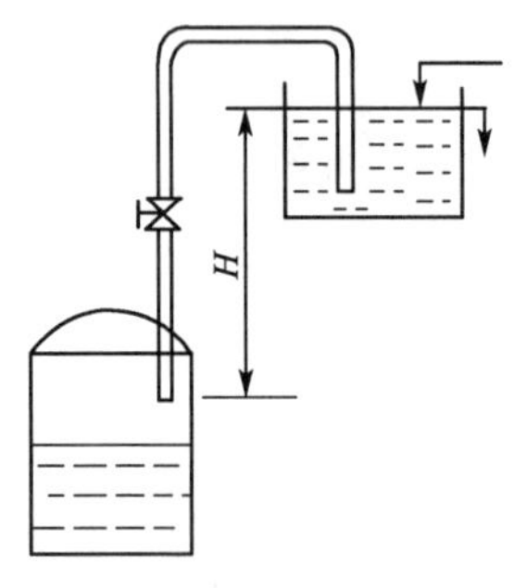

习题 12 附图

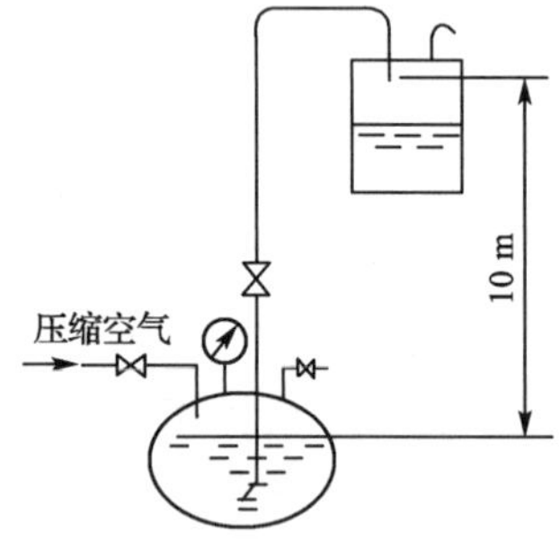

习题 13 附图

14. 用泵将 20 ℃水从水池送至高位槽，槽内水面高出池内液面 30 m。输送量为 30 m^3/h，此时管路的全部能量损失为 40 J/kg。设泵的效率为 70%，试求泵所需的轴功率。（答：$N=3.98$ kW）

15. 某一高位槽供水系统如附图所示，管子规格为 $\Phi 45\times 2.5$ mm。当阀门全关时，压强表的读数为 78 kPa。当阀门全开时，压强表的读数为 75 kPa，且此时水槽液面至压强表处的能量损失可以表示为 $\sum h_f=u^2$ J/kg（u 为水在管内的流速）。试求：

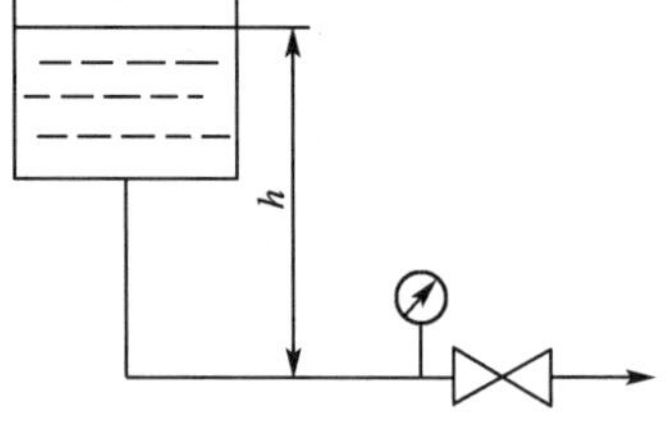

习题 15 附图

（1）高位槽的液面高度 h；

（2）阀门全开时水在管内的流量（m^3/h）。（答：$h=7.95$ m；$V_h=6.39$ m^3/h）

16. 用直径 $d=100$ mm 的管道，输送质量流量为 10 kg/s 的水，如水的温度为 5 ℃，试确定管道内水的流动型态。如果用这条管道输送同样质量流量的石油，已知石油的密度为 850 kg/m^3，运动黏度 $\nu=1.14$ cm^2/s，试确定石油的流动型态。（答：湍流；过渡流）

17. 有一燃油锅炉的供油管道，长度 $L=150$ m，直径 $d=80$ mm，供油量 $V_s=10\times 10^{-3}$ m^3/s，油的密度 $\rho=870$ kg/m^3，运动黏度 $\nu=1.5$ cm^2/s，试求该供油管道的摩擦阻力

损失。(答:Re=1 067;h_f=22.5 J/kg)

18. 某液体分别在本题附图所示的三根管道中稳定流过,各管的绝对粗糙度、管径均相等,上游截面 1—1′的压强、流速也相等。问:(1)在三根管的下游截面 2—2′的流速是否相等?(2)在三根管的下游截面 2—2′的压强是否相等?(答:略)

19. 如附图所示,高位槽内的水面高出地面 7 m,水从 $\Phi108\times4$ mm 的管道中流出,管路出口高出地面 1.5 m。在本题条件下,水流经系统的能量损失可以按 $\sum h_f = 5.5u_B^2$ 计算,其中 u_B 为水在管道内的平均流速,试计算(1)A—A′截面处水的平均流速;(2)水的流量。(答:u=3 m/s;V_h=84.78 m^3/h)

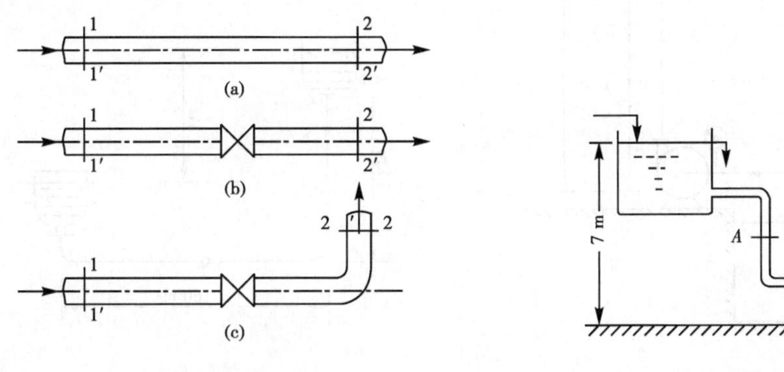

习题 18 附图　　　　习题 19 附图

20. 计算 10 ℃水以 2.7×10^{-3} m^3/s 的流量流过 $\Phi57\times3.5$ mm、长 20 m 水平钢管的能量损失、压头损失及压强降。(设管壁的粗糙度为 0.5 mm)(答:h_f=15.51 J/kg;H_f=1.58 m;Δp=15 525 Pa)

21. 如附图所示,水箱 A 中的水通过管路流入敞口水箱 B 中,已知水箱 A 内液面上气体的表压强 p_0=20 kPa,H_1=10 m,H_2=2 m,管径 d_1=100 mm,d_2=200 mm,阀门(标准阀全开),转弯处采用 90°弯头,若不计直管阻力损失,试求管道内水的体积流量。(答:V_h=120.7 m^3/h)

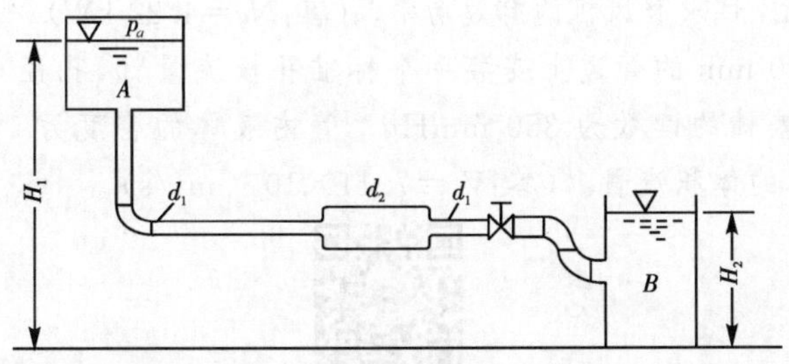

习题 21 附图

22. 用离心泵将 20 ℃的水自贮槽送至水洗塔顶部,槽内水位维持恒定。各部分相对位置如本题附图所示,管路的直径均为 $\Phi76\times2.5$ mm,在操作条件下,泵入口处真空表的读数为 24.66×10^3 Pa;水流经吸入管与排出管(不包括喷头)的能量损失可分别按 $\sum h_{f1} = 2u_B^2$ 与 $\sum h_{f2} = 10u_B^2$ 计算,由于管径不变,故式中 u_B 为吸入或排出管的平均流速(m/s),排水管与喷头连接处的压强为 98.07×10^3 Pa(表压强)。试求泵的有效功率。

（答：Ne=2.26 kW）

23. 如附图所示，密度为 800 kg/m^3、黏度为 1.5 mPa·s 的液体，由敞口高位槽经 Φ114×4 mm的钢管流入一密闭容器中，其压强为 0.16 MPa（表压），两槽的液位恒定。液体在管内的流速为 1.5 m/s，管路中闸阀为半开，管壁的相对粗糙度 $\frac{\varepsilon}{d}$=0.002，试计算两槽液面的垂直距离 Δz。（答：Δz=26.6 m）

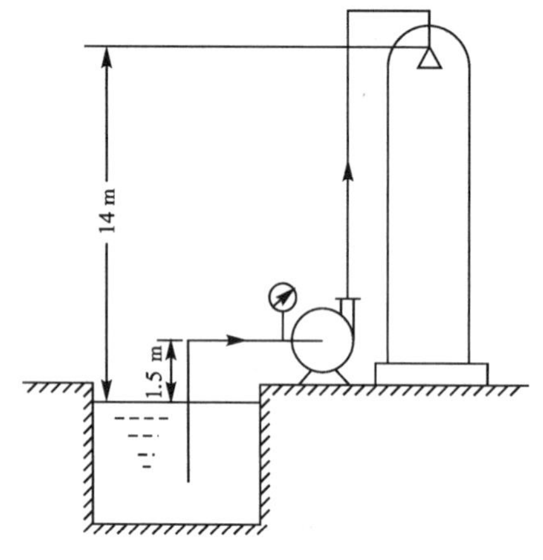

习题 22 附图

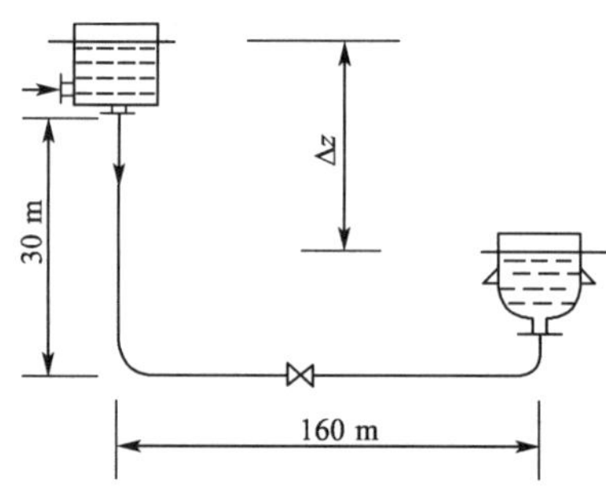

习题 23 附图

24. 从设备排出的废气在放空前通过一个洗涤塔，以除去其中的有害物质，流程如附图所示。气体流量为 3 600 m^3/h，废气的物理性质与 50 ℃的空气相近，在鼓风机吸入管路上装有 U 形压差计，指示液为水，其读数为 60 mm。输气管与放空管的内径均为 250 mm，管长与管件、阀门的当量长度之和为 55 m（不包括进、出塔及管出口阻力），放空口与鼓风机进口管水平面的垂直距离为 15 m，已估计气体通过洗涤塔填料层的压强降为 2.45 kPa。管壁的绝对粗糙度取为 0.15 mm，大气压强为 101.3 kPa。试求鼓风机的有效功率。（答：Ne=4.22 kW）

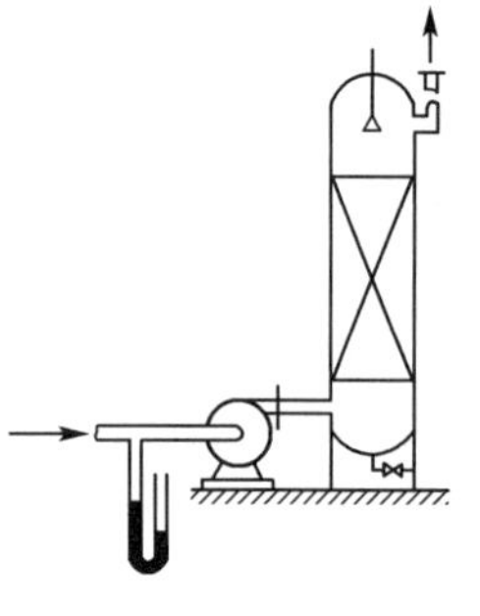

习题 24 附图

25. 在内径为 80 mm 的管道上安装一个标准孔板流量计，孔径为 40 mm，U 形压差计的读数为 350 mmHg。管内液体的密度为 1 050 kg/m^3，黏度为 0.5 cP，试计算液体的体积流量。（答：V_s=7.11×10^{-3} m^3/s）

模块1 流体流动
在线自测

模块2　流体输送机械

2.1 概　述

2.1.1　流体输送机械的作用

在化工生产过程中，流体输送是重要的单元操作之一，它遵循流体流动的基本原理。流体输送机械就是对流体做功，以完成输送任务的机械。通常，将输送液体的机械称为泵，将输送气体的机械按工况不同称为风机、压缩机和真空泵。

流体输送机械都是安装在特定的管路系统中工作的。对于一定的管路系统，为完成一定的输送任务，管路系统所需要的能量（由流体输送机械所提供的能量）可由伯努利方程式求得

$$W_e = g\Delta z + \frac{\Delta u^2}{2} + \frac{\Delta p}{\rho} + \sum h_f \tag{2-1}$$

上式是以单位质量（1 kg）流体为衡算基准而得到的伯努利方程式。但在流体输送的计算中，实际上多采用其他衡算基准。

（1）若输送的是液体（对泵），则采用单位重量（1 N）流体为衡算基准

将式（2-1）中各项除以 g，可得

$$\frac{W_e}{g} = \Delta z + \frac{\Delta u^2}{2g} + \frac{\Delta p}{\rho g} + \frac{\sum h_f}{g}$$

令

$$H_e = \frac{W_e}{g} \qquad H_f = \frac{\sum h_f}{g}$$

则

$$H_e = \Delta z + \frac{\Delta u^2}{2g} + \frac{\Delta p}{\rho g} + H_f \tag{2-2}$$

式（2-2）中各项的单位均为 m，同长度的单位，因此通常将式中的 Δz、$\Delta p/\rho g$、$\Delta u^2/2g$ 分别称为位压头、静压头和动压头，H_f 称为压头损失；H_e 称为管路所需的外加压头，即需要泵对单位重量（1 N）液体所提供的能量，J/N 或 m。

当用泵输送液体时，一般动能项差值 $\Delta u^2/2g$ 可忽略，液体输送机械提供的能量，主要用于提高液体的位能、静压能及克服管路的阻力（能量损失）。

(2)若输送的是气体(对通风机),则采用单位体积(1 m^3)气体为衡算基准

式(2-1)中各项乘以气体的密度 ρ,可得

$$W_e\rho = \rho g\Delta z + \frac{\Delta u^2}{2}\rho + \Delta p + \rho\sum h_f$$

令

$$H_T = W_e\rho$$

则

$$H_T = \rho g\Delta z + \frac{\Delta u^2}{2}\rho + \Delta p + \rho\sum h_f \tag{2-3}$$

式(2-3)中各项的单位为 Pa,即压强的单位。因此通常将 $\rho g\Delta z$ 称为位风压,$\rho\Delta u^2/2$ 称为动风压,Δp 称为静风压,$\rho\sum h_f$ 称为风压损失;而 H_T 称为管路所需的全风压,即需要通风机对单位体积(1 m^3)气体提供的能量,J/m^3(Pa)。

在气体输送中,一般位风压差值 $\rho g\Delta z$ 可忽略,可见气体输送机械所提供的能量,主要用于提高气体的速度、压强及克服管路的阻力(能量损失)。

2.1.2 流体输送机械的分类

在化工生产中,被输送的流体是多种多样的,性质各不相同,如温度高低、腐蚀性大小、黏度高低、含有固体悬浮物多少等;此外在输送条件(温度和压强)和输送量方面也有较大差别。因此在实际生产中需根据不同的生产条件及要求,选用不同种类的流体输送机械。

流体输送机械按照其工作原理可分为以下几种类型:

(1)动力式(又称叶轮式、非正位移式)

它是利用高速旋转的叶轮使流体获得能量,主要包括离心式、轴流式和旋涡式输送机械。

(2)容积式(又称正位移式)

它是利用活塞或转子的挤压作用使流体升压排出,包括往复式、旋转式输送机械。

(3)流体动力式

利用流体高速喷射时动能与静压能相互转换的原理吸引输送另一种流体。例如喷射泵等。

本章重点讨论化工生产中常用的泵及气体输送机械。要求掌握典型输送机械的工作原理、基本结构及特性,以便能合理地选择和使用这些输送机械。

2.1.3 对流体输送机械的基本要求

在化工生产和设计中,对流体输送机械的基本要求如下:

(1)能适应被输送流体的特性,如黏性、腐蚀性、毒性、可燃性及是否含有固体悬浮杂质等;

(2)能满足生产工艺上对流量和能量(压头)的要求;

(3)结构简单,操作可靠和高效,设备费用和操作费用低。

化工生产中,选择适宜的流体输送机械类型和型号是十分重要的。

2.2 离心泵

离心泵是化学工业与石油工业中最为常用的一种液体输送机械。其特点是结构简单、流量均匀、调节控制方便、适用范围广泛、可输送腐蚀性液体及含有固体颗粒的悬浮液等。近年来,离心泵正向着大型化、高转速的方向发展。

2.2.1 离心泵的工作原理及主要部件

离心泵的工作原理

1. 离心泵的工作原理和气缚现象

(1)离心泵的工作原理

离心泵装置简图如图 2-1 所示。其主要部件是旋转的叶轮 1 和固定的泵壳 2。泵轴 3 上装有叶轮,叶轮上有若干弯曲的叶片。位于泵壳中央的吸入口 4 与吸入管 5 连接,泵壳侧旁的排出口 6 与排出管路 7 连接。在吸入管底部装有底阀 8 和滤网 9,排出管路上装有调节阀 10。

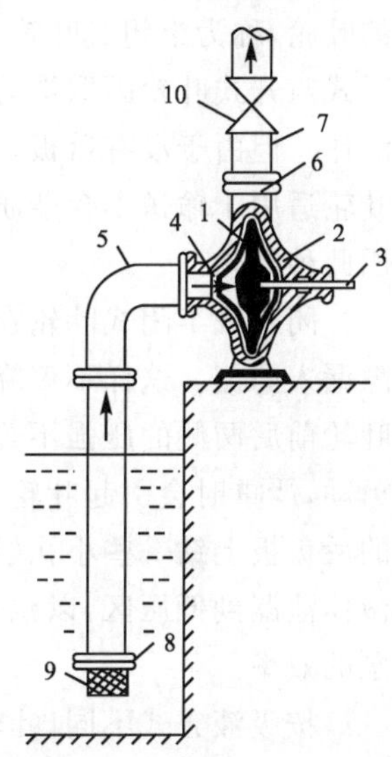

1. 叶轮 2. 泵壳 3. 泵轴
4. 吸入口 5. 吸入管
6. 排出口 7. 排出管路
8. 底阀 9. 滤网 10. 调节阀

图 2-1 离心泵装置简图

离心泵多用电动机驱动。启动前泵壳内要先灌满所输送的液体。启动后泵轴带动叶轮高速旋转,产生离心力,叶片间的液体也随之旋转,液体在离心力的作用下,从叶轮中心被抛向叶轮外缘的过程中获得了能量,使液体的静压能和动能均有所增高。液体离开叶轮进入泵壳后,由于泵壳中流道逐渐扩大,液体流速减小,使部分动能转换为静压能。最终液体以较高的压强从泵的排出口进入排出管路,输送至目的地。

当叶轮内的液体被抛出后,叶轮中心处形成低压区,造成吸入口处压强低于贮槽液面的压强,在此压强差的作用下,液体便沿着吸入管路连续地吸入泵内。只要叶轮不停地旋转,离心泵就不停地吸入和排出液体。

(2)气缚现象

离心泵的工作原理及气缚现象

当离心泵启动时,若泵内未能充满液体而存在大量空气,则由于空气的密度远小于液体的密度,叶轮旋转产生的惯性离心力很小,在叶轮中心处形成的低压不足以形成吸入液体所需要的压强差(真空度),这种虽启动离心泵但不能输送液体的现象称为气缚。可见,离心泵是一种没有自吸能力的液体输送机械,在启动前必须向泵壳内灌满液体。若泵的吸入口位于贮槽液面的上方,在吸入管路应安装单向底阀和滤网。单向底阀可防止启动前灌入的液体泄漏,滤网可阻挡液体中的固体物质被吸入而堵塞泵壳和管路。当然,若将离心泵吸入口置于液体贮槽液面以下,液体便自动进入泵中。

2. 离心泵的主要部件

离心泵的拆装

离心泵主要由两部分构成：一是包括叶轮和泵轴的旋转部件，另一是包括泵壳、轴封装置等的静止部件。其中最主要的部件是叶轮、泵壳和轴封装置。

(1)叶轮

叶轮是使液体接受外加能量的部分，即液体在泵内所获得的能量是由叶轮传给的。叶轮的结构如图 2-2 所示。

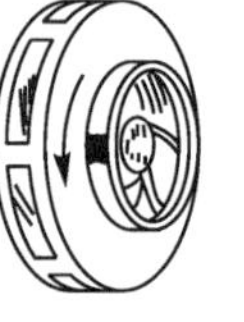
(a) 闭式

(b) 半闭式

(c) 开式

图 2-2 离心泵的叶轮

叶轮内有 6～12 片弯曲的叶片，其弯曲方向与转动方向相反。液体从叶轮中央入口进入后，随叶轮高速旋转而获得了能量。图 2-2(a)所示为叶片两侧均有盖板的叶轮，称为闭式叶轮；图 2-2(b)所示为在吸入口侧无盖板的叶轮，称为半闭式叶轮；图 2-2(c)所示为叶片两侧均无盖板的叶轮，称为开式叶轮。半闭式与开式叶轮因取消盖板叶轮通道不易堵塞，可用于输送含有固体悬浮物或黏度大的液体。但由于没有盖板，液体在叶片间流动时容易产生倒流，故此降低了泵的效率。闭式叶轮适用于输送不含杂质的清洁液体，虽造价高些，但因其效率高，所以一般离心泵多采用此种叶轮。

闭式或半闭式叶轮在工作时，离开叶轮的部分高压液体可以由叶轮和泵壳之间的缝隙漏入两侧。这样不仅降低了泵的效率，同时因叶轮前侧吸入口为低压液体，液体作用于叶轮前后两侧的压强不等，使叶轮产生了指向液体吸入口处的轴向力，使叶轮向吸入口侧窜动，严重时会引起叶轮与泵壳接触，发生振动和磨损，造成操作不正常。为此，可在叶轮的后盖板上钻一些小孔(见图 2-3(a)中的 1)，这些小孔称为平衡孔，其作用是使部分高压液体泄漏到低压区，以减小叶轮两侧的压强差，从而可平衡部分轴向力。但这样做会降低泵的效率。

按吸液方式不同，叶轮可分为单吸式和双吸式两种。单吸式叶轮如图 2-3(a)所示，液体只能从叶轮一侧被吸入。双吸式叶轮如图 2-3(b)所示，液体可同时从叶轮两侧吸入。显然，双吸式叶轮具有较大的吸液能力，而且基本上可以消除轴向力。

(2)泵壳

泵壳亦称泵体，主要作用是将叶轮封闭在一定的空间内，以使叶轮吸进并排出液体，并将液体所获得的大部分动能转变成静压能，因此它又是一个转能装置。其结构如图 2-4 所示。泵壳之所以能把动能转变为静压能，是由于泵壳多做成蜗壳形，其特点是沿着叶轮旋转的方向，泵壳与叶轮之间所形成的通道截面逐渐扩大，如图 2-4(a)所示。因此，液体从叶轮外缘以高速被抛出后，沿着逐渐扩大的通道向排出口流动时，流速便逐渐降低，即动能逐渐降低，根据能量转换关系，动能的降低，除了部分消耗在泵体阻力等方面外，大部分转化为静压能。把动能转化成静压能的目的，是为了减少液体流动时的能量损失。

为了减少液体直接进入泵壳时的碰撞，在叶轮与泵壳之间有时还装有一个固定不动而带有叶片的导轮，如图 2-4(b)所示。由于导轮具有很多逐渐转向的流道，使高速液体流过时能均匀而缓和地将动能转变为静压能，以减少能量损失。

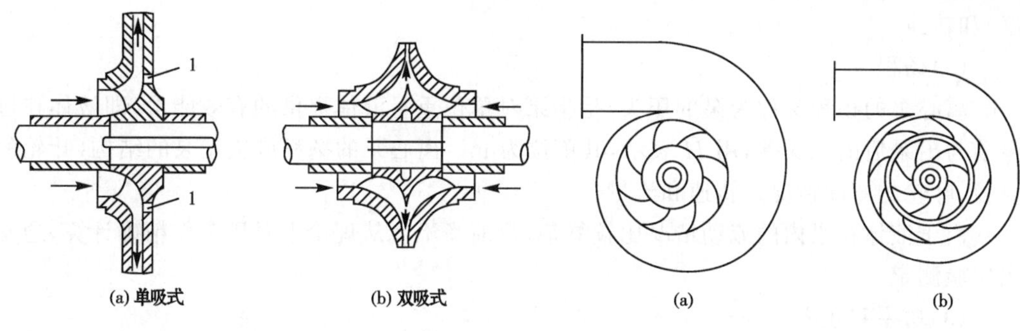

图 2-3　吸液方式

图 2-4　泵壳与导轮

(3)轴封装置

旋转的泵轴与固定的泵壳之间的密封，称为轴封装置。它的作用是防止高压液体在泵内沿轴漏出，或者外界空气沿轴进入泵内。常用的轴封装置有填料密封和机械密封两种。

①填料密封。填料密封又称填料函，是离心泵中最常见的密封。其结构主要由填料座、液封环、填料压盖、双头螺栓等组成。填料通常采用浸油或浸渍石墨的石棉绳等。

填料密封主要靠填料压盖压紧填料，压迫填料产生变形来达到密封的目的，故严密程度可由压盖的松紧加以调节。填料不可压得过紧，过紧虽能制止渗漏，但机械磨损增加，功率消耗过大，严重时造成发热、冒烟，甚至烧坏零件；也不可压得过松，过松则起不到密封的作用。当填料函用于泵的吸入端时，为更好地防止空气漏入泵内，还在填料函内装有液封环，它是一个金属环，环上开了一些径向小孔，通过填料座上的小孔可以和泵的排出口相通，将泵内高压液体引入液封环内，以达防止空气漏入的目的。所引入的液体还可起到润滑、冷却作用。

填料密封的优点是简单易行，其缺点是维修工作量大，功率损失也较大，且总有一定的液体渗出。因此对易燃、易爆、贵重或有毒的液体不宜采用。

②机械密封。它主要由装在泵轴上的动环和固定在泵壳上的静环所组成，两环的端面借弹力使之相互贴紧而起到密封的作用，因此机械密封又称端面密封。动环一般用硬质金属材料制成，静环用浸渍石墨或酚醛塑料等非金属材料制成。

机械密封在安装时，要求动环与静环严格地与轴线垂直，摩擦面要很好研合并通过调整弹簧压力，使两端面间形成一层薄薄的液膜，以起到较好的密封和润滑作用。

与填料密封相比，机械密封具有液体泄漏量小、使用寿命长、功率消耗小等优点，其缺点是零件加工精度高，价格贵，对安装要求严格，装卸和更换零件较麻烦。

2.2.2　离心泵的性能

1. 主要性能参数

要正确选择和使用离心泵，就必须了解泵的性能。离心泵的主要性能参数有流量、扬程、功率和效率。

(1)流量

离心泵的流量又称为泵的送液能力，是指离心泵在单位时间内排出的液体体积，用 Q 表示，其单位为 m^3/s 或 m^3/h。离心泵的流量取决于泵的结构、尺寸(叶轮直径和叶片宽度)和转速。

(2)扬程

离心泵的扬程又称为泵的压头,是指泵对单位重量液体提供的有效能量,即液体在进泵前与出泵后的压头差,用 H 表示,其单位为 m。离心泵的扬程取决于泵的结构(叶轮的直径、叶轮的弯曲情况)、转速和流量。

由于液体在泵内的流动情况比较复杂,目前尚不能从理论上对压头作精确计算,通常由实验测定。

(3)功率和效率

单位时间内泵对输出液体所做的功,称为泵的有效功率,以 N_e 表示,其单位为 J/s,即 W。电机传给泵轴的功率称为泵的轴功率,以 N 表示。离心泵运转时,由于泵轴与轴承、填料函等的机械摩擦,液体从叶轮进口到出口的流动阻力和漏失等,要损失一部分能量,所以电机传给泵轴的功率,不可能全部传给液体而成为有效功率,即 N 一定大于 N_e。我们把有效功率与轴功率的比值,称为泵的效率,以 η 表示,于是

$$\eta = \frac{N_e}{N} \quad 或\ N = \frac{N_e}{\eta} \tag{2-4}$$

而

$$N_e = QH\rho g \tag{2-5}$$

式中 N_e——有效功率,W;

Q——泵的流量,m^3/s;

H——泵的扬程,m;

ρ——被输送液体的密度,kg/m^3;

g——重力加速度,m/s^2。

离心泵的效率 η 是反映总能量损失的一个参数,其值大小与泵的大小、类型、制造精度及所输送液体的性质有关。一般小型泵的效率为 50%~70%,大型泵可达 90%,η 也由实验测定。

【例 2-1】 为了核定一台离心泵的性能,采用图 2-5 所示的实验装置。在转速为 2 900 r/min 时,以 20 ℃的水为介质测得以下数据:流量为0.012 5 m^3/s,泵出口处压强表上的读数为 255 kPa,入口处真空表的读数为 26.7 kPa。两侧压口的垂直距离为 0.5 m。用功率表测得电机的输入功率为 6.2 kW,电机的效率为0.93,泵由电机直接带动,传动效率可视为 1。泵的吸入与排出管路的管径相同。试求该泵在输送条件下的扬程、轴功率和效率。

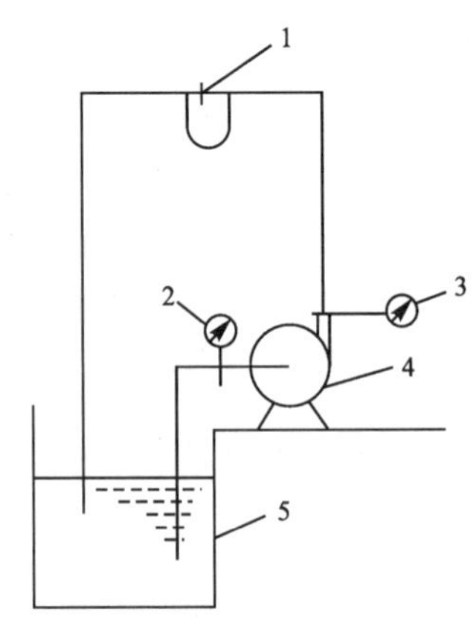

1.流量计 2.真空表 3.压强表
4.离心泵 5.贮槽

图 2-5 例 2-1 附图

解:(1)泵的扬程

根据扬程的定义,在泵的进出口(两侧压口)间列伯努利方程,得

$$H = \Delta z + \frac{p_2 - p_1}{\rho g} + \frac{u_2^2 - u_1^2}{2g} + H_f$$

已知:Δz=0.5 m

$p_1=-26.7\times10^3$ Pa

$p_2=255\times10^3$ Pa

$u_2=u_1,\rho=998$ kg/m^3

由于两个测压口间的管路很短，其压头损失忽略不计，即 $H_f=0$

代入：$H=0.5+\dfrac{(255+26.7)\times10^3}{998\times9.81}=29.3(\text{m})$

(2)泵的轴功率

电机输出功率＝电机输入功率×电机效率

＝6.2×0.93＝5.77(kW)

泵的轴功率

N＝电机输出功率×传动效率

＝5.77×1＝5.77(kW)

(3)泵的效率

$$\eta=\frac{N_e}{N}\times100\%=\frac{QH\rho g}{N}\times100\%=\frac{0.0125\times29.3\times998\times9.81}{5.77\times10^3}\times100\%=62\%$$

2.离心泵的特性曲线

由上述讨论可知，离心泵的扬程 H、轴功率 N、效率 η 都与流量 Q 有关，即 H、N、η 都随着 Q 的变化而变化。它们之间的关系难以用解析式表达，目前都通过实验测得，测出的一组关系曲线称为离心泵的特性曲线。

离心泵的特性曲线一般都是在一定转速下，以常温清水为工作介质通过实验测得的，由泵的生产部门提供，将其附在泵的样本或说明书中，供使用部门选用和指导操作。图 2-6 为某离心泵在转速 n=2 900 r/min 时的特性曲线。

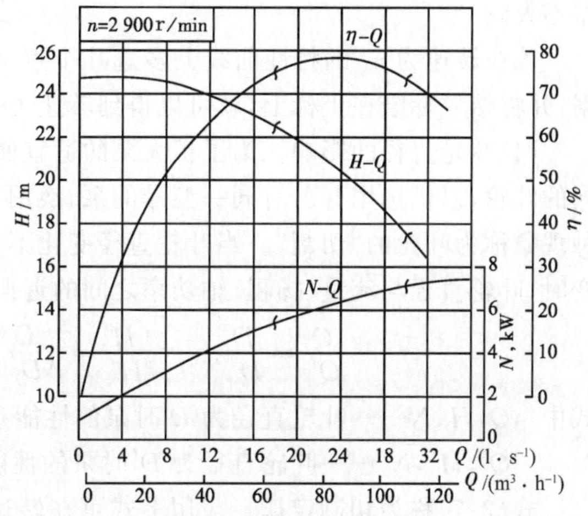

图 2-6　离心泵特性曲线

不同型号的离心泵，特性曲线是不同的，但都具有如下的共同点：

(1)H-Q 曲线，反映扬程与流量的关系。扬程一般随着流量的增大而减小。

(2)N-Q 曲线，反映轴功率与流量的关系。轴功率随着流量的增大而增大，流量为零时轴功率最小。所以离心泵启动时，应关闭出口阀，使流量为零，以减小启动功率。

(3)η-Q 曲线，反映效率与流量的关系。泵的效率先随流量的增加而上升，达到最大值后，随流量的增加而下降。说明离心泵在一定转速下有一最高效率点，称为最佳工况点。与最佳工况点对应的 Q、H、N 称为最佳工况参数。离心泵铭牌所标的参数即最佳工况参数。由于输送条件所限，离心泵往往不可能正好在最佳工况点下运转，因此只能规定一个工作范围，称为泵的高效率区，通常不小于最高效率的 92%，在特性曲线上用两个破折号标出，选用离心泵时，应尽可能使泵在此范围内工作。

3.影响离心泵性能的因素

化工生产中，所输送的液体是多种多样的，同一台离心泵用于输送不同液体时，由于液体的性质不同，泵的性能就要发生变化。此外，若改变泵的转速和叶轮直径，也会使泵的性能改变。

(1)密度的影响。被输送液体的密度，对离心泵的扬程、流量和效率均无影响。所以 H-Q 与 η-Q 曲线保持不变。但泵的轴功率随密度的增大而增加，因此当泵所输送液体的密度与常温清水的密度不同时，原生产部门所提供的 N-Q 曲线不再适用，此时泵的轴功率应重新按式(2-4)和式(2-5)进行计算。

(2)黏度的影响。若被输送液体的黏度大于常温清水的黏度，则泵内能量损失增大，泵的扬程、流量都要减小，效率降低，而轴功率增大，即泵的特性曲线发生改变。

(3)转速的影响。离心泵的特性曲线都是在一定转速下测定的，但在实际使用时有时会遇到要改变转速的情况，这时泵的扬程、流量、轴功率及效率也将随之改变。当液体的黏度不大，泵的效率不变时，泵的流量、扬程、轴功率与转速的近似关系为

$$\frac{Q_1}{Q_2}=\frac{n_1}{n_2};\qquad \frac{H_1}{H_2}=\left(\frac{n_1}{n_2}\right)^2;\qquad \frac{N_1}{N_2}=\left(\frac{n_1}{n_2}\right)^3 \tag{2-6}$$

式中 Q_1, H_1, N_1——转速为 n_1 时泵的性能参数；

Q_2, H_2, N_2——转速为 n_2 时泵的性能参数。

式(2-6)称为比例定律。当转速变化小于20%时，可以认为效率不变，用上式计算误差不大。

若在转速为 n_1 的特性曲线上多选几个点，利用比例定律算出转速为 n_2 时相应的数据，并将结果标绘在坐标上，就可以得到转速为 n_2 时的特性曲线。

(4)叶轮直径的影响。为了扩大泵的适宜使用范围，同一型号的泵配备有几个直径不同的叶轮，以供选用。若对同一型号的泵，换用直径较小的叶轮，而其他几何尺寸不变，这种现象称为叶轮的"切割"。当叶轮直径变化不大(叶轮直径变化不超过20%)，而转速不变时，叶轮直径与流量、扬程、轴功率之间的近似关系为

$$\frac{Q}{Q'}=\frac{D}{D'};\qquad \frac{H}{H'}=\left(\frac{D}{D'}\right)^2;\qquad \frac{N}{N'}=\left(\frac{D}{D'}\right)^3 \tag{2-7}$$

式中 Q, H, N——叶轮直径为 D 时泵的性能参数；

Q', H', N'——叶轮直径为 D' 时泵的性能参数。

式(2-7)称为切割定律。应用上式可在转速不变的条件下，根据叶轮直径为 D 时的特性曲线换算出将叶轮直径减小为 D' 后的特性曲线。

4.离心泵的气蚀现象与安装高度

(1)离心泵的气蚀现象

离心泵的气蚀现象与安装高度

离心泵是靠液面与入口处的压强差来吸入液体的，当液面上的大气压强 p_a 一定时，泵入口处的绝对压强 p_1 越小，则压强差 $\Delta p=p_a-p_1$ 越大，即吸上高度越高。但 p_1 不能无限减小，当 $p_1 \leqslant p_v$(输送温度下液体的饱和蒸气压)时，液体在泵的入口处开始汽化，产生气泡，含气泡的液体进入高压区后，气泡就急剧

凝结或破裂。因气泡的消失而产生了局部真空,周围的液体便以极高的速度冲向原气泡中心,瞬间产生了极大的局部冲击压力,造成对叶轮和泵壳的冲击,这种力的反复作用,使材料表面疲劳,从开始点蚀到形成严重的蜂窝状孔洞,使叶轮受到损坏。这种现象称为气蚀。气蚀发生时,泵体因受到冲击而产生噪声和振动。此外,由于气蚀时产生大量气泡,占据了流道的部分空间,致使泵的流量、扬程与效率等性能参数显著下降,甚至使泵不能正常工作。

(2)离心泵的安装高度

离心泵的吸上高度是指泵入口中心与贮槽液面的垂直距离。如果泵在液面之下,则吸上高度为负值。

离心泵之所以能吸入液体,是由于叶轮旋转时叶轮中心处形成真空,而贮槽液面上的压强为大气压,液体靠此压强差压入泵内。当液面压强为定值时,推动液体流动的压强差就有一个限度,所以,吸上高度也有一个限度。如果用离心泵输送水,并假设叶轮进口处为绝对真空,管路阻力为零,液面上为一个标准大气压,那么它的最大吸上高度也不超过10.33 m。这就是说,用离心泵输送液体时,泵的安装高度有一定的限度,若超过此限度,泵就无法吸液。

①允许吸上真空高度。为了使泵正常运转,不发生气蚀,泵入口处的绝对压强必须大于输送温度下液体的饱和蒸气压,即 $p_1>p_v$。满足此关系的 p_1 为泵入口处允许的最低绝对压强,习惯上把 p_1 表示为真空度,并以被输送液体的液柱高度为计量单位,称为允许吸上真空高度,以 $H_s{}'$表示。$H_s{}'$是指泵入口处允许达到的最高真空高度,其表达式为

$$H_s{}' = \frac{p_a - p_1}{\rho g} \tag{2-8}$$

式中　$H_s{}'$——允许吸上真空高度,m 液柱;

p_a——大气压强,Pa;

ρ——被输送液体的密度,kg/m^3。

明确了 $H_s{}'$的意义之后,我们来确定离心泵的允许安装高度。允许安装高度又称为允许吸上高度,是指泵的吸入口与贮槽液面间允许达到的最大垂直距离,以 H_g 表示。

在图 2-7 中,泵在可允许的最高位置上操作,在贮槽液面 0—0′与泵入口处 1—1′两截面间列伯努利方程式,可得

$$H_g = \frac{p_0 - p_1}{\rho g} - \frac{u_1^2}{2g} - H_{f\,0-1} \tag{2-9}$$

由于贮槽是敞口的,则 p_0 为大气压强 p_a,上式可写为

$$H_g = \frac{p_a - p_1}{\rho g} - \frac{u_1^2}{2g} - H_{f\,0-1}$$

式中　$H_{f\,0-1}$——液体流经吸入管路的压头损失,m。

式中静压头差$\frac{p_a - p_1}{\rho g}$与 $H_s{}'$在数值上相等,故将式(2-8)代入上式得

$$H_g = H_s{}' - \frac{u_1^2}{2g} - H_{f0-1} \tag{2-9a}$$

式(2-9a)为离心泵允许安装高度计算式,应用时必须已知允许吸上真空高度 $H_s{}'$。

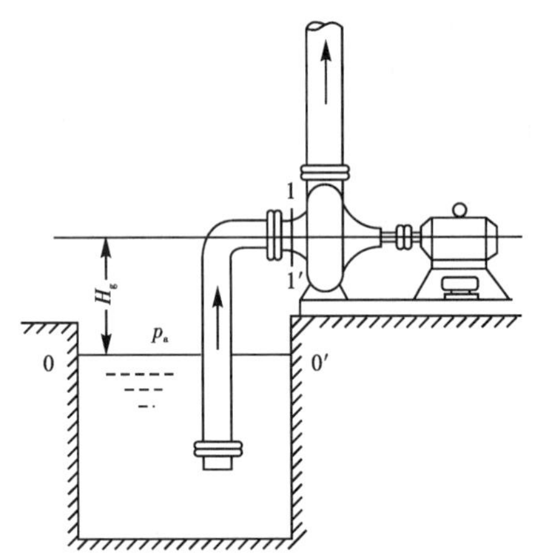

图 2-7 离心泵吸液

而 H_s' 与被输送液体的物理性质、当地大气压强、泵的结构、流量等因素有关，由泵的制造厂实验测定。实验是在大气压为 10 mH_2O（9.81×10^4 Pa）条件下，以 20 ℃的清水为工作介质进行的，相应的，允许吸上真空高度用 H_s 表示，其值列在泵样本或说明书的性能表上，H_s 随着流量的增大而减小，它表示离心泵的气蚀性能。

若输送其他液体，且操作条件与上述实验条件不符时，要对泵性能表上的 H_s 进行换算。

输送与实验条件不同的清水。用下式把 H_s 换算为操作条件下的允许吸上真空高度 H_{s1}，即

$$H_{s1} = H_s + (H_a - 10) - (H_v - 0.24) \tag{2-10}$$

式中 H_{s1}——操作条件下输送水时的允许吸上真空高度，mH_2O；

H_s——实验条件下的允许吸上真空高度，即在水泵性能表上所查得的数值，mH_2O；

H_a——泵安装地区的大气压（mH_2O），其值随海拔高度不同而异，可参阅表 2-1；

H_v——操作温度下水的饱和蒸气压，mH_2O；

10——实验条件下的大气压强，mH_2O；

0.24——实验温度（20 ℃）下水的饱和蒸气压，mH_2O。

由于被输送的液体为水，所以 H_{s1} 与式（2-9a）中的 H_s' 相等。直接将 H_{s1} 代入式（2-9a）即可求出允许安装高度 H_g。

若输送与实验条件不同的其他液体，则首先选用式（2-10），将性能表中的 H_s 换算为操作条件下的 H_{s1}，然后再用下式将 H_{s1} 换算成以被输送液体的液柱高度（m 液柱）表示的允许吸上真空高度 H_s'。即

$$H_s' = H_{s1}\frac{\rho_{H_2O}}{\rho} \tag{2-11}$$

式中 ρ_{H_2O}——操作温度下水的密度，kg/m^3；

ρ——操作温度下被输送液体的密度，kg/m^3。

将 H_s' 代入式（2-9a），便可求得在操作条件下，输送其他液体时泵的允许安装高度。

表 2-1　不同海拔高度的大气压强

海拔高度/m	0	100	200	300	400	500	600	800	1 000	1 500	2 000	2 500
大气压强/mH_2O	10.33	10.20	10.09	9.95	9.85	9.74	9.60	9.38	9.16	8.64	8.15	7.62

②允许气蚀余量。由式（2-10）可知，泵的允许吸上真空高度是随泵安装地区的大气压强及输送液体的性质、温度而变化的，使用时不太方便。因此对输送某些沸点较低液体的泵，又引入另一个表示气蚀性能的参数，即允许气蚀余量，以 Δh 表示。它被定义为：为防止气蚀现象发生，离心泵入口处，液体的静压头 $\frac{p_1}{\rho g}$ 与动压头 $\frac{u_1^2}{2g}$ 之和与操作温度下液体

的饱和蒸气压头$\frac{p_v}{\rho g}$的最小差值。即

$$\Delta h = \frac{p_1}{\rho g} + \frac{u_1^2}{2g} - \frac{p_v}{\rho g} \tag{2-12}$$

或

$$\frac{p_1}{\rho g} = \frac{p_v}{\rho g} + \Delta h - \frac{u_1^2}{2g} \tag{2-12a}$$

将式(2-12a)代入式(2-9)，得

$$H_g = \frac{p_0}{\rho g} - \frac{p_v}{\rho g} - \Delta h - H_{f\,0-1} \tag{2-12b}$$

式中的 p_0 为贮槽液面上方的压强，单位为 Pa，若贮槽为敞口，则 $p_0 = p_a$。

式(2-12b)为离心泵允许安装高度的另一计算式。

离心泵的允许气蚀余量 Δh 也是由泵的生产厂通过实验测定的，并将其列在泵的性能表上。Δh 随流量的增大而增大。

根据泵性能表上所列的气蚀性能参数，是允许吸上真空高度 H_s 或是允许气蚀余量 Δh，相应地选用式(2-9a)或式(2-12b)以计算离心泵的允许安装高度。为安全起见，离心泵的实际安装高度应比计算出的允许安装高度 H_g 低 0.5～1 m。

由式(2-9a)或式(2-12b)可知，欲提高离心泵的安装高度，必须设法减少吸入管路的阻力。泵在实际安装时，应选用较大的吸入管径，吸入管路尽可能短，减少或取消吸入管路的弯头、阀门等管件，而将调节阀门安装在排出管路上。

【例 2-2】 用某离心泵从敞口水槽中将水送往车间。在所用泵的性能表上查得 $H_s = 5$ m，估计吸入管路的压头损失为 1 m，液体在吸入管路中的动压头可忽略。泵安装地区的大气压为 9.81×10^4 Pa，试计算：

(1)输送 20 ℃的水时，泵的实际安装高度；

(2)若改为输送 80 ℃的水时，泵的实际安装高度。

解：(1)输送 20 ℃的水时，泵的允许安装高度，可根据式(2-9a)计算。

即：$H_g = H_s' - \frac{u_1^2}{2g} - H_{f\,0-1}$

由题意知，$H_{f\,0-1} = 1$ m，$\frac{u_1^2}{2g} \approx 0$。

因输送 20 ℃的水，泵安装地区的大气压强为 9.81×10^4 Pa，与泵出厂时的实验条件相符，故 H_s 不用换算，即 $H_s' = H_s = 5$ m，代入得

$H_g = 5 - 1 = 4$(m)

为安全起见，实际安装高度应为 3.5 m。

(2)因泵的使用条件与出厂实验条件不同，故先要校正 H_S。查得 80 ℃时水的密度为

$$\rho = 972\ \text{kg/m}^3,\quad p_v = 47.4\ \text{kPa}$$

所以 $H_v = \frac{p_v}{\rho g} = \frac{47.4\times10^3}{972\times9.8} = 4.97(\text{mH}_2\text{O})$，$H_a = 9.81\times10^4\ \text{Pa} = 10(\text{mH}_2\text{O})$

由式(2-10)得 $H_{s1} = H_s + (H_a - 10) - (H_v - 0.24)$

$$= 5 + (10-10) - (4.97-0.24) = 0.27(\text{mH}_2\text{O})$$

由于输送的是水，故 $H_s' = H_{s1} = 0.27\ \mathrm{mH_2O}$。

应用式(2-9a)计算泵的允许安装高度，得

$$H_g = H_s' - H_{f0-1} = 0.27 - 1 = -0.73(\mathrm{m})$$

H_g 为负值，表示泵应安装在水面以下。为安全起见，实际安装高度应比水面低1.23 m。

离心泵的工作点与流量调节

2.2.3 离心泵的工作点与流量调节

1. 管路特性曲线

当离心泵工作在特定的管路系统中时，实际的工作压头和流量不仅与泵本身的性能有关，还与管路的特性有关，即在输送液体的过程中，泵和管路是相互制约的。所以在讨论泵的工作情况之前，应了解泵所在管路的特性。

在图 2-8 所示的输送系统中，当贮液槽与高位槽的液面均维持恒定，且输送管路的直径不变时，液体流过管路系统所需的外加压头，可在图中所示的截面 1—1′和 2—2′间列伯努利方程求得。即

$$H_e = \Delta z + \frac{\Delta p}{\rho g} + \frac{\Delta u^2}{2g} + H_f \qquad (2\text{-}13)$$

在固定的管路系统中，于一定条件下进行操作时，上式中的 Δz 与$\frac{\Delta p}{\rho g}$均为定值，即

$$\Delta z + \frac{\Delta p}{\rho g} = K$$

因贮液槽与高位槽的液面均维持恒定，故

$$\frac{\Delta u^2}{2g} = 0$$

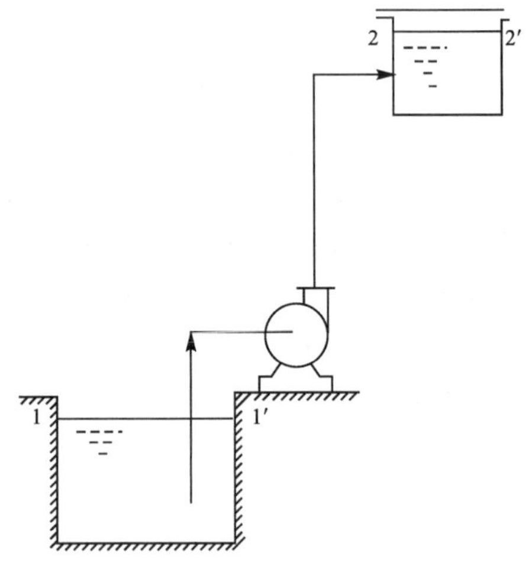

图 2-8 输送系统

管路系统的压头损失为

$$H_f = \left(\lambda \frac{l + \sum l_e}{d} + \zeta_c + \zeta_e\right)\frac{u^2}{2g} = \left(\lambda \frac{l + \sum l_e}{d} + \zeta_c + \zeta_e\right) \cdot \frac{\left(\frac{Q_e}{3\ 600A}\right)^2}{2g}$$

式中 Q_e——管路系统的输送量($\mathrm{m^3/h}$)，为作图方便，取 Q_e 的单位与所给定泵的特性曲线中 Q 的单位一致；

A——管路截面积，$\mathrm{m^2}$。

对于特定的管路，l、$\sum l_e$、ζ_c、ζ_e、d 均为定值，湍流时摩擦系数 λ 的变化很小，于是令

$$\left(\lambda \frac{l + \sum l_e}{d} + \zeta_c + \zeta_e\right)\frac{1^2}{2g(3\ 600A)^2} = B$$

则式(2-13)简化为

$$H_e = K + BQ_e^2 \tag{2-13a}$$

式(2-13a)称为管路特性方程，表明管路所需的外加压头 H_e 随所输送液体的流量 Q_e 的平方而变化。将此关系标绘在坐标图上，即得如图2-9所示的 H_e-Q_e 曲线。这条曲线称为管路特性曲线，表示在特定管路系统中，于固定的操作条件下，液体流经该管路时所需的压头与流量的关系。此曲线的形状完全由管路的布局与操作条件决定，而与泵的性能无关。

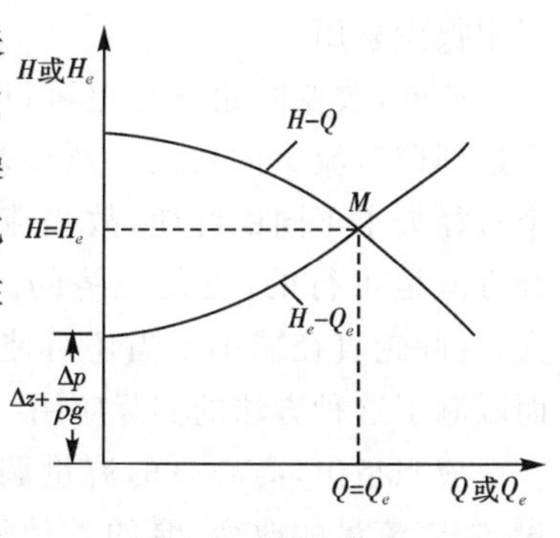

图 2-9　泵的工作点

2. 离心泵的工作点

离心泵总是安装在一定管路上工作的，泵所提供的压头(H)与流量(Q)应与管路所需的压头(H_e)与流量(Q_e)相一致。

若将离心泵的特性曲线 H-Q 与其所在管路的特性曲线 H_e-Q_e 绘于同一坐标图上，如图 2-9 所示，两曲线的交点 M 称为泵在该管路上的工作点。该点所对应的流量和压头既能满足管路的要求，又为泵所提供，即 $Q=Q_e$，$H=H_e$。换言之，对所选离心泵，以一定转速在此管路中运转时，只能在这一点工作。或者说，特定管路和特定的泵相配合时，一定有而且只有一个工作点。

3. 离心泵的流量调节

离心泵在特定的管路上工作，当工作点的流量与生产要求的输送量不一致时，就应设法改变离心泵工作点的位置，即进行流量调节。由于泵的工作点由泵特性曲线和管路特性曲线共同决定，因此，只要改变两曲线之一即可达到调节流量的目的。

(1)改变出口阀门的开度

通常，生产中多用改变离心泵出口阀门开度的方法来改变管路特性曲线。当阀门关小时，管路的局部阻力增大，管路特性曲线变陡(如图 2-10 中的曲线 1)，工作点由 M 移至 M_1，流量由 Q_M 减小到 Q_{M_1}。当阀门开大时，管路局部阻力减小，管路特性曲线变得平坦一些(如图 2-10 中的曲线 2)，工作点由 M 移至 M_2，流量由 Q_M 增大到 Q_{M_2}。

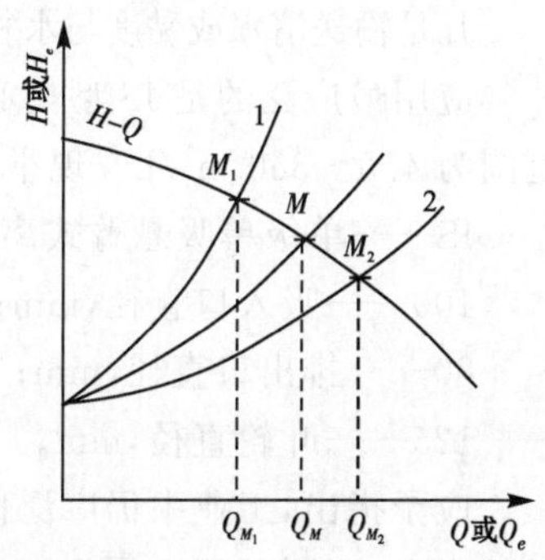

图 2-10　改变阀门开度时流量变化

用阀门调节流量迅速方便，且流量可以连续变化，所以应用十分广泛。其缺点是当阀门关小时，局部阻力加大，要多消耗一部分动力。且在调节幅度较大时，离心泵往往不在高效区内工作，不是很经济。

(2)改变泵的转速或叶轮直径

通常，采用改变离心泵的转速的方法来改变离心泵的特性曲线。如图 2-11 所示，当泵的转速为 n 时，工作点为 M，流量为 Q_M。若把泵的转速提高到 n_1，泵的特性曲线 H-Q 上移，工作点由 M 移至 M_1，流量由 Q_M 加大到 Q_{M_1}。若把泵的转速降至 n_2，H-Q 曲线下移。工作点移到 M_2，流量减少至 Q_{M_2}。

这种调节方法使流量随转速下降而减小，由式(2-6)可知，动力消耗也相应降低，从动

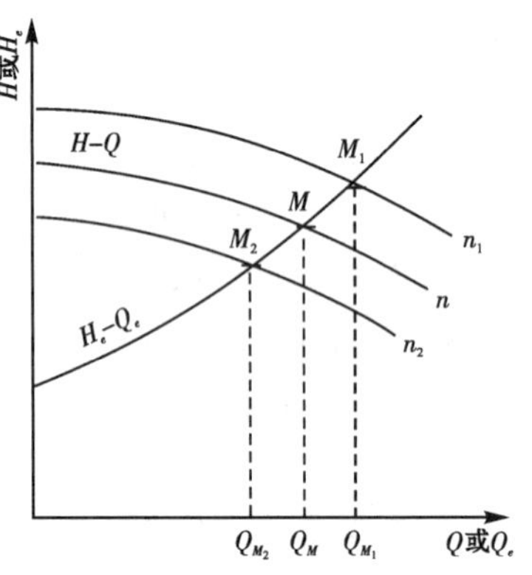

图 2-11　改变转速时流量变化

能消耗来看是比较合理的。但需要变速装置或价格昂贵的变速原动机，且难以做到流量连续调节，故化工生产中很少采用。

此外，改变叶轮直径也可以改变泵的特性曲线，从而达到调节流量的目的。每种基本型号的泵都配有几个直径大小不同的叶轮，故当流量定期变动时，采用这种方法是可行的，也是经济的。但流量调节的范围不大，且叶轮直径减小不当还可能降低离心泵的效率，故而限制了这种方法的实际应用。

应当指出，离心泵的流量调节，调节的不仅仅是流量，随着流量的改变，泵的其他性能参数也产生相应变化。在生产中当单台离心泵不能满足输送时，可采用离心泵并联或串联操作。

2.2.4 离心泵的类型和选用

1. 离心泵的类型

化工厂中所用离心泵的种类繁多，按所输送液体的性质，离心泵可分为清水泵、耐腐蚀泵、油泵、杂质泵等；按叶轮的吸入方式，可分为单吸泵和双吸泵；按叶轮数目又可分为单级泵和多级泵。为使各种离心泵能够区别开来，我国制造的离心泵均用汉语拼音字母作为泵的系列代号，而在每一个系列内又有各种不同的规格，因此又以不同的字母和数字加以区别。

(1)清水泵

凡是输送清水或黏度与水相近且无腐蚀性和不含固体杂质的液体，都可以选用清水泵。

应用最广泛的是 IS 型离心清水泵，单级单吸式。全系列扬程范围为 8～98 m，流量范围为 4.5～360 m^3/h。现举例说明其型号的意义。例如 IS 100-80-125 泵，其中：

IS——单级单吸悬臂式离心清水泵的系列代号；

100——吸入口直径，mm；

80——排出口直径，mm；

125——叶轮直径，mm。

应予指出，工业中仍广泛使用 B 型离心清水泵，与 IS 型泵相对应。现举例说明其型号的意义。例如 8B29 泵和 8B29A 泵，其中：

8——吸入口直径(英寸)，即 8×25=200 mm；

B——单级单吸悬臂式离心清水泵的系列代号；

29——泵的扬程，m；

A——叶轮直径经过第一次切割；如经第二次、第三次切割，分别用 B、C 表示。

如果所需的压头较高而流量并不太大，可采用多级泵。因为这种泵在一根泵轴上串联多个叶轮，从一个叶轮流出的液体通过泵壳内的导轮，进入下一个叶轮入口，液体从几个叶轮中多次接受能量，故可达到较高的压头。我国生产的多级泵的系列代号为 D，一般自 2 级到 9 级，最多可达 12 级，全系列的扬程范围为 14～351 m，流量范围为 10.8～850 m^3/h。

多级泵的型号,如:100D45×4,其中前面的数字表示吸入口直径为 100 mm;最后数字 4 表示级数,45 为每级扬程。

如果要输送液体的流量较大而所需的扬程并不高,则可采用双吸泵,即叶轮两侧有两个吸入口。其系列代号为 Sh,全系列的扬程范围为 9～140 m,流量范围为 120～1 250 m^3/h。双吸泵的型号,如 6Sh9 和 6Sh9A 泵,其中:

6——吸入口直径(英寸),即 6×25=150 mm;

Sh——双吸单级离心清水泵的系列代号;

9——比转数除以 10 所得数值,即泵的比转数为 90;

A——同前。

(2)耐腐蚀泵

输送酸碱等腐蚀性液体应采用耐腐蚀泵。这类泵的主要特点是和液体接触的部件用耐腐蚀材料制成。各种材料制造的耐腐蚀泵的结构基本相同,因此都用 F 作为耐腐蚀泵的系列代号,在 F 后加一个材料代号。各种防腐材料代号见表 2-2。

表 2-2　F 型泵中与液体接触部件材料代号

材料	1Cr18Ni9Ti	Cr28	一号耐酸硅铸铁	高硅铁	HT20－40	耐碱铝铸铁	Cr13
代号	B	E	IG	G15	H	J	L

材料	Cr18Ni2Mo2Ti	硬铅	铝铁青铜 9－4	工程塑料(聚三氟氯乙烯等)
代号	M	Q	U	S

F 型泵全系列的扬程范围为 15～105 m,流量范围为 2～400 m^3/h。如 50FM25 泵,其型号意义为吸入口直径为 50 mm,最高效率时扬程为 25 m,所用材料为 Cr18Ni-2Mo2Ti 合金钢。

(3)油泵

输送石油产品应采用油泵。石油产品的特点是易燃、易爆,因此对油泵的一个重要要求是密封可靠、完善。当输送 200 ℃以上的热油时,还要求对轴封装置和轴承等进行完善的冷却,故这些部件常装有冷却水夹套。

我国生产的油泵的系列代号为 Y,有单吸和双吸,单级和多级,全系列的扬程范围为 60～600 m,流量范围为 6.25～500 m^3/h。Y 型泵的型号与 F 型泵相似。如 80Y－100×2 泵,即吸入口直径为 80 mm,单级扬程为 100 m 的 2 级油泵。

(4)杂质泵

输送悬浮液及稠厚的浆液等常用杂质泵。其系列代号为 P,又细分为污水泵 PW、砂泵 PS、泥浆泵 PN 等。对这类泵的要求是,不易被杂质堵塞,耐磨,容易清洗。所以它的结构特点是叶轮流道宽,叶片数目少,常采用半闭式或开式叶轮。有的泵壳衬以耐磨的铸钢护板。

杂质泵的型号与其他类型离心泵相似。如 4PNJ、4PNJF,前者吸入口径为 4×25=100 mm,以橡胶衬里的泥浆泵,后者还能耐酸性腐蚀。

2. 离心泵的选用

选用离心泵时,既要考虑被输送液体的性质、流量以及管路系统所需的外加压头,又要了解泵制造厂所供应的泵的类型、规格、性能和价格等,在满足工艺要求的前提下,力求做到经济合理。一般可按下列方法与步骤进行：

(1)根据所输送液体的性质和操作条件确定泵的类型。如输送清水选 IS 或 B 型，输送油品选 Y 型，输送腐蚀性液体选 F 型。

(2)根据所输送液体的流量 Q_e 和所需的外加压头 H_e 确定泵的型号。即根据 Q_e、H_e 与泵的性能表或特性曲线对照，找出合适的型号。选出的泵所能提供的流量 Q 和扬程 H 与管路所需的流量 Q_e 和压头 H_e 不一定完全相符，考虑到操作条件的变化，应留有一定余地，所选的泵可以稍大一些，但应保证泵在高效区工作。

(3)泵的型号确定后，查出该泵的所有性能参数，以便确定实际安装高度。若输送液体的密度与水的密度不同，还要换算泵的轴功率。

【例 2-3】 用泵将碱液自常压贮槽送到高位贮槽中，管路所需压头为 23.5 m，流量为 13 m^3/h，碱液的密度为 1 500 kg/m^3，试选出合适的离心泵。

解：输送碱液，应选用 F 型离心泵，其材料宜用耐碱的铝铸铁，即选用 FJ 型泵。

根据 $Q_e = 13\ m^3/h, H_e = 23.5\ m$

查本书附录 F 型泵性能表，50F－25 符合要求，其全型号应为 50FJ－25。其主要性能如下：

流量：14.4 m^3/h　　轴功率：1.8 kW

扬程：24.5 m　　允许吸上真空高度：6 m　　效率：53.5%

因为性能表中所列轴功率是按水定出的，现输送密度为 1 500 kg/m^3 的碱液，则轴功率应为

$$1.8 \times \frac{1\ 500}{1\ 000} = 2.7(\text{kW})$$

为了使用单位选泵方便，泵的生产部门有时还对同一类型的泵提供系列特性曲线，需要时可查有关资料。

【例 2-4】 用内径为 100 mm 的钢管将河水送至一蓄水池中，要求输送量为 70 m^3/h。水由池底部进入，池中水面高出河面 26 m。管路的总长度为 60 m，其中吸入管路为 24 m(均包括所有局部阻力的当量长度)，设摩擦系数 λ 为 0.028。今库房有以下三台离心泵，性能参数见表 2-3，试从中选用一台合适的泵，并计算安装高度。设水温为 20 ℃，大气压强为 101.3 kPa。

表 2-3　离心泵性能参数

序号	型号	$Q/(m^3 \cdot h^{-1})$	H/m	$n/(r \cdot min^{-1})$	$\eta/\%$	Δh
1	IS100-80-125	60	24	2 900	67	4.0
		100	20		78	4.5
2	IS100-80-160	60	36	2 900	70	3.5
		100	32		78	4.0
3	IS100-80-200	60	54	2 900	65	3.0
		100	50		76	3.6

解：在河面与蓄水池水面间列伯努利方程，并简化

$$H_e = \Delta z + H_f = \Delta z + \lambda \frac{l + \sum l_e}{d} \frac{u^2}{2g}$$

其中：$u=\frac{Q}{0.785d^2}=\frac{70/3\,600}{0.785\times 0.1^2}=2.48(\text{m/s})$

则 $H_e=26+0.028\times\frac{60\times 2.48^2}{0.1\times 2\times 9.81}=31.3(\text{m})$

由 $Q=70\ \text{m}^3/\text{h}$，$H_e=31.3\ \text{m}$ 选泵 IS100-80-160

气蚀余量以 $Q=100\ \text{m}^3/\text{h}$，$\Delta h=4.0$ 计算。

20 ℃水时，$\rho=998.2\ \text{kg/m}^3$ $p_v=2.338\ \text{kPa}$

$$H_g=\frac{p_0-p_v}{\rho g}-\Delta h-H_{f0-1}$$

$$H_{f0-1}=\lambda\frac{(l+\sum l_e)_{\text{吸入}}}{d}\frac{u^2}{2g}=0.028\times\frac{24}{0.1}\times\frac{2.48^2}{2\times 9.81}=2.1(\text{m})$$

故 $$H_g=\frac{(101.3-2.338)\times 10^3}{998.2\times 9.81}-4.0-2.1=4(\text{m})$$

减去安全余量 0.5 m，实际为 3.5 m。即泵可安装在河水面上不超过 3.5 m 的地方。

3. 离心泵的安装与使用

离心泵的安装与使用一般应注意以下问题：

(1) 泵的安装高度必须低于允许安装高度；

(2) 泵启动前必须向泵内灌满被输送的液体；

(3) 泵启动时应关闭出口阀门，使启动功率最小；

(4) 停泵前一般应先关闭出口阀门，以免排出管内的液体倒流入泵内，使叶轮受损；

(5) 泵运转中应定时检查、维修等。

2.3 其他类型泵

2.3.1 往复泵

1. 往复泵的工作原理

往复泵是一种容积式泵，应用很广。它依靠做往复运动的活塞依次开启吸入阀和排出阀，从而吸入并排出液体。往复泵的装置如图 2-12 所示，其主要部件有泵缸 1、活塞 2、活塞杆 3、吸入阀 4 和排出阀 5。活塞杆与传动机构相连，带动活塞作往复运动。活塞在泵缸内移动的端点称为死点，活塞在两死点间移动的距离称为行程或冲程。吸入阀和排出阀都是单向阀。吸入阀只允许液体从泵外进入泵内，排出阀只允许液体从泵内排出泵外。泵缸内活塞与阀门之间的空间称为工作室。

当活塞自左向右运动时，工作室容积增大，泵体内压强降低，排出阀受排出管内液体的压力作用而关闭，吸入阀则受贮槽液面与泵内压差作用而打开，液体进入泵内，这就是吸液过程。活塞移至右死点时，吸液过程结束。当活塞自右向左运动时，工作室容积减小，泵体内液体压强增大，吸入阀受压关闭，而排出阀则受缸体内液体压力开启，将液体排出泵外，这就是排液过程。活塞移至左死点时，排液过程结束。这样，就完成了一个工作循环，此后活塞再向右移动，开始另一个工作循环。如此，活塞不断地作往复运动，工作室交替地吸液和排液。由此可见，往复泵是通过活塞的往复运动，将机械能以静压能的形式直接传给液体。

2. 往复泵的分类和结构特点

按照活塞做一次往复运动，泵缸的排液次数来分，往复泵可分为单动泵和双动泵。

活塞往复一次即活塞移动两个冲程，只吸入和排出液体各一次的泵，称为单动泵，如图 2-12 所示。由于单动泵的吸入阀和排出阀均装在活塞的一侧(图 2-12 中的左侧)，吸液时就不能排液，因此排液不连续。加之活塞由连杆和曲轴带动，活塞在左右两端点之间的往复运动不是等速度，所以排液量也就随着活塞移动速度的变化而有相应的起伏，其流量变化曲线如图 2-13(a)所示。为了改善单动泵流量的不均匀性，多采用双动泵或三联泵。

双动泵的工作原理如图 2-14 所示。这种泵有四个单向阀，分布在泵缸的两端。当活塞自左向右运动时，活塞右侧排液，左侧吸液；当活塞自右向左运动时，活塞左侧排液，右侧吸液。这样，活塞做一次往复运动，泵吸、排液各两次，所以称为双动泵。双动泵的排液是连续的，但流量还是不均匀。其流量变化曲线如图 2-13(b)所示。双动泵左右两个排出阀上方有两个空室，称为空气室，对液流的波动可以起缓冲作用。在一个工作循环中，一侧的排出量大时，一部分液体便压入该侧的空气室；当该侧排出量小时，空气室内一部分液体又可压到泵的排出口。通过此法，可以提高液体输送的均匀稳定程度。

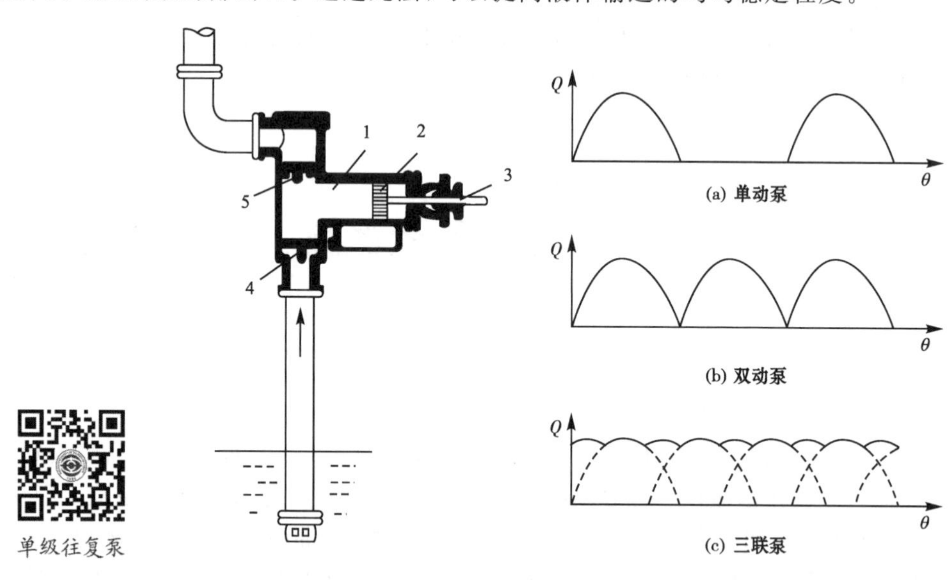

1. 泵缸 2. 活塞 3. 活塞杆
4. 吸入阀 5. 排出阀

图 2-12 往复泵装置简图

图 2-13 往复泵的流量曲线图

为了进一步改善送液的不均匀性，还可以用多个泵缸组成多缸往复泵。如生产中采用的三联泵就是由三台单动泵并联构成的，即在一根曲轴上装有互成 120°的三个曲拐，分别推动三个泵缸的活塞。这样曲轴每转一圈，三个泵缸分别进行一次吸液和排液，联合起来，就是三吸三排。当三联泵中一个泵缸的排液量减小时，另一个泵缸已经开始排液，所以，瞬间的排液量变化较小，流量较为均匀。其流量变化曲线如图 2-13(c)所示。

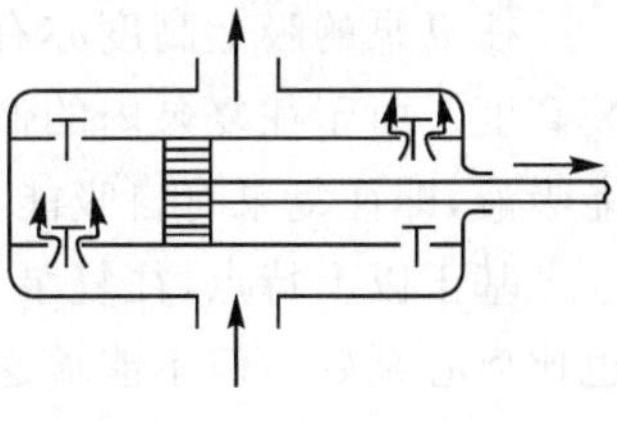

图 2-14 双动泵

3. 往复泵的主要性能

(1)流量

往复泵的理论流量等于单位时间内活塞所扫过的体积。

往复泵的理论流量可按如下两式计算：

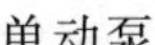

单动泵 $Q_t = ASn_r$ (2-14)

式中 Q_t——往复泵的理论流量，m^3/min；

A——活塞的截面积，m^2；

S——活塞的冲程，m；

n_r——活塞每分钟的往复次数，1/min。

双动泵 $Q_t = (2A - a)Sn_r$ (2-14a)

式中 a——活塞杆的截面积，m^2。

实际上，由于填料函、阀门、活塞等处密封不严，吸入或排出阀门启闭不及时等原因，往复泵的实际流量要小于理论流量。即

$$Q = \eta_v Q_t \tag{2-15}$$

式中 Q——往复泵的实际流量，m^3/min；

η_v——容积效率，其值由实验测得。

对于 $Q > 200\ m^3/h$ 的大型泵：

$$\eta_v = 0.95 \sim 0.97$$

对于 $Q = 20 \sim 200\ m^3/h$ 的中型泵：

$$\eta_v = 0.9 \sim 0.95$$

对于 $Q < 20\ m^3/h$ 的小型泵：

$$\eta_v = 0.85 \sim 0.9$$

在输送黏度较大的液体时，泵的容积效率约较上述值小 5%～10%。

(2)扬程

往复泵依靠活塞将机械能以静压能的形式直接传给液体，理论上其扬程与流量无关。只要泵的机械强度及原动机的功率允许，输送系统要求多高的压头，往复泵就能提供多大的压头(扬程)。实际上，由于活塞、轴封、吸入和排出阀等处的泄漏，泵扬程的增加往往使 η_v 降低，所以流量随扬程的增加而略有降低。如图 2-15 中的虚线所示，图中与 H 轴平行的直线为理论扬程与流量的关系线。

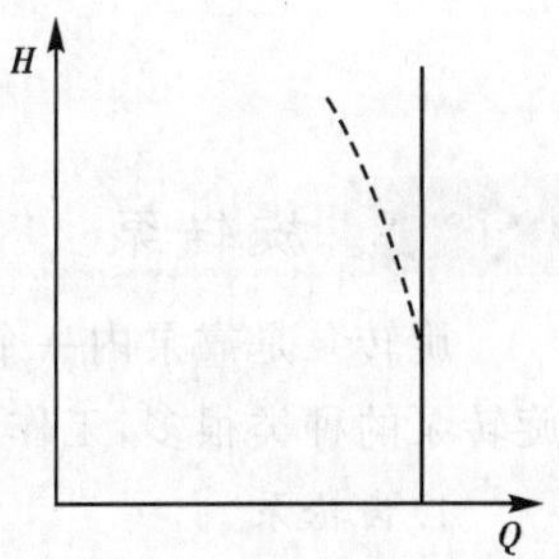

图 2-15 往复泵的性能曲线

由于往复泵具有扬程几乎与流量无关这一特点，从而使往复泵的适用范围十分广泛，尤其适用于所需外加压头很高而流量较小的管路。

往复泵的功率和效率的计算与离心泵相同。往复泵的效率一般比离心泵高，通常总效率为 0.72～0.93。用蒸气作动力的蒸气往复泵，其总效率为 0.83～0.88。

往复泵的吸上高度亦有一定的限度，应按照泵的性能和实际操作条件确定其实际安装高度。由于往复泵内的低压是靠工作室容积的扩大造成的，泵内存有空气时，启动后也能吸液，即往复泵有自吸能力，因此不需要灌泵。

基于以上特点，往复泵主要适用于小流量、高压头的场合，输送高黏度液体时的效果也比离心泵好。但不能输送腐蚀性液体和含有固体粒子的悬浮液。

【例 2-5】 现采用一台三联单动活塞式往复泵，由敞口贮罐向塔内输送密度为 1 250 kg/m^3 的液体。塔内压强为 1 275 kPa(表压)，贮罐液面比设备入口低 10 m，管路的总压头损失为 2 m。已知泵的活塞直径为 70 mm，冲程为 225 mm，往复次数为 2 001/min，泵的总效率和容积效率分别为 0.9 和 0.95。试求泵的实际流量、扬程和轴功率。

解：(1)泵的实际流量

三联活塞式往复泵的实际流量，可由式(2-14)和式(2-15)求得

$$
\begin{aligned}
Q &= \eta_v Q_t = 3\eta_v A S n_r \\
&= 3 \times 0.95 \times \frac{\pi}{4} \times 0.07^2 \times 0.225 \times 200 \\
&= 0.493(\mathrm{m^3/min})
\end{aligned}
$$

(2)泵的扬程

在贮槽液面与输送管路出口外侧间列伯努利方程式，并以贮槽液面为水平基准面，得

$$z_1 + \frac{p_1}{\rho g} + \frac{u_1^2}{2g} + H_e = z_2 + \frac{p_2}{\rho g} + \frac{u_2^2}{2g} + H_f$$

式中：$z_1=0$，$z_2=10$ m，$p_1=0$(表压)，$p_2=1\ 275$ kPa(表压)，$u_1\approx 0$，$u_2\approx 0$，$H_f=2$ m，$\rho=1\ 250$ kg/m^3

所以 $H_e=10+\dfrac{127.5\times10^4}{1\ 250\times9.81}+2=116(\mathrm{m})$

管路所需的压头应为泵所提供，所以泵的扬程为：$H=116(\mathrm{m})$

(3) 泵的轴功率

$$
\begin{aligned}
N &= \frac{N_e}{\eta} = \frac{QH\rho g}{\eta} \\
&= \frac{0.493 \times 116 \times 1\ 250 \times 9.81}{60 \times 0.9} \\
&= 12\ 986(\mathrm{W}) \approx 13(\mathrm{kW})
\end{aligned}
$$

2.3.2 旋转泵

旋转泵是靠泵内一个或一个以上的转子的旋转来吸入与排出液体的，故又称转子泵。旋转泵的种类很多，工作原理大同小异，现介绍其中常用的两种。

1. 齿轮泵

齿轮泵的结构如图 2-16 所示。泵的主要构件为泵壳和一对相互啮合的齿轮，其中一个为主动轮，另一个为从动轮。两齿轮把泵内分成吸入和排出两个空间。当泵启动后，齿轮按图中所示的箭头方向转动时，吸入空间由于两齿轮的齿相互拨开使空间增大，形成低压而将液体吸入。被吸入的液体分为两路沿泵壳被轮齿推动而到达排出空间。在排出空间内，由于两齿轮的齿相互合拢使空间缩小，形成高压而将

齿轮泵

液体排出。

齿轮泵的扬程高而流量小，可用于输送黏稠液体以至膏状物料，但由于泵壳与齿轮间的缝隙较小，故不能用于输送含有固体颗粒的悬浮液。

螺杆泵

2. 螺杆泵

螺杆泵主要由泵壳与一根或多根螺杆构成。如图 2-17 所示，它与齿轮泵十分相似，用两根互相啮合的螺杆，推动液体做轴向运动。液体从螺杆两端进入，由中央排出。螺杆越长，则泵的扬程越高。

螺杆泵压头高、效率高、噪声小，适用于高压下输送高黏度的液体。

3. 正位移泵的流量调节

上述各种往复泵和旋转泵都是容积式泵或统称为正位移泵。即泵的排液能力只与泵的几何尺寸有关，而与管路情况无关；而且泵的压头与流量无关，只受管路承压能力的限制。这种特性称为正位移性。这种泵称为正位移泵。凡是正位移泵，液体在泵内不能倒流，只要活塞在单位时间内以一定往复次数运动或转子以一定转速旋转，就排出一定体积流量的液体。若把泵的出口堵死而继续运转，泵内压强便会急剧升高，造成泵体、管路和电机的损坏。因此，正位移泵不能像离心泵那样启动时把出口阀门关闭，也不能用出口阀门调节流量，必须在排出管与吸入管之间安装回流支路，用支路阀配合进行调节。图 2-18 表示回流支路的安装方式。液体经吸入管路上的阀门 1 进入泵内，经排出管上的阀门 2 排出，并有一部分经支路阀门 3 流回吸入管路。排出流量由阀门 2 及 3 配合调节。泵在运转时，阀门 2 和 3 中至少有一个是开启的，以保证泵内液体能及时排出，防止发生事故。当排出管内的压强超过一定限度时，阀门 4 自动开启，使部分液体回流，以减少泵及管路所承受的压力。

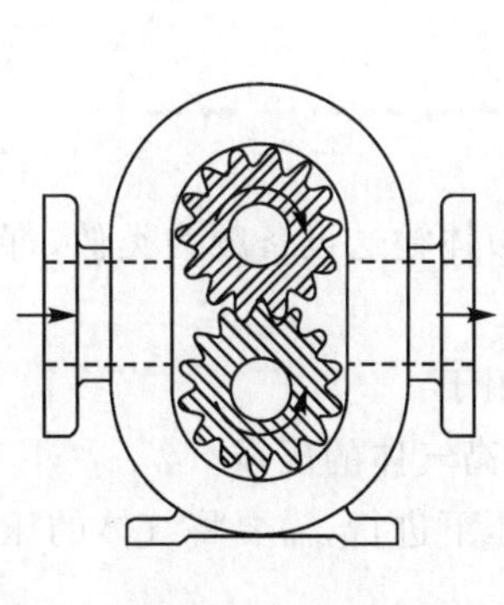

图 2-16　齿轮泵

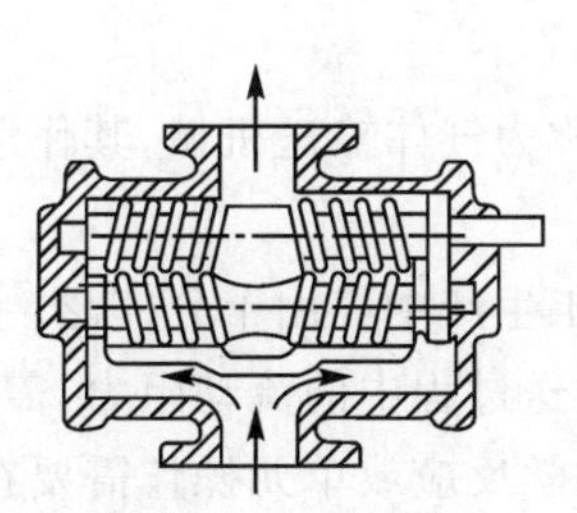

图 2-17　双螺杆泵

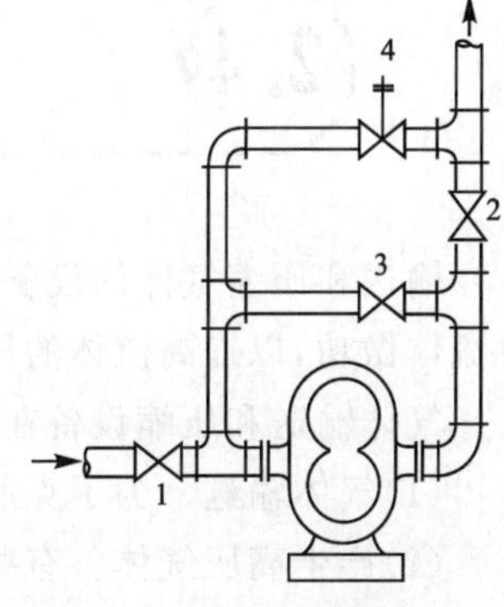

1. 吸入阀　2. 排出阀
3. 支路阀　4. 安全阀

图 2-18　正位移泵的流量调节管路

2.3.3 旋涡泵

旋涡泵是一种特殊类型的离心泵，如图 2-19 所示，由泵壳和叶轮组成。叶轮是一个圆盘，如图 2-19(a)所示，圆盘外缘的两侧都铣成许多小的辐射状的径向叶片，叶片数目可多达数十片。泵内结构如图 2-19(b)所示，叶轮 1 上有叶片 2，在泵壳 3 内旋转，泵壳与叶轮外缘间有一个等截面的流道 4，吸入口与排出口间有间壁 5，它与叶轮外缘之间的径向间隙极小，使吸入口与排出口隔开。泵内液体随叶轮旋转的同时，又在流道与各叶片间反复做旋转运动，因而被叶片排击多次，获得较多能量。旋涡泵适用于要求输送量小、压头高而黏度不大的液体。液体在叶片与流道之间的反复迂回是靠离心力的作用，故旋涡泵在启动之前也要灌满液体。旋涡泵的最高效率比离心泵低，特性曲线也与离心泵有所不同，如图 2-20 所示，当流量减小时，压头升高很快，轴功率也增大，所以应避免此类泵在太小的流量或出口阀全关的情况下做长时间运转，以保证泵和电机的安全。为此也采用正位移泵所用的回流支路来调节流量。旋涡泵的 N—Q 线是向下倾斜的，当流量为零时，轴功率最大，所以在启动泵时，出口阀必须全开。

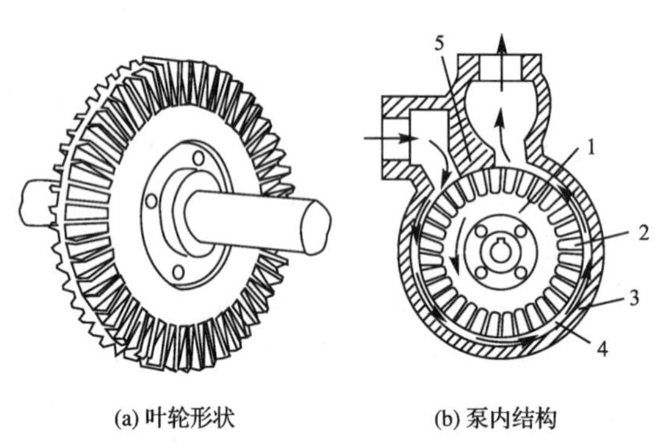

1.叶轮　2.叶片　3.泵壳　4.流道　5.吸入口与排出口的间壁

图 2-19　旋涡泵

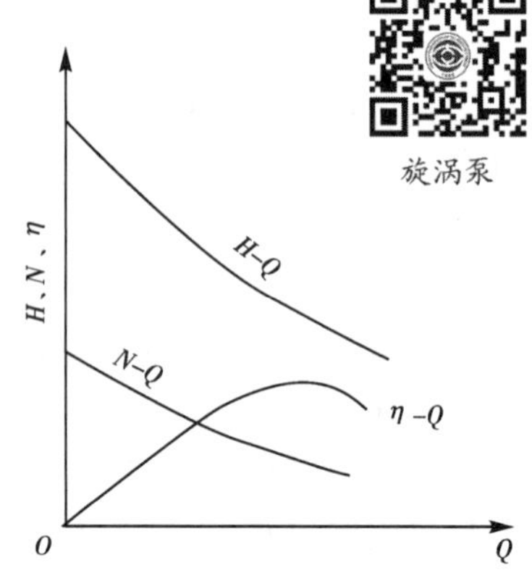

图 2-20　旋涡泵的特性曲线

2.4 气体输送机械

输送和压缩气体的设备统称为气体输送机械，其作用与液体输送设备颇为类似，都是对流体做功，以提高流体的压强。

气体输送和压缩设备在化工生产中应用十分广泛，主要用于：

(1)气体输送。为了克服输送过程中的流动阻力，需要提高气体的压强。

(2)产生高压气体。有些化学反应或单元操作需要在高压下进行，需要将气体的压强提高至几十、几百甚至上千个大气压。

(3)产生真空。有些化工单元操作，如过滤、蒸发、蒸馏等往往要在低于大气压的压强下进行，这就需要从设备中抽出气体，以产生真空。

气体输送机械可按其出口气体的压强或压缩比来分类。输送机械出口气体的压强也称为终压。压缩比是指输送机械出口与进口气体的绝对压强的比值。根据终压大致将输送机械分为：

通风机　终压不大于 15×10^3 Pa，压缩比为 1～1.5；

鼓风机　终压为 15×10^3～294×10^3 Pa，压缩比小于 4；

压缩机　终压大于 294×10^3 Pa，压缩比大于 4；

真空泵　终压为当时当地的大气压强，其压缩比根据所造成的真空度决定。

此外，输送机械按其结构与工作原理又可分为离心式、往复式、旋转式和流体作用式等几类。

2.4.1 离心式通风机

1. 离心式通风机的结构和工作原理

(1)离心式通风机的分类

通风机通常是单级的，按其所产生的风压不同，可分为：

低压离心通风机，风压低于 1 kPa(表压)；

中压离心通风机，风压为 1～3 kPa(表压)；

高压离心通风机，风压为 3～15 kPa(表压)。

(2)离心式通风机的结构

离心式通风机的基本结构和单级离心泵相似。机壳是蜗壳形，但机壳断面有方形和圆形两种。一般低、中压通风机多为方形，高压的多为圆形，如图 2-21 所示为低压离心式通风机。叶轮上叶片数目较多且长度较短。低压离心式通风机的叶片通常是平直的，与轴心呈辐射状安装。中、高压通风机的叶片是弯曲的。图 2-22 所示为几种叶片的形状，图 2-22(a)为径向叶片，特点是构造简单，制造容易，但气流冲击能量损失和噪声较大，效率也较低。图 2-22(b)为径向弯曲叶片，其气流冲击能量损失小，制造较困难。这两种叶片适用于低压或中压通风机。图 2-22(c)为后弯直线形叶片，图 2-22(d)为后弯形叶片，这两种叶片的特点是气体的涡流和摩擦能量损失较其他类型小，噪声也小，但叶轮直径较大，适用于中压或高压通风机。图 2-22(e)为前弯形叶片，特点是较后弯形叶片产生的风量大，风压高，所以，若输出的风量和风压相同，前弯形叶片的风机在相同的转速下具有较小的直径，质量也轻，但效率低，多用于移动式风机。图 2-22(f)为多片式叶片，其流量大，风压低。

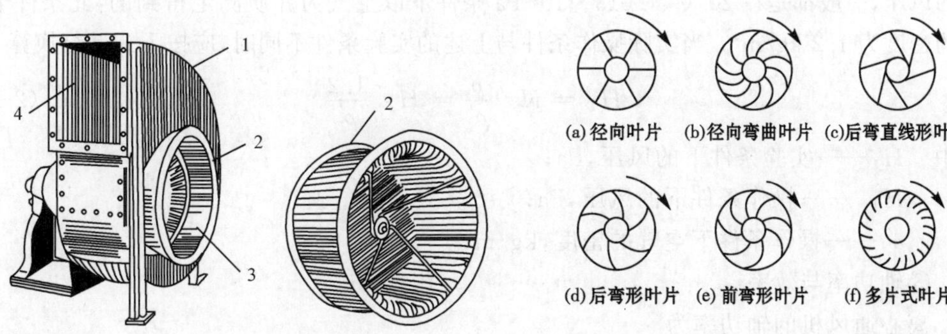

1. 机壳　2. 叶轮　3. 吸入口　4. 排出口

图 2-21　低压离心式通风机

图 2-22　叶片的形状

(3)离心式通风机的工作原理

离心式通风机的工作原理和离心泵相似，依靠叶轮的旋转运动产生离心力，以提高气体的压强，对气体起到输送作用。

2.离心通风机的性能参数与特性曲线

(1)离心通风机的性能参数

离心通风机的主要性能参数有风量、风压、轴功率和效率。下面分别介绍：

①风量。风量是单位时间内从风机出口排出的气体体积，并以风机进口处气体的状态计，以 Q 表示，单位为 m^3/s 或 m^3/h。

离心通风机的风量取决于风机的结构、尺寸(叶轮直径与叶片宽度)和转速。

②风压。风压是单位体积的气体通过风机时所获得的能量，以 H_T 表示，单位为 J/m^3 或 N/m^2(Pa)。由于 H_T 的单位与压强的单位相同，所以称为风压。

离心通风机的风压取决于风机的结构、叶轮尺寸、转速与进入风机的气体密度。

目前还不能用理论分析的方法精确计算离心通风机的风压，而是由实验测定。一般通过测量风机进、出口处气体的流速与压强，按伯努利方程式来计算风压。

离心通风机对气体所提供的有效能量，常以 1 m^3 气体作为基准。现作能量衡算如下：设风机进口截面为 1—1′，出口截面为 2—2′，根据以单位体积气体为基准的伯努利方程式，可得离心通风机的风压为

$$H_T = W_e\rho = (z_2 - z_1)\rho g + (p_2 - p_1) + \frac{u_2^2 - u_1^2}{2}\rho + \rho\sum h_{f,1-2}$$

式中 ρ 及 $(z_2 - z_1)$ 都比较小，$(z_2 - z_1)\rho g$ 可忽略；风机进出口间管路很短，$\rho\sum h_{f,1-2}$ 也可以忽略；又当风机进口处与大气直接相通时，且截面 1—1′ 位于风机进口外侧，则 $u_1 \approx 0$，这样上式即可简化为

$$H_T = (p_2 - p_1) + \frac{u_2^2}{2}\rho \tag{2-16}$$

上式中 $(p_2 - p_1)$ 称为静风压，以 H_{st} 表示，$\frac{u_2^2}{2}\rho$ 称为动风压，离心通风机的风压为静风压与动风压之和，称为全风压。离心通风机性能表上所列的风压是全风压。

离心通风机的风压随进入风机的气体密度而变，密度越大，风压越高。风机性能表上所列的风压，一般都是在 20 ℃、1.013×10^5 Pa 条件下以空气为介质测定得到的，此条件下空气的密度为 1.2 kg/m^3。当实际操作条件与上述的实验条件不同时，应按下式进行换算

$$H_T = H_T' \frac{\rho}{\rho'} = H_T' \frac{1.2}{\rho'} \tag{2-17}$$

式中 H_T——实验条件下的风压，Pa；

H_T' ——操作条件下的风压，Pa；

ρ' ——操作条件下空气的密度，kg/m^3。

③轴功率与效率

离心通风机的轴功率为

$$N = \frac{H_T Q}{1\,000\eta} \tag{2-18}$$

式中 N——轴功率，kW；

Q——风量，m^3/s；

H_T——风压，Pa；

η——效率,因按全风压测定,又称全压效率。

应用式(2-18)计算轴功率时,Q 与 H_T 必须是同一状态下的数值。风机性能表上列出的轴功率均为实验条件下的数值,若所输送气体的密度与此不同,要按下式进行换算

$$N' = N\frac{\rho'}{1.2} \tag{2-19}$$

式中　N'——气体密度为 ρ' 时的轴功率,kW;

N——气体密度为 1.2 kg/m^3 时的轴功率,kW。

(2)离心通风机的特性曲线

离心通风机的特性曲线如图 2-23 所示。它表示某种型号的风机在一定转速下,以 20 ℃空气为介质测得的风量 Q 与风压 H_T、静风压 H_{st}、轴功率 N、效率 η 四者的关系。

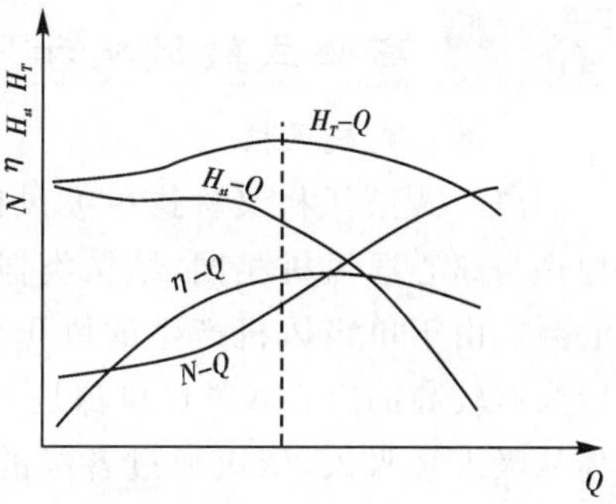

图 2-23　离心通风机的特性曲线

3. 离心通风机的选择

离心通风机选择的步骤一般为:

(1)根据管路布置和工艺条件,计算输送系统所需的实际风压 H_T',并按式(2-17)将 H_T' 换算成实验条件下的风压 H_T。

(2)根据所输送气体的性质(如清洁空气,易燃、易爆或腐蚀性气体以及含尘气体等)和风压范围,确定风机类型。若输送的是清洁空气或与其性质相近的气体,可选用一般类型的离心通风机,常用的有 8－18 型、9－27 型和 4－72 型。前两类属高压通风机,后一类属中、低压通风机。

(3)根据实际风量 Q(以风机进口状态计)与实验条件下的风压 H_T,从风机样本或产品目录中的特性曲线或性能表选择合适的风机型号,选择的原则与离心泵相同,不再赘述。

每一类型的离心通风机又有各种不同直径的叶轮,因此离心通风机的型号是在类型之后又加机号,如 4－72№12,4－72 表示类型,№12 表示机号,其中 12 表示叶轮直径为 12 dm。

(4)若所输送气体的密度大于 1.2 kg/m^3 时,需按式(2-19)换算轴功率。

【例 2-6】　已知空气的最大输送量为 1.6×10^4 kg/h,在最大风量下输送系统所需风压为 2 100 Pa,空气进口温度为 40 ℃。当地大气压强为 98.7×10^3 Pa。试选用一台合适的离心通风机。

解:按式(2-17)将输送系统的风压换算为实验条件下风压,即

$$H_T = H_T'\frac{1.2}{\rho'}$$

输送条件下空气的密度为

$$\rho' = \rho_0\frac{T_0}{T'}\frac{p'}{p_0} = 1.293\times\frac{273}{313}\times\frac{98.7}{101.3} = 1.1(\text{kg/m}^3)$$

故　　$$H_T = 2\,100\times\frac{1.2}{1.1} = 2\,290(\text{Pa})$$

风量(按进口状态计)为

$$Q = \frac{1.6 \times 10^4}{1.1} = 1.46 \times 10^4 (m^3/h)$$

根据风量 $Q = 1.46 \times 10^4\ m^3/h$ 和风压 $H_T = 2\ 290\ Pa$，在本教材附录中查得4-77-11№6C离心通风机可满足要求。该机性能为：

转速，r/min	2 240
风压，Pa	2 432.1
风量，m^3/h	1.58×10^4
轴功率，kW	14.1

罗茨鼓风机

2.4.2 离心式鼓风机和压缩机

1. 离心式鼓风机

离心式鼓风机又称透平鼓风机，其工作原理与离心通风机相同，结构类似于多级离心泵。由于单级风机产生的风压较低，故一般风压较高的离心式鼓风机都是多级的。气体从吸入管吸入，依次通过各级的叶轮和导轮，最后由排气口排出。如图 2-24 所示为一台三级离心鼓风机。离心鼓风机的送气量大，但所产生的风压不高，出口压一般不超过 294×10^3 Pa。由于在离心鼓风机中，压缩比不高，所以无须冷却装置，各级叶轮的直径也大致相同。离心鼓风机的选用方法与离心通风机相同。

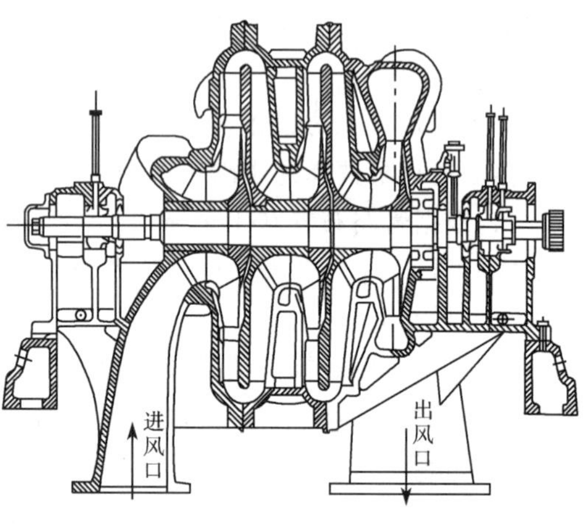

图 2-24 三级离心鼓风机

2. 离心式压缩机

离心式压缩机常称为透平压缩机，它的主要结构、工作原理都与离心鼓风机相似，但离心压缩机的叶轮级数多，通常在 10 级以上，且转速较高，故能产生更高的压强。由于气体在机内压缩比较高，体积变化就比较大，温度升高也比较显著。因此，离心压缩机常分为几段，每段包括若干级。叶轮直径和宽度逐渐减小，段与段之间设置中间冷却器，冷却压缩过程中的高温气体，以减少功率的损耗。

离心压缩机的特点是：流量大，供气均匀，体积小，机体内易损部件少，可连续运转且安全可靠，维修方便，机体内无润滑油污染气体等。近年来离心压缩机应用日趋广泛，并已跨入高压领域，其出口压强可达 3.4×10^4 kPa。目前，离心式压缩机总的发展趋势是向高速度、高压强、大流量、大功率的方向发展。

2.4.3 旋转鼓风机和压缩机

旋转鼓风机、压缩机与旋转泵相似，机壳内有一个或两个旋转的转子，没有活塞和阀门等装置。它们的特点是：结构简单、紧凑，体积小，排气连续而均匀，适用于所需压强不高而流量较大的场合。

1. 罗茨鼓风机

旋转式鼓风机的类型很多，罗茨鼓风机是最常见的一种。其工作原理与齿轮泵相似。如图 2-25 所示，机壳内有两个特殊形状的转子，常为腰形或三星形，两转子之间、转子与机壳之间缝隙很小，使转子能自由转动而无过多的泄漏。两转子的旋转方向相反，可使气体从机壳一侧吸入，而从另一侧排出。如改变转子的旋转方向，则吸入口与排出口互换。

罗茨鼓风机为容积式鼓风机，其主要特点是风量和转速成正比，当转速一定时，流量与风机出口压强无关。罗茨鼓风机的风量范围为 2～500 m^3/min，出口压强不超过 80 kPa(表压)，过高将导致泄漏增多，效率降低。

罗茨鼓风机的出口应安装气体稳压罐，并配置安全阀。一般采用回流支路调节流量。出口阀不能完全关闭。其操作温度不能超过 85 ℃，以防转子受热膨胀而卡住，影响正常运动。

2. 液环压缩机

液环压缩机又称纳氏泵。如图 2-26 所示，它主要由一个略似椭圆的外壳和旋转叶轮所组成，壳中盛有适量的液体。当叶轮旋转时，叶片带动液体旋转，由于离心力的作用，液体被抛向壳体，周边形成椭圆形的液环，椭圆形长轴处则形成两个月牙形空隙供气体吸入和排出。当叶轮旋转一周时，在液环和叶片间所形成的密闭空间逐渐变大和变小各两次，因此气体从两个吸入口进入机内，而从两个排出口排出。

罗茨鼓风机

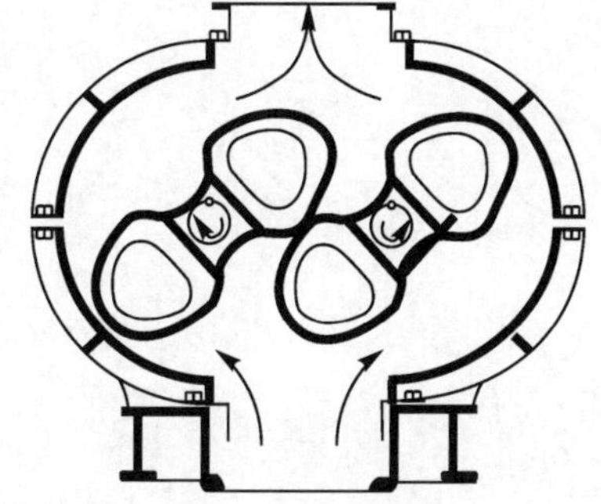
图 2-25 罗茨鼓风机

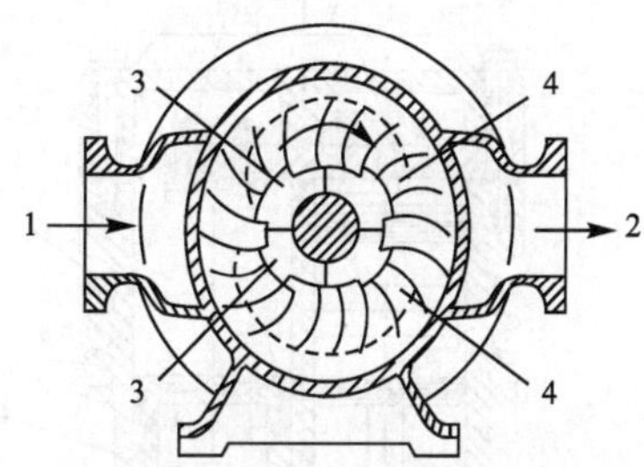

1. 进口 2. 出口 3. 吸入口 4. 排出口

图 2-26 液环压缩机

液环压缩机中的液体将被压缩的气体与外壳隔开，气体仅与叶轮接触，不与外壳接触。因此宜输送腐蚀性气体，叶轮须用耐腐蚀材料。所选液体应与输送气体不起化学反应。例如，压送空气时可用水；压送氯气时，壳内液体可采用硫酸。由于在运转中，机壳内液体必然会有部分被气体带出，故操作中应经常向泵壳内补充部分液体。

液环压缩机所产生的压强可达 500～600 kPa(表压)，但在 150～180 kPa(表压)工作效率最高。液环压缩机亦可作真空泵使用。

2.4.4 往复压缩机

往复压缩机的基本结构和工作原理与往复泵相似。主要部件有气缸、活塞、吸气阀和排气阀。依靠活塞的往复运动而将气体吸入和压出。

图 2-27 所示为立式单动双缸压缩机，在机体内装有两个并联的气缸 1，称为双缸，两个活塞 2 连于同一根曲轴 5 上。吸气阀 4 和排气阀 3 都在气缸的上部。气缸与活塞端面之间所组成的封闭容积是压缩机的工作容积。曲柄连杆 6 推动活塞不断在气缸中做往复运动。气缸壁上装有散热翅片以冷却缸内气体。

往复压缩机的构造和工作原理与往复泵虽相似，但因往复压缩机所处理的是可压缩的气体，压缩后气体的压强增大，体积缩小，温度升高，因此往复压缩机的工作过程与往复泵不同，结构也更为复杂。

2.4.5 真空泵

从设备或系统中抽出气体使其中的绝对压强低于大气压，此时用的输送设备称为真空泵。真空泵的类型很多，此处仅介绍化工厂中较常见的几种类型。

1. 水环真空泵

该泵如图 2-28 所示。外壳 1 内偏心地装有叶轮，其上有辐射状的叶片 2。泵内约充有一半容积的水，当旋转时，形成水环 3。水环具有液封的作用，与叶片之间形成许多大小不同的密封小室，当小室增大时，气体从吸入口 5 吸入；当小室减小时，气体从排出口 4 排出。水环真空泵属于湿式真空泵，适用于抽吸含有液体的气体，尤其适用于抽吸有腐蚀性或爆炸性的气体。但效率低，为 30%～50%。受泵内水的温度所限制，可以产生的最大真空度为 83 kPa 左右。当被抽吸的气体不宜与水接触时，泵内可充以其他液体，所以又称为液环真空泵。

水环真空泵

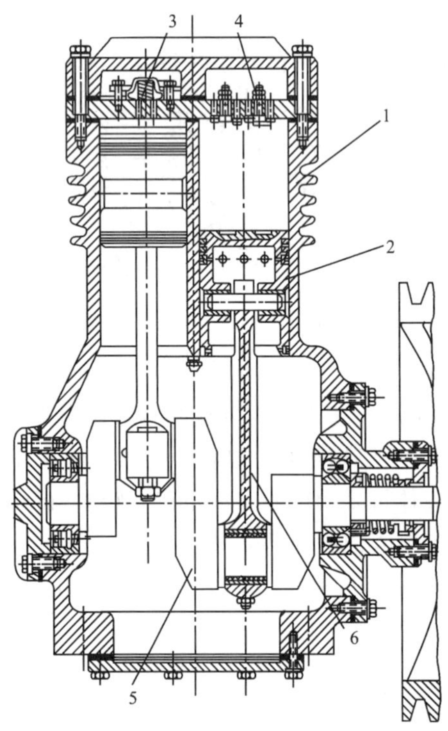

1. 气缸　2. 活塞　3. 排气阀　4. 吸气阀　5. 曲轴　6. 曲柄连杆

图 2-27　立式单动双缸压缩机

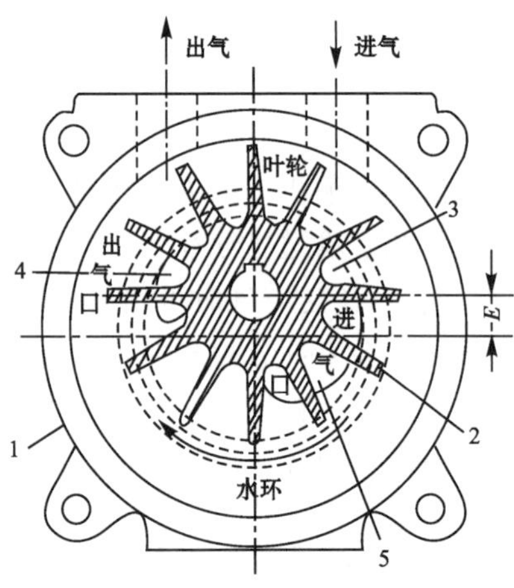

1. 外壳　2. 叶片　3. 水环　4. 排出口　5. 吸入口

图 2-28　水环真空泵

2. 喷射泵

喷射泵是利用流体流动时的静压能与动能相互转换的原理来吸送流体的，既可用于吸送气体，也可用于吸送液体。在化工生产中，喷射泵常用于抽真空，故又称为喷射式真空泵。喷射泵的工作流体可以是蒸气，也可以是液体。现分述如下：

(1)蒸气喷射泵

图 2-29 所示为一单级蒸气喷射泵。工作蒸气在高压下以 1 000～1 400 m/s 的高速度从喷嘴 3 喷出，在喷射过程中蒸气的静压能转变为动能，产生低压，而将气体吸入。吸入的气体与蒸气混合后，进入扩散管 5，速度逐渐降低，压强随之升高，而从压出口 6 排出。

蒸气喷射泵构造简单、紧凑，没有活动部分，制造时可采用各种材料，适应性强。但是效率低，蒸气耗量大。而用于产生较高真空，即小于 4～5.4 kPa 绝对压强的真空时，是比较经济的。

单级蒸气喷射泵仅可得到 90%的真空，如要得到 95%以上的真空，则可采用几个蒸气喷射泵串联起来使用。

(2)水喷射真空泵

在化工生产中，当要求的真空度不太高时，也可以用水作为水喷射真空泵的工作流体产生真空，水喷射速度常在 15～30 m/s，它属于粗真空设备，由于它具有产生真空和冷凝蒸气的双重作用，故应用甚广。

图 2-30 所示为水喷射真空泵。从设备中抽出水蒸气而加以冷凝，使设备内维持真空。水喷射真空泵所产生的真空度小，一般只能达到 93.3 kPa 左右的真空度，但由于它兼有冷凝蒸气的能力，现在广泛用于真空蒸发设备，既作冷凝器又作真空泵，所以也常称它为水喷射冷凝器。

蒸汽喷射泵

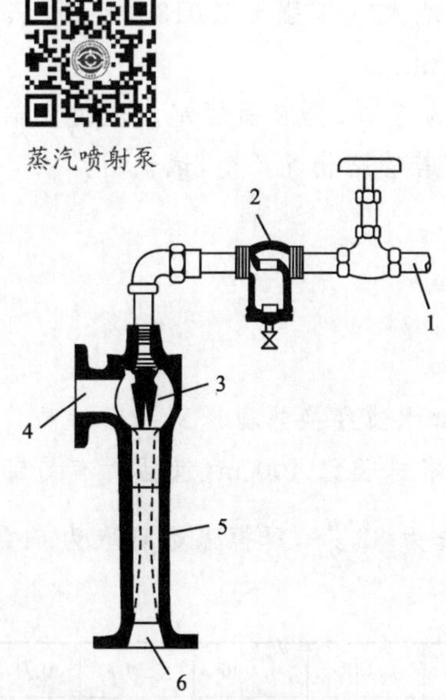

1.工作蒸气入口　2.过滤器　3.喷嘴
4.气体吸入口　5.扩散管　6.压出口

图 2-29　单级蒸气喷射泵

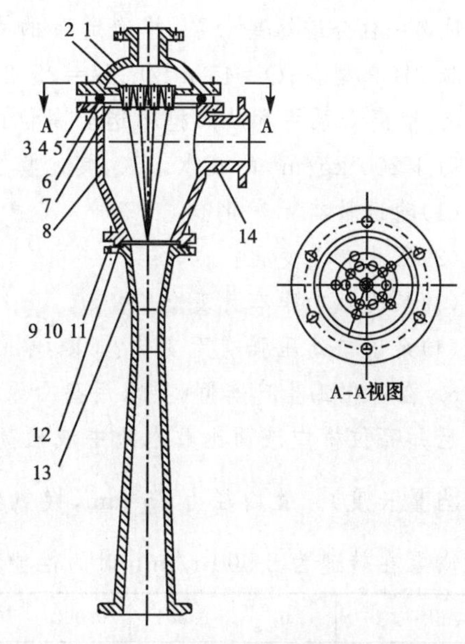

1.泵盖　2.喷嘴　3、9.螺栓　4、10.垫圈　5、11.螺母
6.孔板　7、12.垫片　8.泵体　13.扩压管　14.抽气管

图 2-30　水喷射真空泵

习题

1. 在一定转速下用 20 ℃清水测定某离心泵的性能，吸入管与压出管的内径分别为 70 mm 和 50 mm。当流量为 30 m^3/h 时，泵入口处真空表与出口处压强表的读数分别为 40 kPa 和 215 kPa，两个测压口间的垂直距离为 0.4 m，轴功率为 3.45 kW。试计算泵的压头与效率。（答：$H=27.01$ m；$\eta=64.1\%$）

2. 某离心泵用 20 ℃清水进行性能测定试验。在转速为 2 900 r/min 下测得泵的流量为 15 l/s，泵出口处压强表读数为 2.6×10^5 Pa，泵入口处真空表读数为 2.7×10^4 Pa，泵的轴功率为 5.77 kW。两个测压口间垂直距离为 0.4 m，泵吸入管内径为 100 mm，排出管内径为 80 mm。试计算该泵的效率，并列出泵在该效率下的性能。（答：$Q=54$ m^3/h；$H=29.63$ m；$\eta=75.57\%$）

3. 某离心泵的铭牌上标明允许吸上真空高度为 6.5 m。安装地区的大气压强为 80 kPa，输送 40 ℃的水，设吸入管路的压头损失与动压头之和为 1 m，试确定泵的安装高度。（答：$H_g=3.15$ m）

4. 萃取车间从冷凝器排出的冷却水温度为 65 ℃，先汇集于室外的凉水池中，然后用离心泵以 45 m^3/h 的流量将此热的冷却水送到凉水池上方的喷头中，经喷头喷出再落到凉水池中，以达到冷却的目的。已知水在进入喷头前要保持 50 kPa 的表压，喷头入口比凉水池水面高 14 m，吸入管路和压出管路的压头损失分别为 1 m 和 3 m。管路中的动压头可以忽略不计。试选一台合适的离心泵，并确定泵的安装高度（当地大气压强为 $1.013\ 3\times10^5$ Pa）。（答：选 3B33 型泵；$Q=45$ m^3/h；$H=23.21$ m；$H_g=4.39$ m）

5. 用离心泵将水从贮槽输送至高位槽中，两槽均为敞口，且液面恒定。现改为输送密度为 1 200 kg/m^3 的某水溶液，其他物性与水相近。若管路状况不变，试说明：

(1)输送量有无变化？

(2)压头有无变化？

(3)泵的轴功率有无变化？

(4)泵出口处压强有无变化？（答：略）

6. 在一化工生产车间，要求用离心泵将冷却水从贮水池经换热器送到一敞口高位槽中。已知高位槽中液面比贮水池中液面高出 10 m，管路总长为 400 m（包括所有局部阻力的当量长度）。管内径为 75 mm，换热器的压头损失为 $32\dfrac{u^2}{2g}$，摩擦系数可取为 0.03。此离心泵在转速为 2 900 r/min 时的性能如下表所示：

$Q/(m^3\cdot s^{-1})$	0	0.001	0.002	0.003	0.004	0.005	0.006	0.007	0.008
H/m	26	25.5	24.5	23	21	18.5	15.5	12	8.5

试求：(1)管路特性方程；(2)泵工作点的流量与压头。（答：$H_e=10+5.019\times10^5\ Q_e^2$；$Q=0.004\ 5$ m^3/s；$H=20.17$ m）

7. 用离心泵向设备送水。已知泵特性方程为 $H=40-0.01Q^2$，管路特性方程为 $H_e=25+0.03Q_e^2$，两式中 Q 的单位均为 m^3/h，H 的单位为 m。试求：泵的输送量。（答：$Q=19.36\ m^3/h$）

8. 常压贮槽内装有某石油产品，在贮存条件下其密度为 760 kg/m^3。现将该油品送入反应釜中，输送管路为 $\Phi57\times2$ mm，由液面到设备入口的升扬高度为 5 m，流量为 15 m^3/h。釜内压强为 148 kPa（表压），管路的压头损失为 5 m（不包括出口阻力）。试选择一台合适的油泵。（答：选 65Y-60B 型泵）

9. 用油泵从贮槽向反应器输送 44 ℃的异丁烷，贮槽中异丁烷液面恒定，其上方绝对压强为 652 kPa。泵位于贮槽液面以下 1.5 m 处，吸入管路全部压头损失为 1.6 m。44 ℃时异丁烷的密度为 530 kg/m^3，饱和蒸气压为 638 kPa。所选用泵的允许气蚀余量为3.5 m，问此泵能否正常操作？（答：不能正常操作）

10. 现从一气柜向某设备输送密度为 1.36 kg/m^3 的气体，气柜内的压强为 650 Pa（表压），设备内的压强为 102.1 kPa（绝压）。通风机输出管路的流速为 12.5 m/s，管路中的压强损失为 500 Pa。试计算管路中所需的全风压。（当地大气压强为 101.3 kPa）（答：$H_T=756.25$ Pa）

11. 现需输送温度为 200 ℃，密度为 0.75 kg/m^3 的烟气，要求输送量为 12 700 m^3/h，全风压为 12.2 kPa。工厂仓库中有一台风机，其铭牌上流量为 12700 m^3/h，风压为 16.2 kPa。试问该风机是否可用？（答：不可用）

12. 欲选用一台离心式通风机向反应器输送 60 ℃的空气，要求最大风量为 $2.0\times10^4\ m^3/h$，已知风机出口至反应器入口的压强损失为 380 Pa。反应器操作压强 650 Pa（表压），当地大气压强为 101 330 Pa。试选择一台合适的离心通风机。（答：选 4-72-11№8C 型风机；$H_T=1\ 163.8$ Pa）

13. 15 ℃的空气直接由大气（101.3 kPa）进入风机而通过内径为 800 mm 的水平管道送到炉底，炉底的表压为 111.4 kPa。空气输送量为 20 000 m^3/h（15 ℃，101.3 kPa），管长与管件、阀门的当量长度之和为 100 m，管壁绝对粗糙度可取为 0.3 mm。现库存一台离心式通风机，其性能如下：

转速，r/min	风压，kPa	风量，m^3/h
1 450	130.7	21 800

核算此风机是否适用？（答：适用）

模块2 流体输送机械
在线自测

模块3 非均相物系的分离

3.1 概 述

在化工生产中，经常遇到混合物的分离过程。混合物可分为两大类，即均相混合物（或均相物系）和非均相混合物（或非均相物系）。

若物系内各处组成均匀且不存在相界面，则称为均相混合物（或均相物系）。如溶液及混合气体都属于均相物系。均相物系的分离可采用蒸发、精馏、吸收等方法。若物系内有相界面存在且界面两侧的物质的性质截然不同，这类物系称为非均相混合物（或非均相物系）。如含尘气体和含雾气体属于气态非均相物系，悬浮液、乳浊液、泡沫液等属于液态非均相物系。

在非均相物系中，处于分散状态的物质，如悬浮液中的微粒，乳浊液中的微滴，泡沫液中的气泡，统称为分散物质（或分散相）；包围着分散物质而处于连续状态的流体，如气态非均相物系中的气体、液态非均相物系中的连续液体，则称为分散介质（或连续相）。

由于非均相物系中的分散物质与分散介质具有不同的物理性质（如密度、体积等），故可用沉降、过滤和离心分离等机械方法将它们分离。在这些分离操作中，必须使分散的固体颗粒、液滴或气泡与连续的流体之间发生相对运动。例如，在悬浮液的过滤操作中，由于液体和固体颗粒对多孔介质的穿透能力不同，可在某种推动力的作用下使两者得以分离。因此，分离非均相物系的单元操作遵循流体力学的基本规律。

非均相物系的分离在化工生产中的应用非常广泛，归纳起来主要有以下几个方面：

(1)回收分散物质。例如从结晶器排出的晶浆中回收晶体颗粒，从气流干燥器或喷雾干燥器出来的气体中回收干燥产品，从蒸发器出来的二次蒸气中回收浓缩液等。

(2)净化分散介质。例如某些催化反应，原料气中夹带的固体或液体杂质会影响催化剂的活性，气体在进入反应器之前必须清除其中的杂质，以保证催化剂的活性；再如气体在进入压缩机前，需要除去其中的液滴或固体颗粒等。

(3)环境保护与安全生产的要求。随着工业的发展，环境污染愈来愈严重，为了消除工业污染对环境的影响，要求各企业对排放的废气、废液中的有害物质加以处理，使其达到规定的排放标准；很多含碳物质及金属细粉与空气混合会形成爆炸物，必须除去这些物质以消除安全隐患。

3.2 重力沉降

利用分散物质本身的重力，使其在分散介质中沉降而分离的操作，称为重力沉降。实现重力沉降的先决条件是分散相和连续相之间存在密度差。例如，悬浮液中的固体颗粒在重力作用下慢慢降落后从分散介质中分离出来。重力沉降适用于分离较大的固体颗粒。

3.2.1 重力沉降速度

1. 球形颗粒的自由沉降

单一颗粒或者经过充分分散的颗粒群，在流体中沉降时颗粒间不相互碰撞或接触的沉降过程，称为自由沉降。

如图 3-1 所示，将一表面光滑的刚性球形颗粒置于静止的流体介质中，如果颗粒的密度大于流体的密度，则颗粒将在流体中降落。此时，颗粒受到重力、浮力与阻力三个力的作用。

图 3-1　颗粒在静止介质中降落时所受的作用力

重力的方向与颗粒降落的方向一致，而阻力和浮力的方向则与降落的方向相反。对于一定的颗粒和流体，其重力和浮力是恒定的，而阻力随着颗粒与流体的相对运动速度的增大而增加。悬浮于静止流体中的颗粒，借本身重力作用降落时，最初由于重力大于阻力和浮力，致使颗粒做加速运动。由于流体对颗粒的阻力随着降落速度的增大而迅速增加，经过很短的时间，当阻力和浮力之和等于颗粒的重力时（作用于颗粒上的合力为零），颗粒沉降就变为匀速运动，这种不变的降落速度，称为沉降速度。沉降速度的大小表明颗粒沉降的快慢。下面推导沉降速度的计算公式。

一个球形颗粒在流体中作重力沉降运动所受到的阻力 F_d 为

$$F_d = \zeta A \frac{\rho u^2}{2} = \zeta \frac{\pi}{4} d^2 \frac{\rho u^2}{2} (\mathrm{N})$$

式中　ζ——阻力系数；

A——球形颗粒在沉降方向上的投影面积，等于$\frac{\pi}{4}d^2$，m^2；

d——颗粒的直径，m；

ρ——流体的密度，$\mathrm{kg/m^3}$；

u——颗粒与流体的相对运动速度，m/s。

若球形颗粒的密度为 ρ_s（$\mathrm{kg/m^3}$），则它所受到的重力 F_g 为

$$F_g = \frac{\pi}{6} d^3 \rho_s g (\mathrm{N})$$

此球形颗粒在密度为 ρ 的流体中所受的浮力 F_b 为

$$F_b = \frac{\pi}{6} d^3 \rho g \text{(N)}$$

根据牛顿第二运动定律可知，F_d、F_g、F_b 三力的代数和应等于颗粒质量 m 与其加速度 a 的乘积。即

$$F_g - F_b - F_d = ma$$

或

$$\frac{\pi}{6} d^3 \rho_s g - \frac{\pi}{6} d^3 \rho g - \zeta \frac{\pi}{4} d^2 \frac{\rho u^2}{2} = \frac{\pi}{6} d^3 \rho_s a \tag{3-1}$$

当颗粒开始沉降的瞬间，因颗粒处于静止状态，故 $u=0$，因而 $F_d=0$，其加速度 a 具有最大值；随着 u 值不断增加，F_d 值也不断增加，当速度 u 达到某一数值时，阻力、浮力和重力达到平衡，即三力的代数和为零，加速度 $a=0$，于是颗粒开始做匀速沉降运动。可见，颗粒的沉降过程应分为两个阶段，起初为加速阶段，而后为匀速阶段。匀速阶段里颗粒相对于流体的运动速度称为沉降速度，以 u_0 表示。沉降速度就是加速阶段终了时颗粒相对于流体的速度。

由于工业上沉降操作所处理的颗粒往往很小，因而颗粒与流体间的接触表面相对很大，故阻力随速度的增加而快速增加，并可在短时间内便与颗粒的净重达到平衡。所以在重力沉降过程中，加速阶段常常可以忽略不计。

沉降速度的计算公式可由式(3-1)导出。当 $a=0$ 时，$u=u_0$，则

$$\frac{\pi}{6} d^3 \rho_s g - \frac{\pi}{6} d^3 \rho g = \zeta \frac{\pi}{4} d^2 \frac{\rho u_0^2}{2}$$

整理得：

$$u_0 = \sqrt{\frac{4d(\rho_s - \rho)g}{3\rho\zeta}} \text{ (m/s)} \tag{3-2}$$

式(3-2)为球形颗粒在重力作用下沉降速度的计算公式。

2. 阻力系数 ζ

式(3-2)中的 ζ 称为颗粒与流体相对运动的阻力系数。在计算 u_0 时，关键在于确定阻力系数 ζ。阻力系数 ζ 是颗粒与流体相对运动时的雷诺数 Re 的函数。即

$$\zeta = f(Re)$$

而

$$Re = \frac{d u_0 \rho}{\mu} \tag{3-3}$$

式中 μ——流体的黏度，Pa・s；

d——固体颗粒的直径，m；

ρ——流体的密度，kg/m^3。

通过实验，得到球形颗粒的阻力系数 ζ 和雷诺数 Re 的函数关系，如图 3-2 中的曲线所示。固体颗粒在流体中沉降时所受到的流体阻力，与流体流动中的摩擦阻力相似，阻力系数也可按 Re 值的大小分为层流、过渡流和湍流三个区域来确定。各区域内的曲线可分别用相应的关系式来表示。即

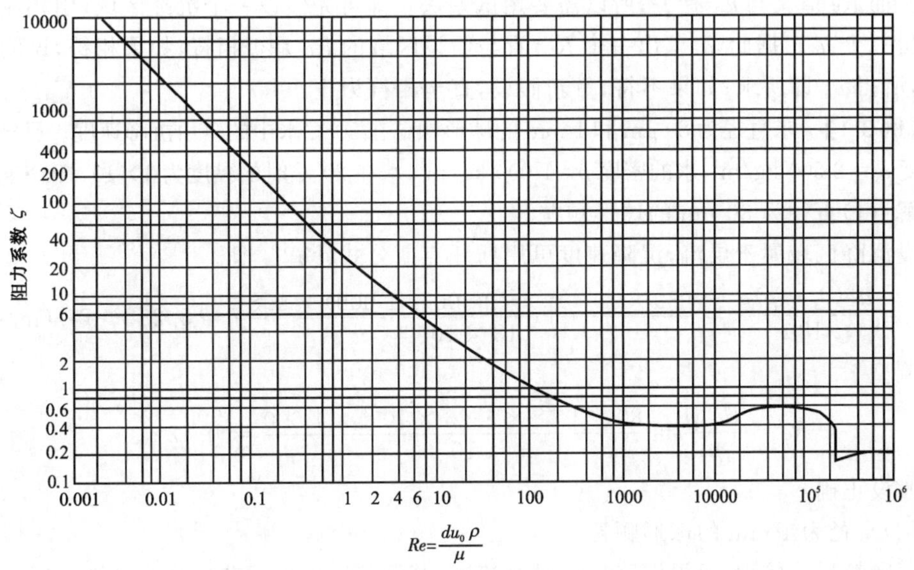

图 3-2　球形颗粒的阻力系数 ζ 和 Re 的关系图

层流区　　$Re < 1, \zeta = \frac{24}{Re}$　　(3-4)

过渡流区　　$1 \leqslant Re < 10^3, \zeta = \frac{18.5}{Re^{0.6}}$　　(3-5)

湍流区　　$10^3 \leqslant Re < 2 \times 10^5, \zeta = 0.44$　　(3-6)

当 Re 值超过 2×10^5 时，边界层本身也变为湍流，实验结果显示不规则现象。

当处于层流区沉降时，将式(3-4)代入式(3-2)中，得到层流时沉降速度的计算公式

$$u_0 = \frac{d^2(\rho_s - \rho)g}{18\mu} \quad (\mathrm{m/s}) \tag{3-7}$$

此式称为斯托克斯公式。

由式(3-7)可以看出，固体颗粒的沉降速度，与颗粒直径的平方以及颗粒与流体的密度差成正比，而与流体的黏度成反比。

当处于过渡流区沉降时，将式(3-5)代入式(3-2)中，得到过渡流时沉降速度的计算公式

$$u_0 = 0.27\sqrt{\frac{d(\rho_s - \rho)g}{\rho}Re^{0.6}} \quad (\mathrm{m/s}) \tag{3-8}$$

此式称为艾伦公式。

当处于湍流区沉降时，将式(3-6)代入式(3-2)中，得到湍流时沉降速度的计算公式

$$u_0 = 1.74\sqrt{\frac{d(\rho_s - \rho)g}{\rho}} \quad (\mathrm{m/s}) \tag{3-9}$$

此式称为牛顿公式。

3. 沉降速度的计算

计算 u_0 时，首先要判断流动型态，即需要计算 Re 值，然后才能确定使用哪一个计算

公式。而 Re 值又与 u_0 有关，所以需要用试差法。即可先假设一个沉降区域，用相应的公式算出一个 u_0。据此 u_0 求出一个 Re，看与假设区域的 Re 是否相符，如果相符，说明假设正确，所得 u_0 即所求；如果不符，重新假设，直至相符为止。

【例 3-1】 求直径为 80 μm 和 1 mm 的球形颗粒在 20 ℃水中的自由沉降速度。已知颗粒的密度 ρ_s=2 500 kg/m³，水的密度 ρ=1 000 kg/m³，水在 20 ℃时的黏度为 1×10^{-3} Pa·s。

解：(1)直径为 80 μm 的球形颗粒

设沉降区域属于层流，沉降速度可用斯托克斯公式计算。即

$$u_0=\frac{d^2(\rho_s-\rho)g}{18\mu}=\frac{(80\times10^{-6})^2\times(2\ 500-1\ 000)\times9.81}{18\times10^{-3}}=5.23\times10^{-3}(\mathrm{m/s})$$

校核流型

$$Re=\frac{du_0\rho}{\mu}=\frac{80\times10^{-6}\times5.23\times10^{-3}\times1\ 000}{10^{-3}}=0.42<1$$

假设正确。

(2)直径为 1 mm 的球形颗粒

因颗粒尺寸较大，可设沉降属于过渡流区，其沉降速度可用艾伦公式计算。即

$$u_0=0.27\sqrt{\frac{d(\rho_s-\rho)g}{\rho}Re^{0.6}}=0.27\left[\frac{d(\rho_s-\rho)g}{\rho}\right]^{\frac{1}{2}}\left(\frac{du_0\rho}{\mu}\right)^{0.3}$$

则

$$u_0=0.154\frac{d^{\frac{8}{7}}(\rho_s-\rho)^{\frac{5}{7}}g^{\frac{5}{7}}}{\rho^{\frac{2}{7}}\mu^{\frac{3}{7}}}$$

或写成

$$u_0=0.154\frac{d^{1.14}(\rho_s-\rho)^{0.71}g^{0.71}}{\rho^{0.29}\mu^{0.43}}$$

代入已知数值，得

$$u_0=0.154\frac{(10^{-3})^{1.14}\times(2\ 500-1\ 000)^{0.71}\times(9.81)^{0.71}}{1000^{0.29}\times(10^{-3})^{0.43}}=0.14(\mathrm{m/s})$$

校核流型

$$Re=\frac{du_0\rho}{\mu}=\frac{10^{-3}\times0.14\times1\ 000}{10^{-3}}=140$$

$$1<Re<1\ 000\quad 属于过渡流$$

假设正确。

4. 影响沉降速度的因素

(1)颗粒形状

上述计算 ζ 和 u_0 的公式都是根据光滑球形颗粒的沉降实验结果得出的。实际上，悬浮的颗粒大多不是球形，也不一定光滑，形状很复杂。在沉降过程中，颗粒在流体中运动时所受的阻力与颗粒的形状密切相关。实验证明，颗粒的形状偏离球形愈大，阻力系数也愈大。本章的计算中把颗粒一律按球形考虑，非球形颗粒沉降速度的计算方法从略。

(2)壁面效应

当颗粒靠近器壁沉降时，由于器壁的影响，颗粒的沉降速度较自由沉降时小，这种现象称为壁面效应。

(3)干扰沉降

当悬浮系统中颗粒的浓度比较大，颗粒之间相距很近，则颗粒沉降时互相干扰，这种情况称为干扰沉降。干扰沉降的速度比自由沉降的小，其计算比较复杂，且不易算准，这里也从略。

3.2.2 重力沉降设备

1.降尘室

利用重力沉降从气流中分离出尘粒的设备称为降尘室。最常见的降尘室结构如图 3-3(a)所示。

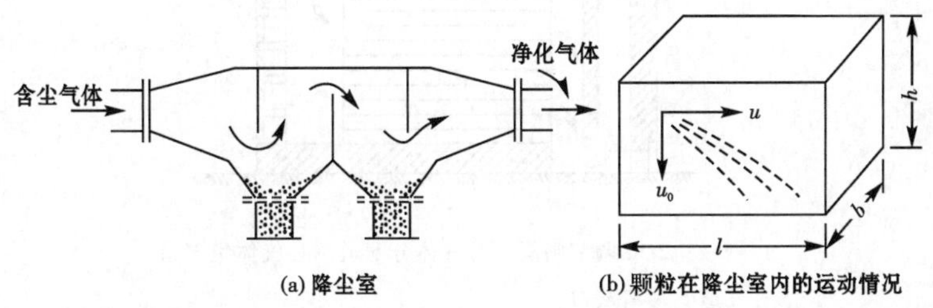

图 3-3　降尘室

含尘气体进入降尘室后，因流道截面积扩大使速度减慢。颗粒在降尘室内的运动情况如图 3-3(b)所示。只要颗粒能够在气体通过降尘室的时间内降至室底，便可从气流中分离出来。从理论上讲，要使最小颗粒能够从气流中完全分离出来，则气体在降尘室内的停留时间必须大于或等于颗粒从降尘室的最高点降至室底所需要的时间。这是降尘室设计和操作必须遵循的基本原则。

令　l——降尘室的长度，m；

b——降尘室的宽度，m；

h——降尘室的高度，m；

u——气体在降尘室的水平通过速度，m/s；

u_0——颗粒在气流中的沉降速度，m/s；

V_s——含尘气体通过降尘室的体积流量，即降尘室的生产能力，m^3/s。

位于降尘室最高点的颗粒降至室底所需要的时间为 $\tau_0=\dfrac{h}{u_0}$

气体通过降尘室的时间为 $\tau=\dfrac{l}{u}$

前已述及，气体在室内的停留时间应大于或等于颗粒的沉降时间，即

$$\tau \geqslant \tau_0 \quad 或 \quad \frac{l}{u} \geqslant \frac{h}{u_0} \tag{3-10}$$

气体在降尘室内的水平通过速度为 $u=\dfrac{V_s}{hb}$

将上式代入式(3-10)并整理，得

$$V_s \leqslant blu_0 \tag{3-11}$$

可见，当 u_0 一定时，理论上降尘室的生产能力只与降尘室的宽度 b 和长度 l 有关，而与其高度 h 无关，即只与沉降室的底面积有关。因此，降尘室应设计成扁平形，或在室内均匀设置多层水平隔板，构成多层降尘室，如图 3-4 所示。隔板间距一般为 40～100 mm。

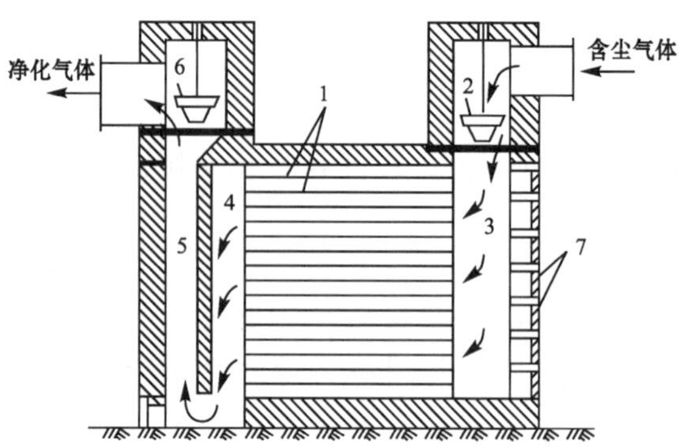

1. 隔板　2、6. 调节闸阀　3. 气体分配道　4. 气体集聚道　5. 气道　7. 清灰口

图 3-4　多层沉降室

若降尘室内共设置 n 层水平隔板，则多层降尘室的生产能力为

$$V_s \leqslant (n+1)blu_0 \tag{3-11a}$$

降尘室结构简单，流动阻力小，但其体积庞大，分离效率低，通常只适用于分离粒径大于 50 μm 的较粗颗粒，故可作为预除尘使用。多层降尘室虽可以分离较细颗粒且节省占地面积，但清灰比较麻烦。

另外，u_0 应根据需要分离下来的最小颗粒尺寸计算，且气体在降尘室内的流动速度不应过高，一般应使气体流动的雷诺数处于层流区，以免干扰颗粒的沉降或把已沉降下来的颗粒再次扬起。

【例 3-2】 拟采用底面积为 14 m^2 的降尘室回收常压炉气中所含的球形固体颗粒。操作条件下，气体的密度为 0.75 kg/m^3，黏度为 2.6×10^{-5} Pa・s，固体的密度为 3 000 kg/m^3，要求降尘室的生产能力为 2.0 m^3/s。求理论上能完全沉降下来的最小颗粒直径。

解：由式 3-11 可知，在降尘室中能够完全被分离出来的最小颗粒的沉降速度为

$$u_0 = \frac{V_s}{bl} = \frac{2.0}{14} = 0.14(\text{m/s})$$

由于颗粒直径为待求参数，雷诺数 Re 无法计算，故需采用试差法。假设沉降在层流区，则可用斯托克斯公式求最小颗粒直径，即

$$d_{\min} = \sqrt{\frac{18\mu u_0}{(\rho_s-\rho)g}} = \sqrt{\frac{18\times2.6\times10^{-5}\times0.14}{(3\,000-0.75)\times9.81}} = 4.71\times10^{-5}\text{m} = 47.1(\mu\text{m})$$

校核沉降流型

$$Re = \frac{d_{\min}u_0\rho}{\mu} = \frac{4.71\times10^{-5}\times0.14\times0.75}{2.6\times10^{-5}} = 0.19 < 1$$

原假设正确。

2. 沉降槽

沉降槽也称增浓器或澄清器，是用来提高悬浮液浓度并同时得到澄清液的重力沉降设备。沉降槽可间歇操作或连续操作。

间歇沉降槽通常为带有锥底的圆槽，需要处理的悬浮料浆在槽内静置足够时间以后，增浓的沉渣由槽底排出，清液则由上部排出管抽出。

连续沉降槽是底部略呈锥状的大直径浅槽，其结构如图 3-5 所示。料浆经中央进料管送到液面以下 0.3～1.0 m 处，在尽可能减小扰动的条件下，迅速分散到整个横截面上，清液向上流动，经由槽顶端四周的溢流槽连续流出，称为溢流；固体颗粒下沉至底部，槽底有缓慢旋转的耙将沉渣聚拢到底中央的排渣口连续排出，排渣口排出的稠浆称为底流。沉降槽以加料口为界，其上为澄清区，其下为增浓区，自上而下颗粒浓度逐渐增加。沉降槽有澄清液体和增浓悬浮液的双重功能。为了获得澄清液体，在澄清区的任何瞬间液体向上的速度必须小于需要完全分离出来的最小颗粒的沉降速度。因此，沉降槽应有足够的横截面积保证清液向上及增浓液向下的通过能力。为了把沉渣增浓到指定程度，沉降槽加料口以下应有足够的高度，以保证压紧沉渣所需要的时间。

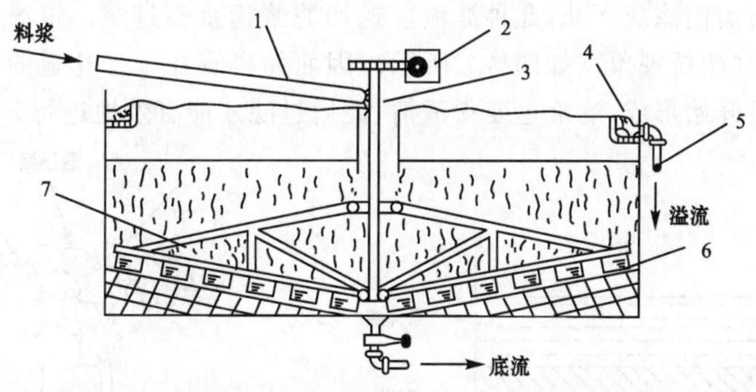

1. 进料槽道 2. 传动机构 3. 料井 4. 溢流槽 5. 溢流管 6. 叶片 7. 转耙

图 3-5 连续沉降槽

连续沉降槽的直径，小者为数米，大者可达数百米；高度为 2.5～4 m。它适用于处理量大而固相含量不高、颗粒不太细的悬浮料浆。由沉降槽得到的底流中还含有约 50%的液体。

在给定类型和尺寸后，为了提高沉降槽的生产能力，应尽可能加快颗粒的沉降速度。例如：向悬浮液中加入少量凝聚剂或絮凝剂，使细粒发生“凝聚”或“絮凝”；改变一些物理条件（加热、冷冻或振动），使颗粒的粒度或相界面发生变化；沉降槽中经常配置缓慢转动的搅拌耙，除能把沉渣导入排出口外，还能降低非牛顿型悬浮液的表观黏度，并能促进沉积物压紧，从而加速沉聚过程。

3.3 过滤

3.3.1 基本概念

过滤基本概念

重力沉降操作所需的时间长，而且只能对悬浮液进行初步分离。而过滤操作可以使固体颗粒和液体分离得较为完全，是分离悬浮液最普遍和最有效的单元操作之一。

过滤是在外力的作用下，使悬浮液中的液体通过多孔介质的孔道，而将其中的固体颗粒截留下来，从而达到固、液两相分离的目的。过滤操作所处理的悬浮液称为滤浆或料液，所用的多孔介质称为过滤介质，通过介质孔道的清液称为滤液，被过滤介质截留的固体颗粒称为滤渣或滤饼。图 3-6 为过滤操作简图。

1. 过滤介质

过滤介质是滤饼的支撑物，它应具有足够的机械强度和尽可能小的流体阻力。过滤介质中微细孔道的直径，往往稍大于一部分悬浮颗粒的直径。所以，过滤之初会有一些细小颗粒穿过介质而使滤液浑浊，此种滤液应送回滤浆槽重新过滤。过滤开始后颗粒会在孔道中迅速发生"架桥现象"(如图 3-7 所示)，因而使得直径小于孔道的细小颗粒也能被拦住，这时，滤饼开始形成，滤液也变得澄清，此后过滤才能有效地进行。

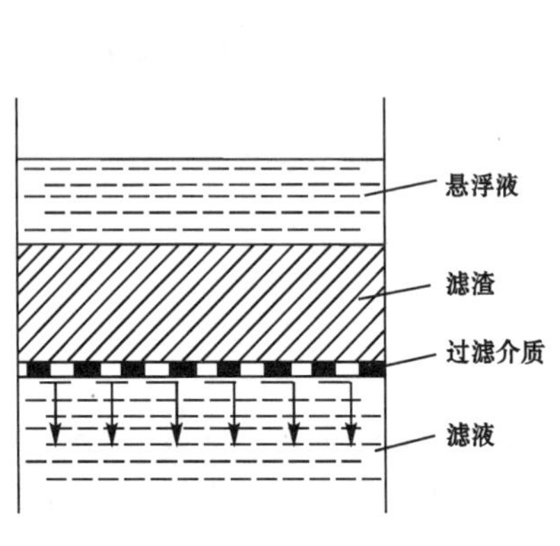

图 3-6　过滤操作简图

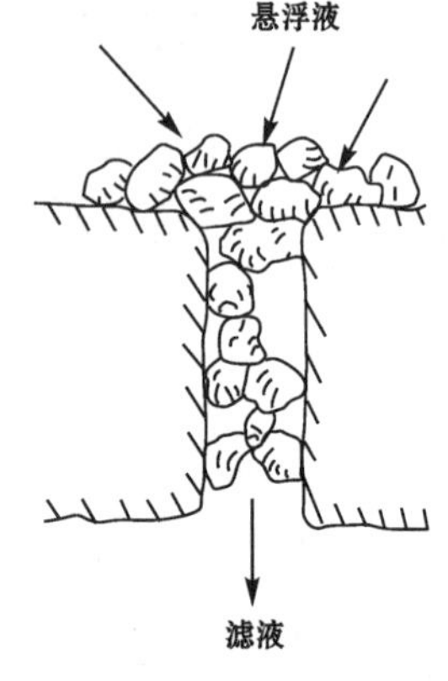

图 3-7　架桥现象

工业上常用的过滤介质主要有以下几类：

(1)织物介质。织物介质又称滤布，包括由棉、毛、丝、麻等天然纤维和各种合成纤维制成的织物，以及由玻璃丝、金属丝等织成的网。织物介质是工业上应用最广的一种过滤介质。

(2)粒状介质。粒状介质包括颗粒状的细沙、石砾、木炭、硅藻土等堆积而成的颗粒床层。粒状介质一般用于处理含固体量很小的悬浮液，如水的净化处理等。

(3)多孔性固体介质。多孔性固体介质包括多孔性陶瓷板或管、多孔塑料板等。这种介质具有较好的耐腐蚀性，且孔隙较小，能截留小于 1～3 μm 的固体微粒，适用于处理只含少量细小颗粒的腐蚀性悬浮液及其他特殊场合。

在实际操作中，由于滤饼中的毛细孔道往往比过滤介质中的毛细孔道还要小，因此，滤饼便成为更有效的过滤介质。

滤饼可分为可压缩和不可压缩两种。不可压缩滤饼由刚性的颗粒（如晶体颗粒）所组成。当滤饼上的压力增大时，固体颗粒的大小和形状以及滤饼层中孔道的大小都保持不变。可压缩滤饼由非刚性的颗粒（如胶体颗粒）所组成，可压缩滤饼中固体颗粒的大小和形状，滤饼中孔道的大小，常因压强的增加而变小。

2. 过滤速率

过滤速率是指单位时间内，通过单位过滤面积的滤液体积。

$$U = \frac{\mathrm{d}V}{A\,\mathrm{d}\tau} \tag{3-12}$$

式中 U——过滤速率，$m^3/(m^2 \cdot s)$或m/s；

V——滤液体积，m^3；

A——过滤面积，m^2；

τ——过滤时间，s。

实验证明，过滤速率的大小与推动力成正比，而与阻力成反比。

3. 过滤推动力和阻力

过滤推动力可以是重力、压强差或惯性离心力，工业上应用最多的是滤饼与过滤介质两侧的压强差 Δp。过滤推动力的来源有四种：

(1)利用悬浮液本身的重力（液柱压力），一般不超过 50 kPa，称为重力过滤。

(2)在悬浮液上面加压，一般可达 500 kPa，称为加压过滤。

(3)在过滤介质下面抽真空，通常不超过 80 kPa 真空度，称为真空过滤。

(4)利用惯性离心力进行过滤，称为离心过滤。

过滤阻力为过滤介质阻力与滤饼阻力之和。过滤刚开始时，只有过滤介质阻力，随着过滤的进行，滤饼厚度不断增加，过滤阻力逐渐加大。所以在一般情况下，过滤阻力主要决定于滤饼阻力。滤饼越厚，颗粒越细，则阻力越大。

4. 恒压过滤与恒速过滤

在过滤操作中，根据操作压强与过滤速率变化与否，将过滤分为恒压过滤与恒速过滤。恒压过滤是将过滤推动力维持在某一不变的压强下，随着过滤的进行，滤饼不断增厚，过滤阻力逐渐增大，过滤速率逐渐降低。恒速过滤是在过滤中保持过滤速率不变，这就必须使推动力 Δp 随滤饼的增厚而不断地增大，否则就不能维持恒速。因为恒压过滤的操作比较方便，因此，实际生产中多采用恒压过滤。

5. 过滤机的生产能力

整个过滤过程包括过滤、洗涤、干燥及卸饼四个阶段。

过滤操作进行到一定时间以后，由于滤饼的增厚，过滤速率很低，再持续下去是不经济的，只有将滤饼除去后重新开始过滤，才合理，此时应停止加入悬浮液。

滤饼的洗涤：在停止加入悬浮液以后，滤饼的孔道中存有很多滤液，为了得到较纯的滤饼，或从滤饼中回收这部分滤液，必须将此部分滤液从滤饼中分离出来，因此常用水或其他溶剂对滤饼进行洗涤，洗涤所得的液体称为洗涤液。

滤饼的干燥：洗涤完毕后，有时还须将滤饼进行“干燥”。所谓“干燥”并非将滤饼中的液体全部汽化，而仅是以空气在一定压强下通过滤饼，将孔道中存留的洗液排出，以使滤饼中残留的液体尽可能少。有的过滤机中则用机械挤压的办法来减少滤饼中的液体含量。

滤饼的卸除：卸除滤饼要求尽可能干净彻底。这样是为了最大限度地回收滤饼（滤饼是成品时），同时便于清洗滤布而减少下一次过滤的阻力。通常采用压缩空气从过滤介质后面倒吹以卸除滤饼。

如滤饼无利用价值，则可以简单地用水冲洗。滤布使用一定时间后应取下来进行清洗。

由上述得知，在过滤过程中仅有一部分时间用于过滤，另一部分时间则需消耗于滤饼的洗涤和卸除、滤布的清洗、重装等各项辅助操作上，所以过滤机的生产能力可以用下式表示，即

$$V_h = \frac{V}{\tau_{过} + \tau_{辅}} = \frac{V}{\sum \tau} \tag{3-13}$$

式中 V_h——生产能力，以每小时所得滤液量表示，m^3/h；

V——每一个循环操作（四个阶段）所得的滤液量，m^3；

$\sum \tau$——整个循环周期的总时间，包括过滤时间和辅助时间，h。

应当指出，要使过滤机的生产能力提高，必须合理安排各阶段的时间。若过滤阶段的时间（生产时间）过长，则一方面由于过滤速率的不断降低，加之由于滤饼的增厚而大大延长了洗涤时间，因此总的生产能力是不高的；反之，若使过滤阶段的时间太短，则会使得洗涤、卸饼等辅助时间（非生产时间）在整个操作周期中所占的比重加大，这样对生产能力的提高也是不利的。因此，在过滤时应合理安排各阶段时间，以使生产能力达到最大值。

3.3.2 过滤基本方程式

1. 过滤基本方程式

过滤基本方程式的实质是反映过滤过程中所得滤液量 V 与所需过滤时间 τ 之间的变化关系。

前已述及，过滤速率为单位时间内通过单位过滤面积的滤液体积。它正比于过滤推动力，而反比于过滤阻力，即

$$U = \frac{\mathrm{d}V}{A\,\mathrm{d}\tau} = \frac{过滤推动力}{过滤阻力}$$

为便于研究，过滤过程中总是把滤饼和过滤介质结合起来考虑。若滤饼两侧的压强差为 Δp_1，过滤介质两侧的压强差为 Δp_2，则滤饼与介质两侧的压强差 $\Delta p = \Delta p_1 + \Delta p_2$，即过滤的总推动力。而过滤的总阻力为 $\mu(R_1 + R_2)$，其中 μ 代表滤液的影响，$R_1 = rvV/A$ 为滤饼阻力，$R_2 = rvV_e/A$ 为介质阻力。因此，滤液通过滤饼和介质的速率为

对不可压缩滤饼，过滤基本方程式可表示为

$$U=\frac{dV}{A d\tau}=\frac{\Delta p_1+\Delta p_2}{\mu(R_1+R_2)}=\frac{\Delta p}{\mu(\frac{rvV}{A}+\frac{rvV_e}{A})}$$

或
$$\frac{dV}{d\tau}=\frac{A^2\Delta p}{\mu rv(V+V_e)} \tag{3-14}$$

式(3-14)即不可压缩滤饼的过滤基本方程式的微分式。

式中 Δp——过滤介质与滤饼两侧的压强差,Pa;

V——滤液体积,m^3;

V_e——过滤介质的当量滤液体积,m^3;

A——过滤面积,m^2;

μ——滤液的黏度,Pa·s;

r——滤饼的比阻,m^{-2};

v——单位体积滤液所对应的滤饼体积,m^3/m^3。

由式(3-14)可见,滤液通过滤饼层的速率的大小取决于两个彼此相抗衡的因素:一是过滤推动力 Δp,促使滤液流动的因素;二是过滤阻力 $rv\mu(V+V_e)/A$,包括滤饼阻力与过滤介质阻力,阻碍滤液流动的因素。过滤阻力又取决于两个方面:一是滤液量及其性质,即滤液的黏度 μ 和滤液的体积 V;二是滤饼的性质及过滤介质的结构等,即 r,v,V_e。显然,滤饼厚度愈大,流通截面积越小,结构越紧密,对滤液的阻力也越大。

滤饼的比阻 r 由滤饼的特性决定,其值与构成滤饼的固体颗粒的形状、大小及饼层的空隙率有关,其值由实验测定。r 的物理意义为单位过滤面积上、单位体积滤饼的阻力,故 r 值的大小可反映滤液通过滤饼层的难易程度。

不可压缩滤饼的比阻 r 不随其两侧压差的变化而变化。可压缩滤饼的比阻 r 则随压差的增大而增加,可用下列经验公式表示:

$$r=r'\Delta p^s \tag{3-15}$$

式中 r'——单位压强差下滤饼的比阻,m^{-2};

Δp——过滤压强差,Pa;

s——滤饼的压缩性指数,无因次,$s=0\sim1$;对不可压缩滤饼,$s=0$。

将式(3-15)代入式(3-14)中可得

$$\frac{dV}{d\tau}=\frac{A^2\Delta p}{\mu r'\Delta p^s v(V+V_e)}=\frac{A^2\Delta p^{1-s}}{\mu r' v(V+V_e)} \tag{3-16}$$

过滤基本方程式(3-16)对可压缩滤饼和不可压缩滤饼均适用。用于不可压缩滤饼时:$s=0$,$r'=r$,则式(3-16)和式(3-14)便完全一致了。

2. 恒压过滤方程式

用式(3-16)计算生产中过滤问题时还须根据具体条件进行积分。过滤操作可以在恒压、恒速,先恒速后恒压等不同条件下进行,其中恒压过滤是最常见的过滤方式。连续过滤机上进行的过滤都是恒压过滤,间歇过滤机上进行的过滤也多为恒压过滤,因此,我们重点讨论恒压过滤方程式。

在恒压过滤操作中,Δp 为常数,对一定的悬浮液,μ,r,v 也是常数,所以,令

$$k = \frac{\Delta p}{\mu r v} \tag{3-17}$$

将式(3-17)代入式(3-14)得

$$\frac{\mathrm{d}V}{\mathrm{d}\tau} = \frac{kA^2}{V + V_e}$$

上式中的 k,A,V_e 均为常数,故其积分形式为

$$\int (V + V_e)\mathrm{d}(V + V_e) = kA^2 \int \mathrm{d}\tau$$

如前所述,与过滤介质阻力相对应的当量滤液体积为 V_e(虚拟),假定获得体积为 V_e 的滤液所需的过滤时间为 τ_e(虚拟),则积分的边界条件为

过滤时间	滤液体积
$0 \to \tau_e$	$0 \to V_e$
$\tau_e \to \tau + \tau_e$	$V_e \to V + V_e$

于是
$$\int_0^{V_e} (V + V_e)\mathrm{d}(V + V_e) = kA^2 \int_0^{\tau_e} \mathrm{d}\tau$$

及
$$\int_{V_e}^{V+V_e} (V + V_e)\mathrm{d}(V + V_e) = kA^2 \int_{\tau_e}^{\tau+\tau_e} \mathrm{d}\tau$$

积分上二式,并令 $K = 2k$

可得
$$V_e^2 = KA^2\tau_e \tag{3-18}$$

及
$$V^2 + 2V_eV = KA^2\tau \tag{3-19}$$

故将上二式相加得

$$(V + V_e)^2 = KA^2(\tau + \tau_e) \tag{3-20}$$

令
$$q = \frac{V}{A} \quad 及 \quad q_e = \frac{V_e}{A}$$

则式(3-18)、式(3-19)、式(3-20)可分别写成如下形式:

$$q_e^2 = K\tau_e \tag{3-18a}$$

$$q^2 + 2qq_e = K\tau \tag{3-19a}$$

$$(q + q_e)^2 = K(\tau + \tau_e) \tag{3-20a}$$

式(3-20)及式(3-20a)称为恒压过滤方程式。它表明恒压过滤时滤液体积与过滤时间的关系为一抛物线方程(如图 3-8 所示)。

图中曲线的 Ob 段表示实际的过滤时间 τ 与实际的滤液体积 V 之间的关系。而 O_eO 段则表示与介质阻力相对应的虚拟过滤时间 τ_e 与虚拟滤液体积 V_e 之间的关系。

当过滤介质的阻力可以忽略时,$V_e = 0$,$\tau_e = 0$,则式(3-20)简化为

$$V^2 = KA^2\tau \tag{3-21}$$

而式(3-20a)相应简化为

$$q^2 = K\tau \tag{3-21a}$$

恒压过滤方程式中的 K 是由物料特性及过滤压强差所决定的常数,称为滤饼常数,其单位为 $\mathrm{m^2/s}$;τ_e 与 q_e 是反映过滤介质阻力大小的常数,均称为介质常数,其单位分别为

s 与 m^3/m^2，三者总称过滤常数，其值由实验测定。

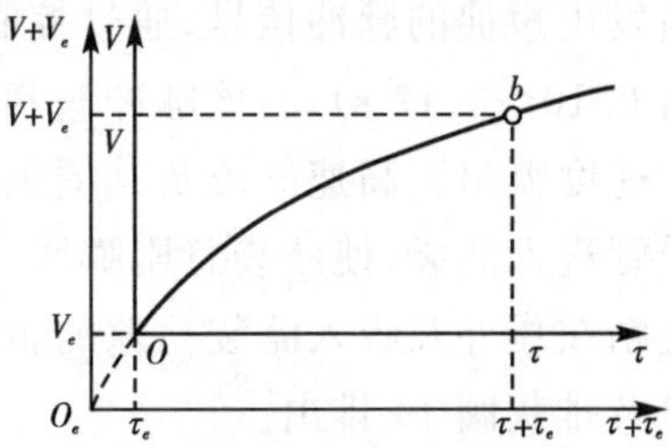

【例 3-3】 某悬浮液在过滤面积为 1 m^2 的压滤机上进行恒压过滤，得到 1 m^3 滤液时用了 2.25 min，得到 3 m^3 滤液时用了 14.5 min，试计算欲得 10 m^3 滤液所需的过滤时间。

图 3-8 恒压过滤的滤液体积与过滤时间关系曲线

解：由式(3-19a)及实验数据可得下列两式

$$1^2+2\times1\times q_e=K\times2.25$$

$$3^2+2\times3\times q_e=K\times14.5$$

上列两式联合求解得

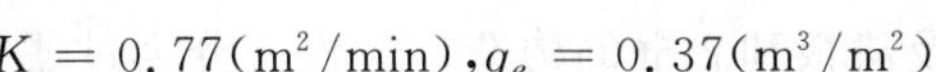

$$K=0.77(m^2/min),q_e=0.37(m^3/m^2)$$

将所求得的过滤常数和欲达到的滤液体积代入式(3-19a)，则

$$10^2+2\times10\times0.37=0.77\tau$$

所以 $$\tau=140(min)$$

3.3.3 过滤设备

1. 脉冲除尘器

脉冲除尘器是使含尘气体在压差的作用下，通过专用织物进行过滤，以使气体净化的一种除尘设备。

脉冲除尘器根据滤袋内外工作压差的不同分为“吹式”和“吸式”两种，吹式是袋内含尘气体为正压，而袋外为常压；吸式是袋外含尘气体为常压，而袋内为负压。在滤袋内外压差的作用下，气体穿过滤袋而固体颗粒被截留在袋内(或袋外)。吹式的缺点是将净化后仍含有若干灰尘的空气排入车间，影响了环境卫生，同时清理滤袋的方法不完善。而吸式除尘器的除尘效率约比吹式高二倍，除尘效果好。但是，吸式除尘器工作时将吸入较多的非生产性空气，具有设备阻力大、操作费用高等缺点。

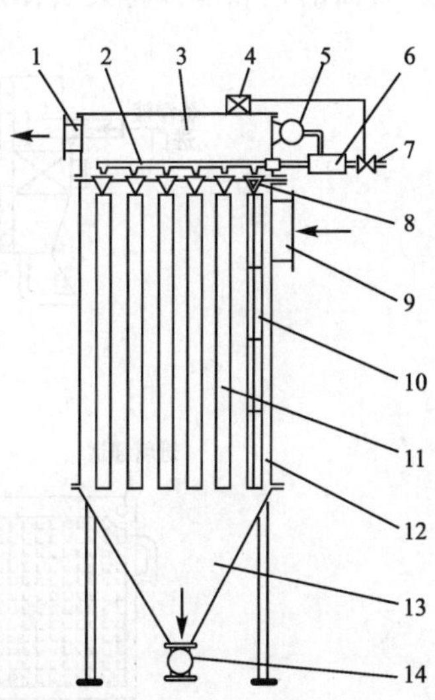

1. 排气口 2. 压缩空气喷射管 3. 上箱体 4. 控制器 5. 小气包 6. 脉冲阀 7. 控制阀 8. 文氏管 9. 进气口 10. 滤袋用钢丝框架 11. 滤袋 12. 中箱体 13. 下箱体 14. 排灰阀

图 3-9 脉冲袋式除尘器

脉冲袋式除尘器的结构如图 3-9 所示。除尘器分上、中、下三个箱体，用螺栓连接而成。上箱体与中、下箱体呈严密隔绝状态，仅通过滤袋与文氏管相通。上箱体容纳清洁空气，中、下箱体容纳含尘空气。

含尘空气从进气口 9 进入中箱体 12；中箱体内装有若干排滤袋 11。含尘空气经过滤袋时，灰尘被截留在袋外。过滤净化后的空气经文氏管 8 进入上箱体 3，最后从排气口 1 被风机吸走。

滤袋用钢丝框架 10 固定在文氏管上。滤袋框架和文氏管依靠压紧弹簧被固定装置在中箱体内。每排滤袋上均装有一根压缩空气喷射管 2。喷射管上开有一列 6.4 mm 左右的喷射孔，并与每条滤袋的中心相对应。

喷射管前装有与压缩空气管相连的脉冲阀 6。脉冲阀与小气包 5 相接。控制器 4 不断发出短促的脉冲信号，通过控制阀 7 顺序地控制各脉冲阀开闭。当脉冲阀开启时（时间为 0.10～0.12 s），与该脉冲阀相连的喷射管即与小气包相通，高压空气从喷射孔以极高的速度喷出。高速气流及其周围形成的相当于其自身体积 5～7 倍的诱导气流一起，经文氏管进入滤袋，使滤袋急剧膨胀，引起冲击振动。同时在瞬间产生由内向外的逆向气流，使粘在袋外及吸入滤袋孔隙的尘粒吹扫下来，落入下箱体 13（灰斗内）。最后经螺旋输送机及排灰阀 14 排出。

2. 板框压滤机

板框压滤机是间歇过滤机中应用最广泛的一种，它由许多块滤板和滤框交替排列而成。板和框多做成正方形，用支耳架在一对横梁上，可用压紧装置压紧或拉开。图 3-10 为板框压滤机的装置以及滤板和滤框的构造。滤板又分为过滤板和洗涤板两种，其结构与作用有所不同。为了组装时易于识别，铸造时常在板和框的外缘，铸有小钮。在过滤板的外缘铸一个钮，在洗涤板的外缘铸三个钮，在滤框外缘铸有两个钮。从图 3-10(a)可以看出，板和框在装合时是按照钮数以 1—2—3—2—1—2……的顺序排列的。所需滤板和滤框的数目，由生产能力和悬浮液的浓度情况决定。每台板框压滤机配有一定数目的板和框，最多可达 60 对。当所需数目不多时，可取一盲板（全封闸板）插入，以切断料液通道，后面的板和框都将失去作用。

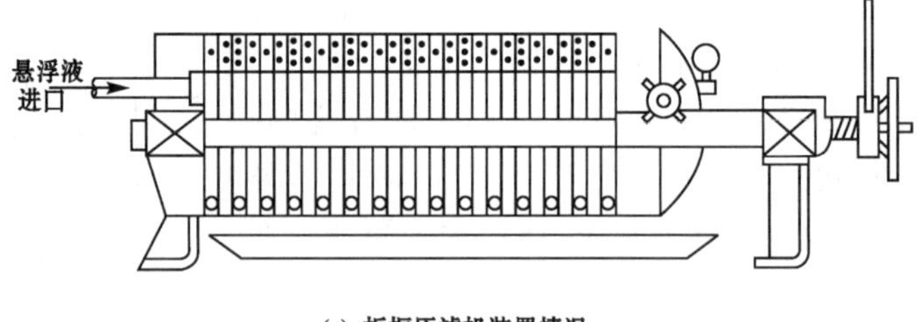

(a) 板框压滤机装置情况

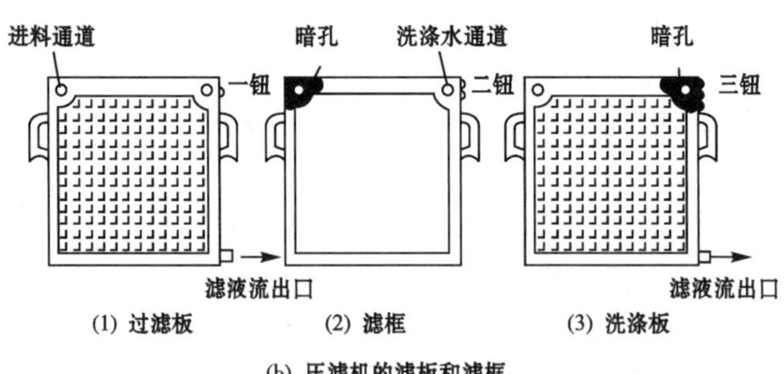

(1) 过滤板　(2) 滤框　(3) 洗涤板

(b) 压滤机的滤板和滤框

图 3-10　板框压滤机的装置及滤板和滤框的构造

滤板和滤框的结构如图 3-10(b)所示。板、框的角端均开有小孔，装合压紧后即构成供悬浮液或洗涤水流通的孔道。框的两侧覆以滤布，空框与滤布围成了容纳悬浮液及滤饼的空间。滤板的作用一是支撑滤布，二是提供滤液流出的通道。为此，板面上制成各种凸凹纹路，凸者起支撑滤布的作用，凹者形成滤液流道。

过滤时，悬浮液在指定压强下经进料通道由滤框角端的暗孔进入框内（如图 3-11(a)

所示)，滤液分别穿过两侧滤布，再沿相邻滤板之间流至滤液出口排走，固体颗粒则被截留于框内形成滤饼。待滤饼充满全框后，即停止过滤。

若滤饼需要洗涤时，则将洗涤液压入洗涤液通道，并经洗涤板角端的暗孔进入板面与滤布之间。此时应关闭洗涤板下部的滤液出口，洗涤液便在压强差推动下横穿两层滤布及全部滤饼厚度，最后由过滤板下部的滤液出口排出，如图 3-11(b)所示。这种洗涤方法称为横穿法。洗涤结束后，旋开压紧装置并将板框拉开，卸出滤饼，清洗滤布，整理板、框，重新装合，进行另一个循环操作。

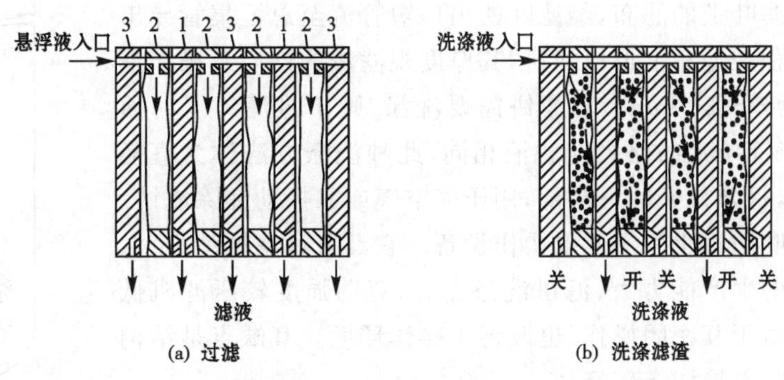

1. 过滤板　2. 滤框　3. 洗涤板

图 3-11　板框压滤机操作简图

板框压滤机的操作压强一般为 300～800 kPa(表压)。滤板和滤框可用铸铁、铸钢或耐腐蚀材料制成，并可使用塑料涂层，以适应悬浮液的性质及机械强度等方面的要求。

板框压滤机的优点是：构造简单，制造方便，附属设备少，占地面积小而过滤面积大，操作压强高，对各种物料的适应能力强。其缺点是：装卸板框的劳动强度大，生产效率低，滤饼洗涤慢，且不均匀；由于经常拆卸，滤布磨损严重。近年来出现了各种自动操作的板框压滤机，这一缺点得到了一定的改进。

3. 加压叶滤机

如图 3-12 所示的加压叶滤机是由一个水平放置的圆筒机壳及内部的许多圆形滤叶装合而成的。

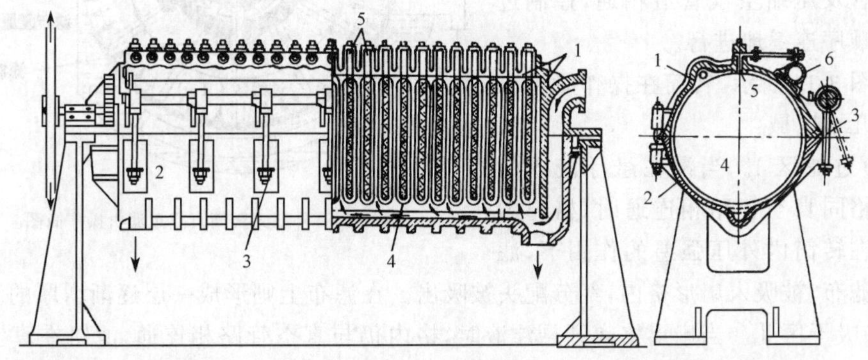

1. 外壳上半部　2. 外壳下半部　3. 活节螺钉　4. 滤叶　5. 滤液排出管　6. 滤液汇集管

图 3-12　圆形滤叶加压叶滤机

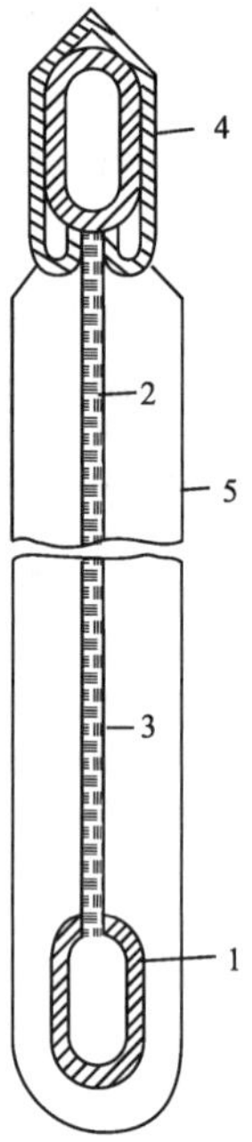

滤叶是过滤机的过滤元件，它是在金属多孔板或金属网上罩以滤布而成的。在滤叶的一端装有短管，供滤液流出，同时供安装时悬挂滤叶之用。为使滤叶在使用中有足够的刚度和强度，常在滤叶周边用框加固，其结构如图 3-13 所示。

圆形滤叶安装在一个能承受压力的水平圆筒机壳内。机壳分上、下两部分，上半部分固定在机架上，下半部分可以开合，用铰链与上半部分相连。过滤时将机壳密闭，用泵将悬浮液压送到机壳中。滤液穿过滤叶上的滤布，经滤叶的出口短管流至总汇集管导出机外。滤渣沉积在滤布上形成滤饼，其厚度视滤渣的性质及操作情况而定，通常为 5～35 mm。若滤饼需要洗涤，则于过滤终了时通入洗涤液，洗涤液所走的路径与滤液相同，此种洗涤方法称为直换法。洗涤过后，打开机壳的下半部，用压缩空气或靠振动卸除滤饼。

圆形加压叶滤机也属于间歇操作设备。它具有过滤推动力大、单位过滤面积的生产能力大、滤饼洗涤充分、劳动强度较压滤机低等优点。同时由于其密闭操作，也改善了操作环境。其缺点是结构复杂，造价较高，更换滤布较麻烦。

1.空框　2.金属网 3.滤布
4.顶盖　5.滤饼

图 3-13　滤叶

4. 转筒真空过滤机

转筒真空过滤机是连续操作过滤机中应用最广泛的一种。过滤机的主体部分是一个能转动的水平圆筒（转鼓）。筒的表面上有孔，外面包以金属网和滤布，它在装有悬浮液的槽内低速回转，转筒的下半部浸在悬浮液内，转筒每回转一周就完成一个包括过滤、洗涤、吸干、吹松、卸饼等几个阶段的操作。

图 3-14 是一台外滤式转筒真空过滤机操作简图。转筒内部用隔板分成若干个互不相通的扇形格，每个扇形格都有单独的孔道与分配头相通。圆筒转动时，凭借分配头的作用使这些孔道依次与真空管及压缩空气管道相通，控制过滤操作顺序连续地进行。

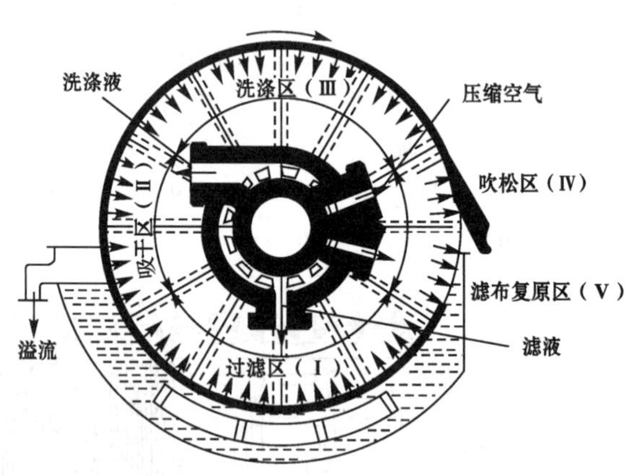

图 3-14　外滤式转筒真空过滤机操作简图

如图 3-14 所示，转筒在操作时可分成以下几个区域：

(1)过滤区Ⅰ。当浸在悬浮液内的各扇形格同真空管路相连通时，格内为真空。在转筒内外压强差的作用下，滤液穿过滤布，被吸入扇形格内，经分配头被吸出。在滤布上则形成一层逐渐增厚的滤饼。

(2)吸干区Ⅱ。当扇形格离开悬浮液时，格内仍与真空管路相连通，滤饼在真空下被吸干。

(3)洗涤区Ⅲ。洗涤水喷洒在滤饼上，格内仍与真空管路相连通，洗涤液与滤液一样，经分配头被吸出。滤饼被洗涤后，在同一区域内被吸干。

(4)吹松区Ⅳ。扇形格同压缩空气管相连通,压缩空气经分配头,从扇形格内部吹向滤饼,使其松动,以便卸饼。

(5)滤布复原区Ⅴ。这部分扇形格移近到刮刀处时,滤饼就被刮落下来。滤饼被刮落后,可由扇形格内的压缩空气或蒸气将滤布吹洗干净,重新开始下一循环的操作。

在各操作区域之间,都有不大的休止区域。这样,当扇形格从一操作区域转向另一操作区域时,各操作区域不致互相连通。过滤机过滤面上各个部分都顺次经历过滤、洗涤、吹干、卸饼、清洗滤布等几个阶段的全部操作。

转筒真空过滤机的操作,关键在于有一个分配头,它使每个扇形格通过不同部位时,能自动进行各阶段的操作。

图 3-15 表示分配头的结构。此分配头由一随转鼓转动的转动盘和一固定盘所组成。转动盘上的小孔与扇形格相连通,固定盘上的孔隙与真空管或压缩空气管相连通。当转动盘上的小孔与固定盘上的孔隙 3 相通时,扇形格与真空管路相连通,滤液被吸走而流入滤液槽中。当转动盘继续回转到使小孔与固定盘上的孔隙 4 相通时,扇形格内仍是真空,但这时吸走的是洗涤液,而流入洗涤液槽中。当转动盘上小孔与固定盘上的孔隙 5 和 6 相通时,扇形格与压缩空气管路相通。格内变成正压,压缩空气将滤饼吹松并将滤布吹净。按照以上顺序操作,就可使各个阶段连续进行。

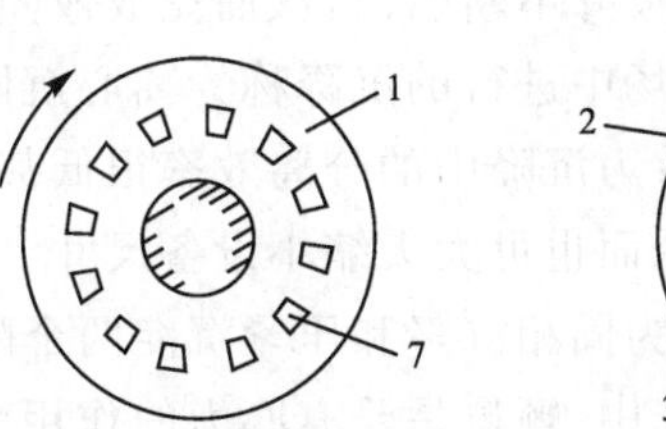

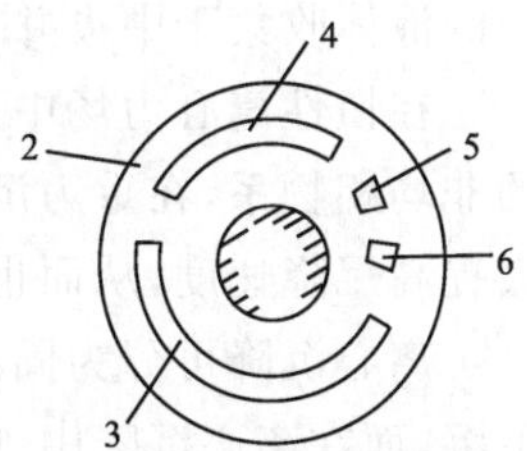

1.转动盘 2.固定盘 3.与真空管路相通的孔隙
4.与洗涤液贮槽相通的孔隙 5、6.与压缩空气管路相通的孔隙
7.转动盘上的小孔

图 3-15 分配头

转筒的过滤面积一般为 5～40 m^2,浸没部分占总面积的 30%～40%。转速可在一定范围内调整,通常为 0.1～3 r/min。滤饼厚度一般在 40 mm 左右,对于较难过滤的胶质物料,厚度可小至 10 mm 以下。转筒过滤机所得滤饼中的液体含量一般为 30%左右。

转筒过滤机能连续自动操作,节省人力,生产能力大,特别适用于处理量大而容易过滤的悬浮液。其缺点是转筒体积庞大而过滤面积较小,所需的附属设备多,投资费用高。此外,由于是真空操作,因而过滤推动力有限,尤其不能过滤温度较高或饱和蒸气压大的物料,以免滤液的蒸气压大而使真空度降低;对物料的适应能力差,滤饼的洗涤不够充分。

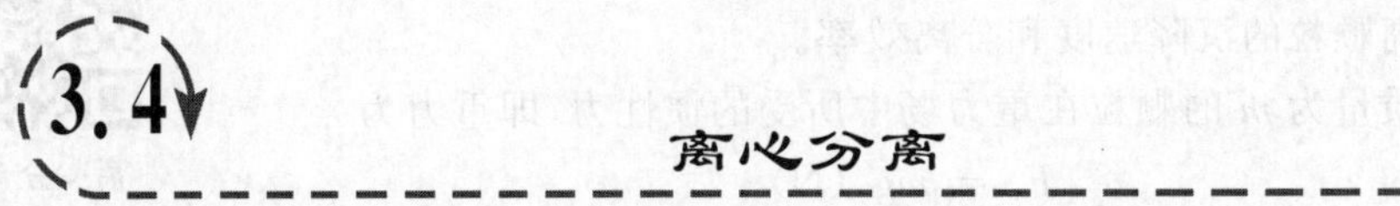

3.4 离心分离

3.4.1 基本概念

离心分离是利用惯性离心力的作用分离非均相物系的一种有效方法。常用来从悬浮物系中分离出固体颗粒,或者从乳浊液中分离出重液和轻液等。离心分离设备可分为两类,一类是设备静止不动,悬浮物系做旋转运动的离心沉降设备,如旋风分离器和旋液分

离器；另一类是设备本身旋转的离心分离设备，称为离心机。

通常，气-固、气-液非均相物系的离心分离在旋风分离器中进行；液-固、液-液非均相物系的离心分离在旋液分离器或离心机中进行。根据离心机的结构和料液的种类，可将液相非均一物系在离心机中的分离分为以下三类：

1. 离心沉降

离心沉降是在鼓壁无孔的离心机中进行分离悬浮液的操作。操作进行时，料液在转鼓内受离心力的作用，按密度大小分层沉降，密度大的固体颗粒沉积在鼓壁上，而密度较小的液体收集于中央并不断引出，从而完成液固分离。

在惯性离心力场中进行的沉降称为离心沉降。对于两相密度差较小，颗粒粒度较细的非均相物系，在重力沉降中的分离效率很低甚至完全不能分离时，改用离心沉降则可大大提高沉降速度，从而也可大大缩小设备尺寸。

离心沉降可分为固相沉降和压紧沉淀两个阶段。在重力沉降中固体颗粒借本身重力下沉，而在离心沉降中，颗粒是受离心力的作用沉降。此外，重力加速度与颗粒的位置无关，而离心加速度却随颗粒的旋转半径的不同而变化。

2. 离心过滤

离心过滤是在鼓壁上有孔的离心机中进行分离悬浮液的操作。在有孔鼓壁的内表面覆以滤布，当转鼓高速旋转时，鼓内的液体在离心力作用下由滤孔迅速排出，而固体颗粒被截留在滤布上，以实现液体和固体的分离。

离心过滤可分为滤饼的形成、滤饼的压紧和滤饼中液体的排除三个阶段。在此三个阶段中，仅第一阶段与普通过滤相似，但所用推动力不同。第二阶段同离心沉降。第三阶段显示离心过滤的特点，滤饼中的水分可借离心力作用而排除，起到部分干燥的作用。

3. 离心分离

离心分离是在鼓壁无孔的离心机中进行分离乳浊液或胶体溶液的操作。在离心力作用下，液体按密度大小分离，重者在外，轻者在内，各自从适当的位置引出，把乳浊液或胶体溶液分离成为轻重不同的两种液体。

3.4.2 离心沉降

1. 离心分离因数

离心分离因数

重力沉降的沉降速度小，分离效率低。如果用离心力代替重力，就可以提高颗粒的沉降速度和分离效率。

一个质量为 m 的颗粒在重力场中所受的惯性力，即重力为

$$F_g = mg\ (\mathrm{N})$$

而它在离心力场中所受的惯性力，即离心力为

$$F_c = m\frac{u^2}{R} = m\omega^2 R\ (\mathrm{N})$$

式中 R——旋转半径，m；

u——切向速度，m/s；

ω——旋转角速度，1/s；

$\frac{u^2}{R}$——离心加速度,m/s^2。

离心力场与重力场有所不同,重力场强度即重力加速度 g,基本上可视为常数,其方向指向地心。而离心力场的强度即离心加速度 u^2/R,是随位置及转速而改变的,其方向是沿旋转半径从中心指向外周的。因此用减小旋转半径或增大转速的方法可使做旋转运动的悬浮液受到更大的作用力,从而能更快更好地将分散物质与分散介质分离开来。

我们把离心力与重力或离心加速度与重力加速度的比值,称为分离因数,用 K_c 表示。即

$$K_c = \frac{F_c}{F_g} = \frac{u^2}{gR} \tag{3-21}$$

分离因数 K_c 的物理意义是离心力比重力大的倍数,这个比值可以控制得很大,如当 $u=10\ m/s$,$R=0.1\ m$ 时,则离心力比重力大 100 倍以上。因此,同样大小的颗粒,在离心力场中所受的离心力比其在重力场中所受的重力大得多,所以,离心沉降的效果要比重力沉降的效果好得多。

2. 离心沉降速度

当流体带着颗粒旋转时,如果颗粒的密度大于流体的密度,则惯性离心力便会将颗粒沿切线方向甩出,即使颗粒在径向与流体发生相对运动而飞离中心。与此同时,周围的流体对颗粒有一个指向中心的作用力,此作用力与颗粒在重力场中所受介质的浮力是相当的。此外,由于颗粒在径向上与流体有相对运动,所以也会受到阻力。因此,颗粒在径向上也受到三个力作用,即离心力 F_c、向心力 F_b(相对于重力场中的浮力)和阻力 F_d。如果颗粒呈球形,其密度为 ρ_s,直径为 d,流体的密度为 ρ,颗粒与中心轴的距离为 R,切向速度为 u,则颗粒在径向上受到的三个作用力分别为

离心力 $$F_c=\frac{\pi}{6}d^3\rho_s\frac{u^2}{R}$$

向心力 $$F_b=\frac{\pi}{6}d^3\rho\frac{u^2}{R}$$

阻力 $$F_d=\zeta\frac{\pi}{4}d^2\frac{\rho u_r^2}{2}$$

上式中的 u_r 代表颗粒与流体在径向上的相对速度。因颗粒向外运动,故阻力沿半径指向中心。当此三力达平衡时,颗粒在径向上相对于流体的速度 u_r 便是它在此位置上的离心沉降速度。即

$$\frac{\pi}{6}d^3\rho_s\frac{u^2}{R}-\frac{\pi}{6}d^3\rho\frac{u^2}{R}-\zeta\frac{\pi}{4}d^2\frac{\rho u_r^2}{2}=0$$

解得离心沉降速度为

$$u_r=\sqrt{\frac{4d(\rho_s-\rho)}{3\zeta\rho}\cdot\frac{u^2}{R}} \tag{3-22}$$

将上式与式(3-2)比较,可见离心沉降速度 u_r 与重力沉降速度 u_0 具有相似的关系式,只是将式(3-2)中的重力加速度 g 改为离心加速度$\frac{u^2}{R}$,且沉降方向不是向下,而是向

外，即背离旋转中心。

将离心沉降速度与重力沉降速度做比较，可以看出，离心沉降速度与重力沉降速度比值的平方，正等于离心加速度与重力加速度之比，即分离因数 K_c 所表示的数值。K_c 越高，其离心分离效率越高。K_c 的数值一般为几百到几万，高速离心机的 K_c 甚至可达数十万，因此，同一颗粒在离心沉降设备中的分离效果远比在重力沉降设备中的好。由此可见 K_c 是离心分离设备的一个重要性能参数。

3.4.3 离心分离设备

离心分离设备是利用惯性离心力分离非均相混合物的设备，包括旋风分离器、旋液分离器和离心机等。下面分别加以讨论。

旋风分离器

1. 旋风分离器

旋风分离器是工业上应用比较广泛的气-固离心分离设备之一，是利用离心沉降原理从气流中分离出颗粒的设备。标准型的旋风分离器结构如图 3-16 所示。主体的上部为圆筒形，下部为圆锥形，各部件的尺寸均与圆筒直径成比例，如图中所标注。含尘气体由圆筒上部进气管切向进入，受器壁的约束而向下作螺旋运动，在惯性离心力作用下颗粒被抛向器壁，与气流分离，再沿壁面落至锥底的排尘口。净化后的气体在中心轴附近由下向上做螺旋运动，最后由顶部排气管排出。气体在器内的运动情况如图 3-17 所示。通常，把下行的螺旋形气流称为外旋流，上行的螺旋形气流称为内旋流或气芯。内、外旋流气体的旋转方向相同。外旋流上部为主要除尘区。

旋风分离器的压力，在器壁附近处最高，仅稍低于进口处，往中心逐渐降低，到达气芯处可降至负压，低压气芯一直延伸到器底的排尘口。因此，排尘口必须密封完善，以免漏入空气，致使收集于锥形底的灰尘重新卷起，甚至从灰斗中吸进大量灰尘。

旋风分离器结构简单，造价低廉，没有运动部件，可用多种材料制造，操作范围宽广，分离效率较高，所以目前是化工、采矿、冶金、轻工、机械等工业部门中最常采用的除尘设备。对于粒径为 5～75 μm 的颗粒可获得满意的除尘效果；对于粒径在 5 μm 以下的细粉尘，一般旋风分离器的捕集效率不高，需用袋滤器或湿法捕集。旋风分离器不适用于处理黏度较大、湿含量较高及腐蚀性较大的灰尘；此外，气量的波动对除尘效果及设备阻力影响较大。

2. 旋液分离器

旋液分离器是一种利用离心力的作用分离悬浮液的设备。其结构和原理和旋风分离器相似。如图 3-18 所示，设备主体由圆筒和圆锥两部分构成。由于固、液间密度差较固、气密度差小，所以旋液分离器的结构特点是直径小而圆锥部分长。在一定的进口速度下，小直径的圆筒有利于增大惯性离心力，可提高沉降速度；锥形部分加长，可增大液流的行程，充分发挥锥体部分的分离作用。

悬浮液经入口以一定速度从切线方向进入圆筒，向下作螺旋运动，固体颗粒被甩向器壁与液体分离，由锥底部排出称为底流。清液或含较少颗粒的液体形成螺旋上升的内旋流，由器顶的溢流管排出，称为溢流。由于液体和固体颗粒的密度不同，所以借离心力作用，使悬浮液中的固液两相得以分离。旋液分离器可用于悬浮液的增稠，也可用于悬浮液中不同粒径或不同密度的颗粒分级。

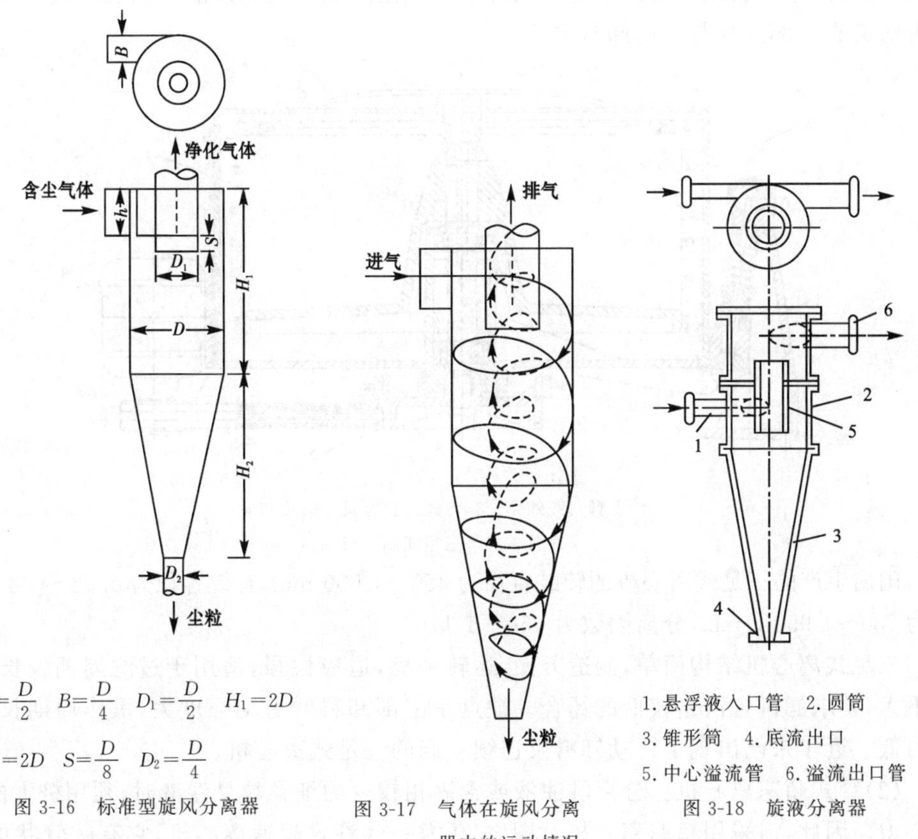

图 3-16 标准型旋风分离器

图 3-17 气体在旋风分离器中的运动情况

图 3-18 旋液分离器

旋液分离器的各部分尺寸间有一定的比例关系，锥角也有适宜范围。锥角一般为 9°～30°，以 20°为常见。其余各部分主要尺寸比例如下：

进口管直径$=\left(\frac{1}{8}\sim\frac{1}{4}\right)$器壳直径；

溢流管直径$=\left(\frac{1}{6}\sim\frac{1}{3}\right)$器壳直径；

底流出口直径$=\left(\frac{1}{10}\sim\frac{1}{6}\right)$器壳直径。

目前旋液分离器在很多工业部门中得到应用。它的优点是构造简单，本身无活动部件，制造方便，价廉，体积小，生产能力大，分离的颗粒范围广（1～200 μm）。但因固体颗粒沿壁面快速运动，对器壁产生严重磨损，因此，旋液分离器应采用耐磨材料制造或采用耐磨材料作内衬。

3. 离心机

离心机的结构形式很多，下面仅介绍几种典型的离心机。

(1)三足式离心机。图 3-19 是一台间歇操作的三足式离心机。在这种离心机中，为了减轻转鼓的摆动和便于拆卸，将转鼓、外壳和传动装置都固定在机座上。机座则借拉杆挂在三个支脚上，所以，称为三足式离心机。离心机的转鼓支撑在装有缓冲弹簧的拉杆上，以减轻由于加料或其他原因造成的冲击。三足式离心机有过滤式和沉降式两种，其卸料方法又有上部卸料与下部卸料之分。

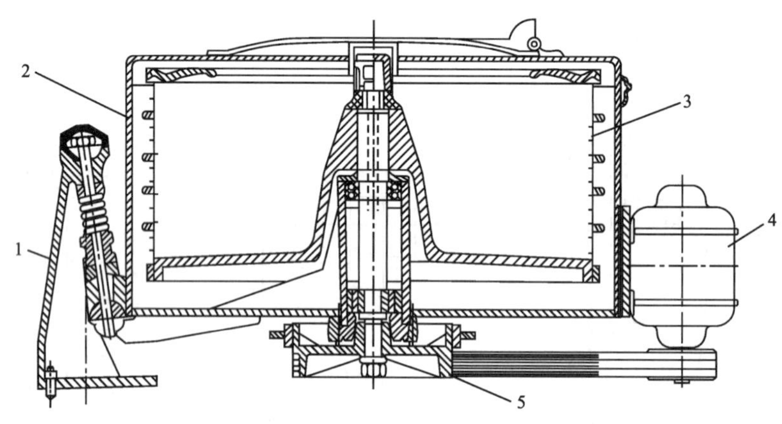

1. 支脚 2. 外壳 3. 转鼓 4. 电机 5. 皮带轮

图 3-19 三足式离心机

国内生产的三足式离心机的转鼓直径为 450～1 500 mm，有效容积为 0.02～0.4 m^3，转速为 730～1 950 r/min，分离因数为 450～1 170。

三足式离心机结构简单，制造方便，运转平稳，适应性强，适用于过滤周期较长，处理量不大，要求滤饼含液量较低的场合。缺点是上部卸料时劳动强度大，操作周期长，生产能力低。近年来已出现了自动卸料及连续生产的三足式离心机。

(2)管式超速离心机。分离乳浊液或含固相较少的细颗粒悬浮液时，须用极大的惯性离心力。因此，需采用超速离心机。图 3-20 为一台管式超速离心机，它有一管状的无孔转鼓，其直径在 200 mm 以下，高为 0.75～1.5 m，转速高达 8 000～50 000 r/min，分离因数可达 15 000～60 000。

悬浮液或乳浊液在加压下由转鼓下方的进料管进入，在惯性离心力作用下，沿轴向向上运动，并被抛向鼓壁。为使液体紧密地随转鼓转动，在鼓内装有长十字形或互成 120°的挡板(图中未画出)。转鼓顶盖上有相互隔离的轻、重液排出口。如果处理的是乳浊液，则在转鼓中受到离心力的作用分成内外两个同心层，内层为轻液，外层为重液。到达顶部时分别由轻液流出管和重液流出管流出。如果处理的是悬浮液，则固体颗粒沉积在鼓壁上，顶盖上只用一个液体出口将液体引出。鼓壁上的沉渣必须在停车后清除。

管式超速离心机的优点是分离因数大，结构简单、紧凑，管理方便，运行可靠，密封性好。缺点是生产能力小，人工卸渣，不适用于处理含固相量大的悬浮液。

(3)碟式高速离心机。如图 3-21 所示，机壳内装有许多倒锥形碟片，由一垂直轴带动而高速旋转。碟片直径一般为 0.2～0.6 m，碟片数从几十片到上百片。各碟片在几个相同位置上开有小孔，于是各片迭起时，可形成几个通道。它的转速为 4 700～6 500 r/min，分离因数可达 4 000～10 000，可用于分离细粒子的悬浮液，也可用作乳浊液中轻、重两种液体的分离，故又称碟式液体分离机。

乳浊液由中心管加入碟片组的底部，在其经碟片的孔道上升时，在倒锥形碟片间分布成若干薄液层。由于惯性离心力作用，密度大的液体流向盘的外沿，由重液出口流出；而密度小的液体则沿盘向上流向中央孔道，由轻液出口流出。各碟片的作用在于将液体分成许多薄层，缩短沉降距离。

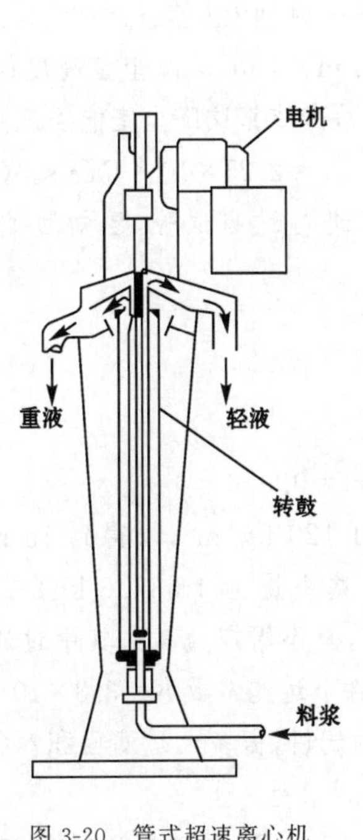

图 3-20 管式超速离心机

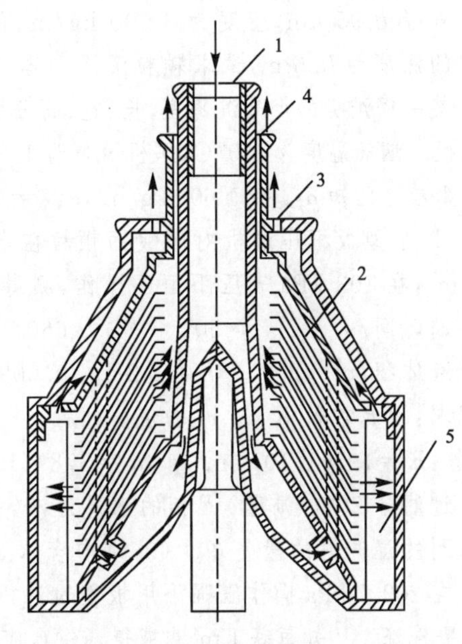

1. 乳浊液人口 2. 倒锥体盘

3. 重液出口 4. 轻液出口 5. 隔板

图 3-21 碟式离心机

若用以分离细粒子悬浮液时，这些微粒亦趋向外周而达机壳内壁附近沉积下来，可间歇加以清除。

与管式离心机相比，碟式离心机的优点是：具有较高的分离效率，转鼓容量较大；缺点是结构复杂，不易用耐腐蚀材料制造，所以不适用分离腐蚀性液体。

习 题

1. 求直径为 60 μm 的石英颗粒（密度 2 600 kg/m^3）在 20 ℃水中的沉降速度，又求它在 20 ℃空气中的沉降速度。（答：$u_0=3.14\times10^{-3}$ m/s；$u_0=0.89$ m/s）

2. 用落球法测定某液体的黏度。将待测液体置于玻璃容器中，测得直径为 6.35 mm 的钢球在此液体内沉降 200 mm 所需的时间为 7.32 s。已知钢球的密度为 7 900 kg/m^3。液体的密度为 1 300 kg/m^3，计算液体的黏度。（答：$\mu=5.309$ Pa·s）

3. 密度为 2 650 kg/m^3 的球形石英颗粒在 20 ℃的空气中自由沉降，计算服从斯托克斯公式的最大颗粒直径及服从牛顿公式的最小颗粒直径。(答:$d_{max}=57.4\ \mu m$;$d_{min}=1\ 513\ \mu m$)

4. 密度为1 850 kg/m^{3}的固体颗粒,在50 ℃和20 ℃的水中按斯托克斯公式沉降时,沉降速度的比值是多少?如颗粒直径增加一倍,在同温度水中按斯托克斯公式沉降时,沉降速度的比值又是多少?(答:1.84;4)

5. 直径为95 μm,密度为3 000 kg/m^{3}的球形颗粒在20 ℃的水中作自由沉降,水在容器中的深度为0.6 m,试求颗粒沉降到容器底部需要多长时间?(答:$\tau_0=60.9$ s)

6. 某一锅炉房的烟气沉降室,长、宽、高分别为11 m×6 m×4 m,沿降尘室高度的中间加一块隔板。烟气温度为150 ℃,风机风量为12 500 m^3/h(标),试核算该降尘室能否沉降35 μm以上的尘粒。已知$\rho_{尘粒}=1\ 600\ kg/m^3$,$\rho_{烟气}=1.29\ kg/m^3$,$\mu_{烟气}=2.25\times10^{-5}\ Pa\cdot s$。(答:能)

7. 以小型板框压滤机对碳酸钙颗粒在水中的悬浮液进行过滤试验,已知过滤面积为0.093 m^2,在103 kPa表压下恒压操作,测得以下数据:

过滤时间/s	50	660
滤液体积/m^3	0.002 27	0.009 1

试求:过滤常数K、q_e、τ_e的值。

(答:$K=1.56\times10^{-5}\ m^2/s$;$q_e=3.8\times10^{-3}\ m^3/m^2$;$\tau_e=0.926$ s)

8. 过滤含20%(质量)固相的水悬浮液,固相密度为1 120 kg/m^3,求得到15 m^{3}滤液时所得到的湿滤饼的量是多少(滤饼内含水30%)?(答:滤饼量 =4 687.5 kg)

9. 在202.7 kPa操作压强下用板框过滤机处理某物料,操作周期为3 h,其中过滤1.5 h,滤饼不需洗涤。已知每获1 m^{3}滤液得滤饼0.05 m^3,操作条件下过滤常数$K=3.3\times10^{-5}\ m^2/s$,介质阻力可忽略,滤饼不可压缩。若要求每周期获0.6 m^{3}的滤饼,需多大过滤面积?(答:$A=28.43\ m^2$)

10. 一台板框压滤机的过滤面积共为0.2 m^2,在表压150 kPa下以恒压操作方式过滤某一种悬浮液。两个小时后,得滤液体积40 m^3。若过滤介质阻力忽略不计,试问:

(1)若其他条件不变,而过滤面积加倍,可得滤液多少?

(2)若其他条件不变,而将过滤时间缩短一半,所得滤液量为多少?

(答:(1)$V=80\ m^3$;(2)$V=28.3\ m^3$)

模块3 非均相物系的分离在线自测

模块4 传 热

4.1 概 述

4.1.1 传热在化工生产中的应用

传热即热量传递。依据热力学第二定律,凡是有温度差存在的地方,就必然有热量的传递,所以传热是自然界和工程技术领域中非常普遍的一种能量传递过程。传热在化工生产中的应用主要有以下几个方面:

(1)物料的加热、冷却、汽化、冷凝,往往需要输入或输出能量,使物料达到指定的温度和相态,以满足过程处理、加工、储存等的要求。如蒸发、蒸馏、干燥等过程。

(2)热量和冷量的回收利用。当今世界能源日趋紧张,节约能源不仅是降低生产成本的重要措施,而且还有更为深远的意义。如利用锅炉排出的烟道气中的废热加热物料,利用液体汽化释放的冷量来制冰。

(3)化工设备与管道的保温。许多设备与管路在高温或低温下操作,为减少热量与冷量的损失,需要在设备与管道的外面包上保温材料进行保温。

化工生产中对传热的要求通常有两种情况:一是强化传热,如在传热设备中加热或冷却物料,要求提高各种换热设备的传热速率;二是削弱传热,如对设备或管道进行保温,要求降低传热速率,减少热损失。

我们学习传热的目的,主要是能够分析影响传热速率的因素,掌握传热速率的一般规律,能进行各种传热设备的设计计算、操作分析和强化,在满足过程工艺要求、使物料达到指定温度的条件下,充分利用能源,提高能量利用率,减少热损失,降低投资和操作成本。

4.1.2 传热的基本方式

热量的传递是由物体内部或物体之间的温度不同引起的,热量总是自动地从高温物体传给低温物体。只有在消耗机械功的条件下,才有可能由低温物体向高温物体传递热量。本章仅讨论前一种情况。根据传热机理的不同,传热有三种基本方式:热传导、热对流和热辐射。

1. 热传导(又称导热)

其机理是当物体的内部或两个直接接触的物体之间存在温度差异时，由于物体本身分子或电子的微观运动使热量从物体温度较高的部位传递到温度较低的部位的过程称为热传导。在固体中，热传导是相邻分子的振动与碰撞所致；在流体中，特别是在气体中，除上述原因外，热传导也是不规则的分子热运动的结果；而在金属中，热传导则由于自由电子的运动而加强。热传导可发生在物体内部或直接接触的物体之间。热传导是固体中热量传递的主要方式。

2. 热对流(又称对流传热)

其机理是由于流体中质点发生相对位移和混合，而将热能由一处传递到另一处。当流体发生宏观运动时，除分子热运动外流体质点(微团)也发生相对的随机运动，产生碰撞与混合，由此而引起的热量传递过程称为对流传热。如果流体的宏观运动是由于流体各处温度不同引起密度差异，使轻者上浮、重者下沉，称为自然对流；如果流体的宏观运动是泵、风机或搅拌等外力所致，则称为强制对流。

3. 热辐射(又称辐射传热)

任何物体，只要其温度在绝对零度以上，都会以一定波长范围的电磁波的形式向外界发射能量，同时又会吸收来自外界物体的辐射能。当物体向外界辐射的能量与其从外界吸收的辐射能不相等时，该物体就与外界发生了热量的传递，这种传热方式称为热辐射。热辐射不需要物体间的直接接触，它不仅有能量的转移，而且伴有能量形式的转化。只有在物体间的温度差别很大时，辐射才成为传热的主要方式。

上述三种传热的基本方式，很少单独存在，传热过程往往是这些基本传热方式的组合，例如在间壁式换热器中，主要以热对流和热传导相结合的方式进行换热。

4.1.3 间壁式换热器

工业中的换热方式，按原理和设备类型可分为间壁式换热、直接式换热和蓄热式换热。化工生产中普遍采用的是间壁式换热。在间壁式换热器中热流体和冷流体之间由固体间壁隔开，热量由热流体通过间壁传递给冷流体。间壁式换热器的类型很多，最典型的是列管式换热器，而最简单的是如图 4-1(a)所示的套管换热器。它是由两根直径不同的直管套在一起构成的，一种流体在内管中流动，另一种流体在两根管的环隙中流动，通过内管管壁进行热量交换，因此内管管壁为传热面积。在传热方向上[图 4-1(b)]热量传递过程包括三个步骤：

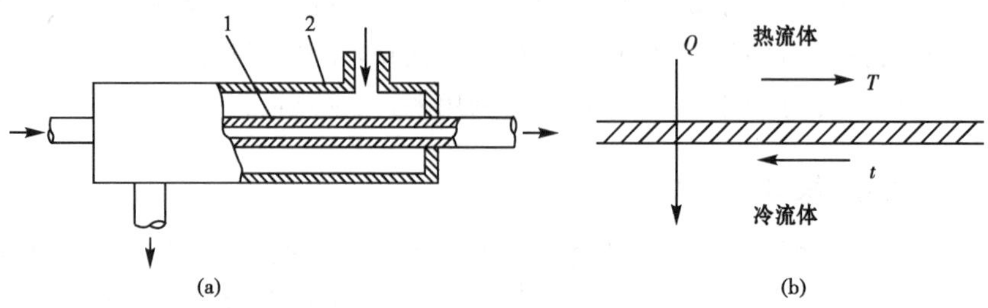

1. 内管　2. 外管

图 4-1　套管换热器中的换热

(1)热流体以对流传热方式将热量传递到间壁的一侧；

(2)热量自间壁一侧以热传导的方式传递至另一侧；

(3)热量以对流传热方式从壁面传递给冷流体。

在换热器中，热量传递的快慢可用以下指标来表示。

(1)传热速率 Q(又称热流量)：指单位时间内通过传热面的热量，单位为 W。传热速率是换热器本身在一定操作条件下的换热能力。

(2)热负荷 Q：指换热器中单位时间内冷、热流体间所交换的热量，单位为 W。热负荷是生产要求换热器应具有的换热能力。

(3)热通量 q(又称热流密度)：指单位时间内通过单位传热面积所传递的热量，即单位传热面积的传热速率，单位为 W/m^2。

热通量与传热速率的关系为

$$q = \frac{Q}{A} \tag{4-1}$$

本章重点讨论间壁式换热器的稳定传热过程的计算。

4.1.4 传热速率方程式

化工生产中经常遇到加热或冷却的传热过程。单位时间内通过换热器传递的热量与换热面积成正比，且与冷、热流体之间的平均温度差成正比。即有

$$Q = KA\Delta t_m \tag{4-2}$$

或

$$q=\frac{Q}{A}=\frac{\Delta t_m}{1/K} \tag{4-3}$$

式中 Q——传热速率，W；

K——比例系数，称为传热系数，$W/(m^2 \cdot ℃)$或$W/(m^2 \cdot K)$；

A——与热流方向垂直的传热面积，m^2；

Δt_m——传热平均温度差，℃或 K；

q——热通量，W/m^2。

式(4-2)称为传热速率方程式，它是传热计算的基本方程式。传热系数、传热面积和传热平均温度差是传热过程的三要素。

将式(4-3)与电学中的欧姆定律相对比可知，热通量 q 相当于电流，Δt_m 相当于电位差(推动力)，$1/K$ 相当于电阻(传热过程的总阻力，简称热阻)。传热速率与推动力成正比，与热阻成反比。

4.1.5 稳定传热和不稳定传热

若传热系统中，传热面各点的温度仅随位置不同而变，不随时间而变化，则此传热过程为稳定传热。例如在一个正常的连续生产的间壁式换热器中，进、出换热器的流体都具有稳定的流量、温度等工艺条件，尽管流体在换热器内的温度沿流动方向上有变化，但在器内与流体流动方向相垂直的任何一个截面上，流体的温度都有一个确定的数值，且不随时间而变化，即流体在器内各点的温度不随时间而变化。像这种换热器内所进行的传热过程即稳定

传热。稳定传热的特点是单位时间通过单位传热面积传递的热量是一个常量。

与此相反，若传热系统中传热面各点的温度既随位置不同而不同，又随时间而变化，这种传热过程称为不稳定传热。

连续生产过程中所进行的传热多为稳定传热。在间歇操作的换热设备中，或连续操作的换热设备的开、停车阶段所进行的传热，都属于不稳定传热。本章只讨论稳定传热。

4.2 热传导

4.2.1 热传导的基本定律

1. 傅立叶定律

如图 4-2 所示，热量以热传导的方式沿任意方向 x 通过物体。取传热方向上的微分长度 $\mathrm{d}x$，其温度变化为 $\mathrm{d}t$。傅立叶在大量实验的基础上提出了导热的基本定律，其数学表达式为

$$Q=-\lambda A\frac{\mathrm{d}t}{\mathrm{d}x} \tag{4-4}$$

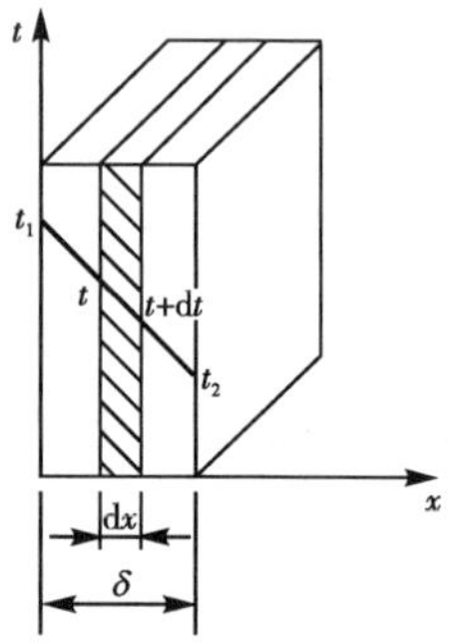

图 4-2 通过壁面的热传导

式中 Q——导热速率，W；

λ——比例系数，称为导热系数，W/(m·℃)或 W/(m·K)；

A——垂直于热流方向的导热面积，m^2；

$\frac{\mathrm{d}t}{\mathrm{d}x}$——温度梯度，℃/m 或 K/m，表示热传导方向上单位长度的温度变化率，规定温度梯度的正方向总是指向温度增加的方向。

式(4-4)称为热传导的基本定律，或称傅立叶定律。式中负号表示导热方向与温度梯度方向相反，因为热量传递方向总指向温度降低的方向。

2. 导热系数

式(4-4)可改写为

$$\lambda=-\frac{Q}{A\frac{\mathrm{d}t}{\mathrm{d}x}} \tag{4-5}$$

上式即导热系数定义式。可以看出，导热系数在数值上等于单位温度梯度下通过单位导热面积所传导的热量。故导热系数 λ 是表示物质导热能力大小的一个参数，是物质的物性。λ 越大，导热越快。

各种物质的导热系数通常由实验测得。表 4-1 列出了一些物质的导热系数的大致范围。从表 4-1 不难看出，金属的导热系数最大，非金属固体的导热系数次之，非金属液体的导热系数再次之，而气体的导热系数最小。例如不流动空气的导热系数在 0 ℃时只有

0.024 W/(m·℃)。可见,不流动的空气层是良好的保温层。一般的保温材料要制成多孔状,就是为了保持较多的不流动空气以提高隔热效率。

表 4-1 导热系数的大致范围

物质种类	导热系数/[W·(m·℃)$^{-1}$]
纯金属	100～1 400
金属合金	50～500
液态金属	30～300
非金属固体	0.05～50
非金属液体	0.5～5
绝热材料	0.05～1
气 体	0.005～0.5

导热系数的数值与物质的组成、结构与状态(温度、压强及相态)有关,还受物质的密度和湿度等因素的影响。现分述如下:

(1)固体的导热系数

各类固体材料的导热系数的数量级为:金属,10^1～10^2 W/(m·℃);建筑材料,10^{-1}～10^0 W/(m·℃);绝热材料,10^{-2}～10^{-1} W/(m·℃)。参见附录十。

大多数均质固体的导热系数与温度约成直线关系

$$\lambda = \lambda_0(1 + at) \tag{4-6}$$

式中 λ——固体在温度为 t ℃时的导热系数,W/(m·℃);

λ_0——固体在温度为 0 ℃时的导热系数,W/(m·℃);

a——温度系数(1/℃),对大多数金属材料 a 为负值,而对大多数非金属材料 a 为正值。

在热传导过程中,物体内不同位置的温度各不相同,因而导热系数也随之而异。在工程计算中,导热系数可取固体两侧温度下 λ 的算术平均值,或取两侧温度的算术平均值下的 λ 值。

(2)液体的导热系数

一般液体的导热系数较低,水和水溶液相对稍高,液态金属的导热系数比水要高出一个数量级。除水和甘油外,绝大多数液体的导热系数随温度的升高略有减小。总的来讲,液体的导热系数高于固体绝热材料的导热系数。

(3)气体的导热系数

气体的导热系数比液体更小,故不利于导热,但有利于保温。固体绝热材料如软木、玻璃棉等的导热系数之所以很小,就是因为在其空隙中存在大量空气的缘故。气体的导热系数随温度的升高而增大,这是由于温度升高,气体分子热运动增强。但在相当大的压强范围内,压强对 λ 无明显影响。

4.2.2 平壁的稳定热传导

1. 单层平壁稳定热传导

设有一高度和宽度很大的平壁，平壁面积相对厚度来说非常大，厚度为 δ。假设平壁材料均匀，导热系数不随温度变化（或取其平均值）。壁面两侧温度为 t_1，t_2，且 $t_1>t_2$，平壁内各点温度不随时间而变，仅沿垂直于壁面的 x 方向变化。如图 4-3 所示，取平壁的任意垂直于 x 轴截面积为传热面积 A。单位时间内通过面积 A 的热量为 Q，由傅立叶定律知

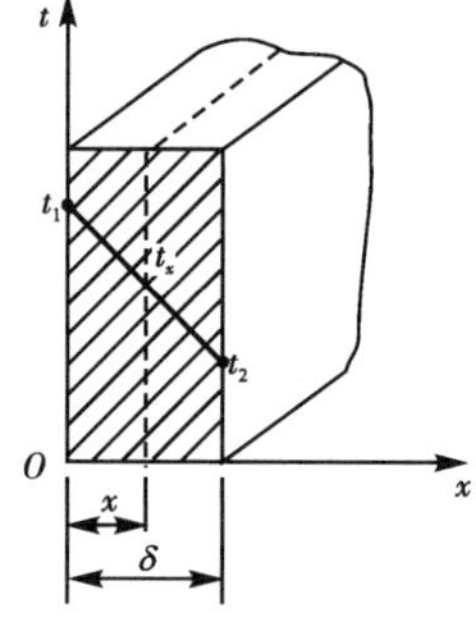

图 4-3 单层平壁的导热

$$Q=-\lambda A\frac{\mathrm{d}t}{\mathrm{d}x}$$

由于在热流方向上 Q、λ、A 均为常量，故分离变量后积分，得

$$\int_{t_1}^{t_2}\mathrm{d}t=-\frac{Q}{\lambda A}\int_0^{\delta}\mathrm{d}x$$

$$t_2-t_1=-\frac{Q}{\lambda A}\cdot\delta$$

$$Q=\frac{\lambda}{\delta}A(t_1-t_2)\tag{4-7}$$

$$Q=\frac{t_1-t_2}{\delta/\lambda A}=\frac{\Delta t}{R}\tag{4-8}$$

通常式(4-8)也可以表示为

$$q=\frac{Q}{A}=\frac{t_1-t_2}{\delta/\lambda}\tag{4-9}$$

【例 4-1】 某平壁厚 0.40 m，内、外表面温度分别为 1 500 ℃和 300 ℃，壁材料的导热系数 $\lambda=0.815+0.000\ 76t$(W/(m·℃))，试求通过单位面积的导热速率。

解：已知 $t_1=1\ 500$ ℃，$t_2=300$ ℃

壁的平均温度 $t=\dfrac{t_1+t_2}{2}=\dfrac{1\ 500+300}{2}=900$(℃)

壁的平均导热系数 $\lambda=0.815+0.000\ 76\times900=1.50$(W/(m·℃))

故 $q=\dfrac{Q}{A}=\dfrac{t_1-t_2}{\delta/\lambda}=\dfrac{1\ 500-300}{0.40/1.50}=4\ 500(\mathrm{W/m^2})$

2. 多层平壁稳定热传导

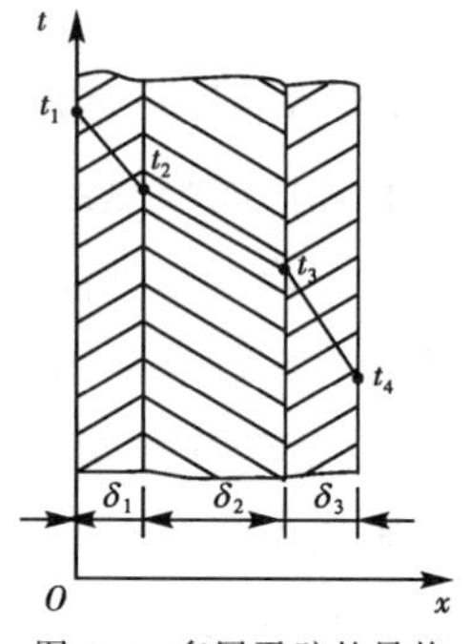

图 4-4 多层平壁的导热

以三层平壁为例，说明多层平壁稳定热传导过程计算。如图4-4所示，一个由三层材料组成的无限大平壁，各层的厚度分别为 δ_1，δ_2，δ_3，导热系数分别为 λ_1，λ_2，λ_3，且均为常数。多层平壁两侧表面温度均匀稳定，分别为 t_1 和 t_4，设内层两个接触面的温度分别为 t_2 和 t_3，在稳定情况下，通过各层的传热速率是相等的，则有

$$Q=\frac{t_1-t_2}{\dfrac{\delta_1}{\lambda_1 A}}=\frac{t_2-t_3}{\dfrac{\delta_2}{\lambda_2 A}}=\frac{t_3-t_4}{\dfrac{\delta_3}{\lambda_3 A}} \tag{4-10}$$

利用等比定理可得

$$Q=\frac{t_1-t_4}{\dfrac{\delta_1}{\lambda_1 A}+\dfrac{\delta_2}{\lambda_2 A}+\dfrac{\delta_3}{\lambda_3 A}}=\frac{\sum_{i=1}^{3}\Delta t_i}{\sum_{i=1}^{3}R_i} \tag{4-11}$$

$$q=\frac{Q}{A}=\frac{t_1-t_4}{\dfrac{\delta_1}{\lambda_1}+\dfrac{\delta_2}{\lambda_2}+\dfrac{\delta_3}{\lambda_3}} \tag{4-12}$$

上式表明，通过多层平壁的稳定热传导，导热推动力和热阻是可以相加的，总热阻等于各层热阻之和，总推动力等于各层推动力之和。

【例 4-2】 某炉壁由内向外依次为耐火砖、保温砖和普通砖。耐火砖：$\lambda_1=1.4$ W/(m·℃)，$\delta_1=220$ mm；保温砖：$\lambda_2=0.15$ W/(m·℃)，$\delta_2=120$ mm；普通砖：$\lambda_3=0.8$ W/(m·℃)，$\delta_3=230$ mm。已测得炉壁内、外表面温度分别为 900 ℃和 60 ℃，求单位面积的热损失和各层间接触面的温度。

解：由式(4-12)可得

$$q=\frac{Q}{A}=\frac{t_1-t_4}{\dfrac{\delta_1}{\lambda_1}+\dfrac{\delta_2}{\lambda_2}+\dfrac{\delta_3}{\lambda_3}}=\frac{900-60}{\dfrac{0.22}{1.4}+\dfrac{0.12}{0.15}+\dfrac{0.23}{0.8}}=\frac{840}{0.157+0.80+0.287}=675(\text{W/m}^2)$$

由于

$$q=\frac{t_1-t_2}{\dfrac{\delta_1}{\lambda_1}}=\frac{t_2-t_3}{\dfrac{\delta_2}{\lambda_2}}=\frac{t_3-t_4}{\dfrac{\delta_3}{\lambda_3}}$$

则

$$t_1-t_2=q\frac{\delta_1}{\lambda_1}=675\times 0.157=106(℃)$$

$$t_2-t_3=q\frac{\delta_2}{\lambda_2}=675\times 0.80=540(℃)$$

$$t_3-t_4=q\frac{\delta_3}{\lambda_3}=675\times 0.287=194(℃)$$

故

$$t_2=t_1-106=900-106=794(℃)$$

$$t_3=t_2-540=794-540=254(℃)$$

由以上计算结果知：通过耐火砖的温度降为 106 ℃，热阻为 0.157 m²·℃/W；通过保温砖的温度降为 540 ℃，热阻为 0.80 m²·℃/W；通过普通砖的温度降为 194 ℃，热阻为0.287 m²·℃/W。

可见，在多层平壁稳定导热过程中，各层壁的温差与其热阻成正比。

4.2.3 圆筒壁的稳定热传导

1. 单层圆筒壁的稳定热传导

如图 4-5 所示，设圆筒的内、外半径分别为 r_1、r_2，内、外表面分别维持恒定的温度 t_1 和 t_2，且管长 l 足够大，沿轴向的温度变化可以忽略不计，可以认为温度只沿半径方向变化。与平壁不同，圆筒壁导热的特点是传热面积随半径而变化。在半径 r 处取一厚度为 dr 的薄层，则此处传热面积为 $A=2\pi rl$。根据傅立叶定律，通过此环形薄层传导的热量为

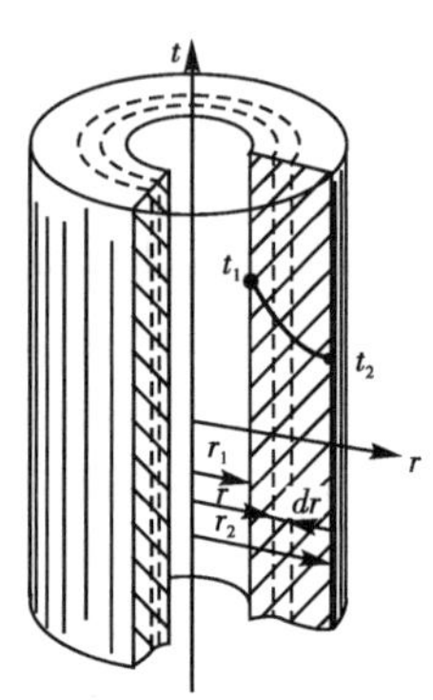

图 4-5 单层圆筒壁导热

$$Q=-\lambda A\frac{dt}{dr}=-\lambda\cdot 2\pi rl\frac{dt}{dr} \tag{4-13}$$

若 $t_1>t_2$，则 Q 为正值，沿径向向外传递。分离变量得

$$Q\frac{dr}{r}=-2\pi l\lambda dt$$

设 λ 为常数，进行积分：

$$Q\int_{r_1}^{r_2}\frac{dr}{r}=-2\pi l\lambda\int_{t_1}^{t_2}dt$$

$$Q\ln\frac{r_2}{r_1}=2\pi l\lambda(t_1-t_2)$$

移项得

$$Q=\frac{t_1-t_2}{\dfrac{1}{2\pi l\lambda}\ln\dfrac{r_2}{r_1}} \tag{4-14}$$

比较式(4-13)和式(4-14)得 $\frac{dt}{dr}=-\frac{t_1-t_2}{\ln\frac{r_2}{r_1}}\cdot\frac{1}{r}$。由此可见圆筒壁内温度梯度不是常数，它随 r 的增大而减小，故圆筒壁内稳定热传导时的温度分布是曲线。同时，热通量值也随着 r 的增大而减小，但传热速率 Q 不随 r 而变。

为了和平壁进行对比，式(4-14)可进行如下转换：

$$Q=\frac{2\pi\lambda l(r_2-r_1)(t_1-t_2)}{(r_2-r_1)\ln\dfrac{r_2}{r_1}}=\frac{\lambda}{r_2-r_1}2\pi l\frac{r_2-r_1}{\ln\dfrac{r_2}{r_1}}(t_1-t_2)$$

$$=\frac{t_1-t_2}{\dfrac{\delta}{\lambda}\cdot\dfrac{1}{2\pi lr_m}}=\frac{t_1-t_2}{\dfrac{\delta}{\lambda A_m}} \tag{4-15}$$

式中 δ——圆筒壁的厚度，m，$\delta=r_2-r_1$；

r_m——对数平均半径，m，$r_m=\frac{r_2-r_1}{\ln\frac{r_2}{r_1}}$；

A_m——平均导热面积，m^2，$A_m=2\pi r_m l$。

当 $\frac{r_2}{r_1}<2$ 时，可用算术平均值 $r_m=\frac{r_1+r_2}{2}$ 近似计算。

比较式(4-14)和式(4-15)可知，圆筒壁的热阻为

$$R=\frac{\delta}{\lambda A_m}=\frac{\ln\dfrac{r_2}{r_1}}{2\pi l\lambda} \tag{4-16}$$

【例 4-3】 在外径为 140 mm 的蒸气管道外包扎保温材料，以减少热损失。保温层的厚度为 60 mm，蒸气管外壁温度为 390 ℃，保温层外表面温度不大于 40 ℃。保温材料

的 λ 与 t 的关系为 $\lambda=0.1+0.0002t$[t 的单位为℃,λ 的单位为 W/(m·℃)]。试计算该管路每米长的散热量。

解:此题为圆筒壁热传导问题,先求保温层在平均温度下的导热系数,即

$$\lambda = 0.1 + 0.0002 \times (\frac{390+40}{2}) = 0.143(\text{W/(m·℃)})$$

根据已知条件可知:$r_1=0.07$ m,$r_2=0.07+0.06=0.13$(m),故

$$\frac{Q}{l} = \frac{t_1 - t_2}{\frac{1}{2\pi\lambda}\ln\frac{r_2}{r_1}} = \frac{390-40}{\frac{1}{2\pi\times0.143}\ln\frac{0.13}{0.07}} = 507.7(\text{W/m})$$

2. 多层圆筒壁的稳定热传导

对于层与层之间接触良好的多层圆筒壁稳定热传导,与多层平壁类似,也是串联热传导过程。如图4-6所示,以三层圆筒壁为例,有

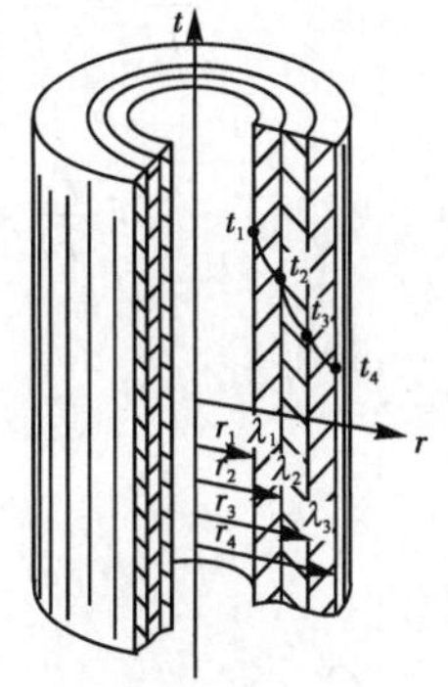

$$Q=\frac{t_1-t_2}{\frac{\delta_1}{\lambda_1 A_{m1}}}=\frac{t_2-t_3}{\frac{\delta_2}{\lambda_2 A_{m2}}}=\frac{t_3-t_4}{\frac{\delta_3}{\lambda_3 A_{m3}}}$$

$$Q=\frac{t_1-t_4}{\frac{\delta_1}{\lambda_1 A_{m1}}+\frac{\delta_2}{\lambda_2 A_{m2}}+\frac{\delta_3}{\lambda_3 A_{m3}}}$$

$$=\frac{t_1-t_4}{R_1+R_2+R_3} \tag{4-17}$$

图4-6 多层圆筒壁导热

式中,R_1,R_2,R_3 分别表示各层热阻。

应当指出,与多层平壁导热比较,多层圆筒壁导热的总推动力仍为总温度差,且等于各层温差之和;总热阻亦为各层热阻之和。但是,计算各层热阻所用的传热面积不同,需采用各层的平均面积。通过各截面的热流量 Q 相同,但是通过各截面的热通量 q 却是不同的。

式(4-17)也可写为

$$Q=\frac{t_1-t_4}{\frac{1}{2\pi l\lambda_1}\ln\frac{r_2}{r_1}+\frac{1}{2\pi l\lambda_2}\ln\frac{r_3}{r_2}+\frac{1}{2\pi l\lambda_3}\ln\frac{r_4}{r_3}} \tag{4-18}$$

【例4-4】 $\Phi38\times2.5$ mm 的钢管用作蒸气管。为了减少热损失,在管外保温。第一层是 50 mm 厚的氧化镁粉,平均导热系数为 0.07 W/(m·℃);第二层是 10 mm 厚的石棉层,平均导热系数为 0.15 W/(m·℃)。若管内壁温度为 160 ℃,石棉层外表面温度为 30 ℃,试求:每米管长的热损失及两保温层界面处的温度。

解:解法一:由式(4-18)可得

$$\frac{Q}{l}=\frac{t_1-t_4}{\frac{1}{2\pi\lambda_1}\ln\frac{r_2}{r_1}+\frac{1}{2\pi\lambda_2}\ln\frac{r_3}{r_2}+\frac{1}{2\pi\lambda_3}\ln\frac{r_4}{r_3}}$$

由题给条件知:$t_1=160$ ℃,$t_4=30$ ℃,$r_1=16.5$ mm,$r_2=19$ mm,$r_3=19+50=69$ mm,$r_4=69+10=79$ mm,$\lambda_2=0.07$ W/(m·℃),$\lambda_3=0.15$ W/(m·℃),查钢管的导热系数$\lambda_1=45$ W/(m·℃)

所以

$$\frac{Q}{l}=\frac{160-30}{\frac{\ln(19/16.5)}{2\pi\times 45}+\frac{\ln(69/19)}{2\pi\times 0.07}+\frac{\ln(79/69)}{2\pi\times 0.15}}$$

$$=42.3(\mathrm{W/m})$$

$$\Delta t_3=t_3-t_4=Q\cdot R_3=\frac{Q}{l}\frac{\ln(r_4/r_3)}{2\pi\lambda_3}=6.07(℃)$$

$$t_3=t_4+6.07=30+6.07=36.07(℃)$$

解法二：由式(4-17)可得

$$\frac{Q}{l}=\frac{1}{l}\left[\frac{t_1-t_4}{\frac{\delta_1}{\lambda_1 A_{m1}}+\frac{\delta_2}{\lambda_2 A_{m2}}+\frac{\delta_3}{\lambda_3 A_{m3}}}\right]=\frac{t_1-t_4}{\frac{r_2-r_1}{\lambda_1 2\pi r_{m1}}+\frac{r_3-r_2}{\lambda_2 2\pi r_{m2}}+\frac{r_4-r_3}{\lambda_3 2\pi r_{m3}}}$$

$$\because \frac{r_2}{r_1}=\frac{19}{16.5}<2, r_{m1}=\frac{r_1+r_2}{2}=\frac{19+16.5}{2}=17.75(\mathrm{mm})$$

$$r_{m2}=\frac{r_3-r_2}{\ln\frac{r_3}{r_2}}=\frac{69-19}{\ln\frac{69}{19}}=38.77(\mathrm{mm})$$

$$\because \frac{r_4}{r_3}=\frac{79}{69}<2, r_{m3}=\frac{r_3+r_4}{2}=\frac{69+79}{2}=74(\mathrm{mm})$$

$$\therefore \frac{Q}{l}=\frac{160-30}{\frac{2.5\times 10^{-3}}{45\times 2\pi\times 17.75\times 10^{-3}}+\frac{50\times 10^{-3}}{0.07\times 2\pi\times 38.77\times 10^{-3}}+\frac{10\times 10^{-3}}{0.15\times 2\pi\times 74\times 10^{-3}}}$$

$$=42.3(\mathrm{W/m})$$

两种算法结果相同。由计算知，钢管管壁的热阻与保温层的热阻相比，小了好几个数量级，在工程计算中可以忽略。请大家自己计算各层的温差与热阻，并与多层平壁热传导比较。

4.3 对流传热

4.3.1 对流传热过程分析

对流传热是发生在流体内部的传热过程。例如流体与固体壁面间的传热过程，即热流体先将热量传递给壁面，壁面再将热量传递给冷流体均属于对流传热过程。对流传热与流体的流动状况密切相关。

在模块 1 中曾指出，即使流体主体呈湍流流动，靠壁面处总有一层层流流体，称为层流内层。在层流内层中，垂直于流体流动方向上的热量传递，主要以导热方式进行。由于大多数流体的导热系数较小。故对流传热的热阻主要集中在该层中，温度降也主要集中在层流内层中。在层流内层与湍流主体之间有一过渡流区，过渡流区内的热量传递是热传导和对流传热共同作用的结果。而在湍流主体中，由于存在大大小小的旋涡，流体质点做随机的剧烈运动，导致流体主体各部分动量与热量的充分交换，分子热传导退居次要的地位，所以热阻较小，可以近似认为湍流主体中温度基本趋于一致。

若热流体与冷流体分别沿间壁两侧平行流动，则传热方向垂直于流动方向，故在垂直流动方向任一截面 A—A 上（图 4-7），从热流体到冷流体必存在一个温度分布，图中用粗实线表示。热流体从其湍流主体温度经过渡流区，层流内层降至该侧壁面温度 T_W，传热壁对侧温度为 t_w，又经冷流体侧的层流内层、过渡区降至冷流体湍流主体温度。由图可知：

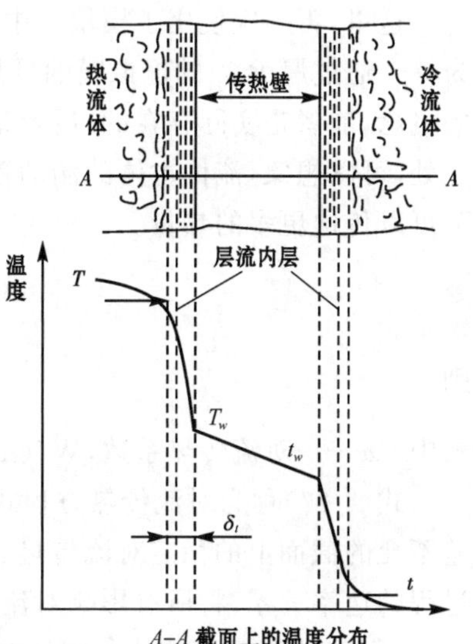

图 4-7 对流传热的温度分布

（1）在间壁换热任一侧流体的流动截面上，必存在温度分布，而温度变化主要集中在层流内层，这意味着对流传热的大部分热阻也集中于此。在不同的流动截面上，由于冷、热流体之间沿间壁不断进行热交换，不同截面上各点温度值有变化，但这种温度分布关系是类似的。

（2）若设流体与间壁的导热系数不随温度而变，由于层流内层和间壁的传热都是通过热传导方式进行，故这几部分的温度呈直线分布。壁面的导热系数一般较高，这部分热阻相对要小得多，温度梯度也要小得多。

（3）根据传热的一般概念，流体侧对壁面的传热推动力应该是湍流主体与壁面之间的温度差。但由于各流动截面上湍流主体温度不易确定，在工程计算上常以该流动截面上流体的平均温度代替湍流主体温度来计算温度差。于是，图 4-7 上热流体侧的温差为 $T-T_W$，冷流体侧的温差为 t_w-t。T、t 分别代表 A—A 截面上热、冷流体的平均温度，可由热量衡算直接算出（参见 4.4）。

4.3.2 对流传热速率方程式

由于影响对流传热的因素很多，要根据实际存在的边界层与层流内层的温度进行严格的数学处理，因而求解对流传热速率相当困难。工程计算时，进一步假设流体侧的温度差和热阻都集中在壁面附近一层厚度为 δ_t 的虚拟膜层内，在这层虚拟膜中仅以分子热传导方式传递热量，图 4-7 中已分别绘出冷、热流体两侧虚拟膜的界面，在虚拟膜中的温度也必呈线性分布，根据傅立叶定律，即可写出任一侧流体的稳定对流传热速率为

对流传热过程分析

$$Q=\frac{\Delta t}{\dfrac{\delta_t}{\lambda A}} \tag{4-19}$$

式中 Δt——冷流体或热流体侧的对流传热的温度差，℃，对热流体，$\Delta t=T-T_W$，对冷流体，$\Delta t=t_w-t$；

λ——流体的平均导热系数，W/(m·℃)；

A——与热流方向垂直的壁面面积，m^2，在此面积上，Δt 保持不变；

δ_t——冷流体或热流体侧的虚拟膜厚度，m。

这里，再一次使用了模块 1 中的当量化和折合的思路，即将实际的对流传热过程折合为一个通过厚为 δ_t 的虚拟膜的导热过程。必须明确指出，层流内层与虚拟膜是两个不同的概念，前者是实际存在的，后者是为了考虑问题的方便而人为引入的。但两者又有共同之处，可以想象，流体主体的湍动程度愈大，虚拟膜和层流内层都会变薄，则在相同的温差下可以传递更多的热量。

令

$$\alpha = \frac{\lambda}{\delta_t}$$

则

$$Q = \frac{\Delta t}{1/\alpha A} = \alpha A \Delta t \tag{4-20}$$

式中 α——对流传热系数，$W/(m^2 \cdot ℃)$。

式(4-20)称为对流传热方程式，也称为牛顿冷却定律。它适用于间壁一侧流体在温差不变的截面上的稳定对流传热。牛顿冷却定律以很简单的形式描述了复杂的对流传热过程的速率关系，将所有影响对流传热热阻的因素都归入对流传热系数 α 中。

α 的大小反映了流体与固体壁面的对流传热过程的强度，因此，如何确定不同条件下的 α，是对流传热的关键问题。这里还应指出，在不同的流动截面上，如果流体温度和流动型态发生改变，α 也将发生变化。因此，在间壁换热器中，常取 α 的平均值作为不变量进行计算。

4.3.3 对流传热系数关联式

1. 影响对流传热系数的因素

实验表明，影响对流传热系数的因素有以下几个方面：

(1)流体的物理性质

影响较大的(物性)有导热系数 λ、比热容 c、密度 ρ 和黏度 μ。对同一种流体，这些物性又是温度的函数，其中有些物性还与压强有关。

(2)流体的相态变化

在有的传热过程中流体要发生相变(蒸发或冷凝)，而有的传热过程流体无相变(加热或冷却)，因而它们的对流传热系数也不相同。有相变时对流传热系数比无相变时要大得多。

(3)流体流动型态

当流体流动为湍流时，湍流主体中流体质点呈混杂运动，且随着 Re 增大，流体层流内层减薄，故 α 增大。当流体流动为层流时，流体中无混杂的质点运动，所以其 α 较湍流时的小。

(4)流体流动的原因

因形成流体流动的原因不同，对流传热分为自然对流和强制对流。自然对流是流体内部存在温度差，使得各部分流体密度不同，密度大的往下沉、密度小的朝上升而产生流动。由于流速小，故 α 较小。强制对流是指由于外界机械能的输入，如在泵、风机或搅拌器的作用下，流体被迫流过固体壁面时的流动状态。由于流速较大，故 α 较大。

(5)传热面的形状特征与相对位置

圆管、套管环隙、翅片管、平板等不同形状传热面,管径或管长的大小,管束的排列方式,传热面的水平放置或垂直放置以及管内流动或管外流动等,都影响对流传热系数。通常,传热面的形状特征是通过一个或几个特征尺寸来表示的。

迄今为止,各种情况下对流传热系数尚不能完全通过理论推导得出具体的计算式,需由实验测定。为了减少实验工作量,也可运用因次分析法将影响对流传热系数的各种因素组成无因次数,再借助实验确定这些无因次数(或称相似准数,简称准数)在不同情况下的相互关系,得到相应的关系式。

2.对流传热系数关联式

对流传热系数关联式用各种准数符号可表示为

$$Nu = ARe^{a}Pr^{f}Gr^{h} \tag{4-21}$$

强制对流

$$Nu = BRe^{a}Pr^{f} \tag{4-22}$$

自然对流

$$Nu = CPr^{f}Gr^{h} \tag{4-23}$$

式中系数 A、B、C 和指数 a、f、h 需经实验确定。因而不同实验条件下获得的具体的准数关联式是一种半经验公式。使用时要注意:特征尺寸和定性温度应按规定选取和计算;关联式中的准数的数值应在实验所进行的数值范围内,不宜外推使用。准数的符号和意义见表 4-2。

表 4-2　准数的符号和意义

准数名称	符　号	意　义
努塞尔特准数(Nusselt)	$Nu = \frac{\alpha l}{\lambda}$	包含待定的对流传热系数
雷诺准数(Reynolds)	$Re = \frac{lu\rho}{\mu}$	反映流体的流动型态和湍动程度
普兰特准数(Prandtl)	$Pr = \frac{c_p\mu}{\lambda}$	反映与传热有关的流体物性
格拉斯霍夫准数(Grashof)	$Gr = \frac{l^3\rho^2\beta g\Delta t}{\mu^2}$	反映自然对流对对流传热的影响

下面仅介绍几种常用的对流传热系数的计算。

(1)流体无相变时在圆形直管内强制湍流的对流传热系数

①低黏度流体(小于2倍常温水的黏度)

$$Nu = 0.023Re^{0.8}Pr^{n} \tag{4-24}$$

或

$$\alpha = 0.023\frac{\lambda}{d}\left(\frac{du\rho}{\mu}\right)^{0.8}\left(\frac{c_p\mu}{\lambda}\right)^{n} \tag{4-24a}$$

式中,n 为 Pr 准数的指数,当流体被加热时,$n=0.4$;当流体被冷却时,$n=0.3$。

式(4-24)的应用条件如下:

适用范围　$Re>10^4$,$0.7<Pr<120$,$l/d>60$,低黏度流体,光滑管。

定性温度　取流体进、出口温度的算术平均值。

特征尺寸　准数中的 l 取管内径 d。

②高黏度液体

$$Nu = 0.027Re^{0.8}Pr^{0.33}\left(\frac{\mu}{\mu_w}\right)^{0.14} \tag{4-25}$$

或
$$\alpha = 0.027\frac{\lambda}{d}\left(\frac{du\rho}{\mu}\right)^{0.8}\left(\frac{c_p\mu}{\lambda}\right)^{0.33}\left(\frac{\mu}{\mu_w}\right)^{0.14} \tag{4-25a}$$

式中 μ——液体在主体平均温度下的黏度；

μ_w——液体在壁温下的黏度。

在壁温数据未知的情况下，可采用下列近似值计算：

当液体被加热时：$\left(\frac{\mu}{\mu_w}\right)^{0.14}=1.05$

当液体被冷却时：$\left(\frac{\mu}{\mu_w}\right)^{0.14}=0.95$

适用范围　$Re>10^4$，$0.7<Pr<700$，$l/d>60$ 的各种液体。

定性温度　取流体进、出口温度的算术平均值（μ_w 除外）。

特征尺寸　准数中的 l 取管内径 d。

【例 4-5】 有一列管换热器，由 60 根 Φ20 mm×2.5 mm 的钢管组成。通过该换热器，用饱和水蒸气加热苯。苯在管内流动，由 20 ℃被加热到 80 ℃，苯的流量为 13 kg/s。试求苯在管内的对流传热系数。若苯的流量提高 80%，假设仍维持原来的出口温度，问此时的对流传热系数又为多少？

解：苯的平均温度 $t=\frac{1}{2}\times(t_1+t_2)=\frac{1}{2}(20+80)=50(℃)$

可查得苯在 50 ℃的物性如下：

$\rho=860\ \text{kg/m}^3$，$c_p=1.80\ \text{kJ/(kg·℃)}$，$\mu=0.45\times10^{-3}\ \text{Pa·s}$，$\lambda=0.14(\text{W/(m·℃)})$

加热管内苯的流速为

$$u=\frac{w_s}{\rho\frac{\pi}{4}d^2\cdot n}=\frac{13}{860\times0.785\times0.02^2\times60}=0.8(\text{m/s})$$

$$Re=\frac{du\rho}{\mu}=\frac{0.02\times0.8\times860}{0.45\times10^{-3}}=3.06\times10^4(\text{湍流})$$

$$Pr=\frac{c_p\mu}{\lambda}=\frac{1.80\times10^3\times0.45\times10^{-3}}{0.14}=5.79$$

可见，Re 和 Pr 均在式(4-24)的应用范围内。管长未知，但一般列管式换热器的 l/d 均大于 60，故可用式(4-24)计算，则

$$\begin{aligned}\alpha&=0.023\frac{\lambda}{d}Re^{0.8}Pr^{0.4}\\&=0.023\times\frac{0.14}{0.02}\times(3.06\times10^4)^{0.8}\times(5.79)^{0.4}=1\ 260(\text{W/(m}^2\cdot℃))\end{aligned}$$

当苯的流量提高 80%

$$\alpha'=\alpha\left(\frac{Re'}{Re}\right)^{0.8}=\alpha\left(\frac{u'}{u}\right)^{0.8}=1\ 260\times1.8^{0.8}=2\ 016(\text{W/(m}^2\cdot℃))$$

可见，提高流速是提高对流传热系数的重要手段。

(2)流体在圆形直管内强制层流的对流传热系数

在管径较小和温差不大的情况下，即 $Gr<25\ 000$，$Re<2\ 300$，$0.6<Pr<6\ 700$，

$Re \cdot Pr \cdot d/l > 10$。

$$Nu = 1.86\left(Re \cdot Pr \cdot \frac{d}{l}\right)^{\frac{1}{3}}\left(\frac{\mu}{\mu_w}\right)^{0.14} \tag{4-26}$$

当 $Gr > 25\ 000$ 时，若忽视自然对流的影响，会造成较大的误差，此时可将式(4-26)乘以校正因子 f。

$$f = 0.8(1 + 0.015Gr^{\frac{1}{3}}) \tag{4-27}$$

式中定性温度、特征尺寸以及 $\left(\frac{\mu}{\mu_w}\right)^{0.14}$ 的近似计算方法同式(4-25)。

【例 4-6】 压强为 0.1 MPa 的空气在内径为 50 mm，长为 0.5 m 的水平管内流过。入口温度为 15 ℃，出口温度为 39 ℃，其平均流速为 0.6 m/s。管壁温度维持在 120 ℃。试求空气在管内流动时的对流传热系数。

解：空气的平均温度 $t = \frac{1}{2}(15+39) = 27$ ℃，该温度下空气的物性如下：

$\rho = 1.18\ \text{kg/m}^3, c_p = 1.013\ \text{kJ/(kg·℃)}, \mu = 1.84 \times 10^{-5}\ \text{Pa·s}, \lambda = 0.026\ 5\ \text{W/(m·℃)}$

$$\beta = \frac{1}{T} = \frac{1}{273 + 27} = 3.33 \times 10^{-3}(1/\text{K})$$

$$Re = \frac{du\rho}{\mu} = \frac{0.05 \times 0.6 \times 1.18}{1.84 \times 10^{-5}} = 1\ 924(\text{层流})$$

$$Pr = \frac{c_p\mu}{\lambda} = \frac{1.013 \times 10^3 \times 1.84 \times 10^{-5}}{0.026\ 5} = 0.703$$

$$Gr = \frac{\rho^2 g\beta\Delta t d^3}{\mu^2}$$

$$= \frac{1.18^2 \times 9.81 \times 3.33 \times 10^{-3} \times (120 - 27) \times 0.05^3}{(1.84 \times 10^{-5})^2}$$

$$= 1.56 \times 10^6$$

$$Re \cdot Pr \cdot d/l = 1\ 924 \times 0.703 \times 0.05/0.5 = 135$$

Re、Pr 及 $Re \cdot Pr \cdot d/l$ 均在式(4-26)的应用范围内，故可用该式计算 α，又 $Gr > 25\ 000$，尚需考虑自然对流的影响。120 ℃时，查得 $\mu_w = 2.29 \times 10^{-5}$ Pa · s。依据式(4-26)得

$$Nu = 1.86\left(Re \cdot Pr \cdot \frac{d}{l}\right)^{\frac{1}{3}}\left(\frac{\mu}{\mu_w}\right)^{0.14}$$

$$\alpha' = 1.86\frac{\lambda}{d}Re^{1/3}Pr^{1/3}(d/l)^{1/3}(\mu/\mu_w)^{0.14}$$

$$= 1.86 \times \frac{0.026\ 5}{0.05} \times 1\ 924^{1/3} \times 0.703^{1/3} \times \left(\frac{0.05}{0.5}\right)^{1/3} \times \left(\frac{1.84}{2.29}\right)^{0.14}$$

$$= 4.9(\text{W/(m}^2 \cdot \text{K)})$$

$$f = 0.8(1 + 0.015Gr^{\frac{1}{3}})$$

$$= 0.8 \times [1 + 0.015 \times (1.56 \times 10^6)^{1/3}] = 2.19$$

故 $\alpha = \alpha' f = 4.9 \times 2.19 = 10.7\ \text{W/(m}^2 \cdot \text{K)}$

(3)流体在圆形直管内呈过渡流时的对流传热系数

对于 $Re = 2\ 300 \sim 10\ 000$ 的过渡流范围，对流传热系数可先用湍流时的经验式(4-24)

计算，然后将计算出的 α 乘以小于 1 的校正系数 ϕ，即

$$\phi = 1 - \frac{6\times 10^5}{Re^{1.8}} \tag{4-28}$$

【例 4-7】 一套管换热器，外管为 Φ89 mm×3.5 mm 钢管，内管为 Φ25 mm×2.5 mm 钢管，管长为 2 m。环隙中为 p=100 kPa 的饱和水蒸气冷凝，冷却水在内管中流过，进口温度 15 ℃，出口温度为 35 ℃。冷却水流速为 0.3 m/s，试求管壁对水的对流传热系数。

解：水的平均温度 $t=\frac{1}{2}(t_1+t_2)=\frac{1}{2}(15+35)=25$ ℃

可查得水在 25 ℃的物性如下

$$\rho = 997\ \mathrm{kg/m^3}, c_p = 4.179\ \mathrm{kJ/(kg\cdot ℃)}, \mu = 90.27\times 10^{-5}\ \mathrm{Pa\cdot s}, \lambda = 60.8\times 10^{-2}\ \mathrm{W/(m\cdot ℃)}$$

$$Re = \frac{du\rho}{\mu} = \frac{0.02\times 0.3\times 997}{90.27\times 10^{-5}} = 6\ 626\text{（过渡流）}$$

$$Pr = \frac{c_p\mu}{\lambda} = \frac{4.179\times 10^3\times 90.27\times 10^{-5}}{60.8\times 10^{-2}} = 6.2$$

$$\frac{l}{d} = \frac{2}{0.02} = 100$$

故可用式(4-24)计算

$$\alpha' = 0.023\frac{\lambda}{d}Re^{0.8}Pr^{0.4} = 0.023\times\frac{0.608}{0.02}\times 6\ 626^{0.8}\times 6.2^{0.4} = 1\ 654(\mathrm{W/(m^2\cdot ℃)})$$

校正系数 $$\phi = 1-\frac{6\times 10^5}{Re^{1.8}} = 1-\frac{6\times 10^5}{6\ 626^{1.8}} = 0.921$$

故 $$\alpha = \alpha'\phi = 1\ 654\times 0.921 = 1\ 523(\mathrm{W/(m^2\cdot ℃)})$$

在学习本节内容时，要注意工程上处理问题的方法。对流传热是一个复杂的传热过程，但对流传热速率总可简单地表示为传热推动力和热阻之比。同时，引入了对流传热虚拟膜的概念，又可将问题进一步简化为热传导过程，得到了形式简单的对流传热方程，使研究集中于如何求出对流传热系数。本节只介绍了几种常用情况下对流传热系数的计算方法，为避免公式较多，其他情况下对流传热系数的计算方法可查阅相关化工原理书或化工设计手册。

使用这些经验或半经验公式时，应注意以下几点：

①要根据处理对象的具体特点，选择适当的公式。例如，是强制对流还是自然对流，是层流还是湍流，是蒸气冷凝还是液体沸腾等。

②要注意所选公式的应用范围、特征尺寸的选择和定性温度的确定，以及在必要时进行修正的方法。

③应注意不同情况下哪些物理量对 α 有影响，从中也可分析强化对流传热的可能措施。

④正确使用各物理量的单位。一般应采用国际单位制进行计算，如果题给数据或从手册中查到的数据的单位制与此不同，要换算后再代入。准数方程中，每一个准数都应当是无因次的，其中各物理量的单位可互相消去。但对于纯经验公式，必须按照公式要求的单位代入。

⑤重视数量级概念，有助于对计算结果正确性的判断和分析。对流传热系数 α 的大致范围列于表 4-3。

表 4-3　　α 的大致范围

传热情况	$\alpha/[W\cdot(m^2\cdot K)^{-1}]$
空气自然对流	5～25
空气强制对流	20～100
水自然对流	200～1 000
水强制对流	1 000～15 000
水蒸气膜状冷凝	5 000～15 000
水蒸气滴状冷凝	40 000～120 000
水沸腾	2 500～25 000

4.4 传热过程计算

工业上大量存在的间壁传热过程都是由固体间壁内部的热传导及间壁两侧流体与固体表面间的对流传热组合而成的。在学习了热传导和对流传热的基础上，本节讨论传热全过程的计算，以解决间壁式换热器的设计和操作分析问题。

如前所叙，冷、热两流体通过间壁的传热速率方程式为

$$Q = KA\Delta t_m = \frac{\Delta t_m}{1/KA} \tag{4-29}$$

式中　Q——传热速率(或热负荷)，W；

A——换热器的传热面积，m^2；

Δt_m——热、冷两流体的平均温度差，即传热的总推动力，℃或 K；

K——传热系数，$W/(m^2\cdot ℃)$或 $W/(m^2\cdot K)$，它与间壁两侧的对流传热系数均有关，在这里实际上是整个传热过程中的平均值。

传热过程的计算包括换热器的热负荷 Q、总传热系数 K、传热平均温度差 Δt_m 及传热面积 A 的计算等，下面分别介绍。

4.4.1 热量衡算

在换热器计算中，首先需要确定换热器的热负荷。如图 4-8 所示的列管式换热器中，若换热器保温良好，热损失可以忽略不计，对于稳定传热过程，根据能量守恒定律，单位时间内热流体放出的热量等于冷流体吸收的热量，即

$$Q = W_h(I_1 - I_2) = W_c(I'_2 - I'_1) \tag{4-30}$$

式中　W_h、W_c——热、冷流体的质量流量，kg/s；

I_1、I_2——热流体进、出口的焓，J/kg；

I'_1、I'_2——冷流体进、出口的焓，J/kg。

若流体在换热过程中没有相变化，且流体比热容不随温度而变或取平均温度下的比热容时，式(4-30)可表示为

$$Q = W_h c_h (T_1 - T_2) = W_c c_c (t_2 - t_1) \tag{4-31}$$

式中　T_1、T_2——热流体的进、出口温度，℃；

t_1、t_2——冷流体的进、出口温度，℃；

c_h、c_c——热、冷流体的平均比热容，J/(kg·℃)。

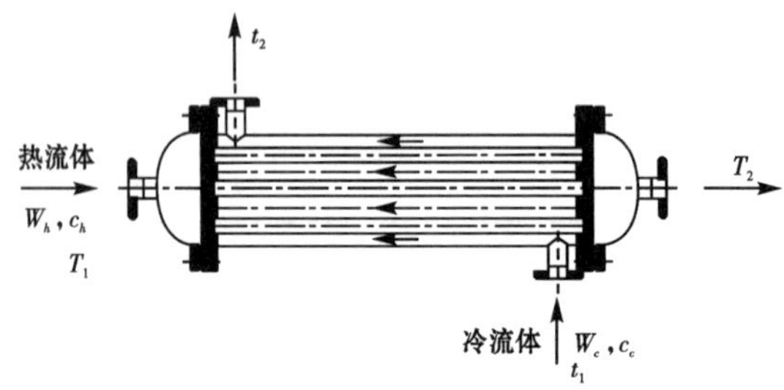

图 4-8　换热器的热量衡算

若流体在换热过程中发生相变，应考虑相变化前后热量变化的影响。例如，若热流体为饱和蒸气，换热过程中在饱和温度下发生冷凝，而冷流体无相变化，则式(4-30)可表示为

$$Q = W_h r_h = W_c c_c (t_2 - t_1) \tag{4-32}$$

式中　r_h——饱和蒸气的汽化热，J/kg。

若冷凝液出口温度 T_2 低于饱和温度 T_s 时，则式(4-30)可变为

$$Q = W_h [r_h + c_h (T_s - T_2)] = W_c c_c (t_2 - t_1) \tag{4-33}$$

【例 4-8】 将 0.417 kg/s、80 ℃的硝基苯通过换热器用冷却水将其冷却到 40 ℃。冷却水初温为 30 ℃，终温不超过 35 ℃。已知硝基苯的平均比热容为 1.6 kJ/(kg·℃)，试求换热器的热负荷及冷却水用量。

解：水的平均温度为 $t=\frac{30+35}{2}=32.5$ ℃，查附录得其比热容为 4.17 kJ/(kg·℃)。

换热器的热负荷为

$$Q = W_h c_h (T_1 - T_2) = 0.417 \times 1.6 \times 10^3 \times (80 - 40) = 2.67 \times 10^4 (\text{W})$$

冷却水用量为

$$W_c = \frac{Q}{c_c (t_2 - t_1)} = \frac{2.67 \times 10^4}{4.17 \times 10^3 \times (35 - 30)} = 1.28 (\text{kg/s})$$

4.4.2 传热系数

传热系数 K 的物理意义是：当传热平均温度差为 1 ℃时，在单位时间内通过单位传热面积所传递的热量。K 是衡量换热器工作效率的重要参数。因此，了解传热系数的影响因素，合理确定 K，是传热计算中的一个重要问题。

1. 传热系数的计算

如图 4-9 所示，冷、热流体通过间壁传热的过程分三步进行：热流体通过对流传热将热量传递给固体壁；固体壁以热传导方式将热量从热侧传到冷侧；热量通过对流传热从壁面传给冷流体。

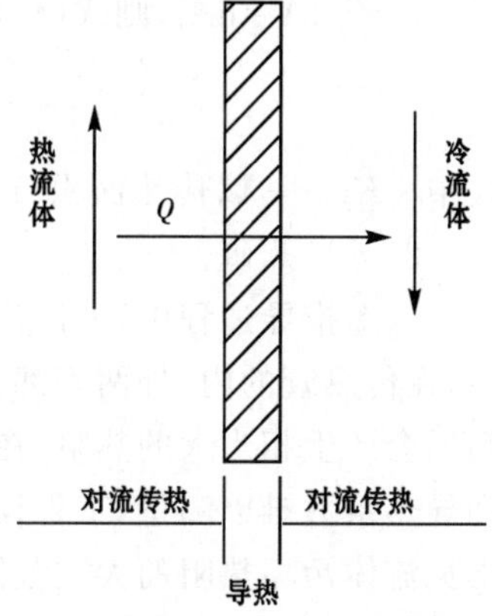

图 4-9 间壁两侧流体传热过程

设热流体的温度为 T，冷流体的温度为 t，热流体一侧的壁面温度为 T_W，冷流体一侧的壁面温度为 t_W，A_i 和 A_0 分别为内、外两侧的传热面积，A_m 为壁面的平均面积，α_i 和 α_0 分别为内侧流体与外侧流体的对流传热系数，λ 为壁面的导热系数，δ 为壁厚，则

$$dQ=\alpha_0(T-T_W)dA_0=\frac{T-T_W}{\dfrac{1}{\alpha_0 dA_0}} \tag{4-34}$$

$$dQ=\frac{\lambda}{\delta}(T_W-t_W)dA_m=\frac{T_W-t_W}{\dfrac{\delta}{\lambda dA_m}} \tag{4-35}$$

$$dQ=\alpha_i(t_W-t)dA_i=\frac{t_W-t}{\dfrac{1}{\alpha_i dA_i}} \tag{4-36}$$

可得

$$dQ=\frac{T-t}{\dfrac{1}{\alpha_0 dA_0}+\dfrac{\delta}{\lambda dA_m}+\dfrac{1}{\alpha_i dA_i}} \tag{4-37}$$

$$\because dQ=K\Delta t dA$$

$$\therefore \frac{1}{KdA}=\frac{1}{\alpha_0 dA_0}+\frac{\delta}{\lambda dA_m}+\frac{1}{\alpha_i dA_i} \tag{4-38}$$

(1)传热面为平壁

当传热面为平壁或薄壁管时，$A=A_0=A_i=A_m$，式(4-38)可简化为

$$\frac{1}{K}=\frac{1}{\alpha_0}+\frac{\delta}{\lambda}+\frac{1}{\alpha_i} \tag{4-39}$$

(2)传热面为圆筒壁

当传热面为圆筒壁时，两侧的传热面积不等，传热面积 A 的取值不同，K 也就不同，但 $KdA=K_0dA_0=K_mdA_m=K_idA_i$。

若 $dA=dA_0$，则式(4-38)可改写为

$$\frac{1}{K_0}=\frac{1}{\alpha_0}+\frac{\delta dA_0}{\lambda dA_m}+\frac{dA_0}{\alpha_i dA_i}=\frac{1}{\alpha_0}+\frac{\delta d_0}{\lambda d_m}+\frac{d_0}{\alpha_i d_i} \tag{4-40}$$

式中 d_i、d_0、d_m——分别为管壁的内径、外径和平均直径，m；

K_0——以传热面积 A_0 为基准的传热系数，W/(m^2·℃)或 W/(m^2·K)。

若 $dA=dA_m$，则式(4-38)可改写为

$$\frac{1}{K_m}=\frac{dA_m}{\alpha_0 dA_0}+\frac{\delta}{\lambda}+\frac{dA_m}{\alpha_i dA_i}=\frac{d_m}{\alpha_0 d_0}+\frac{\delta}{\lambda}+\frac{d_m}{\alpha_i d_i} \tag{4-41}$$

式中 K_m——以传热面积 A_m 为基准的传热系数，W/(m^2·℃)或 W/(m^2·K)。

若 $dA=dA_i$，则式(4-38)可改写为

$$\frac{1}{K_i}=\frac{dA_i}{\alpha_0 dA_0}+\frac{\delta dA_i}{\lambda dA_m}+\frac{1}{\alpha_i}=\frac{d_i}{\alpha_0 d_0}+\frac{\delta d_i}{\lambda d_m}+\frac{1}{\alpha_i} \tag{4-42}$$

式中　K_i——以传热面积 A_i 为基准的传热系数，W/(m^2·℃)或 W/(m^2·K)。

2. 污垢热阻

以上推导过程中，未计算传热面上存在污垢的影响。实际上，换热器在运转一段时间后，在传热管的内、外两侧都会有不同程度的污垢沉积，使传热速率减小。实践证明，表面污垢会产生相当大的热阻，在传热计算中，污垢热阻常常不能忽略。由于污垢热阻的厚度和导热系数难以测量，工程计算时，通常是根据经验选用污垢热阻值。表 4-4 列出工业上常见流体污垢热阻的大致范围以供参考。对于易结垢的流体，换热器使用过久，污垢热阻会增加到使传热速率严重下降的程度，所以换热器要根据工作条件，定期清洗。

表 4-4　　常见流体的污垢热阻

流体	污垢热阻 R /(m^2·℃·kW^{-1})	流体	污垢热阻 R /(m^2·℃·kW^{-1})
蒸馏水	0.09	空气	0.26～0.53
海水	0.09	溶剂蒸气	0.14
清净的河水	0.21	优质不含油水蒸气	0.052
未处理的凉水塔用水	0.58	劣质不含油水蒸气	0.09
已处理的凉水塔用水	0.26	处理过的盐水	0.264
已处理的锅炉用水	0.26	有机物	0.176
硬水、井水	0.58	燃料油	1.056

若管内、外侧流体的污垢热阻用 R_{si}、R_{s0} 表示，按串联热阻的概念，以传热面积 A_0（管外表面积）为基准的传热系数 K 可由下式计算

$$\frac{1}{K_0}=\frac{1}{\alpha_0}+R_{s0}+\frac{\delta d_0}{\lambda d_m}+R_{si}+\frac{d_0}{\alpha_i d_i} \tag{4-43}$$

当使用金属薄壁管，流体清洁，管壁热阻和污垢热阻可忽略，上式可简化为

$$\frac{1}{K}\approx\frac{1}{\alpha_0}+\frac{1}{\alpha_i} \tag{4-44}$$

K 除用上述计算方法外，还可选用生产实际的经验数据或直接测定。参见表 4-5。

表 4-5　　列管式换热器 K 的大致范围

热流体	冷流体	传热系数 K/[W·(m^2·℃)$^{-1}$]
水	水	850～1 700
轻油	水	340～910
重油	水	60～280
气体	水	17～280
水蒸气冷凝	水	1 420～4 250
水蒸气冷凝	气体	30～300
低沸点烃类蒸气冷凝(常压)	水	455～1 140
高沸点烃类蒸气冷凝(减压)	水	60～170
水蒸气冷凝	水沸腾	2 000～4 250
水蒸气冷凝	轻油沸腾	455～1 020
水蒸气冷凝	重油沸腾	140～425

【例 4-9】 热空气在 $\Phi 25\times 2.5$ mm 的钢管外流过，对流传热系数为 50 W/(m^2 · K)，冷却水在管内流过，对流传热系数为 1 000 W/(m^2 · K)，试求：①传热系数；②若管内对流传热系数增大一倍，传热系数有何变化？③若管外对流传热系数增大一倍，传热系数又有何变化？

解：已知 $\alpha_0=50$ W/(m^2 · K)，$\alpha_i=1\ 000$ W/(m^2 · K)查附录取钢管的导热系数 $\lambda=45$ W/(m · K)

从表 4-4 中数据，取水侧污垢热阻 $R_{si}=0.58\times 10^{-3}$ m^2 · K/W

取热空气侧污垢热阻 $R_{s0}=0.5\times 10^{-3}$ m^2 · K/W

①由式(4-43)可得

$$\frac{1}{K_0}=\frac{1}{\alpha_0}+R_{s0}+\frac{\delta d_0}{\lambda d_m}+R_{si}+\frac{d_0}{\alpha_i d_i}$$

$$=\frac{1}{50}+0.5\times 10^{-3}+\frac{2.5\times 10^{-3}\times 25}{45\times 22.5}+0.58\times 10^{-3}+\frac{25}{1\ 000\times 20}$$

$$=0.02+0.000\ 5+0.000\ 062+0.000\ 58+0.001\ 25$$

$$=0.022\ 4(\text{m}^2\cdot\text{K/W})$$

$$K=44.6(\text{W/(m}^2\cdot\text{K))}$$

可见，空气侧热阻最大，占总热阻的 89.3%；管壁热阻最小，占总热阻的 0.28%。因此传热系数 K 接近于空气侧的对流传热系数，即 α 较小的一个。

在这种情况下，若忽略管壁热阻与污垢热阻，可得 $K=47.1$ W/(m^2 · K)，误差约 6%。

② 若管内对流传热系数增大一倍，其他条件不变，即

$\alpha_i'=2\ 000$ W/(m^2 · K)，代入可得 $K'=45.9$(W/(m^2 · K))

传热系数仅提高了 2.9%。

③ 若管外对流传热系数增大一倍，则

$\alpha_0'=100$ W/(m^2 · K)，代入可得 $K'=80.6$(W/(m^2 · K))

传热系数提高了 80.7%。

上例题结果表明：要有效地提高 K，必需设法减少主要热阻，提高 α 较小侧流体对流传热系数。本例题中应设法提高空气侧的对流传热系数；传热系数 K 总小于两侧流体的对流传热系数，且总是接近 α 较小的一个。

在实际生产中，流体的进出口温度往往受到工艺要求的制约。因此，提高 K 是强化传热的主要途径之一。欲提高 K，必须设法减小起决定作用的热阻。传热过程的总热阻是各串联热阻的叠加，减小任何环节的热阻都可提高传热系数。但若干个环节的热阻具有不同的数量级时，总热阻由数量级最大的热阻所决定。要有效地强化传热，必须着力减小热阻中最大的一个。

4.4.3 传热平均温度差

传热平均温度差

前曾指出，传热基本方程中 Δt_m 一项，是参加热交换的冷热流体间的平均温度差。按照参加热交换的两种流体沿换热器的传热面流动时，各点温度变化的情况，可将传热过程分为恒温传热和变温传热两种。而换热器中两种流体的流向可分为并

流、逆流、错流和折流四类，如图 4-10 所示。

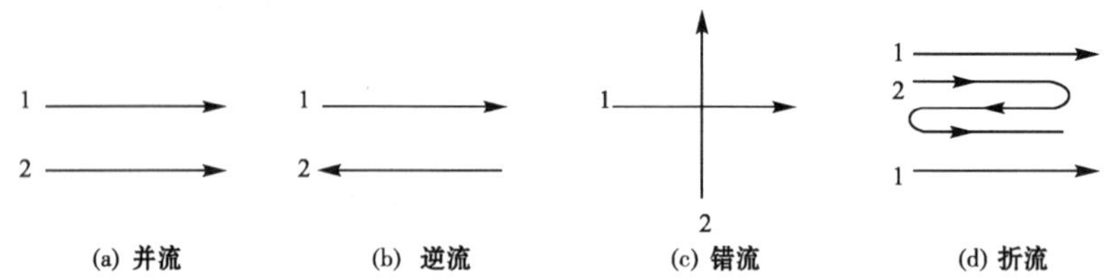

图 4-10　换热器中流体流向

1. 恒温传热时的平均温度差

恒温传热即沿传热壁面的不同位置，两侧流体的温度皆不变化。例如：换热器内间壁一侧为液体沸腾，另一侧为蒸气冷凝，两侧流体温度皆不变化，传热温度差亦不变化，即

$$\Delta t_m = T - t \tag{4-45}$$

式中　T，t——热、冷流体的温度，℃。

2. 变温传热时的平均温度差

变温传热即沿传热壁面的不同位置，一侧或两侧流体的温度沿传热面不断变化，如图 4-11、图 4-12 所示。下面讨论几种常用情况。

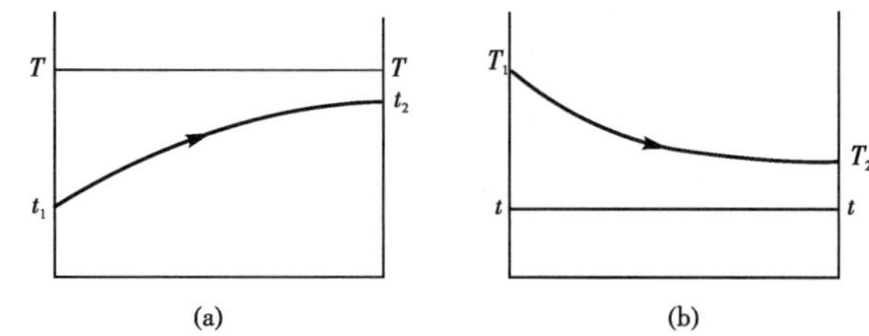

图 4-11　一侧流体变温时的温度差变化

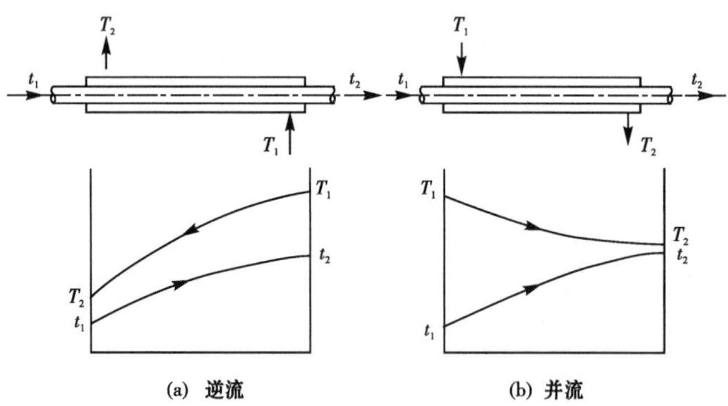

图 4-12　两侧流体变温时的温度差变化

(1)并流和逆流的平均温度差

若参与换热的两种流体在传热面两侧流向相同，称为并流，如图 4-10(a)所示；若参与换热的两种流体在传热面两侧流向相反，称为逆流，如图 4-10(b)所示。

现以逆流为例推导 Δt_m 的计算式，现任取 dl 段管长做分析，其相应的传热面积为 dA，如图 4-13(a)所示。dl 段热量衡算式为

$$dQ = W_h c_h dT = W_c c_c dt \tag{4-46}$$

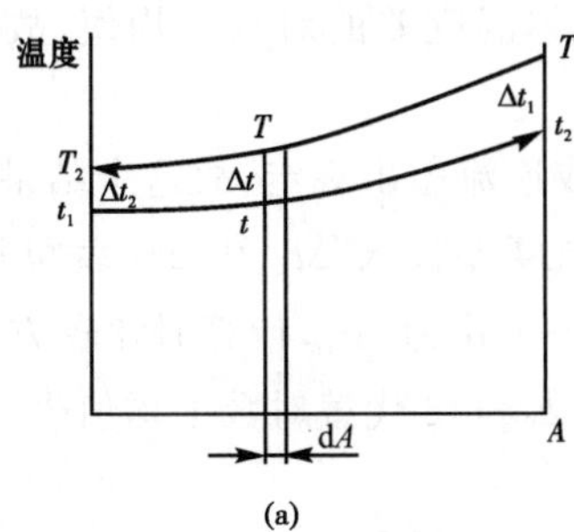

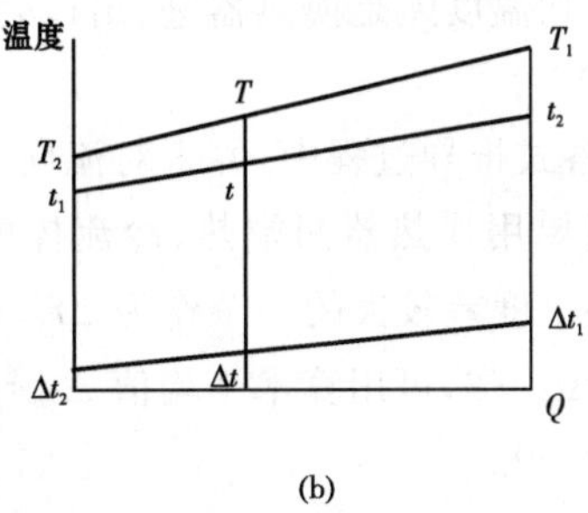

图 4-13 Δt_m 的推导

因为稳定传热时 W_h、W_c 为常数，c_h、c_c 取平均温度下的值视为常数，且忽略热损失。因此，有

$$\frac{\mathrm{d}Q}{\mathrm{d}T}=W_h c_h=\text{常数}$$

$$\frac{\mathrm{d}Q}{\mathrm{d}t}=W_c c_c=\text{常数}$$

于是，有

$$\frac{\mathrm{d}(T-t)}{\mathrm{d}Q}=\frac{\mathrm{d}T}{\mathrm{d}Q}-\frac{\mathrm{d}t}{\mathrm{d}Q}=\frac{1}{W_h c_h}-\frac{1}{W_c c_c}=\text{常数}$$

这说明 Q 与热、冷流体的温度分别成直线关系。在此条件下，Q 与热、冷流体间的局部温度差 $\Delta t=T-t$ 也必然成直线关系[图 4-13(b)]，因此该直线的斜率可表示为

$$\frac{\mathrm{d}(\Delta t)}{\mathrm{d}Q}=\frac{\Delta t_1-\Delta t_2}{Q} \tag{4-47}$$

Δt_1、Δt_2 分别为换热器两端进、出口处热、冷流体间的温度差；Q 是换热器的热负荷，对于一定的换热要求，它们均为定值。

在微元段内热、冷流体的局部温度差可视为不变，利用式(4-29)可写出传热速率的微分式

$$\mathrm{d}Q=K\Delta t\mathrm{d}A \tag{4-48}$$

式中，$\Delta t=T-t$，是微元段内的局部温度差。将式(4-48)代入(4-47)，可得

$$\frac{\mathrm{d}(\Delta t)}{K\Delta t\mathrm{d}A}=\frac{\Delta t_1-\Delta t_2}{Q}$$

分离变量并积分，可得

$$\frac{1}{K}\int_{\Delta t_2}^{\Delta t_1}\frac{\mathrm{d}(\Delta t)}{\Delta t}=\frac{\Delta t_1-\Delta t_2}{Q}\int_0^A\mathrm{d}A$$

得

$$\frac{1}{K}\ln\frac{\Delta t_1}{\Delta t_2}=\frac{\Delta t_1-\Delta t_2}{Q}A$$

移项得

$$Q=KA\frac{\Delta t_1-\Delta t_2}{\ln\dfrac{\Delta t_1}{\Delta t_2}} \tag{4-49}$$

与传热速率方程式(4-29)比较可得

$$\Delta t_m=\frac{\Delta t_1-\Delta t_2}{\ln\dfrac{\Delta t_1}{\Delta t_2}} \tag{4-50}$$

因此，平均温度差是换热器进、出口处两种流体温度差的对数平均值，故称为对数平均温度差。

在以上各式推导过程中，并未对流向是并流或逆流做出规定，故这个结果对并流和逆流都适用，只要用换热器两端热、冷流体的实际温度差代入 Δt_1 和 Δt_2 就可计算出 Δt_m。通常，将两端温度差较大的一个作为 Δt_1，较小的一个作为 Δt_2，计算时比较方便。

当 $\Delta t_1/\Delta t_2<2$，可用算术平均值 $\Delta t_m=(\Delta t_1+\Delta t_2)/2$ 代替对数平均值进行计算，其误差不超过 4%。

【例 4-10】 用一列管式换热器加热原油，原油流量为 2 000 kg/h，要求从 60 ℃加热至 120 ℃。某加热剂进口温度为 180 ℃，出口温度为 140 ℃，试求：①并流和逆流的平均温差；②若原油的比热容为 3 kJ/(kg·℃)，并流、逆流时的 K 均为 100 W/(m²·℃)，求并流和逆流时所需的传热面积；③若要求加热剂出口温度降至 120 ℃，此时逆流和并流的 Δt_m 和所需的传热面积又是多少？逆流时的加热剂量可减少多少？（设加热剂的比热容和 K 不变）。

解：①平均温差

逆流

180 ℃ → 140 ℃

$T_1 \longrightarrow T_2$　　　$\Delta t_1=T_2-t_1=140-60=80$ ℃

$t_2 \longleftarrow t_1$　　　$\Delta t_2=T_1-t_2=180-120=60$ ℃

120 ℃　　60 ℃

$$\Delta t_{m逆}=\frac{\Delta t_1-\Delta t_2}{\ln\dfrac{\Delta t_1}{\Delta t_2}}=\frac{80-60}{\ln\dfrac{80}{60}}=69.5\ ℃$$

并流

180 ℃　　140 ℃

$T_1 \longrightarrow T_2$　　　$\Delta t_1=T_1-t_1=180-60=120$ ℃

$t_1 \longrightarrow t_2$　　　$\Delta t_2=T_2-t_2=140-120=20$ ℃

60 ℃　　120 ℃

$$\Delta t_{m并}=\frac{\Delta t_1-\Delta t_2}{\ln\dfrac{\Delta t_1}{\Delta t_2}}=\frac{120-20}{\ln\dfrac{120}{20}}=55.8\ ℃$$

②传热面积

$$Q=W_c c_c(t_2-t_1)=\frac{2\ 000}{3\ 600}\times 3\times 10^3\times(120-60)=10^5(\text{W})$$

$$A_{逆}=\frac{Q}{K\Delta t_{m逆}}=\frac{10^5}{100\times 69.5}=14.4(\text{m}^2)$$

$$A_{并}=\frac{Q}{K\Delta t_{m并}}=\frac{10^5}{100\times 55.8}=17.9(\text{m}^2)$$

③ 并流时 $\Delta t_2=T'_2-t_2=120-120=0$ ℃，$\Delta t_{m并}=0, A_{并}=\infty$；

逆流时 $\Delta t_1=T'_2-t_1=120-60=60$ ℃，$\Delta t_2=T_1-t_2=180-120=60$ ℃

$$\Delta t_{m逆}=\frac{\Delta t_1+\Delta t_2}{2}=60\ ℃,\ A_{逆}=\frac{10^5}{100\times 60}=16.7(\text{m}^2)$$

因为比热容不变，故$\frac{W_h}{W_h{}'}=\frac{c_h(T_1-T_2)}{c_h(T_1-T_2{}')}=\frac{180-140}{180-120}=\frac{2}{3}$

计算表明，加热剂的用量比原来减少了$\frac{1}{3}$。

从本例计算结果可以看出：

①在冷、热流体进、出口温度相同的条件下，平均温度差 $\Delta t_{m逆}>\Delta t_{m并}$，故就增加传热过程推动力而言，逆流操作优于并流操作，可以减少传热面积。

②并流操作时，热流体的出口温度 T_2 总是大于冷流体的出口温度 t_2。在极限情况下，当出口端温差为零时，即 $T_2=t_2$，对数平均温差也为零，这意味着传递指定的热量，需要无限大的传热面积。

③逆流操作时，t_2 可能高于 T_2（图 4-12）。这样，对于同样的传热量，逆流冷却时，冷却介质的温升可比并流时大，冷却剂的用量就可少些。同理，逆流加热时，加热剂的用量也可小于并流。当然，在这种情况下，平均温差和传热面积都将变化，逆流的平均温度差就不一定比并流大。

鉴于逆流操作的上述优点，实际生产中多采用逆流操作。

(2)折流和错流的平均温度差

在大多数的间壁式换热器中，两流体并非作简单的并流或逆流，而是比较复杂的流动形式。若参与换热的两种流体在传热面两侧彼此呈垂直方向流动，称为错流；若一侧流体只沿一个方向流动，另一侧流体反复折流，称为简单折流；若两侧流体均作折流，或既有折流又有错流，则称为复杂折流。

对于错流和折流时的平均温度差，可先按逆流进行计算，然后再乘以校正系数 Ψ。

$$\Delta t_m=\Psi\Delta t_{m逆} \tag{4-51}$$

校正系数 Ψ 与冷、热两种流体进、出口温度的变化量有关。定义

$$R=\frac{T_1-T_2}{t_2-t_1}=\frac{热流体的温降}{冷流体的温升} \tag{4-52}$$

$$P=\frac{t_2-t_1}{T_1-t_1}=\frac{冷流体的温升}{两流体的最初温差} \tag{4-53}$$

根据 R、P 这两个参数，可从相应的图中查出 Ψ。

图 4-14 给出了几种常用流动形式的温差校正系数与 R、P 的关系。对列管式换热器，流体走完换热器管束或管壳的一个全长称为一个行程。管内流动的行程称为管程，流体流过管束一次为单管程，往返多次为多管程；管外流动的行程称为壳程，流体流过壳体一次为单壳程，往返多次为多壳程。

由图 4-14 可见，校正系数 Ψ 恒小于 1，故折流、错流时的平均温度差总小于逆流。在设计时要注意使 Ψ 大于 0.8，否则经济上不合理，也影响换热器操作的稳定性，因为此时若操作温度稍有变动（P 略增大），将会使 Ψ 急剧下降。所以，当计算得出的 Ψ 小于0.8时，应改变流动方式后重新计算。

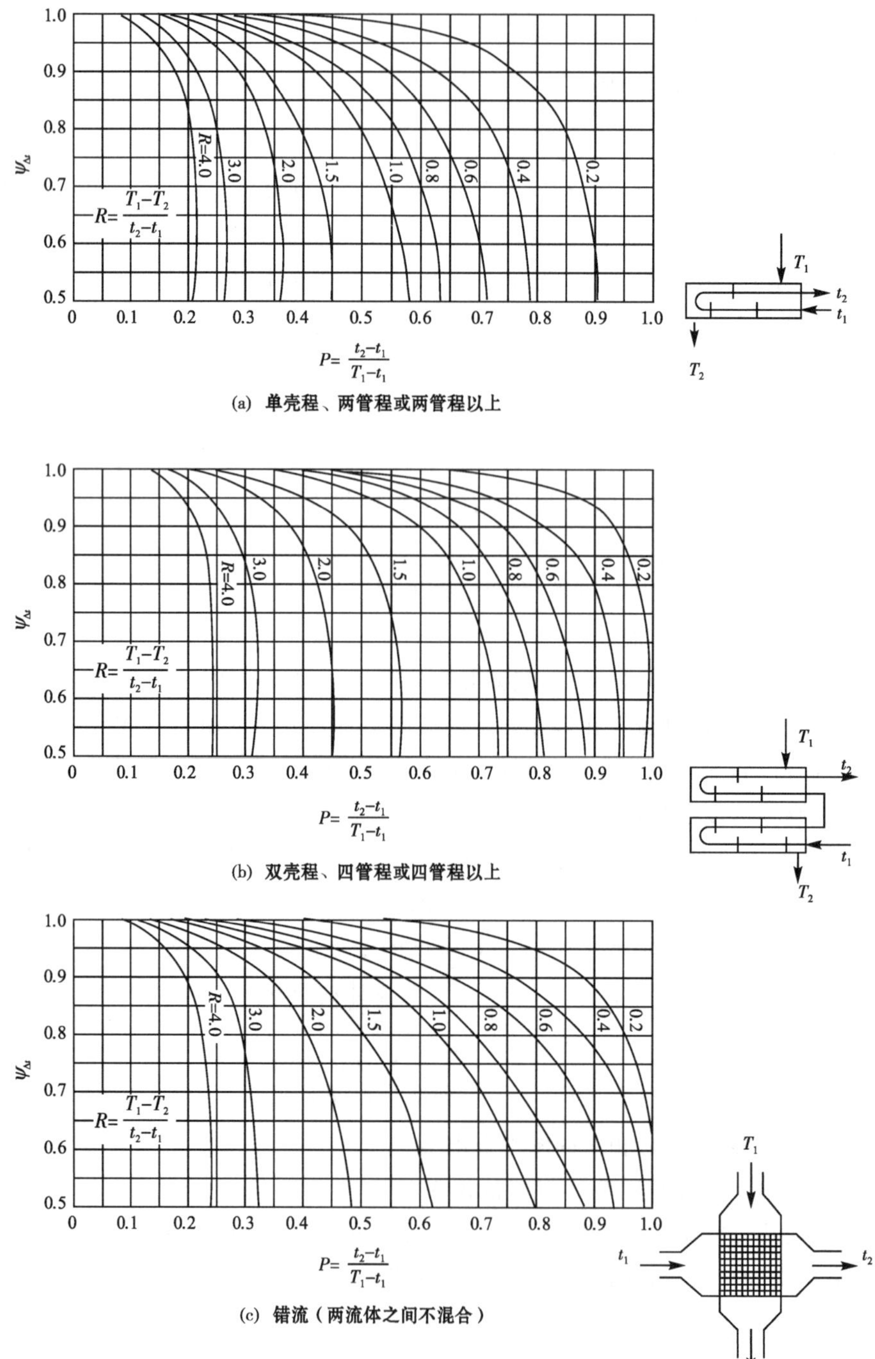

(a) 单壳程、两管程或两管程以上

(b) 双壳程、四管程或四管程以上

(c) 错流（两流体之间不混合）

图 4-14 几种流动形式的 Δt_m 修正系数 Ψ

【例 4-11】 在一单壳程、四管程的列管式换热器中,用水冷却油。冷水在壳程流动,进口温度为 15 ℃,出口温度为 32 ℃。油的进口温度为 100 ℃,出口为 40 ℃。试求两流体间的平均温度差。

解:已知 $T_1=100$ ℃,$T_2=40$ ℃,$t_1=15$ ℃,$t_2=32$ ℃

100 ℃⟶40 ℃　　$\Delta t_1=T_1-t_2=100-32=68$ ℃

32 ℃⟵15 ℃　　$\Delta t_2=T_2-t_1=40-15=25$ ℃

$$\Delta t_{m逆}=\frac{\Delta t_1-\Delta t_2}{\ln\frac{\Delta t_1}{\Delta t_2}}=\frac{68-25}{\ln\frac{68}{25}}=43.0\ ℃$$

$$R=\frac{T_1-T_2}{t_2-t_1}=\frac{100-40}{32-15}=3.53$$

$$P=\frac{t_2-t_1}{T_1-t_1}=\frac{32-15}{100-15}=0.20$$

查图 4-14 得　$\Psi=0.90$

$$\Delta t_m=\Psi\Delta t_{m逆}=0.9\times43.0=38.7\ ℃$$

4.5 辐射传热

4.5.1 基本概念和定律

1.基本概念

热辐射是热量传递的三种基本方式之一,特别是在高温时,热辐射往往成为主要的传热方式。物体由于本身温度或受热而引起内部原子的复杂振动,就会以电磁波的形式向外发射能量,这种过程称为热辐射。在热辐射过程中,物体的热能转变为辐射能,只要物体的温度不变,发射的辐射能也就不变。工程中的管道和设备表面的散热是热对流和热辐射的联合作用。

热辐射的波长范围可从零到无穷大,但热效应显著的波长范围为 0.4～20 μm,而且大部分能量位于红外线波段的 0.8～10 μm 和可见光波段的 0.4～0.8 μm。红外线和可见光线统称为热射线,但只有在很高的温度下,才能觉察到可见光线的热效应。在真空和大多数气体(惰性气体和对称双原子气体)中,热射线可完全透过,但是对大多数的固体和液体,热射线则不能透过。

热辐射的能量投在物体表面时,如图 4-15 所示,其总能量 Q 中的一部分 Q_A 被物体吸收,另一部分 Q_R 被反射,其余部分 Q_D 穿透过物体。根据能量守恒定律可得

$$Q=Q_A+Q_R+Q_D \tag{4-54}$$

$$\frac{Q_A}{Q}+\frac{Q_R}{Q}+\frac{Q_D}{Q}=1 \tag{4-55}$$

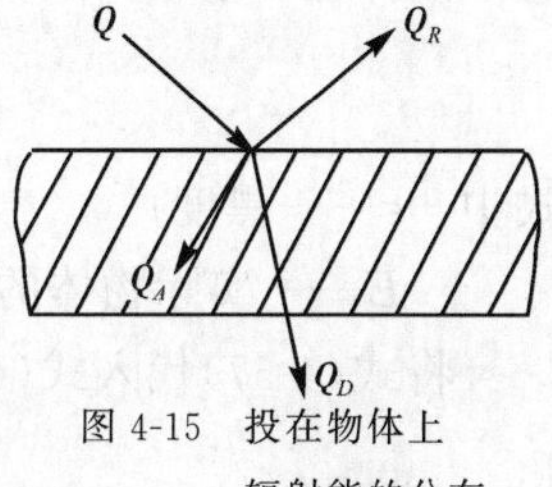

图 4-15 投在物体上辐射能的分布

式中各部分能量与投射到物体表面上的总能量的比值Q_A/Q，Q_R/Q和Q_D/Q分别称为该物体对辐射的吸收率、反射率和透热率，并依次用A，R和D表示，于是得到

$$A + R + D = 1 \tag{4-56}$$

若$A=1$，表示落在物体表面上的辐射能全部被物体吸收，这种物体称为绝对黑体或简称黑体。如纯黑的煤和黑丝绒接近于黑体，其吸收率最高可达97%（$A=0.97$）。

若$R=1$，表示落在物体表面上的辐射能全部被反射出去，该物体称为镜体或绝对白体，简称白体。如磨光的铜表面接近于镜体，其反射率可达97%（$R=0.97$）。

若$D=1$，表示落在物体表面上的辐射能全部穿透物体，这种物体称为绝对透热体，简称透热体。如单原子和对称的双原子气体，可视为透热体。其透热率为1（$D=1$）。

在自然界中没有绝对黑体、绝对白体和绝对透热体。物体的吸收率A、反射率R和透热率D的大小取决于物体的性质、表面状况、温度和辐射的波长。一般固体和液体都是不透热体，即$D=0$，$A+R=1$。由此可见，吸收能力大的物体其反射能力就小；反之，吸收能力小的物体其反射能力就大。当辐射能投射到气体上时，情况则不同，气体对辐射能几乎没有反射能力，可以认为反射率$R=0$，$A+D=1$。显然吸收能力大的气体，其透热能力就差。

黑体全部吸收投射其上的各种波长的辐射能，实际物体只能部分地吸收投射其上的辐射能，且对不同波长的辐射能吸收程度不同。我们将能以相同的吸收率吸收所有波长范围辐射能的物体定义为灰体。灰体也是一种理想物体。但对于波长在0.4～20 μm范围内的热辐射，大多数的工程材料可视为灰体。

2.基本定律

物体的辐射能力是指物体在一定温度下，单位表面积、单位时间内所发出的全部波长的总能量，记作E，单位为W/m²。

(1)斯蒂芬—波尔兹曼定律

斯蒂芬—波尔兹曼定律指出黑体的辐射能力E_0与其表面热力学温度T的四次方成正比，即

$$E_0 = \sigma_0 T^4 = C_0\left(\frac{T}{100}\right)^4 \tag{4-57}$$

式中 T——为热力学温度，K；

σ_0——黑体的辐射常数，其值为5.67×10^{-8} W/(m²·K⁴)；

C_0——黑体的辐射系数，其值为5.67 W/(m²·K⁴)。

在同一温度下，实际物体的辐射能力均小于黑体的辐射能力。为便于计算实际物体在某一温度下的辐射能力，我们引入黑度的概念。黑度为实际物体的辐射能力E与同温度下黑体的辐射能力E_0的比值，用ε表示，即

$$\varepsilon = \frac{E}{E_0} \tag{4-58}$$

式中 ε——黑度；

E——实际物体的辐射能力，W/m²。

将式(4-57)代入式(4-58)可得

$$E = \varepsilon C_0\left(\frac{T}{100}\right)^4 \tag{4-59}$$

只要知道物体的黑度，就可通过上式求该物体的辐射能力。

物体的表面黑度取决于物体的性质、温度以及表面状况，是物体本身的特性，与外界情况无关，一般通过实验测定。常用工业材料的黑度列于表4-6中。

表4-6　　某些工业材料的黑度

材料	温度/℃	黑度
红砖	20	0.88～0.93
耐火砖	—	0.8～0.9
钢板(氧化的)	200～600	0.8
钢板(磨光的)	940～1 100	0.55～0.61
铝(氧化的)	200～600	0.11～0.19
铝(磨光的)	225～575	0.039～0.057
铜(氧化的)	200～600	0.57～0.87
铜(磨光的)	—	0.03
铸铁(氧化的)	200～600	0.64～0.78
铸铁(磨光的)	330～910	0.6～0.7

【例4-12】 试计算某一黑体表面温度分别为37 ℃和637 ℃时的辐射能力，并计算氧化的钢板在200 ℃时的辐射能力。

解：黑体在37 ℃和637 ℃时的辐射能力分别为

$$E_{01}=C_0\left(\frac{T_1}{100}\right)^4=5.67\times\left(\frac{273+37}{100}\right)^4=523.6(\mathrm{W/m^2})$$

$$E_{02}=C_0\left(\frac{T_2}{100}\right)^4=5.67\times\left(\frac{273+637}{100}\right)^4=3.89\times10^4(\mathrm{W/m^2})$$

查表4-6知，氧化的钢板的$\varepsilon=0.8$，故

$$E=\varepsilon C_0\left(\frac{T}{100}\right)^4=0.8\times5.67\times\left(\frac{273+200}{100}\right)^4=2.27\times10^3(\mathrm{W/m^2})$$

(2)克希霍夫定律

克希霍夫定律揭示了物体的辐射能力和吸收率之间的关系。这个定律可以从两物体表面之间的辐射传热得出

$$\frac{E_1}{A_1}=\frac{E_2}{A_2}=\cdots=\frac{E}{A}=E_0=f(T)\tag{4-60}$$

式(4-60)即克希霍夫定律的数学表达式。它可以表述为：任何物体的辐射能力和吸收率的比值等于同温度下黑体的辐射能力，并且只和温度有关。

由式(4-60)可得到$A=E/E_0$，将它与黑度的定义式(4-58)比较得

$$A=\varepsilon\tag{4-61}$$

这是克希霍夫定律的另一种表达式。它可以表述为：灰体的吸收率在数值上等于同温度下该物体的黑度。

4.5.2 两物体间的辐射传热

工业上常遇到两物体间的相互辐射，可以近似按灰体处理。当一个物体发射出的辐射能被另一物体部分或全部拦截，所拦截的辐射能只能部分被吸收，其余部分被反射。所

反射的辐射能也只能被原物体部分或全部拦截，并被原物体部分吸收和反射。这样，在两物体之间多次反射和吸收的传热过程中，其热流方向由高温物体传向低温物体，其净传热量与两物体的温度、形状、相对位置以及物体本身的性质有关。一般对这种辐射传热可用下式计算

$$Q_{1-2}=C_{1-2}\varphi A\left[\left(\frac{T_1}{100}\right)^4-\left(\frac{T_2}{100}\right)^4\right] \tag{4-62}$$

式中 Q_{1-2}——辐射传热速率，W；

C_{1-2}——总辐射系数，$W/(m^2\cdot K^4)$；

A——辐射传热面积(m^2)，当物体间面积不相等时，取辐射面积较小的一个(表 4-7 中的 A_1)；

T_1、T_2——热、冷物体表面的热力学温度，K；

φ——几何因子或角系数，表示第一个物体表面发射的辐射能投射到第二个物体表面上的百分数。

几种典型情况下的辐射面积 A 和总辐射系数 C_{1-2} 的求取列于表 4-7 中，几种常用情况下的角系数 φ 见表 4-7 及图 4-16。

表 4-7　φ 值与 C_{1-2} 的计算式

序号	辐射情况	面积 A	角系数 φ	C_{1-2}
1	极大的平行平面	A_1 或 A_2	1	$\dfrac{C_0}{\frac{1}{\varepsilon_1}+\frac{1}{\varepsilon_2}-1}$
2	面积有限的两相等平行面	A_1	<1*	$\varepsilon_1\varepsilon_2 C_0$
3	很大的物体 2 包住物体 1	A_1	1	$\varepsilon_1 C_0$
4	物体 2 恰好包住物体 1	$A_1\approx A_2$	1	$\dfrac{C_0}{\frac{1}{\varepsilon_1}+\frac{1}{\varepsilon_2}-1}$
5	在 3、4 两种情况之间	A_1	1	$\dfrac{C_0}{\frac{1}{\varepsilon_1}+\frac{A_1}{A_2}\left(\frac{1}{\varepsilon_2}-1\right)}$

* 此种情况下的 φ 值由图 4-16 查得。

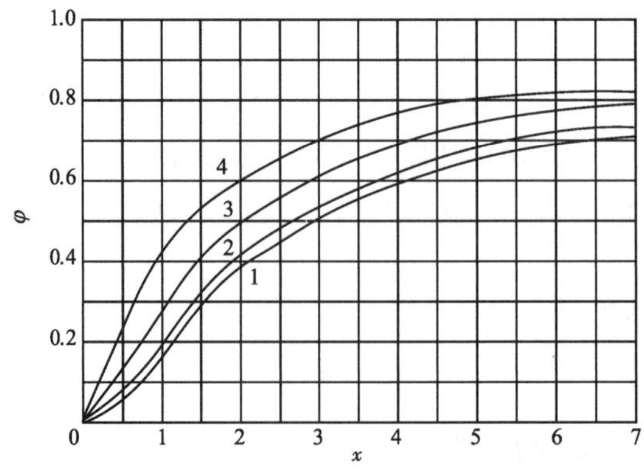

1. 8 圆盘形　2. 正方形　3. 长方形(边长之比为 2∶1)
4. 长方形(狭长)

图 4-16　平行面间的辐射传热的角系数

图中：$x=\frac{l}{b}\left(或\frac{d}{b}\right)=\frac{边长(长方形用短边)或直径}{辐射面间的距离}$

【例 4-13】 平壁铸铁炉门置于车间内，炉门的高和宽各为 3 m。炉门表面温度为 227 ℃，室内温度为 27 ℃。试求炉门因辐射而损失的热量。

解：本题属于很大的物体 2 包住物体 1 的情况，此时因辐射而损失的热量为

$$Q_{1-2}=C_{1-2}\varphi A\left[\left(\frac{T_1}{100}\right)^4-\left(\frac{T_2}{100}\right)^4\right]$$

式中　$\varphi=1$；$A_1=3\times3=9\ \mathrm{m}^2$

取铸铁的黑度 $\varepsilon_1=0.78$，则

$$C_{1-2}=\varepsilon_1 C_0=0.78\times5.67=4.422(\mathrm{W/(m^2\cdot K^4)})$$

故

$$Q_{1-2}=4.422\times1\times9\times\left[\left(\frac{273+227}{100}\right)^4-\left(\frac{273+27}{100}\right)^4\right]=2.165\times10^4(\mathrm{W})$$

4.5.3　设备热损失的计算

在化工生产中，许多设备外壳的壁面温度(如炉灶壁或蒸气管)通常高于周围介质的温度，故热量将由壁面以对流和辐射两种方式向周围介质散失。

为了减少热量(或冷量)损失和改善工作条件等应将设备和管道保温。保温材料的种类很多，有些是未经特殊加工的，如石棉、云母、木材、锯木屑、稻草绳、煤泥、土壤等。但常用的保温材料很多是经过特殊加工后的产品，是用导热系数低的不同材料混合而成的。

设备热损失应为对流和辐射两部分之和，一般可由下式计算：

$$Q=\alpha_T A_W(T_W-T) \tag{4-63}$$

式中　α_T——辐射对流联合传热系数，$\mathrm{W/(m^2\cdot ℃)}$ 或 $\mathrm{W/(m^2\cdot K)}$；

A_W——设备外壁的面积，m^2；

T_W——设备外壁的温度，℃或 K；

T——设备周围环境温度，℃或 K。

对于有保温层的设备和管道等外壁对周围环境散热的辐射对流联合传热系数 α_T，可用下列公式估算：

(1)空气自然对流时，当 $T_W<423\mathrm{K}$

在平壁保温层外　$\alpha_T=9.8+0.07(T_W-T)$　(4-64)

在管道及圆筒壁保温层外　$\alpha_T=9.4+0.052(T_W-T)$　(4-65)

(2)空气沿粗糙表面强制对流时

当空气速度 $u\leqslant5\ \mathrm{m/s}$ 时

$$\alpha_T=6.2+4.2u \tag{4-66}$$

当空气速度 $u>5\ \mathrm{m/s}$ 时

$$\alpha_T=7.8u^{0.78} \tag{4-67}$$

【例 4-14】 有一圆筒形保温容器，外表面温度为 70 ℃，试计算其单位面积的散热量。设环境温度为 15 ℃。

解:用式(4-65)

$$\alpha_T = 9.4 + 0.052(T_W - T) = 9.4 + 0.052 \times (70 - 15) = 12.3(\text{W}/(\text{m}^2 \cdot ℃))$$

则用式(4-63),单位面积散热量为

$$Q/A_W = \alpha_T(T_W - T) = 12.3 \times (70 - 15) = 677(\text{W}/\text{m}^2)$$

4.6 换热器

4.6.1 换热器的分类

换热器是实现将热能从一种流体传至另一种流体的设备,是许多工业部门的通用设备。由于生产条件不同,所用的换热器的类型也是多种多样的。按用途可分为加热器、冷却器、冷凝器、蒸发器和再沸器等。根据冷、热流体热量交换的方式不同,换热器可以分为三大类,即直接接触式换热器、蓄热式换热器和间壁式换热器。

直接接触式换热器。这类换热器是由冷、热流体直接接触进行热量传递,常用于热气体的直接水冷或热水的直接空气冷却。这种换热器的传热面积大,设备也简单。但由于冷、热流体直接接触,传热中往往伴有传质,过程机理和单纯传热有所不同,应用也受到工艺要求的限制。

蓄热式换热器。蓄热式换热器主要是由对外充分隔热的蓄热室构成的,室内装有热容量大的固体填充物。热流体通过蓄热室时将冷的填充物加热,当冷流体通过时则将热量带走。冷、热流体交替通过蓄热室,利用固体填充物来积蓄或放出热量从而达到热交换的目的。蓄热式换热器结构简单,可耐高温,常用于高温气体热量的利用或冷却。其缺点是设备体积较大,过程是不稳定的交替操作,且不能完全避免两种流体的掺杂,所以这类换热器化工领域用得不多。

间壁式换热器。其特点是在冷、热流体之间用金属壁(或石墨等导热性能良好的非金属壁)隔开,使两种流体在不发生混合的情况下进行热量传递。

本节主要介绍间壁式换热器的类型与构造,并着重讨论最常用的列管式换热器。

4.6.2 间壁式换热器的类型

从传热面的基本特征分类,间壁式换热器可分为管式换热器、板式换热器和翅片式换热器。

1. 管式换热器

(1)沉浸式蛇管换热器

沉浸式蛇管换热器的结构如图 4-17(a)所示。这种换热器是将金属管绕成各种与容器相适应的形状(因多为蛇形,故又称蛇管),并沉浸在容器内的液体中。两种流体分别在蛇管内、外流动并进行热交换。几种常见的蛇管形状如图 4-17(b)所示。

沉浸式蛇管换热器的优点是结构简单、制造方便、管内能承受高压并可选择不同材料以便防腐,管外利于清洗。缺点是管外容器中的流动情况较差,对流传热系数小,平均温度差也较低。欲提高管外流体的对流传热系数,可在容器内安装机械搅拌器或鼓泡搅拌器。适用于反应器内的传热、高压下的传热以及强腐蚀性介质的传热。

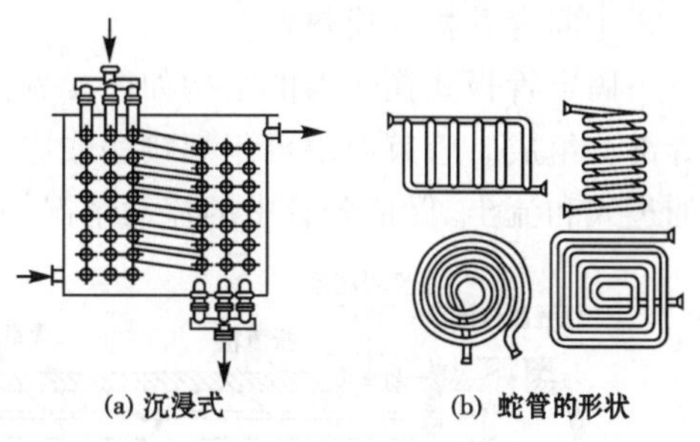

图 4-17 蛇管式换热器

(2)喷淋式换热器

喷淋式换热器在工业生产中主要作为冷凝器使用,其结构如图 4-18 所示。这种换热器是将换热管成排地固定在钢架上,热流体在管内流动,冷水从上方的淋水管自由喷淋而下,均匀地分布在排管上,并沿其表面呈膜状流下,最后流入水槽排出。这种换热器多放在空气流通之处,冷却水的蒸发也带走一部分热量,故比沉浸式换热器传热效果好。优点是结构简单,管外便于检修,传热效果较好,水消耗量也不大,特别适用于高压流体的冷却。缺点是占地面积较大,喷淋不均匀。

(3)套管式换热器

套管式换热器是由直径不同的直管制成同心套管,并用 U 形弯头连接而成的,外管亦需连接,结构如图 4-19 所示。每一段套管为一程,每程有效长度为 4～6 m。若管子太长,管中间会向下弯曲,使环隙中的流体分布不均匀。套管式换热器的优点是结构简单,内管能承受高压,传热面易于增减,管内流体和环隙流体皆可选用较高的流速,故对流传热系数较大,并且两流体可设为纯逆流,对数平均温度差较大。其缺点是管间接头较多,接头处易泄漏,单位传热面的金属消耗量很大,单位体积换热器具有的传热面积较小。适用于流量不大、传热面积要求不大但压强要求较高的场合。

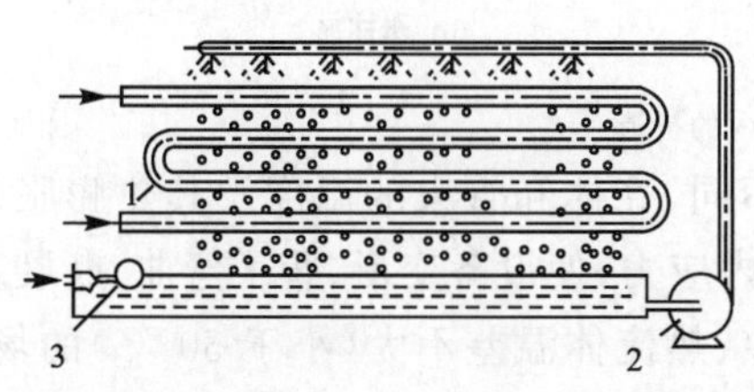

1. 排管 2. 循环泵 3. 控制阀

图 4-18 喷淋式换热器

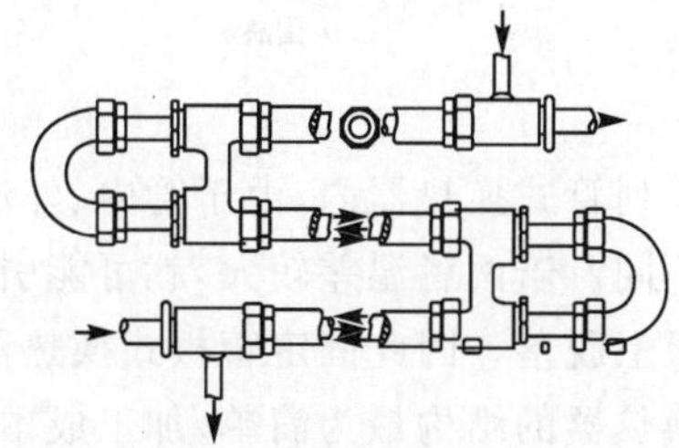
图 4-19 套管式换热器

(4)列管式换热器

列管式换热器是应用最广泛的换热器,其用量约占全部换热设备的 90%。与前述几种换热器相比,列管式换热器的突出优点是单位体积具有的传热面积大,结构紧凑、坚固、传热效果好,而且能用多种材料制造,适用性较强,操作弹性大。在高温、高压和大型装置中使用更为普遍。目前,已有几种不同类型的列管式换热器系列化生产,以满足不同的工艺需要。

①固定管板式换热器

固定管板式换热器的结构如图 4-20 所示。它主要由壳体、管束、折流板、管板和封头等部分组成。管束两端可用焊接法或胀接法固定在管板上。管板外是封头，供管程流体的进入和流出，保证各管中的流动情况均匀一致。

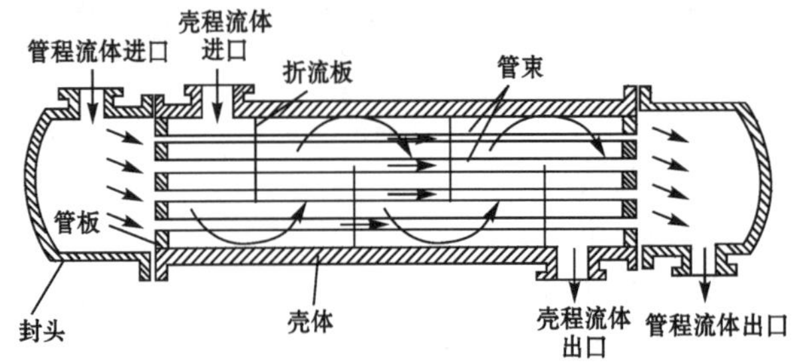

固定管板式换热器

图 4-20　固定管板式换热器

图 4-20 所示的换热器为单壳程单管程换热器。为了调节管程和壳程流速，可采用多管程和多壳程。如在两端封头内设置适当的隔板，使全部管子分为若干组，流体依次通过每组管子往返多次。管程数增多虽可提高管内流速和管内对流传热系数，但流体流动阻力和机械能损失增大，传热平均推动力也会减小，故管程数不宜太多，以 2、4、6 程较为常见。同样，在壳体内安装折流挡板使流体多次通过壳体空间，可提高管外流速。常用的折流挡板有圆缺型和盘环型两种，如图 4-21 所示，圆缺型挡板应用最广泛。

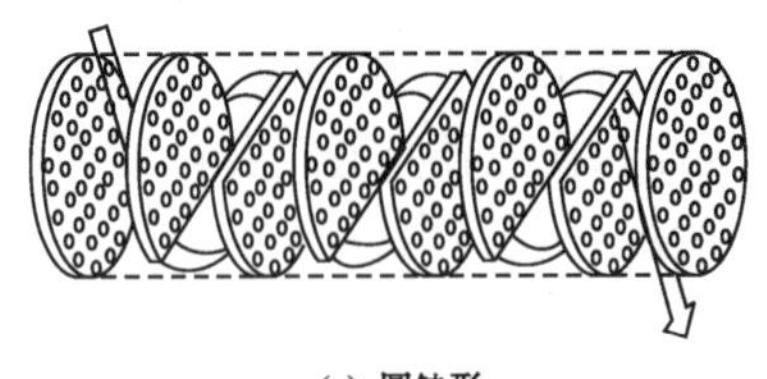
(a) 圆缺形

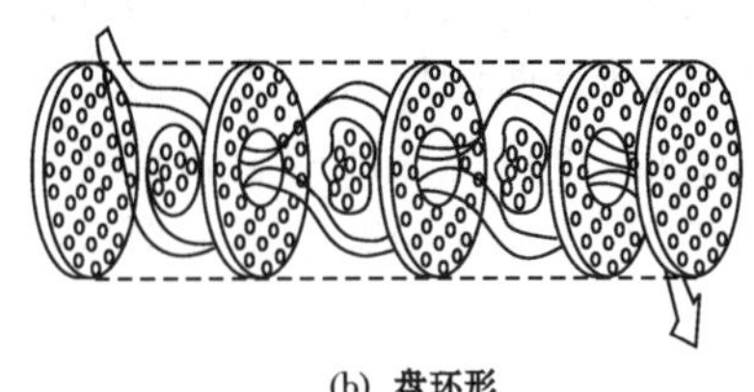
(b) 盘环形

图 4-21　流体在壳内的折流

在列管式换热器内，由于管内、外流体温度不同，壳体和管束的温度及其热膨胀的程度也不同。若两者温差较大，就可能引起很大的内应力，使设备变形、管子弯曲、断裂甚至从管板上脱落。因此固定管板式换热器适用于冷、热流体温差不大(小于 50 ℃)的场合。这种换热器的结构最为简单，加工成本低，但壳程清洗困难，要求管外流体是洁净的，是不易结垢的。当温差稍大，而壳体操作压强又不太高时，为了消除或减小热应力，可在壳体上安装热膨胀节。

图 4-22 所示的为具有膨胀节的固定管板式换热器，即在壳体上焊接一个横断面带圆弧形的钢环。该膨胀节在受到换热器轴向应力时会发生变形，使壳体伸缩，从而减少热应力。但这种补偿方式仍不适用于冷、热流体温差较大(大于 70 ℃)的场合，且因膨胀节是承压薄弱处，壳程流体压强不宜超过 0.6 MPa。

为了更好地解决热应力问题，在固定管板式的基础上，又发展了 U 形管式及浮头式换热器。

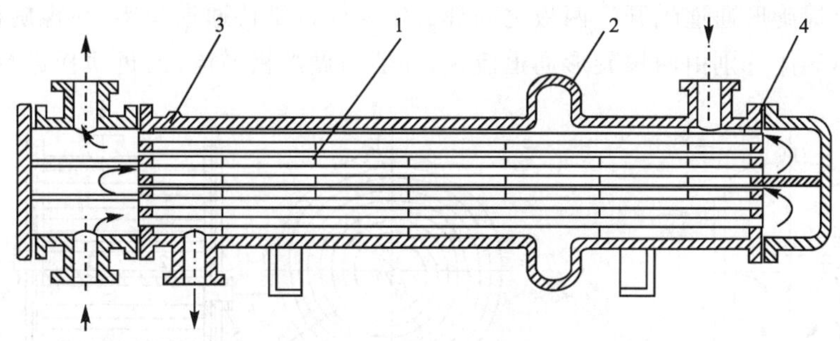

1. 挡板　2. 膨胀节　3. 放气嘴　4. 管板

图 4-22　具有膨胀节的固定管板式换热器

②U 形管式换热器

如图 4-23 所示，U 形管式换热器的结构特点为每根管子都弯成 U 形，两端固定在同一块管板上，封头用隔板分成两室，故相当于双管程。这样，每根管子皆可自由伸缩，与壳体无关，解决了温差补偿问题。这种换热器适用于高温和高压的场合，结构也不复杂。缺点是管内清洗比较困难。

U形管式换热器

③浮头式换热器

如图 4-24 所示，浮头式换热器中两端的管板有一端不与壳体连接，这一端的封头可在壳体内与管束一起自由移动。这种结构不但完全消除了热应力，而且整个管束可从壳体中抽出，便于管内、外的清洗和检修。因此，尽管其结构复杂、造价较高，但应用仍十分广泛。

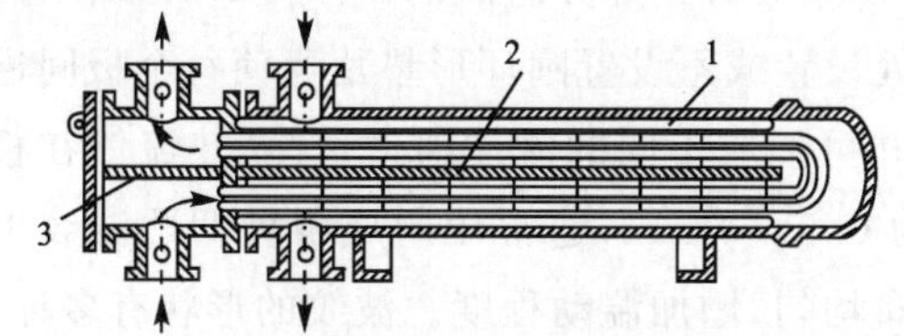

1. U 形管　2. 壳程隔板　3. 管程隔板

图 4-23　U 形管式换热器

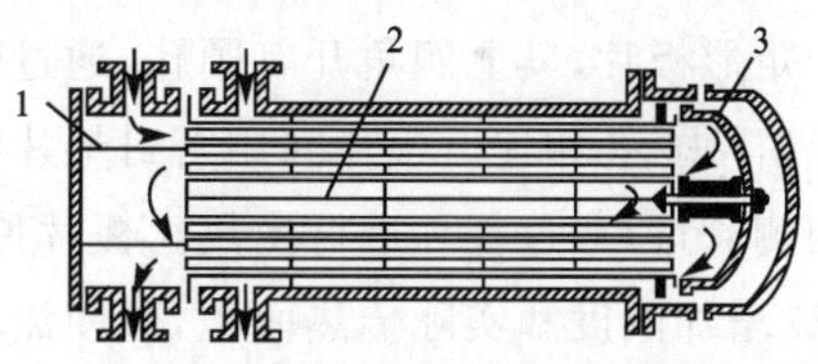

1. 管程隔板　2. 壳程隔板　3. 浮头

图 4-24　浮头式换热器

2. 板式换热器

(1)夹套式换热器

如图 4-25 所示，这种换热器在容器外壁焊有一个夹套，夹套内通入加热剂或冷却剂。在用蒸气进行加热时，蒸气由上部连接管进入夹套，冷凝液由下部连接管流出。在进行冷却时，则冷却水由下部进入，而由上部流出。

夹套换热器的传热面就是夹套所在的整个容器壁，属于最早的一种板式换热器。其特点是结构简单，但传热面受容器壁面限制，传热系数也不高。夹套换热器广泛用于反应器的加热和冷却。器内通常设置搅拌器以提高对流传热系数，并使器内液体受热均匀。

(2)螺旋板式换热器

如图 4-26 所示，螺旋板式换热器是由两张平行薄金属板分别焊接在一块分隔板的两端并卷制成螺旋体而构成的，两块薄金属板在器内形成两条螺旋形通道。隔板在换热器中央，将两个螺旋形通道隔开。两板之间焊有定距柱以维持通道间距，在螺旋板两端焊有盖板。冷、热流体分别由两螺旋形通道流过，在器内做严格逆流，通过薄板进行换热。

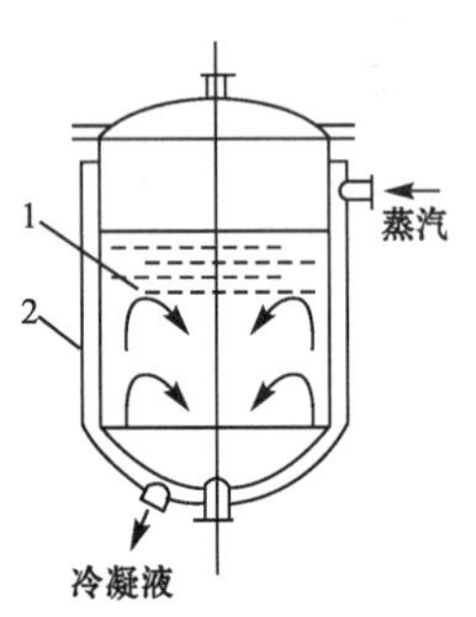

1.容器　2.夹套

图 4-25　夹套换热器

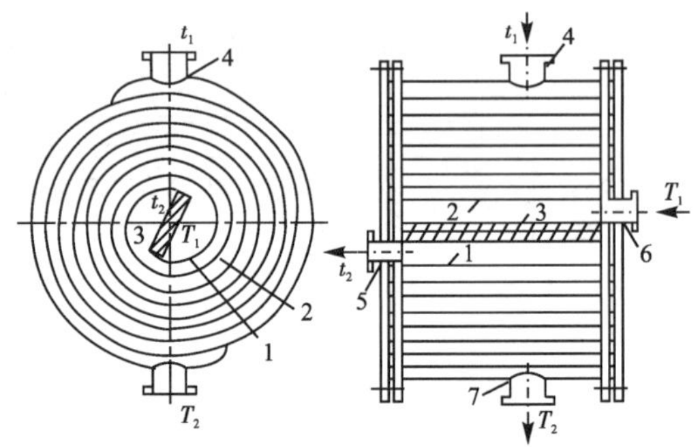

1、2.金属片　3.隔板　4、5.冷流体连接管

6、7.热流体连接管

图 4-26　螺旋板式换热器

螺旋板换热器优点是传热系数大，结构紧凑；冷、热流体间为纯逆流流动，传热平均推动力大；由于流速较高以及离心力的作用，在较低的 Re（一般为 1 400～1 800）下即可达湍流，使流体对器壁有冲刷作用而不易结垢和堵塞。但操作压强不大于 2 MPa，温度在 400 ℃以下，流体流动阻力较大，检修困难。

(3)平板式换热器

平板式换热器是由传热板片、密封垫片和压紧装置三部分组成的。图 4-27(a)所示为若干矩形板片，其上四角开有圆孔，通过圆孔处设置或不设置圆环形垫片可使每个板间通道只留两个孔相连。板片间用密封垫片隔开并可形成不同的流体通道。冷、热流体在板片两侧流过，通过板片进行换热。板片厚度为 0.5～3 mm，通常压制成各种凹凸波纹形状，既增加刚度和实际传热面积，又使流体分布均匀，增加湍动程度。波纹的形状有多种，如图 4-27(b)所示，为人字形波纹板。平板式换热器的组装流程如图 4-27(a)所示。由此可见，引入的流体可并联流入一组板间通道，而组与组间又为串联机构。

平板式换热器的主要优点是：①传热系数高，水对水之间的传热 K 可达 1 500～4 700 W/(m^2 · K)，而在列管式换热器中 K 一般为 1 100～2 300 W/(m^2 · K)；②结构紧凑，单位体积设备提供的传热面积大，因而热损失也较小。板片间距为 4～6 mm 时，单位体积可提供的传热面积为 250～1 000 m^2，而列管式换热器一般为40～150 m^2；③操作灵活性大，检修清洗方便。这是因为平板式换热器具有可拆结构，可根据需要调整板片数目、流动方式和两侧流体的流动程数。

主要缺点是允许的操作压强和温度较低。通常操作压强不超过 2 MPa，否则易渗漏；操作温度受垫片材料耐热性限制，对合成橡胶垫片不超过 130 ℃，对压缩石棉垫片也不超过 250 ℃。另外，不宜于处理特别容易结垢的流体，单台处理量也比较小。

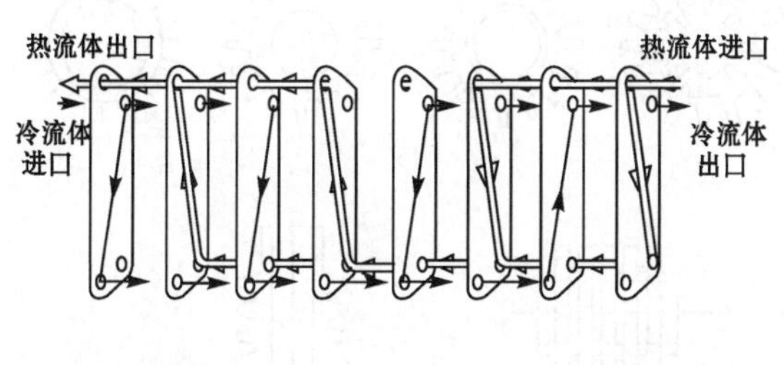

(a) 平板式换热器流向示意图

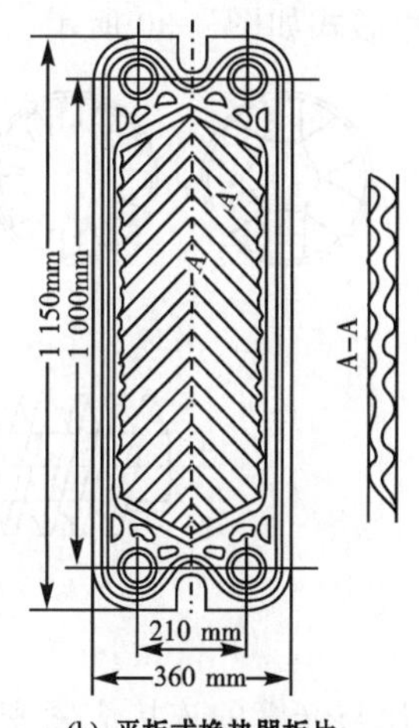

(b) 平板式换热器板片

图 4-27 平板式换热器

3. 翅片式换热器

(1)板翅式换热器

板翅式换热器是一种轻巧、紧凑、高效的换热装置,过去由于成本较高,仅用于少数高科技部门。现已逐渐用于其他工业并取得良好效果。

板翅式换热器是由若干基本元件和集流箱等组成的。板翅式换热器的结构形式很多,但其基本结构元件相同,即在两块平行的薄金属板之间,夹入波纹状或其他形状的金属翅片,并用侧封条将两侧封死,即构成一个换热基本单元。将各基本单元进行不同的叠积和适当排列,并用钎焊固定,制成逆流式或错流式板束,其结构如图 4-28 所示。将带有流体进、出口接管的集流箱焊到板束上,就成为板翅式换热器,其材料通常用铝合金制造。

我国目前常用的板翅形式有光直形、锯齿形和多孔形翅片三种,如图 4-29 所示。

板翅式换热器结构高度紧凑,所用翅片既促进流体的湍动,对流传热系数高,又与隔板一起提供了传热面,单位体积的传热面积可达 2 500～4 300 m²。同时,翅片对隔板有支撑作用,允许操作压强也较高,可达 5 MPa。因铝合金的热导率高,适用于低温及超低温场合,还可用于多种不同介质在同一设备内的换热。其缺点是制造工艺复杂,设备流道很小,易堵塞,难以清洗和检修。

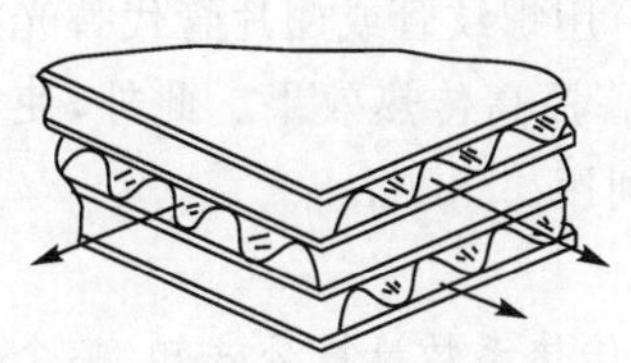

图 4-28 板翅式换热器的板束

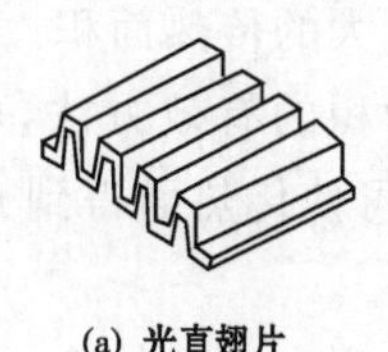

(a) 光直翅片

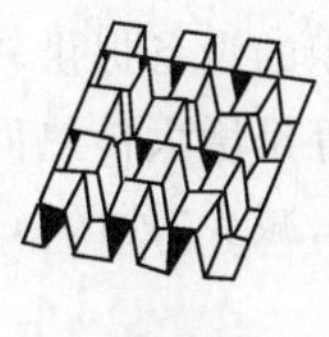

(b) 锯齿翅片

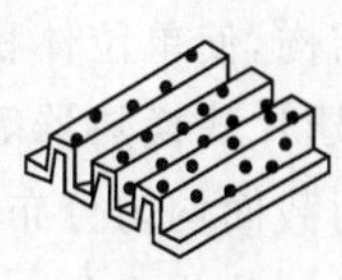

(c) 多孔翅片

图 4-29 板翅式换热器的翅片形式

(2)翅片管换热器

翅片管是在普通金属管的两侧(一般为外侧)安装各种翅片制成的,既增加了传热面积,又改善了翅片侧流体的湍动程度。常用的翅片有横向和纵向两类,工业上广泛应用的几种翅片形式如图 4-30 所示。

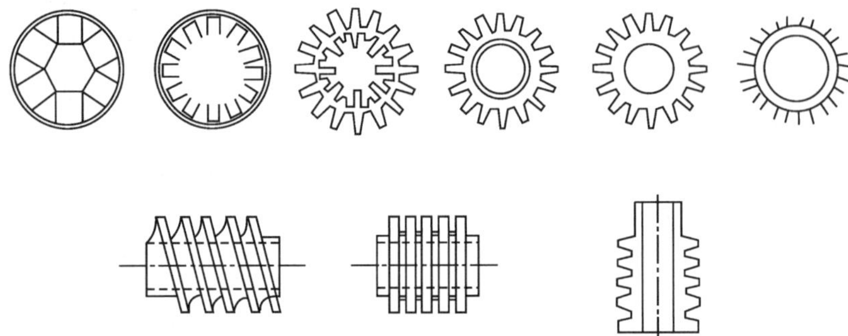

图 4-30 常用的几种翅片形式

翅片与光管的连接应紧密无间，否则接连处热阻很大，影响传热效果。常用的连接方法有热套、镶嵌、张力缠绕和焊接等，也可采用整体轧制、整体铸造或机械加工等方法制造。翅片管对外侧对流传热系数很小的传热过程有显著的强化效果，用翅片管制成的空气冷却器在化工生产中应用很广。我国是一个水资源缺乏的国家，用空气冷却代替水冷却，对缺水地区十分适用，在水源比较充足的地方，也可取得一定的经济效益。

4.6.3 换热器传热过程的强化

所谓强化传热过程，就是力求用较少的传热面积或较小体积的传热设备来完成同样的传热任务以提高经济性，即提高冷、热流体间的传热速率。由传热速率方程 $Q=KA\Delta t_m$ 知，增大传热系数 K、传热面积 A、平均温度差 Δt_m，均可使传热速率提高。

1. 增大平均温度差

平均温度差大小主要由冷、热两种流体的进出口温度及流向所决定。物料的温度由生产工艺决定，一般不能随意变动，而加热介质或冷却介质的温度因所选介质不同，可能有很大差异。从节能的观点出发，近年来的趋势是尽可能在低温差条件下传热。因此，当两边流体均为变温时，应尽可能采用逆流或接近逆流的流动方式，以得到较大的平均温度差。

2. 增大传热面积

从各种换热器的介绍可知，增大传热面积不能单靠加大设备的尺寸来实现，必须改进设备的结构，使单位体积的设备提供较大的传热面积。例如，用螺纹管或翅片管代替光滑管，采用翅片式换热器等是增大传热面积的有效方法，可显著提高传热效果。此外，使流体沿流动截面均匀分布，减少“死区”，可使传热面得到充分利用。

3. 增大传热系数

提高传热系数，是强化传热过程最现实有效的途径。从传热系数计算公式知，整个传热过程热阻是由对流传热热阻、导热热阻和污垢热阻构成的，由于各项热阻所占比例不同，应设法减小其中热阻值较大的一项。

在换热器中，金属的壁面薄且导热系数高，故其热阻一般较小。

污垢热阻是一个可变因素。换热器刚使用时污垢热阻很小。随着使用时间的增加，污垢热阻逐渐加大,这时应考虑清除污垢。

对流传热热阻经常是传热过程的主要矛盾,也是要重点研究的内容。提高对流传热系数的主要途径是减少层流内层的厚度,采用如下具体方法可以达到此目的:

(1)提高流速,增加流体的湍动程度以减少层流内层的厚度。如增加列管式换热器的管程数和壳体中的挡板数,可分别提高管程和壳程流体的流速。

(2)增加流体的扰动,以减少层流内层的厚度。如采用螺旋板式换热器,采用各种异形管或在管内加装螺旋圈或金属丝等添加物均有增加湍动程度的作用。

(3)利用传热进口段换热较强的特点,采用短管换热器。如采用板翅式换热器的锯齿形翅片,不仅可以增加流体的扰动,而且由于换热器流道短,层流内层厚度小,因而使对流传热强度加大。

必须强调指出,强化传热要全面考虑,不能顾此失彼。在提高流速、增强流体扰动程度的同时,必然伴随着流动阻力的增加。因此,在采取具体强化措施时,应对设备结构、制造费用、动力消耗、检修操作等方面全面衡量,以求得到合理的方案。

4.6.4 列管式换热器的工艺设计和选用

1. 列管式换热器的设计或选型应考虑的问题

(1)冷、热流体通道的选择

在列管式换热器中,流体走壳程还是走管程,可按下列经验性原则确定:

①不洁净易结垢的流体应走便于清洗的一侧。例如,对固定管板式换热器应走管程,而U形管换热器应走壳程。

②腐蚀性流体宜走管程,以避免壳体和管束同时被腐蚀。

③压强高的宜走管程,以避免壳体承受过高压强。

④对流传热系数明显较低的物料宜走管程,以利于提高流速。因为管内截面积通常都比壳程截面积小,多管程也易于实现。

⑤饱和蒸气宜走壳程,以利于排出冷凝液。

⑥需要冷却的物料宜走壳程,便于散热。但有时为了较充分利用高温流体的热量,减少热损失,也可走管程。

⑦流量小或黏度大的物料可走壳程,因为在折流挡板的作用下,$Re>100$ 即可达到湍流。

以上各点常常不能同时满足,应视工程实际情况抓主要矛盾。一般首先考虑流体的压强、防腐蚀及清洗等要求,然后再校核对流传热系数和流动阻力,做出合理的选择。

(2)流动方式的选择

一般情况下应尽量采用逆流换热。但在某些对流体出口温度有严格限制的特殊情况下,例如热敏性物料的加热过程,为了避免物料出口温度过高而影响产品质量,可采用并流操作。除逆流和并流之外,冷、热流体还可作多管程或多壳程的复杂折流流动。当流量一定时,管程或壳程越多,流速越大,传热系数越大,其不利的影响是流体阻力也越大,平均温差也有所降低,要通过计算权衡其综合效果进行调整,或改用几个逆流换热器串联。

(3)流速的选择

流体在管程或壳程中的流速,既影响对流传热系数,又影响流动阻力,也对管壁冲刷程度和污垢生成有影响。流速增大,对流传热系数增大,减少污垢沉积,从而可提高传热系数,减少传热面积,降低设备投资费用。但流速增大后,动力消耗增加,操作费用增大。所以,最适宜的流速要通过技术经济比较才能定出,一般管内、管外都要尽量避免出现层流状态。表 4-8~表 4-10 列出了常用流速范围,可供设计时参考。

表 4-8　　列管式换热器中常用的流速范围

液体的种类		一般液体	易结垢液体	气体
流速/($m \cdot s^{-1}$)	管程	0.5~3.0	>1	5~30
	壳程	0.2~1.5	>0.5	9~15

表 4-9　　列管式换热器中不同黏度液体的常用流速

液体黏度/(mPa·s)	>1 500	1 500~500	500~100	100~35	35~1	<1
最大流速/($m \cdot s^{-1}$)	0.6	0.75	1.1	1.5	1.8	2.4

表 4-10　　列管式换热器中易燃、易爆液体的允许安全速度

液体名称	乙醚、苯、二硫化碳	甲醇、乙醇、汽油	丙酮
允许安全速度/($m \cdot s^{-1}$)	<1	<2~3	<10

(4)流体两端温度和温度差的确定

一般换热器中冷、热流体两端的温度都由工艺条件规定,但对加热介质或冷却介质,通常其进口温度已知,出口温度需由设计者确定。如用冷却水冷却某种热流体,冷却水的进口温度一般可取一年中最高的日平均温度,但其出口温度需要设计者通过经济权衡选择。例如,冷却水出口温度越高,其用量就越少,输送流体的动力消耗越小,操作费用降低;但传热过程的平均推动力越小,所需的传热面积则增大,使设备费用增加。一般设计中冷却水两端温度差可取为 5~10 ℃,缺水地区选取较大的温度差,水源丰富地区选取较小的温度差。

(5)换热管规格与排列方式的选择

换热管直径越小,换热器单位体积的传热面积越大,结构比较紧凑。考虑到制造和维修方便,我国试行的系列标准中,管径有 $\Phi 19$ mm×2 mm、$\Phi 25$ mm×2 mm 和 $\Phi 25$ mm×2.5 mm 等几种规格。对洁净的流体,管径可取得小一些,而对于易结垢、黏度大的流体,管径要取得大些。

管长的选择要考虑清洗方便和管材的合理使用。在相同的传热面积下,管子较长时管程数较少,压强降也较小。一般标准钢管长度为 6 m,故系列标准中管长应为 1.5 m、2 m、3 m、6 m,其中 3 m 和 6 m 较为常用。此外,管长与壳内径的比例应适当,一般为 4∶1~6∶1。

管子在管板上常用的排列方式为正三角形、正方形直列和正方形错列三种,如图4-31所示。与正方形相比,正三角形排列比较紧凑,管外流体湍动程度较高,对流传热系数大。正方形排列比较松散,对流传热效果较差,但管外清洗比较方便,适宜于易结垢液体。如将正方形直列的管束斜转 45°安装成正方形错列,对流传热效果会有所改善。

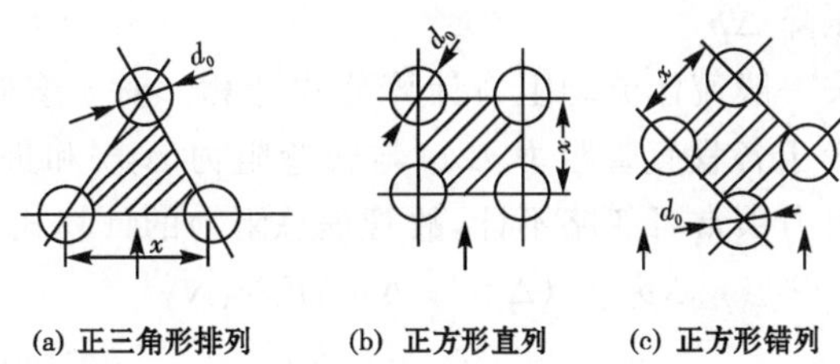

图 4-31 管子的排列方式

(6)折流挡板

安装折流挡板的目的是提高管外对流传热系数。为了取得良好效果，折流挡板的形状和间距应适当。对于常用的圆缺形挡板，弓形缺口太大或太小都会产生流动"死区"(如图4-32 所示)，既不利于传热又增大流体阻力。一般弓形缺口的高度可取为壳体内径的10%～40%，通用的是 25%。

挡板间距对壳程的流动也有重要影响。间距过小，不便于制造和检修，阻力也较大；间距过大，不能保证流体垂直流过管束，使对流传热系数下降。一般取挡板间距为壳体内径的 20%～100%。我国系列标准中采用的挡板间距为 100 mm，150 mm，200 mm，300 mm，450 mm，600 mm 等。

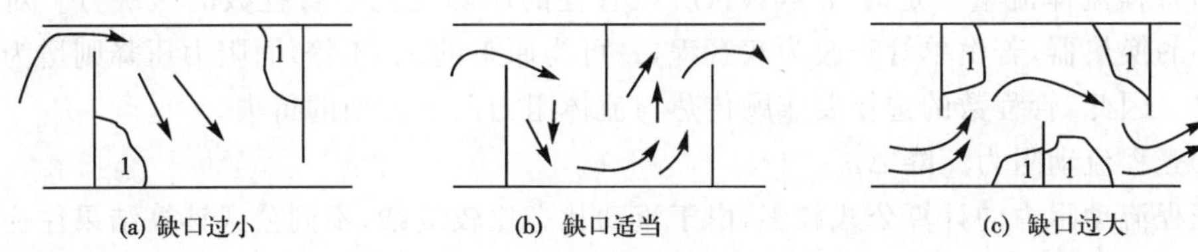

图 4-32 挡板缺口对流动的影响

(7)外壳直径的确定

初步设计中壳体内径可按下式计算

$$D = t(n_c - 1) + 2b' \qquad (4\text{-}68)$$

式中 D——壳体内径，m；

b'——管束中心线上最外层管的中心至壳体内壁的距离，m，一般取管外径的1～1.5 倍；

t——管中心距，m；

n_c——位于管束中心线上的管数，管子按正三角形排列时，$n_c = 1.1\sqrt{n}$；管子按正方形排列时，$n_c = 1.19\sqrt{n}$(n 为换热器的总管数)。

最后可根据 D 选取一个相近尺寸的标准壳体内径，壳体标准尺寸列于表 4-11 中。

表 4-11 壳体标准尺寸

壳体外径/mm	325	400，500，600，700	800，900，1 000	1 100，1 200
最小壁厚/mm	8	10	12	14

(8)流体通过换热器的流动阻力(压强降)

流体通过换热器的流动阻力越大，其动力消耗越高。设计和选用列管换热器时，应对管程和壳程的流动阻力分别进行计算。

①管程流动阻力压降 Δp_i

管程流动阻力可按一般流体流动阻力计算公式计算。对于多管程换热器，以压降表示的管程总阻力 Δp_i 等于各程直管阻力 Δp_1 与回弯阻力 Δp_2 和进出口等局部阻力的总和。其中进出口局部阻力项常可忽略不计，故管程总阻力的计算式为

$$\Delta p_i = (\Delta p_1 + \Delta p_2) F_t N_s N_p \tag{4-69}$$

$$\Delta p_1 = \lambda \frac{l}{d_i} \times \frac{\rho u_i^2}{2}$$

$$\Delta p_2 = \sum \zeta \frac{\rho u_i^2}{2} \approx 3 \frac{\rho u_i^2}{2}$$

式中 u_i——管内流速，m/s；

l、d_i——单根管长与管内径，m；

F_t——结垢校正系数，对于 Φ25 mm×2.5 mm 的管子，$F_t=1.4$，对于 Φ19 mm×2 mm 的管子，$F_t=1.5$；

N_p——管程数；

N_s——串联的壳程数。

当管程流体流量一定时，$u_i \propto N_p$，所以管程的压降正比于管程数的三次方。对于同样大小的换热器，若由单管程改为双管程，α_i 可为原来的 1.74 倍，而阻力压降则增为原来的 8 倍。因此，管程数的选择要兼顾传热与流体阻力两个方面的得失。

②壳程流动阻力压降 Δp_0

壳程流动阻力的计算公式较多，由于流动状态比较复杂，不同公式计算结果往往很不一致。下面介绍一个较简单的计算式

$$\Delta p_0 = \lambda_0 \frac{D(N_B + 1)}{d_e} \frac{\rho u_0^2}{2} \tag{4-70}$$

式中 D——壳内径，m；

N_B——折流板数目，$N_B \approx \frac{l}{h} - 1$，$h$ 为折流板间距；

λ_0——壳程流体的摩擦系数；

d_e——壳程当量直径，m；

u_0——壳程流体流速，m/s。

壳程阻力基本上反比于折流板间距的三次方，若挡板间距减小一半，对流传热系数约为原来的 1.46 倍，而阻力则约为原来的 8 倍。因此，选择挡板间距时，也要综合考虑。

表 4-12 列出了列管式换热器中工艺物流最大允许的压降范围，可供参考。一般来说，对液体，其压降常为 $10^4 \sim 10^5$ Pa，对气体，为 $10^3 \sim 10^4$ Pa。

表 4-12　列管式换热器允许的压降范围(单位：MPa)

液体压强(绝压)	真空	0.1～0.17	0.17～1.1	1.1～3.1
允许压降	$p/10$	0.005～0.035	0.035	0.035～0.18

2. 系列标准列管式换热器的选型步骤

首先从生产任务中获得冷、热流体的流量，进、出口温度，操作压力，冷、热流体的物

性，然后根据选用原则确定相关物理量，进行选型计算。系列标准换热器的选用可按下列步骤进行。

(1)初选换热器的型号、规格和尺寸

①初步选定换热器的流动方式，计算 Ψ，Ψ 应大于 0.8，否则应改变流动方式重新计算；

②依据经验(或表 4-5)估计传热系数 $K_{估}$，估算传热面积 $A_{估}$；

③根据 $A_{估}$ 数值，在系列标准中初选适当型号、规格的换热器。可参见附录(附录表中传热面积为计算传热面积，而在换热器型号中使用的是换热器公称面积，它是 5 m^2 的倍数，由计算面积四舍五入而得。例如当计算面积为 38.1 m^2 时，公称面积为 40 m^2)。

(2)计算管、壳程的对流传热系数和压强降

①参考表 4-8 选定流速，计算压强降，确定管程数，计算管程 α_i 和 Δp_i。注意应使 $\alpha_i > K_{估}$，$\Delta p_i < \Delta p_{允}$。

②参考表 4-8 的流速范围，选定挡板间距，计算壳程的 α_0 和 Δp_0，并做适当的调整。对壳程也应有 $\alpha_0 > K_{估}$，$\Delta p_0 < \Delta p_{允}$。

(3)计算传热系数、校核传热面积

选择适当的污垢热阻数值(表 4-4)，计算 $K_{计}$ 和 $A_{计}$。若 $K_{计} > K_{估}$，$A_{计} < A_{估}$，则原则上计算可行。考虑到传热计算式的准确程度及其他未可预料的因素，应使选用的换热器传热面积有 10%～25%的富余度。如不能满足需要，应根据实际可能改变选用条件，反复试算，使最后的选用方案是技术上可行、经济上合理的。

【例 4-15】 某厂拟用原油在列管式换热器中回收柴油的热量。已知原油流量为 50 000 kg/h，进口温度 60 ℃，要求其出口温度不高于 100 ℃；柴油流量为 34 000 kg/h，进口温度为 175 ℃。试选一适当型号的列管式换热器，已知物性数据如下：

物料	$\rho/(kg \cdot m^{-3})$	$c_p/[kJ \cdot (kg \cdot ℃)^{-1}]$	$\lambda/[W \cdot (m \cdot ℃)^{-1}]$	$\mu/(Pa \cdot s)$
原油	815	2.2	0.148	3×10^{-3}
柴油	715	2.48	0.133	0.64×10^{-3}

解：(1)初选换热器的型号规格

当不计热损失时，换热器的热负荷为

$$Q = W_c c_c (t_2 - t_1) = \frac{50\ 000}{3\ 600} \times 2.2 \times 10^3 \times (100 - 60) = 1.2 \times 10^6 (W)$$

柴油的出口温度为

$$T_2 = T_1 - \frac{Q}{W_h c_{ph}} = 175 - \frac{1.2 \times 10^6}{\frac{34\ 000}{3\ 600} \times 2.48 \times 10^3} = 123.8\ ℃$$

逆流平均温度差

$$\Delta t_{m逆} = \frac{\Delta t_1 - \Delta t_2}{\ln \frac{\Delta t_1}{\Delta t_2}} = \frac{(175 - 100) - (123.8 - 60)}{\ln \frac{175 - 100}{123.8 - 60}} = 69.3\ ℃$$

求 Ψ
$$R = \frac{T_1 - T_2}{t_2 - t_1} = \frac{175 - 123.8}{100 - 60} = 1.28$$

$$P=\frac{t_2-t_1}{T_1-t_1}=\frac{100-60}{175-60}=0.348$$

初步决定采用单壳程、偶数管程的浮头式换热器。由图 4-14(a)查得校正系数 $\Psi=0.92$,因为 $\Psi>0.8$ 可行。

$$\Delta t_m = \Psi \Delta t_{逆} = 0.92\times 69.3 = 63.8\ ℃$$

参照表 4-5,初步估计传热系数 $K_{估}=250(\mathrm{W/(m^2\cdot ℃)})$,则

$$A_{估}=\frac{Q}{K_{估}\ \Delta t_m}=\frac{1.2\times 10^6}{250\times 63.8}=75.2(\mathrm{m^2})$$

由于两流体温差较大,同时为了便于清洗,参照附录中的换热器系列标准,初步选定 BES—600—1.6—90—6/25—4I 型浮头式内导流换热器。有关参数见表 4-13。

表 4-13　BES—600—1.6—90—6/25—4I 型浮头式换热器主要参数

外壳直径 D/mm	600	管程数 N_p	4
公称面积/m²	90	管数 N_T	188
公称压强/MPa	1.6	管子排列方式	正方形错列
管子尺寸/mm	Φ25×2.5	管中心距/mm	32
管长/m	6	计算换热面积/m²	86.9

(2)计算管程、壳程的对流传热系数和压降

①管程。为充分利用柴油热量,采用柴油走管程,原油走壳程

管程流通面积 $A_i=\frac{\pi}{4}d_i^2\cdot\frac{N_T}{N_P}=\frac{\pi}{4}\times 0.02^2\times\frac{188}{4}=0.0148(\mathrm{m^2})$

管内柴油流速 $u_i=\frac{W_h}{3600\rho_i A_i}=\frac{34000}{3600\times 715\times 0.0148}=0.893(\mathrm{m/s})$

$$Re_i=\frac{du_i\rho_i}{\mu_i}=\frac{0.02\times 0.893\times 715}{0.64\times 10^{-3}}=1.99\times 10^4$$

管程柴油被冷却,故由式(4-24)得

$$\begin{aligned}\alpha_i&=0.023\frac{\lambda_i}{d_i}Re_i^{0.8}Pr_i^{0.3}\\&=0.023\times\frac{0.133}{0.02}\times(1.99\times 10^4)^{0.8}\times\left(\frac{2.48\times 10^3\times 0.64\times 10^{-3}}{0.133}\right)^{0.3}\\&=884(\mathrm{W/(m^2\cdot ℃)})\end{aligned}$$

由式(4-69),管程压降为:$\Delta p_i=\left(\lambda\frac{l}{d_i}+3\right)\frac{\rho u_i^2}{2}F_t N_s N_p$

取管壁粗糙度 $\varepsilon=0.15$ mm,$\varepsilon/d=0.0075$,查 $Re-\lambda$ 关系曲线可得摩擦系数 $\lambda=0.034$

所以 $\Delta p_i=\left(0.034\times\frac{6}{0.02}+3\right)\times 1.4\times 1\times 4\times\frac{0.893^2\times 715}{2}=2.11\times 10^4(\mathrm{Pa})$

②壳程。选用缺口高度为 25%的弓形挡板。取折流板间距 h 为 300 mm,故折流板数目

$$N_B=\frac{l}{h}-1=\frac{6}{0.3}-1=19$$

壳程流道面积 $A_0=hD\left(1-\frac{d_0}{t}\right)=0.3\times0.6\times\left(1-\frac{0.025}{0.032}\right)=0.0394(\text{m}^2)$

壳程中原油流速 $u_0=\frac{W_c}{3\,600\rho_0 A_0}=\frac{50\,000}{3\,600\times815\times0.039\,4}=0.433(\text{m/s})$

正方形的当量直径

$$d_e=\frac{4\left(t^2-\frac{\pi}{4}d_0^2\right)}{\pi d_0}=\frac{4\times\left(0.032^2-\frac{\pi}{4}\times0.025^2\right)}{0.025\pi}=0.027(\text{m})$$

$$Re_0=\frac{d_e u_0 \rho_0}{\mu_0}=\frac{0.027\times0.433\times815}{3.0\times10^{-3}}=3.176\times10^3$$

$$Pr_0=\frac{c_p\mu}{\lambda}=\frac{2.2\times10^3\times3\times10^{-3}}{0.148}=44.6$$

壳程中原油被加热，取$\left(\frac{\mu}{\mu_W}\right)^{0.14}=1.05$，查得管外强制对流传热系数经验公式为

$$\alpha_0=0.36\frac{\lambda_0}{d_e}(Re_0)^{0.55}Pr_0^{\frac{1}{3}}\left(\frac{\mu}{\mu_W}\right)^{0.14}$$

$$=0.36\times\frac{0.148}{0.027}\times(3\,176)^{0.55}\times(44.6)^{\frac{1}{3}}\times1.05=618(\text{W}/(\text{m}^2\cdot℃))$$

由式(4-70)，壳程压强降为$\Delta p_0=\lambda_0\frac{D(N_B+1)}{d_e}\cdot\frac{u_0^2\rho_0}{2}$

查得壳程摩擦系数经验公式为

$$\lambda_0=1.72Re_0^{-0.19}=1.72\times3\,176^{-0.19}=0.372$$

$$\Delta p_0=0.372\times\frac{0.6\times(19+1)}{0.027}\times\frac{0.433^2\times815}{2}=1.0\times10^4(\text{Pa})$$

(3)计算传热面积

传热系数 $$\frac{1}{K_{0计}}=\frac{1}{\alpha_0}+R_{s0}+\frac{\delta d_0}{\lambda d_m}+R_{si}+\frac{d_0}{\alpha_i d_i}$$

取 $R_{si}=0.000\,2\ \text{m}^2\cdot℃/\text{W}$，$R_{s0}=0.001\ \text{m}^2\cdot℃/\text{W}$，忽略管壁热阻，则

$$\frac{1}{K_{0计}}=\frac{1}{618}+0.001+0.000\,2+\frac{25}{884\times20}=4.2\times10^{-3}$$

$$K_{0计}=238(\text{W}/(\text{m}^2\cdot℃))$$

$$A_{0计}=\frac{Q}{K_{0计}\Delta t_m}=\frac{1.2\times10^6}{238\times63.8}=79(\text{m}^2)$$

因为 $K_{0计}<K_{估}$，$A_{0计}>A_{估}$，原因在于壳程对流传热系数过低。调整折流挡板间距 h 为 200 mm，重新计算可得

$\alpha_0=774\ \text{W/m}(\text{m}^2\cdot℃)$，$K_{0计}=256\ \text{W}/(\text{m}^2\cdot\text{K})$，$A_{0计}=73.5\ \text{m}^2$，与原估值相符。由附表知该型换热器的面积为 86.9 m²，故

$$A_{实}/A_{计}=86.9/73.5=1.18$$

即传热面有 18%的富余度。

但壳程压强降 $\Delta p_0=3.13\times10^4$ Pa，增大了 3.13 倍。

核算表明所选换热器的规格是可用的。

1. 已知某炉壁由单层均质材料组成，$\lambda=0.57$ W/(m·℃)。用热电偶测得炉外壁温度为 50 ℃，距外壁 1/3 厚度处的温度为 250 ℃，求炉内壁温度。（答：$t=650$ ℃）

2. 某平壁厚度为 0.37 m，内表面温度 $t_1=1650$ ℃，外表面温度 $t_2=300$ ℃，平壁材料导热系数 $\lambda=1.05$ W/(m·℃)。试求导热热通量。（答：$q=3\ 830$ W/m^2）

3. 某工业炉壁由下列三层依次组成，最内层耐火砖的导热系数 $\lambda_1=1.05$ W/(m·℃)，厚度 $\delta_1=0.15$ m；中间绝热（保温）层的保温砖导热系数 $\lambda_2=0.15$ W/(m·℃)；最外层普通砖导热系数 $\lambda_3=0.93$ W/(m·℃)，厚度 $\delta_3=0.23$ m。已知耐火砖内侧温度为 1000 ℃，耐火砖与保温砖接触面温度为 940 ℃，保温砖与普通砖的接触面温度为 138 ℃，试求：(1)保温砖的厚度；(2)普通砖的外侧温度。（答：(1) $\delta_2=0.28$ m；(2) $t_4=31.1$ ℃）

4. 某炉的平壁是由一层耐火砖($\lambda_1=1$ W/(m·℃))与一层普通砖($\lambda_2=0.8$ W/(m·℃))砌成的，两层厚度均为 100 mm，操作达到稳定后，测得炉壁的内表面温度是 700 ℃，外表面温度为 130 ℃。为了减少热量损失，在普通砖外表面上增加一层厚度为 30 mm 的保温材料($\lambda_3=0.07$ W/(m·℃))。待操作达到稳定后，又测得炉壁的内表面温度为 750 ℃，外表面（保温层外表面）温度为 90 ℃。试计算加保温层前后，每小时每平方米壁面损失的热量各为多少？（答：保温前 $Q_1=9.12\times10^6$ J/(m^2·h)；保温后 $Q_2=3.63\times10^6$ J/(m^2·h)）

5. 某蒸气管外径为 170 mm，管外保温材料的导热系数 $\lambda=0.11+0.000\ 2t$ W/(m·℃)（式中 t 为温度(℃)），蒸气管外壁温度为 150 ℃。要求保温层外壁温度不超过 50 ℃，每米管长的热损失不超过 200 W/m，问保温层厚度应为多少？（答：$\delta=42.8$ mm）

6. $\Phi60\times3$ mm 的钢管外包一层厚 30 mm 的软木后，又包一层厚 30 mm 的保温灰作为绝热层。软木和保温灰的导热系数分别为 0.04 W/(m·℃)和 0.07 W/(m·℃)。已知钢管外壁温度为 −110 ℃，绝热层外表面温度为 10 ℃，求每米长管道所损失的冷量。（答：$Q/l=-32.59$ W/m）

7. 常压空气在长 5 m、内径 20 mm 的管内由 20 ℃加热至 100 ℃，空气的平均流速为 12 m/s，试求空气侧的对流传热系数。（答：$\alpha=5.51$ W/(m^2·℃)）

8. 水以 1.0 m/s 的流速在长 3 m、$\Phi25\times2.5$ mm 的钢管内由 20 ℃被加热至 40 ℃，试求水与管壁之间的对流传热系数？若水流量增大 50%，对流传热系数又为多少？（答：增大前 $\alpha_1=4\ 581$ W/(m^2·℃)；增大后 $\alpha_2=6\ 336$ W/(m^2·℃)）

9. 在常压下用套管换热器将空气由 20 ℃加热至 100 ℃，空气以 60 kg/h 的流量流过套管环隙，已知内管 $\Phi57\times3.5$ mm，外管 $\Phi83\times3.5$ mm，求空气的对流传热系数。（答：$\alpha=3.77$ W/(m^2·℃)）

10. 某种黏稠液体以 0.3 m/s 的流速在内径为 50 mm、长 4 m 的管内流过。若管外用蒸气加热，试求管壁对流体的对流传热系数。已知液体的物性数据为：$\rho=900$ kg/m^3，$c_p=1.89$ kJ/(kg·℃)，$\lambda=0.128$ W/(m·℃)，$\mu=0.01$ Pa·s。（答：$\alpha=67.7$ W/(m^2·℃)）

11. 流体的质量流量为 1 000 kg/h，试计算以下各过程中流体放出或得到的热量。

(1)煤油自 130 ℃降至 40 ℃，取煤油比热容为 2.0 kJ/(kg·℃)；

(2)比热容为 3.0 kJ/(kg·℃)的 NaOH 溶液,从 30 ℃被加热至 100 ℃;

(3)常压下将 30 ℃的空气加热至 140 ℃;

(4)常压下 100 ℃的水汽化为同温度的饱和水蒸气;

(5)100 ℃的饱和水蒸气冷凝、冷却为 50 ℃的水。

(答:(1)$Q=5\times10^4$ W;(2)$Q=5.8\times10^4$ W;(3)$Q=3.08\times10^4$ W;(4)$Q=6.27\times10^5$ W;(5)$Q=6.85\times10^5$ W)

12.用水将 2 000 kg/h 的硝基苯由 80 ℃冷却至 30 ℃,冷却水初温为 20 ℃,终温为 35 ℃,求冷却水的用量。(答:$W_c=1\ 892.7$ kg/h)

13.对一蒸气管道进行保温,设管道内径和外径分别为 0.150m、0.159m,外包保温层厚 120 mm,铝合金保护层厚 0.5 mm。设蒸气与管壁的对流传热系数 $\alpha_1=120$ W/(m^2·℃),钢管导热系数 $\lambda_1=45$ W/(m·℃),绝热材料导热系数 $\lambda_2=0.1$ W/(m·℃),铝合金导热系数 $\lambda_3=200$ W/(m·℃),铝合金外表面与空气之间的对流传热系数 $\alpha_2=10$ W/(m^2·℃),求其各层传热热阻和总热阻。(答:内侧热阻 1.46×10^{-2} m^2·℃/W;钢管热阻 1.81×10^{-4} m^2·℃/W;保温层热阻 1.53 m^2·℃/W;铝合金热阻 2.5×10^{-6} m^2·℃/W;外侧热阻0.1 m^2·℃/W;总热阻 1.56 m^2·℃/W)

14.热空气在冷却管管外流过,$\alpha_0=90$ W/(m^2·℃),冷却水在管内流过,$\alpha_i=1\ 000$ W/(m^2·℃)。冷却管外径 $d_o=16$ mm,壁厚 $\delta=1.5$ mm,管壁的 $\lambda=40$ W/(m·℃)。试求:

(1)传热系数 K_o;

(2)管外对流传热系数 α_o 增加一倍,传热系数有何变化?

(3)管内对流传热系数 α_i 增加一倍,传热系数有何变化?

(答:(1)$K_o=80.8$ W/(m^2·℃);(2)$K_o=147.4$ W/(m^2·℃);(3)$K_o=85.3$ W/(m^2·℃))

15.有一列管式换热器,管子直径为 $\Phi25\times2.5$ mm,管内流体的对流传热系数为 100 W/(m^2·℃),管外流体的对流传热系数为 200 W/(m^2·℃),已知两流体均为湍流换热,取钢管导热系数 $\lambda=45$ W/(m·℃),管内、外两侧污垢热阻均为 0.001 18 m^2·℃/W ,试问:(1)传热系数 K 及各部分热阻的分配;(2)若管内流体流量提高一倍,传热系数有何变化?(答:(1)$K=50.19$ W/(m^2·℃) ;外侧热阻 25.1%;管壁热阻 0.31%;内侧热阻 62.7%;污垢热阻 5.9%;(2)$K=68.48$ W/(m^2·℃))

16.二湍流流动的流体在套管热交换器中进行热交换,第一流体向管壁的对流传热系数 $\alpha_1=232.6$ W/(m^2·℃),管壁向第二流体的对流传热系数 $\alpha_2=407$ W/(m^2·℃),试问在下述两种情况下传热系数各增加多少倍?(忽略管壁热阻)

(1)第一流体的流速增加一倍,其他条件均不变;

(2)第二流体的流速增加两倍,其他条件均不变。(答:(1)37.2%;(2)27%)

17.在一换热器中,用水使苯从 80 ℃冷却到 50 ℃,水从 15 ℃升到 35 ℃。试分别计算并流操作及逆流操作时的平均温度差。(答:并流 $\Delta t_m=34.1$ ℃;逆流 $\Delta t_m=39.8$ ℃)

18.在一套管换热器中,内管为 $\Phi57\times3.5$ mm 的钢管,流量为 2 500 kg/h,平均比热容为 2.0 kJ/(kg·℃)的热液体在内管中从 90℃冷却为 50 ℃,环隙中冷水从 20 ℃被加热至 40 ℃,已知传热系数为 200 W/(m^2·℃),试求;(1)冷却水用量,kg/h;(2)并流流动时的平均温度差及所需的套管长度,m;(3)逆流流动时的平均温度差及所需的套管长度,m。(答:(1)$W_c=2\ 395.8$ kg/h;(2)并流 $\Delta t_m=30.8$ ℃;$l=50.4$ m;(3)逆流 $\Delta t_m=39.2$ ℃;$l=39.6$ m)

19.一传热面积为 15 m^2 的列管换热器,壳程用 110 ℃的饱和水蒸气将管程某溶液由

20 ℃加热至 80 ℃，溶液的处理量为 2.5×10^4 kg/h，比热容为 4 kJ/(kg·℃)，试求此操作条件下的传热系数。(答：$K=2\ 035$ W/(m^2·℃))

20. 某换热器的传热面积为 30 m^2，用 100 ℃的饱和水蒸气加热物料，物料的进口温度为 30 ℃，流量为 2 kg/s，平均比热容为 4 kJ/(kg·℃)，换热器的传热系数为 125 W/(m^2·℃)，求：(1)物料出口温度；(2)水蒸气的冷凝量，kg/h。(答：(1)$t=56.6$ ℃；(2)$W_h=338.4$ kg/h)

21. 温度为 20 ℃的物料在套管换热器的内管中被加热至 45 ℃，对流传热系数为 1 000 W/(m^2·℃)；管外用 100 ℃的饱和水蒸气加热，对流传热系数为 10^4 W/(m^2·℃)，忽略管壁及污垢热阻，试计算传热平均温度差和传热系数 K。(答：$\Delta t_m=66.7$ ℃；$K=$ 909 W/(m^2·℃))

22. 精馏塔塔釜温度为 398 K，用 473 K 高压蒸气加热(此时蒸气压强为 1.554×10^3 kPa)，经过热量衡算，已知该塔釜每小时要供热 1 690 000 kJ，试计算塔釜需要的加热面积应为多少？已知釜液沸腾时的对流传热系数为 1 000 W/(m^2·℃)，加热蒸气冷凝时的对流传热系数为 1 750 W/(m^2·℃)，钢的导热系数为 45 W/(m·℃)，列管壁厚为 3 mm。(答：$A=10.24$ m^2)

23. 有一钢制套管换热器，质量流量为 2 000 kg/h 的苯在内管中从 80 ℃冷却到 50 ℃，冷却水在环隙中从 15 ℃升到 35 ℃。已知苯对管壁的对流传热系数为 600 W/(m^2·℃)，管壁对水的对流传热系数为 1 000 W/(m^2·℃)。计算传热系数时忽略管壁热阻，按平壁计算。试求：(1)冷却水消耗量；(2)并流流动时所需传热面积；(3)如改为逆流流动，其他条件相同，所需传热面积有何变化？(答：(1)$W_c=1\ 328$ kg/h；(2)并流 $A=2.42$ m^2；(3)逆流 $A=2.07$ m^2)

24. 某厂拟用 100 ℃的饱和水蒸气将常压空气从 20 ℃加热至 80 ℃，空气流量为 8 000 kg/h。现仓库有一台单程列管换热器，内有 Φ25×2.5 mm 的钢管 300 根，管长 2 m。若管外水蒸气冷凝的对流传热系数为 10^4 W/(m^2·℃)，两侧污垢热阻及管壁热阻均可忽略，试计算此换热器能否满足工艺要求？(答：能)

25. 某列管换热器由 19 根直径为 $\Phi19\times2$ mm、长为 1.2 m 的钢管组成。拟用以将流量为 350 kg/h、常压的乙醇饱和蒸气冷凝成饱和液体。冷水的进、出口温度分别为 15 ℃及 35 ℃。已知基于管子外表面积的传热系数 K_0 为 700 W/(m^2·℃)。试计算该换热器能否满足要求。已知乙醇的冷凝潜热为 920 kJ/kg，沸点为 78.3 ℃。(答：不能)

26. 有一根表面温度为 327 ℃的钢管，黑度为 0.7，直径为 76 mm，长度为 3 m，放在很大的红砖屋里，砖壁温度为 27 ℃。求达到稳定后钢管的辐射热损失。(答：$Q=1\ 099.5$ W)

27. 两无限大彼此平行的平板进行辐射传热，一个平面的温度为 600 ℃、黑度为 0.9，另一个平面的温度为 500 ℃、黑度为 0.8。求它们之间每平方米每小时的净辐射传热量？若将其中一个平面温度从 600 ℃提高到 700 ℃(假设其黑度不变)，问净辐射传热量可提高到多少？(答：$Q_1=3.356\times10^7$ J/(m^2·h)；$Q_2=8.087\times10^7$ J/(m^2·h))

模块4 传热在线自测

模块5 蒸 发

5.1 概 述

蒸发是分离液态均相系(溶液)的单元操作之一。这种操作是将溶液加热,使其中部分(或全部)溶剂汽化并不断除去,以提高溶液中溶质的浓度。被蒸发的溶液由挥发性溶剂和不挥发性溶质所组成,因此蒸发也是挥发性溶剂和不挥发性溶质的分离过程。用来实现蒸发操作的设备称为蒸发器。

5.1.1 蒸发的分类

蒸发按操作温度可分为自然蒸发和沸腾蒸发。自然蒸发是溶液中的溶剂在低于沸点时汽化,溶剂的汽化仅发生在溶液的表面,自然蒸发速率缓慢。沸腾蒸发是使溶液中的溶剂在沸点时汽化,在汽化过程中,溶液呈沸腾状态,溶剂的汽化不仅发生在溶液表面,而且发生在溶液内部,因此,沸腾蒸发的速率远大于自然蒸发的速率。工业上的蒸发操作大多采用沸腾蒸发。

蒸发按操作压强可分为加压蒸发、常压蒸发和减压(真空)蒸发。为了保持产品生产过程的系统压强(例如丙烷脱沥青),则蒸发需在加压状态下操作。对于热敏性物料(例如抗生素溶液、果汁、食用油脂),为了保证其产品质量,必须在较低温度下蒸发浓缩,则需采用真空操作以降低溶液的沸点。但由于沸点降低,溶液的黏度也相应增大,而且造成真空需要增加设备和动力。因此,一般无特殊要求的溶液,则采用常压蒸发。

此外,按操作方式,可将蒸发分为间歇蒸发和连续蒸发;按蒸发操作产生的二次蒸气是否再作为蒸发器的热源利用,可将蒸发分为单效蒸发和多效蒸发等。

5.1.2 蒸发过程的特点

蒸发操作总是从溶液中分离出部分(或全部)溶剂。常见的蒸发过程实际上是通过传热壁面的传热,使一侧的蒸气冷凝而另一侧的溶液沸腾,溶剂的汽化速率由传热速率控制,所以蒸发属于传热过程。但蒸发又有别于一般的传热过程,具有下述特点:

(1)传热性质:传热壁面一侧为加热蒸气冷凝,另一侧为溶液沸腾,所以属于壁面两侧流体均有相变化的恒温传热过程。

(2)溶液性质:在蒸发过程中溶液的黏度逐渐增大,腐蚀性逐渐加强。有些溶液在蒸发过程中有晶体析出、易结垢、易产生泡沫,在高温下易分解或聚合。

(3)溶液沸点的改变:含有不挥发溶质的溶液,其蒸气压较同温度下溶剂的蒸气压低。换句话说,在相同压强下,溶液的沸点高于纯溶剂的沸点,所以当加热蒸气的压强一定时,蒸发溶液的传热温度差要小于蒸发溶剂时的温度差。溶液浓度越高这种现象越显著。

(4)泡沫夹带:溶剂蒸气中夹带大量泡沫,冷凝前必须设法除去,否则不但损失物料,而且污染冷凝设备。

(5)能源利用:蒸发时产生大量溶剂蒸气,如何利用溶剂的汽化热,是蒸发操作中要考虑的关键问题之一。

5.1.3 蒸发进行的条件及其在工业上的应用

维持稳定持续蒸发的必要条件是热能的不断供给和生成蒸气的不断排除。进行蒸发操作必须不断地供给热能,否则就不能使溶液保持沸腾并使溶剂不断汽化。蒸发操作主要是采用饱和水蒸气进行间接加热。当溶液的沸点较高时,可采用高温载热体加热或电加热等。进行蒸发操作还必须随时排除因汽化而生成的溶剂蒸气,否则在沸腾液面上方的空间生成的溶剂蒸气压强将逐渐升高,会影响溶剂的汽化速率,以致汽化不能继续进行。溶剂蒸气一般是用冷凝的方法排除。

在蒸发溶液时,把汽化生成的溶剂蒸气称为二次蒸气,以区别于作为热源的加热蒸气。

蒸发是化工、食品、医药、海水淡化等生产领域中广泛使用的一种单元操作,例如硝铵、烧碱、制糖等生产中将溶液加以浓缩,通过脱除溶液中的杂质以制取较纯溶剂。在植物油脂加工厂中,油脂浸出车间混合油的浓缩、油脂精炼车间磷脂的浓缩以及肥皂车间甘油水溶液的浓缩等,都是蒸发操作。

5.2 蒸发器及辅助设备

随着科学技术的迅速发展,蒸发设备也不断地改进和创新,种类繁多,结构各异,其分类方法也各有不同。按操作方式分为间歇式蒸发器和连续式蒸发器;按溶液在蒸发器内的循环方式可分为自然循环型蒸发器和强制循环型蒸发器;按加热部分的结构可分为管式蒸发器和非管式蒸发器;按溶液在加热室内的流动情况又可分为膜式蒸发器和非膜式蒸发器等。

尽管蒸发器的种类繁多,但都是由加热室(器)和分离室(器)两部分组成的。下面仅介绍工业上常用的几种蒸发设备。

5.2.1 循环型(非膜式)蒸发器

循环型蒸发器的特点是溶液在蒸发器中循环流动,可以提高传热效果。由于引起溶液循环运动的原因不同，又分为自然循环和强制循环两种类型。前者是由于各部分溶液受热程度不同，产生了密度差而引起循环运动；后者是由于机械（泵）做功迫使溶液沿一定方向循环流动。

1. 中央循环管式（标准式）蒸发器

这种蒸发器的结构如图 5-1 所示。它是工业生产中广泛使用且历史悠久的大型蒸发器，至今在化工、轻工等行业中仍被广泛采用。它的下部是加热室，加热室由直立的加热管（又称沸腾管）束组成。在管束中间有一根直径较大的管子，称为中央循环管。由于中央循环管的截面积较大，单位体积溶液所占有的传热面积较其余沸腾管中溶液所占有的传热面积小。因此，加热时，中央循环管和沸腾管内溶液受热程度不同，溶液在沸腾管内受热程度较好，汽化较多，形成的气液混合物的密度比中央循环管内的密度小。同时因沸腾管内蒸气上升时的抽吸作用，使溶液不断产生由中央循环管下降，而由沸腾管上升的循环流动，从而提高了蒸发器的传热系数，强化了蒸发过程。为了使溶液在蒸发器中有良好的自然循环，中央循环管的截面积一般为沸腾管总截面积的 40%～100%，沸腾管的高度为 0.6～2 m，直径为 25～75 mm，管子的长径比为 20：1～40：1。

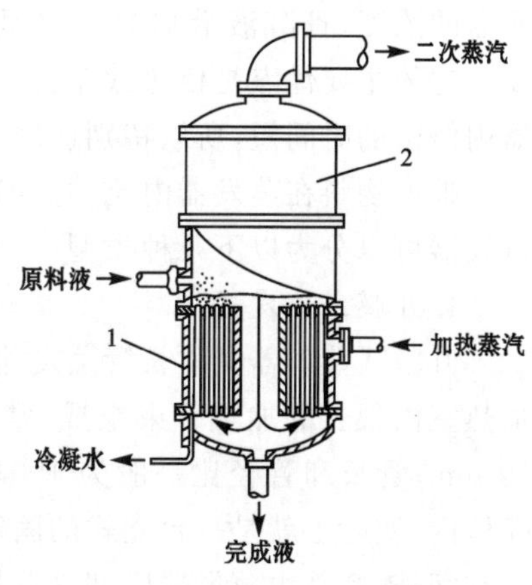

1. 加热室 2. 分离室（蒸发室）

图 5-1 中央循环管式蒸发器

蒸发器的上部为分离室。二次蒸气上升至较大的分离室空间，由于流速减小，二次蒸气中夹带的液滴被沉降下来，达到气液分离的作用。

这种蒸发器的特点是结构简单，操作可靠，投资费用较少。但溶液的循环速度较低，一般在 0.5 m/s 以下，且因溶液的循环使蒸发器中溶液浓度总是接近于完成液的浓度，所以溶液的黏度大、沸点高，影响了传热效果。另外溶液在蒸发器中停留的时间比较长，因此不适用于处理热敏性的溶液。

中央循环管式蒸发器适用于大量稀溶液的蒸发，在工业上应用十分广泛，所以又有“标准式蒸发器”之称。

2. 悬筐式蒸发器

悬筐式蒸发器结构如图 5-2 所示。它是中央循环管式蒸发器的一种改良，其加热管束可以取出，用备用的管束替换，以节约清理时间。加热蒸气由中央一根多孔管进入，均匀地吹入各加热管间，加热管束四周与罐内壁形成环隙通道，作为循环料液流下的通道，由于通道截面积及周边长均比标准式的中央循环管大，改善和加速了料液的循环，从而改善了在加热管内的结垢现象，提高了传热效果。这种蒸发器的传热面一般限于 100 m^2 以下，其传热系数为 600～3 500 W/(m^2 · ℃)。

悬筐式蒸发器适用于有晶体析出或结垢不严重的溶液蒸发。缺点是设备质量大，占地面积大，溶液滞留量大。

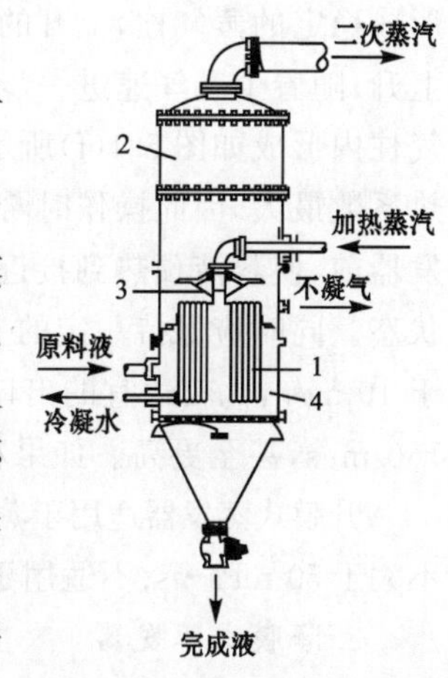

1. 加热室 2. 分离室

3. 除沫器 4. 环形循环通道

图 5-2 悬筐式蒸发器

5.2.2 单程型(膜式)蒸发器

这一类蒸发器的特点是溶液流过加热室一次即可达到所需的浓度,且溶液沿加热管壁呈膜状流动进行传热和蒸发。它的主要优点是传热效率高,蒸发速度快,溶液在蒸发器内停留的时间短,所以特别适用于蒸发热敏性溶液。

根据物料在蒸发器内流动方向及成膜原因的不同,膜式蒸发器可以分为以下几种类型:

1. 升膜式蒸发器

升膜式蒸发器又称长管蒸发器,结构如图 5-3 所示。其加热室由很长的加热管束组成,常用的加热管直径为 25～50 mm,管长和管径比一般为 100∶1～150∶1。管束装在壳体内,实际上就是一台立式的固定管板式换热器。加热蒸气在管外,料液由蒸发器底部进入加热管,受热沸腾,迅速汽化。蒸气在管内高速上升,料液则被上升的蒸气所带动,沿管壁呈膜状上升,并在此过程中继续蒸发。气液混合物在顶部分离室内分离,完成液由分离室底部排出,二次蒸气由分离室顶部溢出。

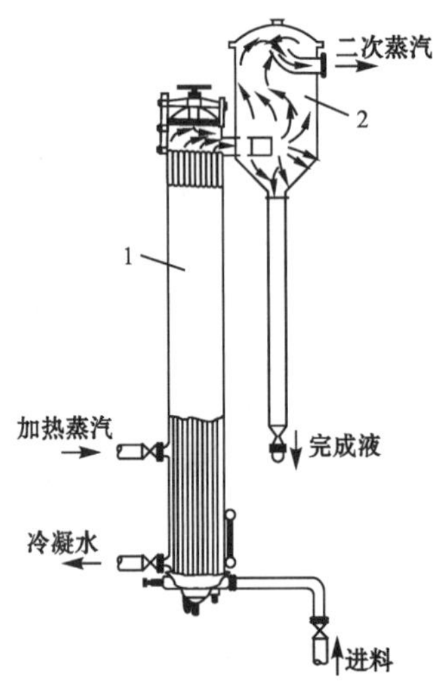

1. 蒸发室　2. 分离室

图 5-3　升膜式蒸发器

料液在加热管内沸腾和流动情况对长管蒸发器的蒸发效果有很大的影响。现将其流动情况简述如下:设料液在低于其沸点时进入加热管,料液被加热,温度上升,料液因在管壁与中心受热程度不同而产生自然对流,此时尚未沸腾,溶液为如图 5-4(a)所示的单相流动;当温度升高至沸点时,溶液沸腾而产生大量气泡,气泡分散于连续的液相中,此时管内开始如图 5-4(b)所示的两相流动;随着气泡生成数量的增多,由许多气泡汇合而增大,形成如图 5-4(c)所示的片状流;气泡进一步增大形成柱状流动或称气栓;由于气栓不稳定,继而被液体隔断,形成如图 5-4(d)所示的环状流动;随着气量的进一步增大,在管子中央形成稳定的蒸气柱,上升的蒸气柱将料液拉曳成如图 5-4(e)所示的一层液膜沿管壁迅速上升;随着上升气速进一步增大,对液膜产生强烈的冲刷作用,使液滴分散在气流中,在蒸气柱内形成如图 5-4(f)所示的带有液体雾沫的喷雾流。在上述现象中,以柱状流动的传热系数最大,因此操作时希望使柱状流占整个管长的比例尽量增大。为此一般在进入蒸发器前,使料液预热到接近沸点的状态(比沸点低 2 ℃左右),以便进入加热管即达到沸腾状态。同时应保持一定的上升蒸气速度,将料液拉成膜状。在常压下出口管内气速不小于 10 m/s,比较适宜的出口蒸气速度为 20～50 m/s。在减压条件下出口气速可达 100～160 m/s,甚至更高。如果料液中溶剂量不大,气速不够,则不能形成膜状蒸发。

升膜式蒸发器适用于蒸发量较大、热敏性及易生泡沫的溶液,其黏度不大于 50 mPa·s;不适用于处理有结晶析出或易结垢的溶液。

升膜蒸发器

2. 降膜式蒸发器

降膜式蒸发器如图 5-5 所示。在降膜式蒸发器中,原料液由加热室顶部加入,在重力作用下沿管内壁呈膜状下降,并在下降过程中被蒸发增浓的气液混合物从底部进入分离室,完成液由分离室底部排出。

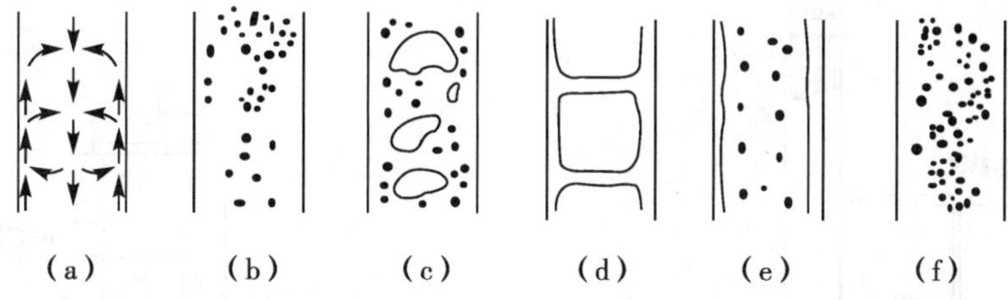

图 5-4 在垂直加热管内气、液两相的流动状态

在每根加热管的顶部必须设置降膜分布器,以保证溶液呈膜状沿管内壁下降。降膜分布器的形式有多种,图 5-6 所示的三种较为常用。图 5-6(a)中的导流管为一有螺旋形沟槽的圆柱体;图 5-6(b)中的导流管下部是圆锥体,此锥体底面向内凹,以免沿锥体斜面流下的液体再向中央集中;在图 5-6(c)所示的分布器中,液体通过齿缝沿加热管内壁呈膜状下降。

降膜式蒸发器产生膜状流动是由于重力作用及液体对管壁的浸润力,而使液体呈膜状沿管壁下流。它不取决于管内二次蒸气的速度,因此降膜式蒸发器适用于蒸发量较小的场合。降膜式蒸发器可以蒸发浓度、黏度较大的溶液,不适用于蒸发易结晶或易结垢的溶液。

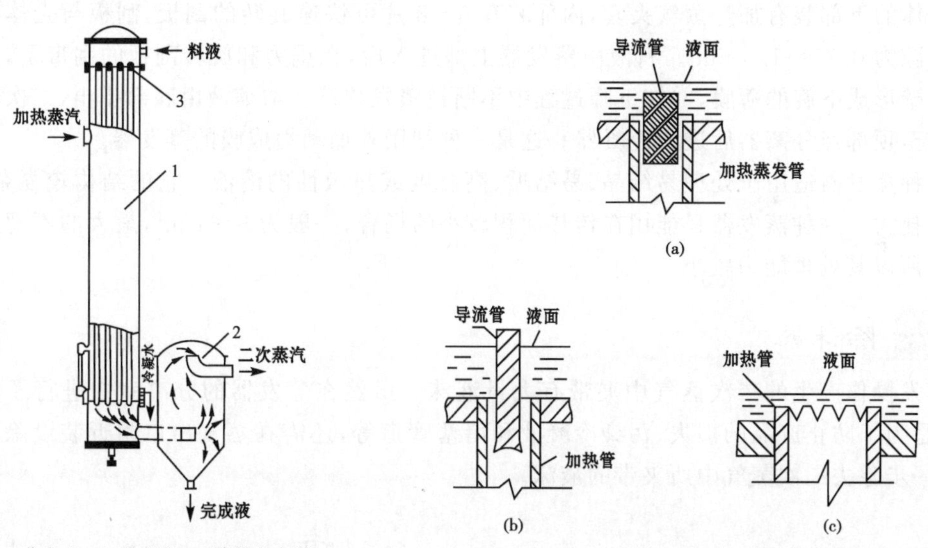

1.蒸发室 2.分离室 3.降膜分布器

图 5-5 降膜式蒸发器

图 5-6 降膜式蒸发器的降膜分布器

在工业上还常把以上两种蒸发器联合使用,如升-降膜式蒸发器,其结构如图 5-7 所示。蒸发器底部封头内装置一块隔板,将加热管束分为两部分,形成类似于双管程换热器的结构。原料液经预热达到沸点或接近沸点后引入升膜加热室 2 的底部,液体沿管壁向上呈膜状流动,气液混合物由顶部流入降膜加热室 3,液体又呈膜状沿管壁向下流动,最后气液混合物进入分离室 4 进行分离。升-降膜式蒸发器一般用于在蒸发过程中溶液浓度变化较大或厂房高度有一定限制的场合。

3. 刮板式薄膜蒸发器

刮板式薄膜蒸发器的结构如图 5-8 所示。

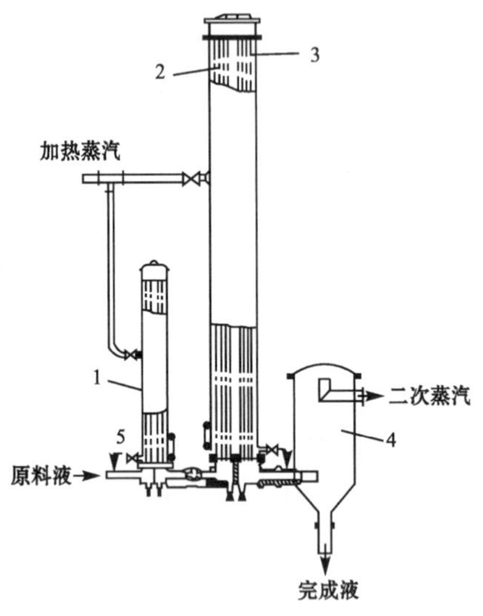

1. 预热器　2. 升膜加热室　3. 降膜加热室
4. 分离室　5. 冷凝水排出口

图 5-7　升-降膜式蒸发器

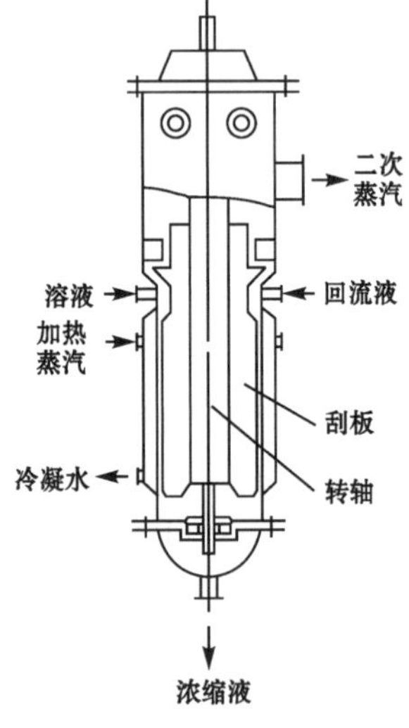

图 5-8　刮板式薄膜蒸发器

壳体的下部装有加热蒸气夹套，内部装有 3～8 片可快速旋转的刮板，刮板与壳体内壁的间隙为 0.75～1.5 mm。料液由蒸发器上部进入后，在重力和旋转刮板的刮带下，在壳体内壁形成下旋的薄膜，并在下降过程中不断被蒸发浓缩。浓缩液由底部排出，二次蒸气上升至顶部经分离器后进入冷凝器。这是一种利用外加动力成膜的蒸发器。

这种蒸发器适用于处理易结晶、易结垢、高黏度或热敏性的溶液。它的结构较复杂，动力消耗大。这种蒸发器只能用在传热面积较小的场合，一般为 3～4 m^2，最大的不超过 20 m^2，所以其处理能力较小。

5.2.3 除沫器

蒸发操作产生的二次蒸气中夹带有大量液沫。虽然在蒸发器的分离室中进行了分离，但是为了防止产品的损失、污染冷凝液和堵塞管道等，还需在蒸气出口附近装设除沫器，进一步除去二次蒸气中所夹带的液沫。

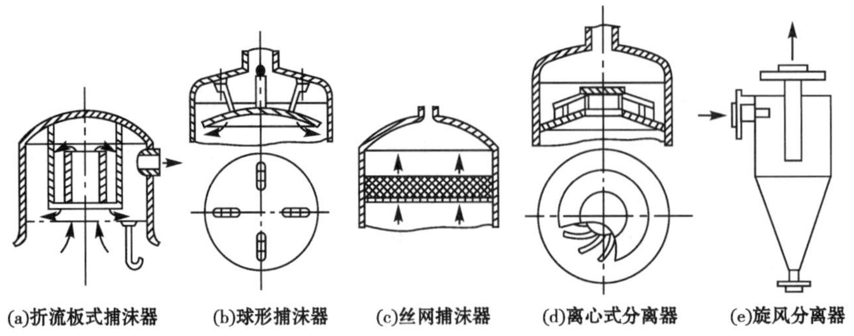

图 5-9　除沫器

除沫器的形式很多，常见的几种类型如图 5-9 所示。(a)～(d)可直接安装在蒸发器内顶部，最后一种(e)则安装在蒸发器的外面。除沫器的工作原理主要是利用液沫的惯性达到气、液分离的目的。其中(a)、(b)两种除沫器是利用蒸气与挡板的碰撞作用，并使蒸气流动方向突变，将蒸气中的液沫分离；(c)是使蒸气通过丝网，利用丝网对液沫的捕集，将蒸气中的液沫分离；(d)、(e)是使蒸气做圆周运动，利用惯性离心力，将蒸气中的液沫分离。

5.3 蒸发的方式及流程

蒸发操作可按蒸发器内的操作压强分为常压、加压和减压蒸发，减压蒸发也称为真空蒸发；也可按二次蒸气利用的情况分为单效蒸发和多效蒸发。生产中应根据被蒸发溶液的性质和工艺条件，选择适宜的蒸发方式及流程。

5.3.1 单效蒸发及计算

溶液在蒸发时，所产生的二次蒸气不再作为蒸发器的热源利用的操作，称为单效蒸发。单效蒸发是在一个蒸发器内进行蒸发的操作，可以是连续的，也可以是间歇的。工业上大量物料的蒸发，通常是在稳定和连续的条件下进行的。图 5-10 所示即食用油脂加工厂中用长管蒸发器浓缩混合油的单效蒸发流程。操作时，原料液由蒸发器底部进入加热管，受热沸腾，迅速汽化，产生的二次蒸气带动料液一起沿管壁呈膜状上升，在此过程中料液被继续蒸发。气液混合物在顶部分离室内分离，完成液由分离室底部排出，二次蒸气由分离室顶部逸出，进入冷凝器而被冷凝回收。

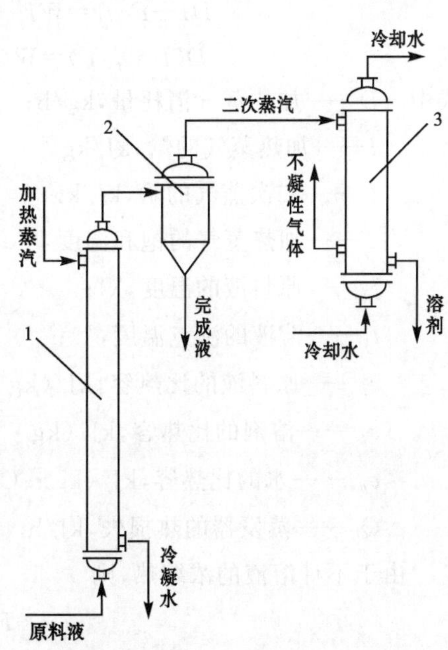

1.加热器(室) 2.分离器(室) 3.冷凝器

图 5-10 单效蒸发流程

对于稳定、连续的单效蒸发，在给定生产任务和确定了操作条件后，则可应用物料衡算式、热量衡算式和传热速率方程式计算确定蒸发操作的溶剂蒸发量、加热蒸气消耗量和蒸发器的传热面积。

1. 溶剂的蒸发量

在蒸发操作中，从溶液中蒸发出来的溶剂量可通过物料衡算来确定。

现对图 5-11 所示的单效蒸发器以溶质为基准作物料衡算。进入和离开蒸发室的溶质的量不变，即

$$Fx_{W0} = (F - W)x_{W1}$$

由此可求得溶剂的蒸发量为

$$W = F\left(1 - \frac{x_{W0}}{x_{W1}}\right) \tag{5-1}$$

完成液的浓度为

$$x_{W1} = \frac{F x_{W0}}{F - W} \tag{5-2}$$

式中 F——溶液的进料量,kg/h;

W——溶剂的蒸发量,kg/h;

x_{W0}——原料液中溶质的质量分数;

x_{W1}——完成液中溶质的质量分数。

2. 加热蒸气的消耗量

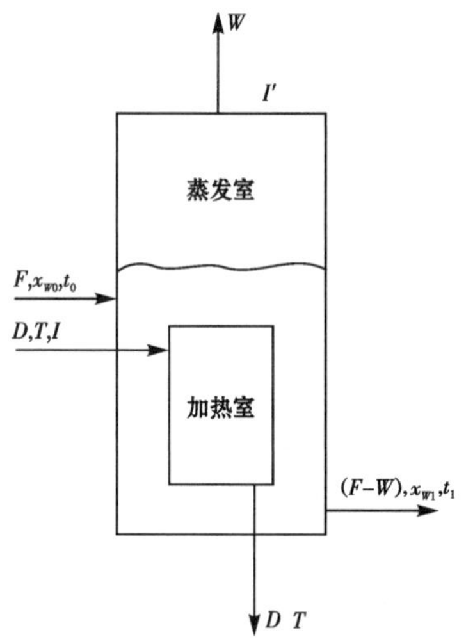

图 5-11 单效蒸发的物料衡算及热量衡算

蒸发操作中,加热蒸气的消耗量可通过热量衡算来确定。现对图 5-11 所示的单效蒸发器作热量衡算。由原料液带入蒸发器的热量和加热蒸气带入蒸发器的热量应与二次蒸气带出的热量、完成液带出的热量、加热蒸气的冷凝液带出的热量以及蒸发器损失的热量相等。如果不计溶液的浓缩热并设加热蒸气的冷凝液在饱和温度下排出,则热量衡算式为

$$DI + Fc_p t_0 = WI' + (Fc_p - Wc_{ps})t_1 + Dc_{pw}T + Q_L$$

或

$$D(I - c_{pw}T) = W(I' - c_{ps}t_1) + Fc_p(t_1 - t_0) + Q_L \tag{5-3}$$

式中 D——加热蒸气消耗量,kg/h;

I——加热蒸气的焓,kJ/kg;

I'——二次蒸气的焓,kJ/kg;

T——加热蒸气的饱和温度,℃;

t_0——原料液的温度,℃;

t_1——溶液的沸点温度,℃;

c_p——原料液的比热容,kJ/(kg·℃);

c_{ps}——溶剂的比热容,kJ/(kg·℃);

c_{pw}——水的比热容,kJ/(kg·℃);

Q_L——蒸发器的热损失,kJ/h。

由于不计溶液的浓缩热,则

$$I - c_{pw}T \approx r$$

$$I' - c_{ps}t_1 \approx r'$$

所以式(5-3)可改写为

$$Dr = Wr' + Fc_p(t_1 - t_0) + Q_L \tag{5-4}$$

或

$$D = \frac{Wr' + Fc_p(t_1 - t_0) + Q_L}{r} \tag{5-4a}$$

式中 r——加热蒸气的汽化热,kJ/kg;

r'——二次蒸气的汽化热,kJ/kg。

溶液的比热容随溶液的性质和浓度的变化而有所不同,可从有关的手册中查取,在缺乏可靠数据时,可按下式估算,即

$$c_p = c_{ps}(1 - x_W) + c_{pB}x_W \tag{5-5}$$

式中 c_p——溶液的比热容,kJ/(kg·℃);

x_W——溶液中溶质的质量分数;

c_{ps}、c_{pB}——溶剂、溶质的比热容,kJ/(kg·℃)。

由式(5-4a)可见,在蒸发操作中所消耗的热量,主要是供给二次蒸气汽化,此外还用于预热原料液和补偿蒸发器的热损失。如果原料液在沸点下进入蒸发器,即 $t_0 = t_1$,并忽略蒸发器的热损失,则式(5-4a)可简化为

$$D = \frac{Wr'}{r} \tag{5-6}$$

或

$$e = \frac{D}{W} = \frac{r'}{r} \tag{5-6a}$$

式中,e 为蒸发 1 kg 溶剂的蒸气消耗量,称为单位蒸气消耗量(kg/kg)。

如果被蒸发的溶液为水溶液,又由于水蒸气的汽化热随压强变化不大,即 r' 和 r 两者相差很小,所以单效蒸发水溶液时,$e = D/W \approx 1$,即每蒸发 1 kg 的水约需 1 kg 的加热蒸气。但是实际上因蒸发器有热量损失等的影响,e 一般约为 1.1 或更大。

3.蒸发器的传热面积

蒸发器的传热面积可依据传热速率方程式求得,即

$$A = \frac{Q}{K\Delta t_m} \tag{5-7}$$

式中 A——蒸发器的传热面积,m^2;

K——蒸发器的传热系数,W/(m^2·℃);

Δt_m——传热的平均温度差,℃;

Q——蒸发器的热负荷或传热速率,W。

式中的热负荷要根据热量衡算求取,显然 $Q = Dr$。其中传热系数 K 也可根据蒸气冷凝和液体沸腾对流传热求出间壁两侧的对流传热系数,以及按经验估计的垢层热阻进行计算,但沸腾传热系数关联式的准确性较差,所以在蒸发器的设计中,传热系数 K 大多根据实测数据或经验值来选定。选用时应注意两者条件的相似,以尽量使 K 较为合理可靠。对于蒸发器的传热温度差,一般可认为蒸发过程是间壁两侧的蒸气冷凝和溶液沸腾之间的恒温传热,所以 $\Delta t_m = T - t_1$。

【例 5-1】 在单效蒸发器中,将某种水溶液从 15%连续浓缩到 25%(皆为质量分数),原料液流量为 2 000 kg/h,温度为 85 ℃,比热容为 3.56 kJ/(kg·℃),蒸发操作在常压下进行,溶液的沸点为 105 ℃,加热蒸气绝对压强为 196 kPa,如果蒸发器的传热系数 K 为 1 000 W/(m^2·℃),热损失为蒸发器传热量的 5%,试求蒸发量、蒸发器的传热面积和加热蒸气消耗量。

解:蒸发量为

$$W = F\left(1-\frac{x_{W0}}{x_{W1}}\right) = 2\ 000\times\left(1-\frac{0.15}{0.25}\right) = 800(\mathrm{kg/h})$$

蒸发器的热负荷为

$$Q = 1.05[Wr' + Fc_p(t_1 - t_0)]$$

由附录查得压强为 1.013×10^5 Pa(常压)的饱和水蒸气的汽化热为 2 259 kJ/kg。

$$Q = 1.05\times[800\times2\ 259 + 2\ 000\times3.56\times(105-85)] = 2\ 047\ 080(\mathrm{kJ/h}) = 5.69\times10^5(\mathrm{W})$$

又由附录查得压强为 196 kPa 的饱和水蒸气的温度为 119.6 ℃,汽化热为2 206 kJ/kg。蒸发器的传热面积为

$$A = \frac{Q}{K(T-t_1)} = \frac{5.69\times10^5}{1\ 000\times(119.6-105)} = 39(\mathrm{m^2})$$

加热蒸气消耗量为

$$D = \frac{Q}{r} = \frac{2\ 047\ 080}{2\ 206} = 928(\mathrm{kg/h})$$

4. 温度差损失

前曾述及蒸发一般可看作恒温传热,其传热温度差等于加热蒸气温度与溶液的沸点温度之差。在实际蒸发操作压强下,蒸发器内溶液的沸点要高于纯溶剂在此操作压强下的沸点,所以在蒸发操作中当加热蒸气温度一定,蒸发溶液时的传热温度差必小于在相同压强下蒸发纯溶剂时的传热温度差,两者的差值称为蒸发器的传热温度差损失,简称温度差损失。这里不做详细介绍,用时可查阅有关资料。

5.3.2 真空(负压)蒸发

蒸发操作在减压条件下进行,即蒸发器内的压强低于大气压的蒸发操作称为真空(负压)蒸发。溶液在真空下蒸发,可以降低溶液的沸点,真空蒸发就是利用降低蒸发压强的方法来达到降低蒸发温度的目的。

1. 真空蒸发装置附属设备

在真空蒸发装置中,除了蒸发器以外,还应有冷凝器、真空泵等附属设备。

蒸发产生的大量溶剂蒸气必须设法排除,方法是将其导入冷凝器进行冷凝。当冷凝的蒸气是有价值的物质,而且不能与冷却水混合时,则采用间壁式冷凝器。这种冷凝器价格较高,冷却水耗用量较大,所以除了特别需要时,一般都尽量采用混合式冷凝器。混合式冷凝器的形式很多,它具有传热快、效率高、结构简单等优点。

冷凝器所能冷凝的主要是溶剂蒸气,而空气等不凝结气体如不设法除去,蒸发系统的真空度就不可能长久维持。使用真空泵的目的就是抽出这些不凝结气体。真空蒸发所采用的真空泵有往复式真空泵、蒸气喷射真空泵和水力喷射器等。水力喷射器实际上兼有真空泵和冷凝器的双重作用。

2. 真空蒸发的流程

图 5-12 为单效真空蒸发流程。

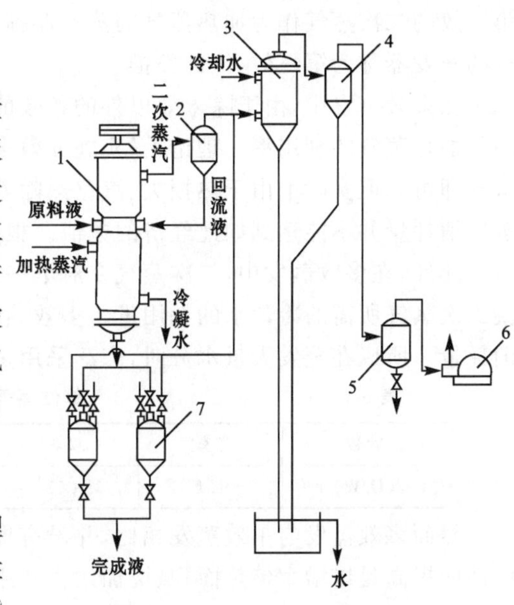

1. 蒸发器 2、4. 分离器 3. 混合冷凝器
5. 缓冲罐 6. 真空泵 7. 真空贮存罐

图 5-12 单效真空蒸发流程

加热蒸气通入加热室冷凝，放出的热量通过间壁传给蒸发器内的溶液。溶液在刮板式薄膜蒸发器内被蒸发浓缩，完成液由蒸发器的底部流入真空贮存罐暂存。设置两个真空贮存罐是便于交替破真空排液。蒸发时产生的二次蒸气进入冷凝器与冷却水混合而被冷凝。冷凝液从冷凝器的气压管(俗称“大气腿”)排出。不凝结气体经分离器和缓冲罐由真空泵抽出排入大气。

3. 真空蒸发的优点

(1)真空蒸发的操作温度低，适用于处理在高温下易分解、聚合、氧化或变性的热敏性物料。如在食品工业中，物料多由蛋白质、脂肪、糖类、维生素等组成。这些物质在高温下很容易发生变性，浓缩这些热敏性物料，就应该尽可能使操作保持在低温下进行。所以真空蒸发在食品工业中应用甚为广泛。

(2)蒸发操作的热源可以采用低压蒸气或废气，提高了热能的利用率。例如，蒸发产生的二次蒸气，就可以作为另一操作压强较低或溶液沸点较低的蒸发器的热源。

(3)在减压条件下，溶液的沸点降低，使蒸发器的传热推动力增加，所以对一定的传热量，可以相应减小蒸发器的传热面积。

(4)真空蒸发的操作温度低，可减少蒸发器的热损失。

4. 真空蒸发的缺点

(1)在减压条件下，溶液的沸点降低，其黏度随之增大，从而导致蒸发器总传热系数的下降。

(2)需要有一套真空系统，并消耗一定的能量，以保持蒸发室的真空度。

5.3.3 多效蒸发

1. 多效蒸发的概念

在单效蒸发中，从水溶液中蒸发出 1 kg 的水，通常都需要不少于 1 kg 的加热蒸气。在工业生产中，蒸发大量的溶剂必然消耗大量的加热蒸气。为了减少加热蒸气的消耗量，可采用多效蒸发。将几个蒸发器顺次连接起来协同操作，以实现二次蒸气的再利用，从而提高加热蒸气利用率的操作，称为多效蒸发。其原理是利用减压的方法使后一个蒸发器的操作压强和溶液的沸点均较前一个蒸发器的低，以使前一个蒸发器产生的二次蒸气作为后一个蒸发器的加热蒸气，同时后一个蒸发器的加热室成为前一个蒸发器的冷凝器。多效蒸发中的每一个蒸发器称为一效。通入加热蒸气(生蒸气)的蒸发器称为第一效。用第一效的二次蒸气作为加热蒸气的蒸发器称为第二效，用第二效的二次蒸气作为加热蒸气的蒸发器称为第三效，依此类推。

在多效蒸发中，由于除末效以外的各效的二次蒸气都作为下一效的加热蒸气，所以提高了加热蒸气的利用率。理论上，实施 n 效多效蒸发，每蒸发 1 kg 水只需 $1/n$ kg 的加热蒸气即可。但实际上由于热损失、汽化热随着温度降低而增大、温度差损失等原因，单位蒸气消耗量并不能达到如此经济的数值。根据经验，最小 D/W 的大致数值见表 5-1。

此外，在多效蒸发中，二次蒸气在对下一效进行加热的同时被冷凝，所以也减少了冷凝二次蒸气所需的冷却水的耗用量。多效蒸发可以提高加热蒸气的利用率，减少冷却水消耗量。所以在蒸发大量水分时，广泛采用多效蒸发。

表 5-1　　单位蒸气消耗量

效数	单效	双效	三效	四效	五效
(D/W)	1.1	0.57	0.4	0.3	0.27

然而多效蒸发与单效蒸发相比，并没有提高生产能力。加热蒸气用量的减少、热能经济性的提高是以增大传热面积、增加设备费用为代价的。

2. 多效蒸发的流程

根据原料加入方法的不同，多效蒸发流程可分为顺流、逆流和平流三种形式。

(1)顺流加料

顺流加料(也称并流加料)是工业生产中常用的加料法，其流程如图 5-13 所示。溶液流向与蒸气流向相同，即由第一效顺序流至末效。加热蒸气通入第一效加热室，蒸发出来的二次蒸气进入第二效加热室作为加热蒸气，第二效的二次蒸气又进入第三效加热室作为加热蒸气，第三效(末效)的二次蒸气则送到冷凝器被全部冷凝。原料液进入第一效，浓缩后由底部排出，依次流入第二效和第三效连续地进行浓缩，完成液由末效的底部排出。

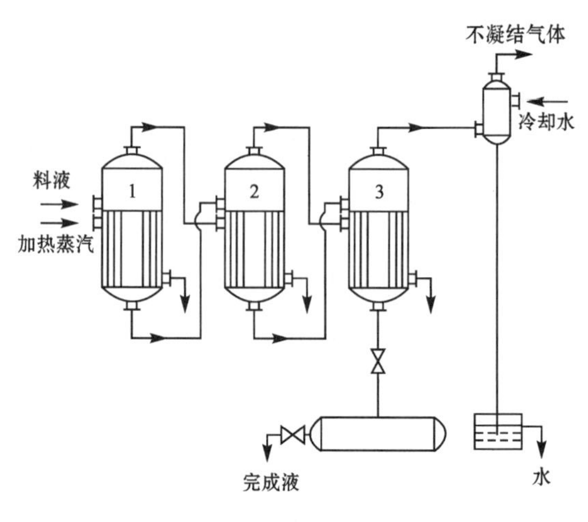

图 5-13　顺流加料三效蒸发装置的流程

顺流加料的优点：

①由于后一效蒸发室的压强较前一效的低，所以溶液的效间输送不需要用泵，就能自动从前效吸入后效。

②由于后一效溶液的沸点较前一效的低，所以前一效的溶液进入后一效时，会因过热而自行蒸发。所以可产生较多的二次蒸气。

③由末效引出的完成液因其沸点最低，所以带走的热量最少，减少了热量损失。

顺流加料的缺点：

由于后一效溶液的浓度较前一效的大，且温度又较低，所以料液黏度沿流动方向逐效增大，致使后效的传热系数降低。所以对黏度随浓度增加而迅速增大的溶液，不宜采用顺流法进行多效蒸发。

(2)逆流加料

逆流加料的流程如图 5-14 所示。原料液从末效加入,用泵打入前一效,完成液由第一效底部排出,而加热蒸气仍是加入第一效加热室,与顺流加料的蒸气流向相同。其优点在于随着溶液浓度的增大,操作温度也随着升高,所以各效溶液的黏度较为接近,使各效的传热系数也大致相同。其缺点是效间溶液需用泵输送,增加设备和能量消耗;又除末效外各效进料温度都低于沸点,所以无自行蒸发现象,与顺流加料相比较,所产生的二次蒸气量较少。此法一般适用于处理黏度随温度和浓度变化较大的溶液,而不适宜处理热敏性物料。

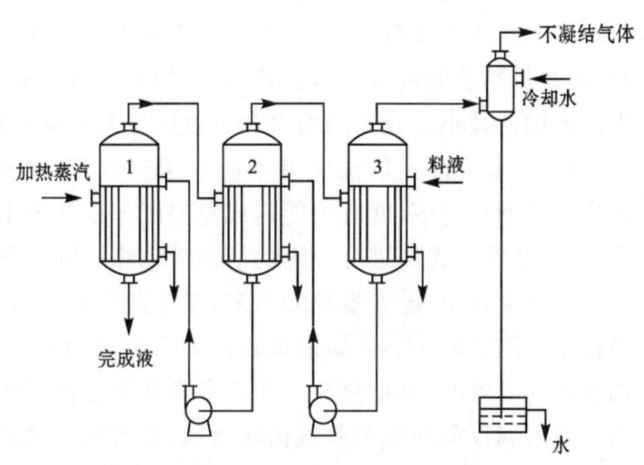

图 5-14 逆流加料三效蒸发装置的流程

(3)平流加料

此种加料方法是按各效分别加料并分别出料的方式进行操作。而加热蒸气仍是加入第一效的加热室,其流向与顺流加料相同,如图 5-15 所示。

此法适用于在蒸发过程中同时有结晶析出的场合,因其可避免结晶在效间输送时堵塞管道,或用于对稀溶液稍加浓缩的场合。

此法缺点是每效皆处于最大浓度下进行蒸发,所以溶液黏度大,致使传热系数较小;同时各效的温度差损失较大,所以降低了蒸发设备的生产能力。

在多效蒸发中,有时并非将某效产生的二次蒸气全部引到下一效加热室作为加热蒸气使用,而是将其中一部分引出作为预热原料或与蒸发装置无关的其他设备的热源。这种由某效引出后不通入下一效而用于他处的二次蒸气,称为额外蒸气。图 5-16 为从第一、二两效引出额外蒸气的情况。其目的在于提高整个装置的经济效益。

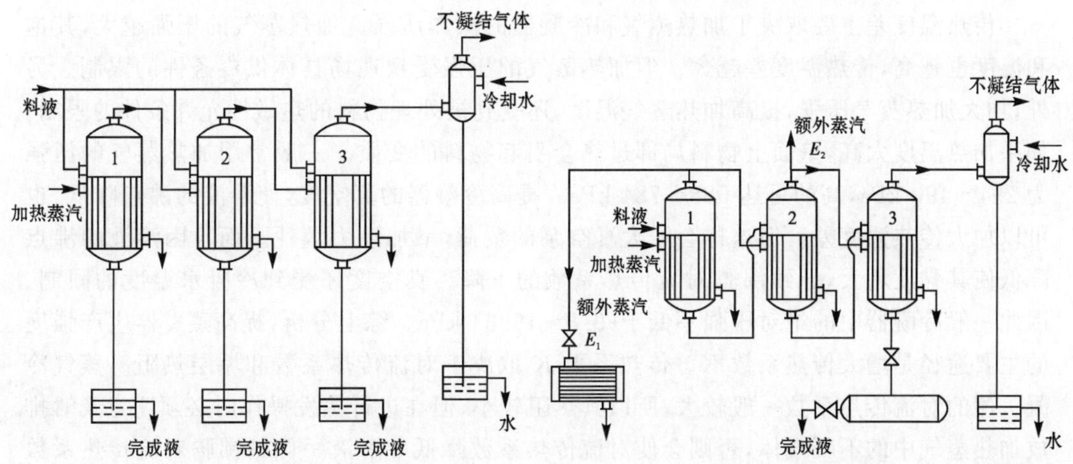

图 5-15 平流加料三效蒸发装置的流程

图 5-16 有额外蒸气引出的并流加料三效蒸发装置的流程

3. 多效蒸发效数的限制

蒸发装置中效数越多，温度差损失越大。当加热蒸气压强和末效冷凝器的压强一定时，即在传热总温度差一定的条件下，如果效数增多，则总的有效温度差势必因温度差损失的增加而减小。效数的增多和有效温度差的减小都使各效所分配到的温度差减小。根据经验，每效分配到的温度差不应小于5～7 ℃，否则就不可能使溶液维持在沸腾阶段。如果效数增加过多，就有可能造成总温度差损失等于总温度差，即意味着传热推动力的完全消失，使操作无法进行。因此增加多效蒸发的效数要受到有效温度差的限制。

多效蒸发中，随着效数的增多，单位蒸气消耗量虽然不断减小，但加热蒸气消耗量的降低率也随之减小。例如由单效改为双效时，加热蒸气消耗量的降低率约为 50%，而从四效改为五效时，其加热蒸气消耗量降低率已低至约 10%。同时，随着效数的增加，蒸发器及其附属设备的费用要成倍地增加，当增加一效的设备费用不能与所节省的加热蒸气的收益相抵时，就没有必要再增加效数。所以，经济效益也是限制效数的重要因素。

基于上述理由，实际的多效蒸发装置，其效数不是很多的，除特殊情况（如海水淡化）外，一般对于电解质溶液，由于其沸点升高（温度差损失）较大，所以取 2～3 效；对于非电解质溶液，其沸点升高较小，所用效数可取 4～6 效；对于热敏性物料，因其第一效的蒸发温度受到限制，所以很少采用超出两效的蒸发操作。

4. 影响蒸发器生产强度的因素

蒸发器单位时间内单位传热面积上所能蒸发的溶剂量，称为蒸发器的生产强度。其单位为 $kg/(m^2 \cdot h)$，用符号 U 表示。即

$$U = \frac{W}{A} \tag{5-8}$$

如果为沸点进料，且忽略蒸发器热损失及浓缩热，式(5-8)可改写为

$$U = \frac{Dr/r'}{A} = \frac{Q/r'}{A} = \frac{K\Delta t_m}{r'} = K\frac{t - t_1}{r'} \tag{5-9}$$

由上式可以看出，欲提高蒸发器的生产强度，必须设法提高蒸发器传热温度差和传热系数。

传热温度差主要取决于加热蒸气和冷凝器的操作压强。加热蒸气的压强越大，其饱和温度也越高，传热温度差越大。但加热蒸气的压强受到现场具体供汽条件的限制。另外，加大加热蒸气压强，提高加热蒸气温度，还受到被处理物料的热敏性允许条件的限制。如果加热温度太高，壁面上物料局部过热会引起物料的变质。一般常用加热蒸气的压强为 294～490 kPa，高的可达 588～784 kPa。提高冷凝器的真空度，使溶液的沸点降低，也可以加大传热温度差。但这样会增大真空泵的负荷，增加动力消耗。而且因溶液的沸点降低使其黏度增大，导致沸腾对流传热系数的下降。真空度还受到冷凝水温度的限制。因此一般冷凝器中的绝对压强不低于(9.8～19.6) kPa。综上分析，提高蒸发器生产强度的主要途径是增大传热系数 K。传热系数 K 取决于对流传热系数和垢层热阻。蒸气冷凝一侧的对流传热系数一般较大，所以其热阻较小，但在进行蒸发操作时必须注意及时排放加热蒸气中的不凝气体，否则会使对流传热系数降低。溶液一侧的沸腾对流传热系数是影响传热系数的主要因素。沸腾对流传热系数的数值变动范围极大，且与多种因素有

关，如被蒸发溶液的循环情况、加热蒸气与沸腾液体间的温度差、溶液的黏度、液面高度及加热表面的清洁程度等。提高溶液沸腾对流传热系数的方法主要是增加溶液循环的速度和湍动程度。

蒸发器传热壁面的导热热阻是很小的，但在蒸发操作中，传热壁面上的结垢现象是无法避免的，而垢层的热阻是很大的。溶液一侧的垢层热阻往往是影响传热系数的重要因素。尤其是在处理有结晶析出或有腐蚀性的溶液时，在传热面上很快形成垢层，使传热系数 K 值下降。为了减小垢层热阻，除定期清洗蒸发器加热壁面外，还可加入微量阻垢剂以延缓垢层的形成。在处理有结晶析出的物料时，可加入少量晶种，使结晶尽可能在溶液主体中进行，而不是在加热面上析出，从而增大传热系数 K，提高蒸发器的生产强度。

习题

1. 将 700 kg/h、浓度为 6%（质量）的某溶液蒸发浓缩到 95%（质量）。试求每小时溶剂的蒸发量和完成液量。（答：W=665.79 kg/h；G=44.21 kg/h）

2. 在单效蒸发器中，将某种水溶液从 10% 连续浓缩到 30%（质量分数），原料液流量为 2 000 kg/h，温度为 70 ℃，比热容为 3.77 kJ/(kg·℃)，蒸发操作的平均压强为 39.3 kPa，相应的溶液沸点为 80 ℃，加热蒸气绝对压强为 196 kPa。如果蒸发器的传热系数 K 为 1 000 W/(m^2·℃)，热损失为蒸发器传热量的 5%。试求蒸发量、蒸发器的传热面积和加热蒸气消耗量。（溶剂的汽化热为 273.0 kJ/kg）（答：W=1 333.33 kg/h；A=22.23 m；D=1 432.13 kg/h）

3. 用某真空蒸发器浓缩含大量蛋白质的食品溶液，当加热管表面洁净时，传热系数为 1 400 W/(m^2·℃)。问当操作一段时间，形成 0.5 mm 的垢层之后，蒸发器的生产强度将发生什么变化？（设垢层的导热系数为 0.2 W/(m·℃)）（答：生产强度下降，是原来的 22%）

4. 在用长管蒸发器蒸发混合溶液的操作中，当加热蒸气的绝对压强从 490 kPa 降为 290 kPa 时，假设其他参数不变，问蒸发器的生产强度有何变化？（溶液的沸点为 110 ℃）（答：生产强度下降，是原来的 54%）

5. 为了取得设计数据，对长管蒸发器的传热系数进行实际测定。蒸发器的传热面积为 7 m^2，某溶液的进料温度为 45 ℃，入口浓度为 15%（质量），出口浓度为 60%，溶液的沸点为 81 ℃，加热蒸气的绝对压强为 490 kPa，经 3 小时的试验得完成液的量为 970.5 kg。假设热损失为总传热量的 5%，试求传热系数。（溶剂的汽化热为 273.0 kJ/kg，原料液的比热容为 3.56 kJ/(kg·℃)）（答：K=257.14 W/(m^2·℃)）

模块5 蒸发在线自测

模块6 气体吸收

6.1 概述

6.1.1 气体吸收过程及其在工业上的应用

吸收是分离气体混合物的重要单元操作。这种操作是使气体混合物与选择的某种液体相接触，利用混合气体中各组分在该液体中溶解度的差异，有选择地使混合气体中一种或几种组分溶于此液体而形成溶液，其他未溶解的组分仍保留在气相中，以达到从气体混合物中分离出某些组分的目的。在吸收操作过程中，能够被液体吸收的气体组分称为吸收质（或溶质），不被吸收的气体称为惰性气体；所用的液体称为吸收剂（或溶剂）；吸收操作所得到的液体称为溶液。惰性气体和吸收剂各为吸收质在气相和液相中的载体。使吸收质从吸收剂中分离出来的操作则称为解吸（或吸收剂的再生）。气体吸收是物质自气相到液相的转移，这是一种单向传质过程。

吸收在工业生产中应用极为广泛，归纳起来有以下几个方面：

1. 制取溶液。如用水吸收氯化氢气体制成盐酸，用水吸收二氧化氮制成硝酸等。

2. 分离气体混合物。如用硫酸处理焦炉气以回收其中的氨，用液态烃处理石油裂解气以回收其中的乙烯、丙烯等。

3. 除去气体中的有害物质以净化气体。如用水或碱液脱除合成氨原料气中的二氧化碳，用铜氨液脱除合成氨原料中的一氧化碳等。

4. 回收气体混合物中有用的组分以达到综合利用的目的。如用轻汽油回收焦炉气中的苯，用碱液吸收硝酸厂尾气中含氮的氧化物制成硝酸钠等有用物质。

吸收过程通常在吸收塔内进行。吸收塔既可是填料塔，也可是板式塔。

6.1.2 吸收过程的分类

在吸收操作过程中，如果吸收质与吸收剂之间不发生显著的化学反应，可以看成是气体溶解于液体的过程，称为物理吸收；如果吸收质与吸收剂之间发生显著的化学反应，称为化学吸收。若混合气体中只有一个组分能在吸收剂中溶解，其余组分均不能溶解于吸收剂,这种吸收称为单组分吸收;如果混合气体中有两个或更多个组分能在吸收剂中溶解,则称为多组分吸收。吸收质溶解于吸收剂中时,常伴有热效应,当发生化学反应时,放出相当大的反应热,其结果是使溶液温度升高,这种吸收称为非等温吸收;如果热效应很小,或被吸收的组分在气相中浓度很低,而吸收剂的用量相对很大时,温度升高并不显著,则可认为是等温吸收。本模块主要讨论低浓度、单组分等温物理吸收的原理与典型设备。

6.1.3 吸收剂的选择

选择性能优良的吸收剂是吸收操作的关键,选择吸收剂时一般应考虑如下因素:

1.吸收剂应对被分离组分有较大的溶解度,以减少吸收剂用量,从而降低回收吸收剂的能量消耗;

2.吸收剂应有较高的选择性,即对于溶质能选择性溶解,而对其余组分则基本不吸收或吸收很少;

3.吸收剂应易于再生,以减少解吸的设备费用和操作费用;

4.吸收剂的蒸气压要低,以减少吸收过程中的挥发损失;

5.吸收剂应有较低的黏度、较高的化学稳定性;

6.吸收剂应尽可能价廉易得、无毒、不易燃、腐蚀性小。

6.2 吸收过程的相平衡关系

6.2.1 相组成的表示方法

相平衡关系是描述平衡时气、液相组成之间的数量关系。因此,在讨论平衡关系之前,必须对气、液相组成的表示方法有所了解。根据实际需要,从方便出发,气、液相组成有多种表示方法。

1.质量分数。混合物中某组分的质量与混合物总质量的比值,称为该组分的质量分数,以 x_W 表示。若该混合物的总质量为 m kg,而其中所含组分 $A,B,\cdots,n$ 的质量分别为 $m_A,m_B,\cdots,m_n$ kg,则各组分的质量分数分别为

$$x_{WA}=\frac{m_A}{m};x_{WB}=\frac{m_B}{m},\cdots,x_{Wn}=\frac{m_n}{m} \tag{6-1}$$

显然任一组分的质量分数都小于1,而各组分质量分数之和等于1。即

$$x_{WA}+x_{WB}+\cdots+x_{Wn}=1$$

2.摩尔分数。混合物中某组分的千摩尔数与混合物总千摩尔数的比值,称为该组分的摩尔分数,以 x 表示。若该混合物的总千摩尔数为 n kmol,而其中所含组分 $A,B,\cdots,n$ 的千摩尔数分别为 n_A、n_B,$\cdots$,n_n kmol,则各组分的摩尔分数分别为

$$x_A=\frac{n_A}{n},x_B=\frac{n_B}{n},\cdots,x_n=\frac{n_n}{n} \tag{6-2}$$

显然任一组分的摩尔分数都小于1，各组分摩尔分数之和等于1。即

$$x_A + x_B + \cdots + x_n = 1$$

为区别液相和气相组成，习惯上用 x 表示液相摩尔分数；用 y 表示气相摩尔分数。

3. 质量比。混合物中某两个组分的质量之比称为质量比，以 X_W（或 Y_W）表示。若混合物中组分 A 的质量为 $m_A$kg，组分 B 的质量为 $m_B$kg，则组分 A 对 B 的质量比为

$$X_{WA}（或 Y_{WA}）= \frac{m_A}{m_B} \tag{6-3}$$

由式(6-1)可知 $m_A = mx_{WA}$，$m_B = mx_{WB}$，代入上式得

$$X_{WA}（或 Y_{WA}）= \frac{mx_{WA}}{mx_{WB}} = \frac{x_{WA}}{x_{WB}} \tag{6-4}$$

4. 摩尔比。混合物中某两个组分的千摩尔数之比称为摩尔比，以 X（或 Y）表示。若混合物中组分 A 的千摩尔数为 n_A kmol，组分 B 的千摩尔数为 n_B kmol，则组分 A 对 B 的摩尔比为

$$X_A（或 Y_A）= \frac{n_A}{n_B} \tag{6-5}$$

对于双组分混合物，则 $n_A = nx_A$，$n_B = nx_B$，代入上式得

$$X_A（或 Y_A）= \frac{nx_A}{nx_B} = \frac{x_A}{x_B} = \frac{x_A}{1 - x_A} \tag{6-6}$$

5. 质量浓度。单位体积中所含组分的质量，称为该组分的质量浓度，以 C_W 表示。若混合物的总体积为 Vm^3，而其中所含组分 $A, B, \cdots, n$ 的质量分别为 $m_A, m_B, \cdots, m_n$kg，则各组分的质量浓度分别为

$$C_{WA} = \frac{m_A}{V}, C_{WB} = \frac{m_B}{V}, \cdots, C_{Wn} = \frac{m_n}{V} \tag{6-7}$$

6. 摩尔浓度。单位体积中所含组分的千摩尔数，称为该组分的摩尔浓度，以 C 表示。若混合物的总体积为 Vm^3，而其中所含组分 $A, B, \cdots, n$ 的千摩尔数分别为 n_A，$n_B, \cdots, n_n$kmol，则各组分的摩尔浓度分别为

$$C_A = \frac{n_A}{V}, C_B = \frac{n_B}{V}, \cdots, C_n = \frac{n_n}{V} \tag{6-8}$$

7. 气体混合物的组成。气体混合物中各组分的组成，除了可用上述方法表示外，还可以用组分的分压和分体积来表示。

根据道尔顿分压定律和理想气体状态方程式可以证明，理想气体混合物中某一组分的摩尔分数等于该组分的分压与混合气体总压之比，即压力分数，也等于该组分的分体积与混合气体总体积之比，即体积分数。上述关系可用下式表示

$$y_A = \frac{p_A}{P} = \frac{v_A}{V}, y_B = \frac{p_B}{P} = \frac{v_B}{V} \tag{6-9}$$

式中 y_A, y_B——混合气体中 A、B 组分的摩尔分数；

P——混合气体的总压强，Pa；

p_A, p_B——混合气体中组分 A、B 的分压，Pa；

V——混合气体的总体积，m^3；

v_A，v_B——混合气体中组分 A、B 的分体积，m^3。

以上气体混合物中各组分的摩尔分数用组分的压力分数或体积分数表示的方法是按理想气体导出的，但也可用于总压在 101.3 kPa 以下的各种混合气体。

【例 6-1】 在乙醇和水的混合液中，乙醇的质量为 15 kg，水的质量为 25 kg。求乙醇和水在混合液中的质量分数、摩尔分数。

解：(1)质量分数

已知 $m_{乙}=15\ \text{kg}$，$m_{H_2O}=25\ \text{kg}$，由式(6-1)得

$$x_{W乙}=\frac{m_{乙}}{m}=\frac{15}{15+25}=0.375$$

$$x_{WH_2O}=\frac{m_{H_2O}}{m}=\frac{25}{15+25}=0.625$$

(2)摩尔分数

由式(6-2)及 $M_{乙}=46\ \text{kg/kmol}$，$M_{H_2O}=18\ \text{kg/kmol}$

得
$$x_{乙}=\frac{n_{乙}}{n}=\frac{\frac{15}{46}}{\frac{15}{46}+\frac{25}{18}}=0.19$$

$$x_{H_2O}=1-x_{乙}=1-0.19=0.81$$

【例 6-2】 氨水的浓度为 25%(质量)，求氨对水的质量比和摩尔比。

解：(1)质量比

由式(6-4)得

$$X_{WNH_3}=\frac{x_{WNH_3}}{x_{WH_2O}}=\frac{0.25}{0.75}=0.33$$

(2)摩尔比

由式(6-5)得

$$X_{NH_3}=\frac{n_{NH_3}}{n_{H_2O}}=\frac{0.25/17}{0.75/18}=0.35$$

【例 6-3】 已知空气中 N_2 和 O_2 的质量分数各为 76.7% 和 23.3%，且总压是 101.3 kPa，求它们的摩尔分数、体积分数和分压。

解：(1)摩尔分数

已知 $x_{WN_2}=76.7\%$，$x_{WO_2}=23.3\%$，则摩尔分数可由下式求得

$$x_{N_2}=\frac{\frac{x_{WN_2}}{M_A}}{\frac{x_{WN_2}}{M_A}+\frac{x_{WO_2}}{M_B}}=\frac{\frac{76.7}{28}}{\frac{76.7}{28}+\frac{23.3}{32}}=0.79$$

$$x_{O_2}=1-x_{N_2}=1-0.79=0.21$$

(2)体积分数

由式(6-9)得，体积分数即摩尔分数，故

$$y_{N_2}=\frac{v_{N_2}}{V}=0.79 \quad y_{O_2}=\frac{v_{O_2}}{V}=0.21$$

(3)分压

由式(6-9)得

$$N_2 \text{ 的分压 } p_{N_2}=Py_{N_2}=101.3\times 0.79=80(\text{kPa})$$
$$O_2 \text{ 的分压 } p_{O_2}=Py_{O_2}=101.3\times 0.21=21.3(\text{kPa})$$

6.2.2 气体在液体中的溶解度

吸收的相平衡关系，是指气液两相达到平衡时，被吸收的组分(吸收质)在两相中的组成关系。在一定的温度下，使某一定量的可溶性气体溶质与一定量的液体溶剂在密闭的容器内相接触，溶质便向溶剂中转移。经过足够长的时间以后，就会发现气体的压强和该气体在溶液中的组成不再改变。此时并非没有气体分子进入液体，而是由于在任何瞬间内，气体进入液体的分子数与从液体中逸出并返回到气体中的分子数相等之故，所以宏观上过程就像停止一样，这种状况称为相际动平衡，简称相平衡。在此平衡状态下，溶液上方气相中溶质的分压称为当时条件下的平衡分压；而液相中所含溶质的组成，称为在当时条件下气体在液体中的平衡溶解度，简称溶解度。习惯上，溶解度是用溶解在单位质量的液体溶剂中溶质气体的质量来表示，单位为：kg 溶质/kg 溶剂。

溶解度随物系、温度和压强的不同而异，通常由实验测定。图 6-1、图 6-2、图 6-3 分别表示氨、二氧化硫和氧在水中的溶解度与其气相平衡分压之间的关系(以温度为参数)。图中的关系线称为溶解度曲线。

由图中可以看出：

1. 在同一种溶剂(水)中，不同气体的溶解度有很大差异。例如，当温度为 20 ℃、气相中溶质分压为 20 kPa 时，每 1 000 kg 水中所能溶解的氨、二氧化硫和氧的质量分别为 170 kg、22 kg 和 0.009 kg。这表明氨易溶于水，氧难溶于水，而二氧化硫居中。

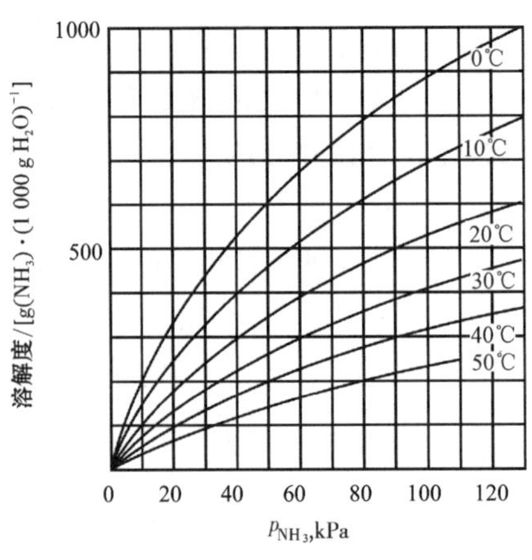

图 6-1 氨在水中的溶解度

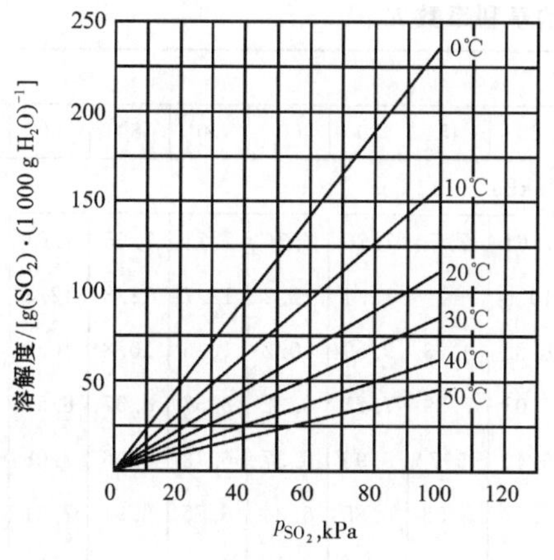

图 6-2 二氧化硫在水中的溶解度

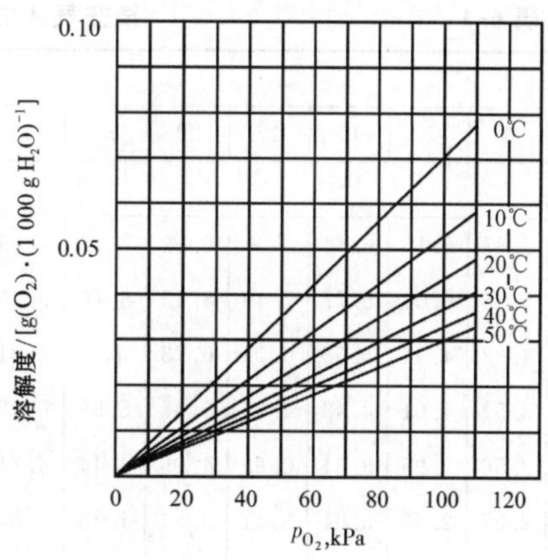

图 6-3 氧在水中的溶解度

2. 同一溶质在相同的温度下,随着溶质气体分压的提高,在液相中的溶解度加大。例如在 10 ℃时,当氨在气相中的分压分别为 40 kPa 和 100 kPa 时,每 1 000 kg 水中溶解氨的质量分别为 395 kg 和 680 kg。

3. 同一溶质在相同的气相分压下,溶解度随温度降低而加大。例如,当氨的分压为 60 kPa 时,温度从 40 ℃降至 10 ℃,每 1 000 kg 水中溶解的氨从 220 kg 增加至 515 kg。

气体在液体中的溶解度,表明在一定条件下气体溶质溶解于液体溶剂中可能达到的极限程度。从溶解度曲线所表现出来的规律可以得知,加大压强和降低温度可以提高溶解度,对吸收操作有利。反之,升温和减小压强则降低溶解度,对解吸操作有利。溶解度是分析吸收操作过程的基础,关于气体在液体中的溶解度,至今已发表了许多数据,这些实测值载于有关手册之中以供查用。

6.2.3 气液相平衡关系——亨利定律

亨利定律是描述互成平衡的气、液两相间组成关系的数学表达式。它适用于溶解度曲线中低浓度的直线部分。由于相组成有多种表示方法,致使亨利定律有多种形式。

1. $p-x$ 关系

当气相组成用分压 p 表示,液相组成用摩尔分数 x 表示时,溶质在液相中的组成与其在气相中的平衡分压成正比,其数学表达式为

$$p^* = Ex \tag{6-10}$$

式中 p^*——溶质在气相中的平衡分压,kPa;

x——溶质在液相中的摩尔分数;

E——亨利系数,kPa。

亨利定律表明,在气、液两相达到平衡时,稀溶液上方的气体溶质平衡分压与溶质在液相中的摩尔分数之间的关系,即溶质在气相和液相中组成的分配关系。E 的大小表示气体溶解于液体的难易程度。显然,E 越大,气体越难于被液体吸收;对于一定的系统,E 随温度的升高而增大。各种气体在同一溶剂中的 E 是不同的,各种气体的 E 由实验测出。表 6-1 列出了某些气体的水溶液的亨利系数 E。

表 6-1 某些气体的水溶液的亨利系数 E

气体	温度/℃															
	0	5	10	15	20	25	30	35	40	45	50	60	70	80	90	100
	$E\times10^{-6}$/kPa															
H_2	5.87	6.16	6.44	6.7	6.92	7.16	7.39	7.52	7.61	7.7	7.75	7.75	7.71	7.65	7.61	7.55
N_2	5.35	6.05	6.77	7.48	8.15	8.76	9.36	9.98	10.5	11	11.4	12.2	12.7	12.8	12.8	12.8
空气	4.38	4.94	5.56	6.15	6.73	7.3	7.81	8.34	8.82	9.23	9.59	10.2	10.6	10.8	10.9	10.8
CO	3.57	4.01	4.48	4.95	5.43	5.88	6.28	6.68	7.05	7.39	7.71	8.32	8.57	8.57	8.57	8.57
O_2	2.58	2.95	3.31	3.69	4.06	4.44	4.81	5.14	5.42	5.7	5.96	6.37	6.72	6.96	7.08	7.1
CH_4	2.27	2.62	3.01	3.41	3.81	4.18	4.55	4.92	5.27	5.58	5.85	6.34	6.75	6.91	7.01	7.1
NO	1.71	1.96	2.21	2.45	2.67	2.91	3.14	3.35	3.57	3.77	3.95	4.24	4.44	4.54	4.58	4.6
C_2H_6	1.28	1.57	1.92	2.66	2.9	3.06	3.47	3.88	4.29	4.69	5.07	5.72	6.31	6.7	6.96	7.01
	$E\times10^{-5}$/kPa															
C_2H_4	5.59	6.62	7.78	9.07	10.3	11.6	12.9	—	—	—	—	—	—	—	—	—
N_2O	—	1.19	1.43	1.68	2.01	2.28	2.62	3.06	—	—	—	—	—	—	—	—
CO_2	0.738	0.888	1.05	1.24	1.44	1.66	1.88	2.12	2.36	2.6	2.87	3.46	—	—	—	—
C_2H_2	0.73	0.85	0.97	1.09	1.23	1.35	1.48	—	—	—	—	—	—	—	—	—
Cl_2	0.272	0.334	0.399	0.461	0.537	0.604	0.669	0.75	0.8	0.86	0.9	0.97	0.99	0.97	0.96	—
H_2S	0.272	0.319	0.372	0.418	0.489	0.552	0.617	0.686	0.755	0.825	0.889	1.04	1.21	1.37	1.46	1.5
	$E\times10^{-4}$/kPa															
SO_2	0.167	0.203	0.245	0.294	0.355	0.413	0.485	0.567	0.661	0.763	0.871	1.11	1.39	1.7	2.01	—

2. p—C 关系

当液相组成以摩尔浓度表示，而气相组成仍以分压表示时，则亨利定律具有如下形式

$$p^* = \frac{C}{H} \tag{6-11}$$

式中 C——溶质在液相中的摩尔浓度，kmol/m³；

H——溶解度系数，kmol/(m³ · kPa)。

溶解度系数 H 的数值随物系而变，同时也是温度的函数。H 随温度的升高而降低，易溶气体的 H 很大，难溶气体的 H 则很小。

对于稀溶液，H 可由下式近似计算

$$H = \frac{\rho_0}{EM_0} \tag{6-12}$$

式中 ρ_0——溶剂的密度，kg/m³；

M_0——溶剂的摩尔质量，kg/kmol。

3. y—x 关系

若溶质在气相与液相中的组成分别用摩尔分数 y 与 x 表示，则亨利定律又可写成如下形式

$$y^* = mx \tag{6-13}$$

式中 y^*——与液相组成平衡时溶质在气相中的摩尔分数；

m——相平衡常数，无因次。

式(6-13)可由式(6-10)两边同除以系统的总压 P 而得到，即

$$y^* = \frac{p^*}{P} = \frac{E}{P}x$$

上式与式(6-13)比较可得

$$m = \frac{E}{P} \tag{6-14}$$

4. $Y-X$ 关系

若溶质在液相和气相中的组成分别用摩尔比 X 及 Y 表示时，对于单组分吸收则由式(6-6)可知

$$x = \frac{X}{1+X}, y = \frac{Y}{1+Y}$$

将以上两式代入式(6-13)得

$$\frac{Y^*}{1+Y^*} = m\frac{X}{1+X}$$

即

$$Y^* = \frac{mX}{1+(1-m)X} \tag{6-15}$$

当稀溶液中溶质的组成很小时，即 X 很小时，$(1-m)X$ 项很小，可忽略不计。式(6-15)的分母趋近于1，则式(6-15)可简化为

$$Y^* = mX \tag{6-16}$$

显然，式(6-16)所表示的平衡线是一通过原点的直线，其斜率为 m。

相平衡常数，即吸收平衡线的斜率 m 的大小，与亨利系数 E 和溶解度系数 H 一样，可以用来判断气体组分溶解度的大小。m 一般随温度升高而增大，而气体的溶解度随温度升高而减小；压强的影响则相反，m 随总压升高而减小。在 $Y—X$ 图上，m 越小(溶解度越大)，吸收平衡线越趋于平坦。由此可见，较高的压强和较低的温度对吸收有利，而较低的压强和较高的温度对解吸有利。

由于气、液相平衡是吸收进行的极限，所以，在一定温度下，吸收若能进行，则溶质在气相中的分压必须大于与液相中溶质组成平衡的分压。即：$p>p^*$ 或 $Y>Y^*$。

可见，$p>p^*$ 或 $Y>Y^*$ 是吸收进行的必要条件；而差值 $\Delta p=p-p^*$ 或 $\Delta Y=Y-Y^*$ 则是吸收过程的推动力，差值越大，吸收速率越大。

综上所述，亨利定律的各种表达式所表示的都是互成平衡的气、液两相组成间的关系，利用它们即可根据液相组成计算与之平衡的气相组成。同样也可根据气相组成计算与之平衡的液相组成。因此，前述的亨利定律的各种表达式可分别改写为

$$x^* = p/E; C^* = Hp; x^* = y/m; X^* = Y/m$$

【例6-4】 含有35%(体积)CO_2 的某种气体混合物与水进行充分接触，系统总压为101.33 kPa、温度为35 ℃，试求 CO_2 在液相中的平衡组成 x^* 和 C^*。

解：根据分压定律，可得

$$p = Py = 101.33 \times 0.35 = 35.47 \text{ kPa}$$

由表 6-1 查得 35 ℃时的亨利系数 $E=2.12\times10^5$ kPa

(1)与气相组成平衡时液相的摩尔分数

将 p 和 E 代入下式得

$$x^* = p/E = 35.47/(2.12\times10^5) = 1.673\times10^{-4}$$

(2)与气相组成平衡时液相摩尔浓度

由于 CO_2 难溶于水，液相浓度很低，溶液密度可按纯水取值，取 $\rho_0=1\ 000\ \mathrm{kg/m^3}$，则溶解度系数可按式(6-12)计算，即

$$H=\frac{\rho_0}{EM_0}=1\ 000/(2.12\times10^5\times18)=2.621\times10^{-4}\ \mathrm{kmol/(m^3\cdot kPa)}$$

所以 $C^* = Hp = 2.621\times10^{-4}\times35.47 = 9.297\times10^{-3}\ \mathrm{kmol/m^3}$

6.3 吸收机理与吸收速率

6.3.1 传质的基本方式

吸收过程是溶质从气相转移到液相的传质过程。由于溶质从气相转移到液相是通过扩散进行的，因此传质过程也称为扩散过程。扩散的基本方式有两种：分子扩散和涡流扩散。如将一滴蓝墨水滴于一杯水中，一会儿水就变成较均匀的蓝色，这就是分子扩散的表现；在滴入的同时，加以搅拌，流体质点产生湍动和旋涡，引起各部分流体间的强烈混合，水立刻就变成了均匀的蓝色，这便是涡流扩散的效果。

物质通过静止流体或作层流流动的流体(且传质方向与流体的流动方向垂直)时的扩散只是分子热运动的结果，这种借分子热运动来传递物质的现象，称为分子扩散。扩散的推动力是浓度差，扩散速率主要决定于扩散物质和静止流体的温度和某些物理性质。

物质在湍流流体中扩散时，主要是依靠流体质点的无规则运动而产生的旋涡，引起各部分流体间的强烈混合，在有浓度差存在的条件下，物质便朝其浓度降低的方向进行扩散。这种借流体质点的湍动和旋涡来传递物质的现象，称为涡流扩散。

分子扩散和涡流扩散的共同作用称为对流扩散。对流扩散时，扩散物质不仅靠分子本身的热运动，同时依靠湍流流体的携带作用而转移，而且后一种作用是主要的。对流扩散速率比分子扩散的速率大得多。对流扩散速率主要决定于流体的湍流程度。

6.3.2 吸收机理——双膜理论

吸收机理是讨论吸收质从气相主体传递到液相主体全过程的途径和规律的。由于吸收过程中既有分子扩散，又有涡流扩散，因此影响吸收过程的因素极为复杂，许多学者对吸收机理提出了若干不同的简化模型。目前应用较广泛的是“双膜理论”。

吸收机理——双膜理论

在流体流动一章中讨论过，当流体流过固体壁面时，必定存在一层

作层流流动的层流内层。双膜理论是以这一事实为基础而提出的。双膜理论的模型如图 6-4 所示。其基本论点如下：

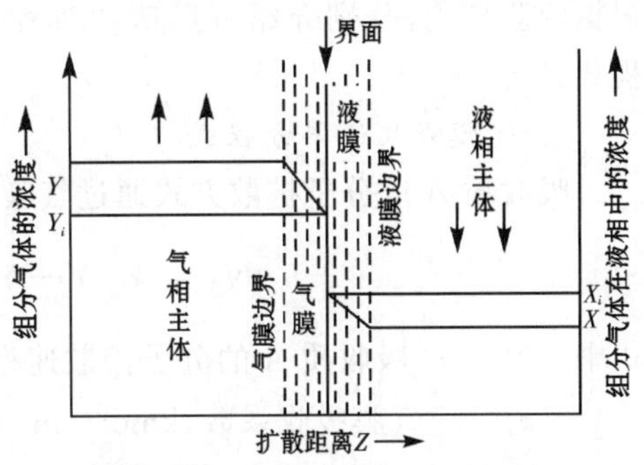

图 6-4　气体吸收的双膜模型

1. 相互接触的气、液两相流体间存在着稳定的相界面，相界面两侧分别存在着虚拟的气膜或液膜，吸收质以分子扩散方式通过此两膜层。

2. 无论气、液两相主体中吸收质的组成是否达到平衡，在相界面上，吸收质在气、液两相中的组成关系都假设已达到平衡。物质通过界面由一相进入另一相时，界面本身对扩散无阻力。因此，在相界面上，液相组成 X_i 是和气相组成 Y_i 成平衡的。

3. 在两膜以外气、液两相的主体中，由于流体的充分湍动，吸收质的浓度基本上是均匀的，因而没有任何传质阻力或扩散阻力，即认为扩散阻力全部集中在两个膜层内。

根据双膜理论，吸收质必须以分子扩散的方式从气相主体先后通过此两薄膜而进入液相主体。所以，尽管气、液两膜很薄，两个膜层仍为主要的传质阻力或扩散阻力所在。

根据双膜理论，在吸收过程中，吸收质从气相主体中以对流扩散的方式到达气膜边界，又以分子扩散的方式通过气膜到达气、液界面，在界面上吸收质不受任何阻力从气相进入液相，然后，在液相中以分子扩散的方式穿过液膜到达液膜边界，最后又以对流扩散的方式转移到液相主体。

双膜理论将吸收过程的机理大大简化，把复杂的相际传质过程变为通过气、液两膜的分子扩散过程。根据流体力学原理，流速越大，则膜的厚度越薄。因此，增大流体的流速，可以减少扩散阻力，增大吸收速率。实践证明，对于具有稳定相界面的系统及流速不大时，上述论点是符合实际情况的。根据这一理论所建立的吸收速率关系，至今仍是吸收设备设计的理论依据。但当气体速度较高时，气、液两相界面通常处于不断更新的过程中，即已形成的界面不断破灭，而新的界面不断产生。界面更新对整个吸收过程是很重要的因素，双膜理论对此并未考虑。因此，双膜理论在反映客观事实和生产实践方面，都有其缺点和局限性。但提高流速可使吸收速率提高这一结论，也为其他理论和实践所证实，因此，双膜理论一般仍用于吸收的实践中。

6.3.3 吸收速率方程

在吸收操作中，单位时间内单位相际传质面积上吸收的溶质量称为吸收速率。表示吸收速率与吸收推动力之间的关系式即吸收速率方程式。生产中利用吸收速率方程式来计算所需要的相际接触面积，从而进一步确定吸收设备的尺寸或核算混合气体通过指定设备所能达到的吸收程度。吸收过程与传热过程的机理完全类似，吸收速率方程式与传热速率方程式亦有相似的形式。即可表示为："吸收速率＝吸收系数×推动力"的一般形式。由于相组成的表示方法不同，引起吸收系数及其相应推动力的表示方法也不同，因而出现了多种形式的吸收速率方程式。但在实际应用中，以摩尔比表示推动力的吸收速率式最为方便和实用，因此我们仅讨论以摩尔比表示推动力的吸收速率方程式。下面我们根据双膜理论，分别介绍气膜吸收速率方程式、液膜吸收速率方程式及吸收速率总方程式。

1. 气膜吸收速率方程式

吸收质 A 以分子扩散方式通过气膜的吸收速率方程式，可表示为

$$N_A = k_Y(Y - Y_i) \quad 即 \quad N_A = \frac{Y - Y_i}{1/k_Y} \tag{6-17}$$

式中 N_A——吸收质 A 的分子扩散速率，$kmol/(m^2 \cdot s)$；

k_Y——气膜吸收系数，$kmol/(m^2 \cdot s)$；

Y、Y_i——吸收质 A 在气相主体与相界面处的摩尔比。

式中 $1/k_Y$ 为吸收质通过气膜的扩散阻力，这个阻力的表达形式是与气膜推动力 $(Y-Y_i)$ 相对应的。气膜吸收系数值反映了所有影响这一扩散过程因素对过程影响的结果，如操作压强、温度、气膜厚度以及惰性组分的分压等。

2. 液膜吸收速率方程式

吸收质 A 以分子扩散方式通过液膜的吸收速率方程式，可表示为

$$N_A = k_X(X_i - X) \quad 即 \quad N_A = \frac{X_i - X}{1/k_X} \tag{6-18}$$

式中 N_A——吸收质 A 的分子扩散速率，$kmol/(m^2 \cdot s)$；

k_X——液膜吸收系数，$kmol/(m^2 \cdot s)$；

X_i、X——吸收质 A 在相界面与液相主体的摩尔比。

式中 $1/k_X$ 为吸收质通过液膜的扩散阻力，这个阻力的表达形式是与液膜推动力 (X_i-X) 相对应的。液膜吸收系数值也反映了所有影响这一扩散过程因素对过程影响的结果，如扩散系数、溶液的总浓度、液膜厚度以及吸收剂的浓度等。

由此可见，吸收速率与推动力（$Y-Y_i$ 或 X_i-X）成正比，与扩散阻力（$1/k_Y$ 或 $1/k_X$）成反比。

3. 吸收速率总方程式

在吸收过程中，因吸收质从气相溶入液相，而使气相总量和液相总量不断变化，这也使计算变得复杂。由于相界面上的组成 Y_i、X_i 不易直接测定，因而在吸收计算中很少应用气、液膜的吸收速率方程式，而采用包括气膜和液膜的吸收速率总方程式。

从双膜理论可知，式(6-17)和式(6-18)所表示的推动力 $(Y-Y_i)$ 和 (X_i-X) 中有一界面浓度 Y_i、X_i 不易确定，但从整个吸收过程来看，只要过程是稳定的，在两相界面上无物质积累或消耗，那么单位时间、单位相界面上通过气膜所传递的物质量，必与通过液膜传递的物质量相等。所以可写成

$$N_A = k_Y(Y - Y_i) = k_X(X_i - X) \tag{6-19}$$

由式(6-16)可知 $Y^* = mX, Y_i = mX_i$

将上两式代入式(6-19)得：$N_A = k_Y(Y - Y_i) = k_X\left(\frac{Y_i}{m} - \frac{Y^*}{m}\right)$

$$N_A = \frac{Y - Y_i}{1/k_Y} = \frac{Y_i - Y^*}{m/k_X} = \frac{Y - Y^*}{1/k_Y + m/k_X}$$

令
$$\frac{1}{K_Y}=\frac{1}{k_Y}+\frac{m}{k_X}$$

则
$$N_A=\frac{Y-Y^*}{1/K_Y}=K_Y(Y-Y^*)$$

由此可得出，以气相摩尔比差(ΔY)表示推动力的吸收速率总方程式

$$N_A=K_Y(Y-Y^*) \tag{6-20}$$

用同样方法可得

$$N_A=\frac{X^*-X}{\frac{1}{k_Y m}+\frac{1}{k_X}}$$

令
$$\frac{1}{K_X}=\frac{1}{k_Y m}+\frac{1}{k_X}$$

则
$$N_A=\frac{X^*-X}{1/K_X}=K_X(X^*-X)$$

由此可得出，以液相摩尔比差(ΔX)表示推动力的吸收速率总方程式

$$N_A=K_X(X^*-X) \tag{6-21}$$

式中　Y^*——与液相主体组成 X 平衡的气相组成(摩尔比)；

X^*——与气相主体组成 Y 平衡的液相组成(摩尔比)；

K_Y——气相吸收总系数，$\mathrm{kmol/(m^2 \cdot s)}$；

K_X——液相吸收总系数，$\mathrm{kmol/(m^2 \cdot s)}$。

由此可见，吸收总系数 K 表示：当推动力为 1 个单位时，吸收质在单位时间内穿过单位传质面积，由气相传递到液相的物质量。

综上所述，吸收速率方程式中的推动力都是以某一截面的浓度差表示的，因此只适合于描述稳定操作的吸收塔内某一确定截面上的速率关系，而不能直接用来描述全塔的吸收速率。在塔内不同截面上的气、液组成各不相同，所以吸收速率也不相同。

应该指出，吸收速率方程式还可以用其他相组成的表示方法作为推动力的相应形式。

6.3.4　吸收总系数

吸收速率方程式在实际生产中被用于计算所需的相际接触面积，从而进一步确定吸收设备的尺寸。与传热相比，吸收过程较为复杂，而且由于对它的研究还远不够完善，所以求算吸收系数的公式不像对流传热系数公式那样可靠。

1. 吸收系数的确定

吸收系数往往是通过实验直接测得的，也可以用经验公式或用准数关联式的方法求算。实测数据是以生产设备或中间实验设备进行实验而测得的数据；或从手册及有关资料中查取相应的经验公式，计算出吸收膜系数后，再由公式求出吸收总系数。这类公式应用范围虽较窄，但计算较准确；准数关联式求得的数据，误差较大，计算也较为烦琐。工程上多采用经验公式来确定，选用时应注意其适用范围及经验公式的局限性。

2. 吸收总系数与吸收膜系数的关系

在吸收计算中，要得到每一个具体过程中的吸收总系数是困难的。与传热中从对流

传热系数出发求出总传热系数 K 一样，也可以从气膜和液膜吸收系数 k_Y 和 k_X 出发求出吸收总系数 K_Y 和 K_X。

由前述讨论可知
$$K_Y=\frac{1}{\frac{1}{k_Y}+\frac{m}{k_X}} \tag{6-22}$$

或
$$\frac{1}{K_Y}=\frac{1}{k_Y}+\frac{m}{k_X} \tag{6-22a}$$

以及
$$K_X=\frac{1}{\frac{1}{k_Y m}+\frac{1}{k_X}} \tag{6-23}$$

或
$$\frac{1}{K_X}=\frac{1}{k_Y m}+\frac{1}{k_X} \tag{6-23a}$$

式中 m——相平衡常数，由式(6-14)，$m=\dfrac{E}{P}$求出；

$\dfrac{1}{K_Y}$，$\dfrac{1}{K_X}$——与推动力($\Delta Y,\Delta X$)对应的总阻力。

由此可见，吸收过程的总阻力等于气膜阻力和液膜阻力之和，符合双膜理论这一初始的设想。

应该指出，文献中所记载的吸收系数大多数以 k_G，k_L，K_G 和 K_L 表示，但计算中则用 k_Y，k_X，K_Y 和 K_X 比较方便，它们之间的对应关系可近似地用下式计算

$$k_Y=Pk_G \tag{6-24}$$
$$K_Y=PK_G \tag{6-25}$$
$$k_X=C_{总}\,k_L \tag{6-26}$$
$$K_X=C_{总}\,K_L \tag{6-27}$$

式中 P——气相总压，kPa；

$C_{总}$——液相总浓度，$\dfrac{\text{kmol(溶剂+吸收质)}}{\text{m}^3}$；

k_G——以分压差(Δp)为推动力的气膜吸收系数，$\dfrac{\text{kmol 吸收质}}{\text{m}^2\cdot\text{s}\cdot\text{kPa}}$；

K_G——以分压差(Δp)为推动力的气相吸收总系数，$\dfrac{\text{kmol 吸收质}}{\text{m}^2\cdot\text{s}\cdot\text{kPa}}$；

k_L——以浓度差(ΔC)为推动力的液膜吸收系数，$\dfrac{\text{kmol 吸收质}}{\text{m}^2\cdot\text{s}\cdot\dfrac{\text{kmol 吸收质}}{\text{m}^3}}$；

K_L——以浓度差(ΔC)为推动力的液相吸收总系数，$\dfrac{\text{kmol 吸收质}}{\text{m}^2\cdot\text{s}\cdot\dfrac{\text{kmol 吸收质}}{\text{m}^3}}$。

3. 气体溶解度对吸收系数的影响

气体的溶解度对吸收系数有较大的影响，可分为下列三种情况并加以讨论。

(1)溶解度甚大的情况。当吸收质在液相中的溶解度甚大时，亨利系数 E 很小，因此，当混合气体总压 P 一定时，相平衡常数 $m=E/P$ 亦很小，由式(6-22)可知，当 m 甚小时，则

$$K_Y \approx k_Y \text{ 或 } \frac{1}{K_Y} \approx \frac{1}{k_Y}$$

即吸收总阻力$\frac{1}{K_Y}$主要由气膜吸收阻力$\frac{1}{k_Y}$所构成。这就是说，吸收质的吸收速率主要受气膜一方的吸收阻力所控制，故称为气膜阻力控制。在这种情况下，气膜阻力是吸收阻力的主要因素，液膜阻力可以忽略不计，而气相吸收总系数可用气膜吸收系数来代替。

(2)溶解度甚小的情况。当吸收质在液相中的溶解度甚小时，亨利系数 E 很大，相平衡常数 m 亦很大。由式(6-23)可知，当 m 甚大时，则

$$K_X \approx k_X \text{ 或 } \frac{1}{K_X} \approx \frac{1}{k_X}$$

在这种情况下，液膜阻力是吸收阻力的主要因素，气膜阻力可忽略不计，而液相吸收总系数可用液膜吸收系数来代替，这种情况称为液膜阻力控制。

(3)溶解度适中的情况。在这种情况下，气、液两相阻力都较显著，不容忽略。如符合亨利定律，可根据已知气膜及液膜吸收系数求取吸收总系数。

由以上的讨论可知，当被讨论的系统，一旦能判别属于气膜控制或液膜控制时，则给计算和强化操作等带来很大的方便。若想提高吸收速率，应该从减小主要吸收阻力这一方面着手才能见效，这与强化传热完全类似。

【例 6-5】 用清水吸收含低浓度溶质 A 的混合气体，平衡关系服从亨利定律。现已测得吸收塔某横截面上气相主体溶质 A 的分压为 5.1 kPa，液相溶质 A 的摩尔分数为 0.01，相平衡常数为 0.84，气膜吸收系数 $k_Y = 2.776\times10^{-5}$ kmol/(m^2·s)，液膜吸收系数 $k_X = 3.86\times10^{-3}$ kmol/(m^2·s)。塔的操作总压为 101.33 kPa。试求：

(1)气相总吸收系数 K_Y，并分析该吸收过程的控制因素；

(2)该塔横截面上的吸收速率 N_A。

解：(1)气相总吸收系数 K_Y

将有关数据代入式(6-22a)，便可求得气相总吸收系数，即

$$\frac{1}{K_Y} = \frac{1}{k_Y} + \frac{m}{k_X} = \frac{1}{2.776\times10^{-5}} + \frac{0.84}{3.86\times10^{-3}}$$

$$= 3.602\times10^4 + 2.176\times10^2 = 3.624\times10^4\ (\text{m}^2\cdot\text{s/kmol})$$

$$K_Y = 1/(3.624\times10^4) = 2.759\times10^{-5}\ (\text{kmol/(m}^2\cdot\text{s)})$$

由计算数据可知，气膜阻力 $1/k_Y = 3.602\times10^4$ m^2·s/kmol，而液膜阻力 $m/k_X = 2.176\times10^2$ m^2·s/kmol，液膜阻力约占总阻力的 0.6%，故该吸收过程为气膜阻力控制。

(2)吸收速率

用式(6-20)计算该塔截面上的吸收速率，式中有关参数为

$$Y = \frac{p}{P-p} = \frac{5.1}{101.33-5.1} = 0.053$$

$$X = \frac{x}{1-x} = \frac{0.01}{1-0.01} = 0.0101$$

$$Y^* = mX = 0.84\times0.0101 = 0.00848$$

$$N_A = K_Y(Y-Y^*) = 2.759\times10^{-5}\times(0.053-0.00848)$$

$$= 1.228\times10^{-6}\ (\text{kmol/(m}^2\cdot\text{s)})$$

6.4 吸收过程的计算

吸收过程既可以在板式塔中进行，也可以在填料塔中进行。本节主要结合填料塔对吸收进行分析和讨论。填料塔属于微分接触操作的传质设备。塔内大部分容积充以具有特定形状的填料而构成填料层，填料层是塔内实现气液接触的地方。

吸收塔的计算，主要是根据给定的吸收任务，选用合适的填料，确定适宜的吸收剂用量，计算填料塔的填料层高度以及塔径等。

6.4.1 全塔物料衡算——操作线方程

1. 物料衡算

图 6-5 所示为一处于稳定操作状态下，气、液两相逆流接触的吸收塔，混合气体自下而上流动，吸收剂则自上而下流动。图中各个符号的意义如下：

全塔物料衡算——操作线方程

V——单位时间内通过吸收塔的惰性气体量，kmol/s；

L——单位时间内通过吸收塔的吸收剂量，kmol/s；

Y_1,Y_2——分别为进塔及出塔气体中吸收质的摩尔比；

X_1,X_2——分别为出塔及进塔液体中吸收质的摩尔比。

在吸收过程中，V 和 L 的量没有变化；在气相中吸收质的组成逐渐减小，而液相中的吸收质的组成逐渐增大。若无物料损失，对单位时间内进、出吸收塔的吸收质做物料衡算，可得下式：

$$VY_1+LX_2=VY_2+LX_1$$

或

$$V(Y_1-Y_2)=L(X_1-X_2) \tag{6-28}$$

一般情况下，进塔混合气的组成与流量是吸收任务规定了的，如果所用吸收剂的组成与流量已经确定，则 V,Y_1,L 及 X_2 皆为已知数，再根据规定的吸收率，就可以得知气体出塔时应有的浓度 Y_2。即：

$$Y_2=Y_1(1-\phi) \tag{6-29}$$

式中，ϕ 为吸收率或回收率。即：

$$\phi=\frac{V(Y_1-Y_2)}{VY_1}=\frac{Y_1-Y_2}{Y_1}=1-\frac{Y_2}{Y_1} \tag{6-30}$$

这样，就可依已知 V,L,X_2,Y_1,Y_2 之值而由全塔物料衡算式而求得塔底排出的溶液组成 X_1。于是在吸收塔底部与顶部两个端面上的气、液组成就都成为已知数。有时也可依式(6-28)，在已知 L,V,X_2,X_1 和 Y_1 的情况下而求算吸收塔的吸收率 ϕ 是否达到了规定的指标。

2. 吸收塔的操作线方程与操作线

参照图 6-5，取任一截面 $M—M'$ 与塔底端面之间作吸收质的物料衡算。设截面 $M—M'$ 上气、液两相组成分别为 Y、X，则得

$$VY + LX_1 = VY_1 + LX$$

整理得

$$Y = \frac{L}{V}(X - X_1) + Y_1 \tag{6-31}$$

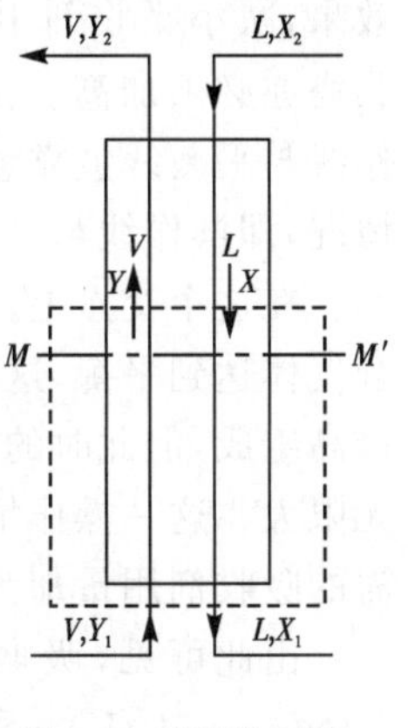

式(6-31)称为逆流吸收塔的操作线方程。它表明塔内任一截面上气相组成 Y 与液相组成 X 之间的关系。在稳定连续吸收时，式中 Y_1，X_1，L/V 都是定值，所以式(6-31)是直线方程，直线的斜率为 L/V。

图 6-5 逆流吸收塔操作

由式(6-28)知 $L/V = \dfrac{Y_1 - Y_2}{X_1 - X_2}$，将此关系式代入式(6-31)得

$$\frac{Y - Y_1}{X - X_1} = \frac{Y_1 - Y_2}{X_1 - X_2} \tag{6-32}$$

由式(6-32)可知，操作线通过点 $A(X_1, Y_1)$ 和点 $B(X_2, Y_2)$。将其标绘在 $Y-X$ 坐标中，如图 6-6 所示，图中直线 AB 即逆流吸收操作线。此操作线上任一点 C，代表着塔内相应截面上的气、液相组成 Y，X 的对应关系；端点 B 则代表塔顶的气、液相组成 Y_2，X_2 的对应关系；端点 A 代表塔底的气、液相组成 Y_1，X_1 的对应关系。

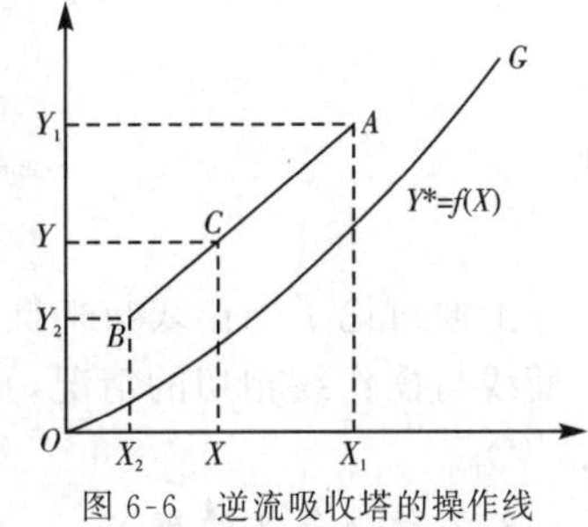

图 6-6 逆流吸收塔的操作线

在进行吸收操作时，塔内任一横截面上，吸收质在气相中的实际组成总是要大于与其接触的液相相平衡的气相组成，所以吸收操作线的位置总是位于平衡线的上方。

6.4.2 吸收剂用量

1. 液气比 L/V

在吸收塔的计算中，所处理的气体量、气相的初始和最终浓度以及吸收剂的初始浓度一般都为过程的要求所固定，但所需的吸收剂用量则有待选择。

将全塔物料衡算式(6-28)改写，得

$$\frac{L}{V} = \frac{Y_1 - Y_2}{X_1 - X_2} \tag{6-33}$$

L/V 称为吸收剂单位耗用量或液气比，即处理单位惰性气体所需的吸收剂量。而 L/V 也就是操作线 DE（见图 6-7）的斜率。

2. 最小液气比 $\left(\dfrac{L}{V}\right)_{min}$

由于 X_2，Y_2 是给定的，所以图 6-7 中操作线的起点 D 是固定的。对于 E 点，则随吸收剂用量的不同而变化，即随操作线斜率 L/V 的变化而变化。由于气相初始组成 Y_1 是给定的，当操作线斜率变化时，终点 E 将在平行于 X 轴的直线 Y_1F 上移动。E 点位置的变化使溶液出口组成 X_1 也发生变化。减小吸收剂用量，将使操作线斜率减小，出口溶液组成 X_1 加大；但吸收的推动力 ΔY 也相应地减小，吸收将变得困难。为达到同样的吸收

效果，减小吸收剂用量时，气、液两相的接触时间必须加长，吸收塔亦必须加高。由图 6-7 可知，随着吸收剂用量的减小，操作线与平衡线愈靠愈近，其极限为相当于操作线 DF 所代表的情况，即操作线与平衡线在 F 点相交，此时，操作线的斜率为最小。在这个交点上，$X_{1\max}=X_1^*$，塔底流出的溶液与刚进塔的混合气体达到平衡，这也是理论上在操作条件下溶液所能达到的最高组成，但此时的推动力为零。因而所需吸收塔的高度应为无限大。这一操作情况，在实际上显然是不可能的。但此时所需的吸收剂用量却为最小，而所得的溶液浓度 X_1 却为最大。

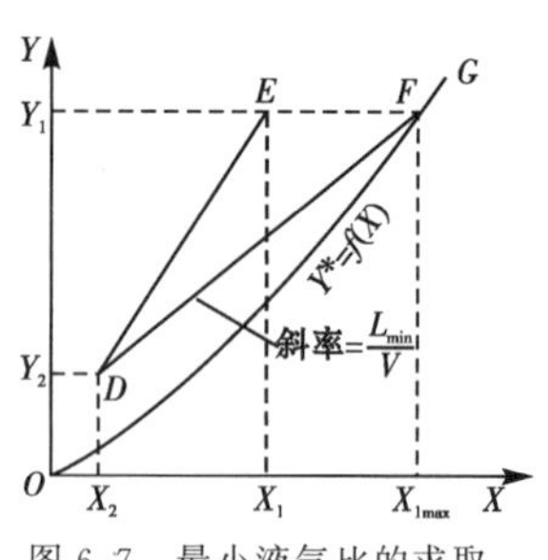

图 6-7 最小液气比的求取
（操作线与平衡线相交）

由此可见，吸收剂的单位耗用量 L/V，在理论上其值不能低于一定的最小值 $(L/V)_{\min}$。$(L/V)_{\min}$ 称为最小液气比。相应的吸收剂用量称为最小吸收剂用量。

若平衡关系服从亨利定律，即 $X^*=\dfrac{Y}{m}$，则最小液气比亦可按下式计算：

$$\left(\frac{L}{V}\right)_{\min}=\frac{L_{\min}}{V}=\frac{Y_1-Y_2}{X_1^*-X_2}=\frac{Y_1-Y_2}{\dfrac{Y_1}{m}-X_2} \tag{6-34}$$

或

$$L_{\min}=\frac{V(Y_1-Y_2)}{X_1^*-X_2}=\frac{V(Y_1-Y_2)}{\dfrac{Y_1}{m}-X_2} \tag{6-35}$$

上面讨论了操作线与平衡线相交情况下的最小液气比，对于平衡线与操作线相切的情况，可按图 6-8 中直线 DF 的斜率求出 $(L/V)_{\min}$。

3. 实际液气比的确定

在吸收操作中由于吸收剂从塔顶向下流动时有径向集壁的趋向，下流液体并不一定能把填料所有的表面都润湿，填料表面未被润湿的部分对吸收操作中的物质传递自然也起不了作用。为了充分发挥填料的效能，要求喷淋密度，即单位时间内单位塔截面上喷淋的液体量，应不低于一定的数值。

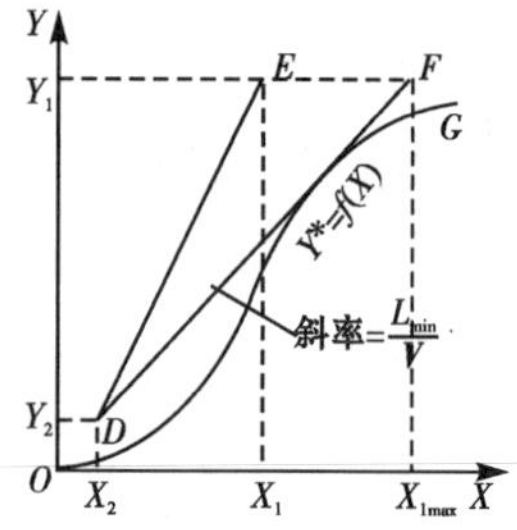

图 6-8 最小液气比的求取
（操作线与平衡线相切）

由此可见，吸收操作时选用的液气比必须较上述的理论最小值为大。但如果 L/V 过大，则吸收剂单位耗用量太大，操作费用增加；而若 L/V 过小，则为达到一定的吸收效果，吸收塔必须增高，设备费用就增大。因此，在吸收塔的设计计算中，必须将操作费用和设备费用进行权衡，选择一适宜的液气比，以使两种费用之和为最小。根据生产实践经验，一般选择实际液气比为最小液气比的 1.2～2 倍，即：

$$\frac{L}{V}=(1.2\sim 2)\left(\frac{L}{V}\right)_{\min} \tag{6-36}$$

必须指出，为了保证填料表面能被液体充分润湿，还应考虑到单位塔截面上单位时间内流下的液体量不得小于某一最低值。如果按式(6-36)算出的吸收剂用量不能满足充分润湿的起码要求，则应采取更大的液气比。

【例 6-6】 用油吸收混合气体中的苯，已知 $y_1=0.04$，吸收率为 80%，平衡关系式为 $Y=0.126X$，混合气量为 1 000 kmol/h，油用量为最小用量的 1.5 倍，问油的用量为多少？

解:由式(6-6)知

$$Y_1=\frac{y_1}{1-y_1}=\frac{0.04}{1-0.04}=\frac{0.04}{0.96}=0.0417$$

由式(6-29)知

$$Y_2=Y_1(1-\phi)=0.0417\times(1-0.8)=0.00834$$

由式(6-35)知

$$L_{\min}=V\frac{Y_1-Y_2}{\frac{Y_1}{m}-X_2}=1000\times(1-0.04)\times\frac{0.0417-0.00834}{\frac{0.0417}{0.126}-0}=96.9(\text{kmol/h})$$

实际用油量 $L=1.5L_{\min}=1.5\times 96.9=145(\text{kmol/h})$

6.5 填料塔

填料塔是化工生产中常用的一类气液传质设备。如图6-9所示,填料塔的结构较简单,塔体内充填有一定高度的填料层,填料层的下面为支撑板,上面为填料压板及液体分布装置。必要时需将填料层分段,在段与段之间设置液体再分布装置。操作时,液体经过顶部液体分布装置分散后,沿填料表面流下,最后由塔底排出;气体自塔底向上与液体作逆向接触,进行质量传递,最后经除沫器由塔顶排出。

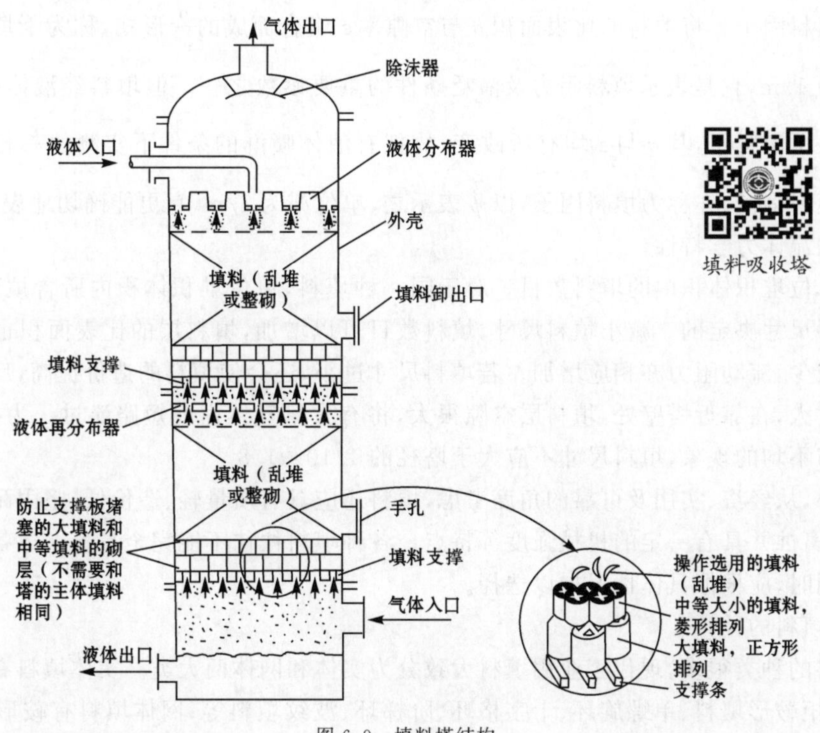

图6-9 填料塔结构

6.5.1 填料塔的构造

1. 塔体

塔体除用金属材料制作以外，还可以用陶瓷、塑料等非金属材料制作。金属或陶瓷塔体一般均为圆柱形。圆柱形塔体有利于气体和液体的均匀分布。支撑板是用来支撑上面填料及操作中填料所含液体的质量，它应有足够的强度，一般用扁钢条制成栅板。液体分布装置可以把液体均匀地分布在填料表面上，以保证填料得以充分湿润。液体再分布器是用来改善液体在填料层内的壁流效应的。所谓壁流效应，即液体沿填料层下流时逐渐向塔壁方向汇流的现象。而除沫器是用来捕集出塔气体中夹带的液体雾滴。

2. 填料

填料塔中大部分容积被填料所充填，填料表面是气、液两相进行传质的场所，是填料塔的核心部分。

(1)填料的特性

填料塔操作性能的好坏，与所选用填料的特性有直接关系。对操作影响较大的填料特性有：

①比表面积。单位体积填料所具有的表面积称为填料的比表面积，以 σ 表示，其单位为 m^2/m^3。显然，填料应具有较大的比表面积，以增大塔内的传质面积。

②空隙率。单位体积填料所具有的空隙体积称为填料的空隙率，以 ε 表示，其单位为 m^3/m^3。显然，填料层应有尽可能大的空隙率，以提高气、液通过能力和减小流动阻力。

③填料因子。将填料的比表面积 σ 与空隙率 ε 组合而成的 $\frac{\sigma}{\varepsilon^3}$ 形式，称为干填料因子，其单位为 1/m，它是表示填料阻力及液泛条件的重要参数之一。但填料经液体喷淋后表面被覆盖了液膜层，其 σ 与 ε 均有所改变，故把有液体喷淋的条件下实测的 $\frac{\sigma}{\varepsilon^3}$ 相应数值，称为湿填料因子，亦称为填料因子，以 ϕ 表示之，单位亦为 1/m，它更能确切地表示填料被淋湿后的流体力学特性。

④单位堆积体积内的填料数目。对于同一种填料，单位堆积体积内所含填料的个数是由填料尺寸决定的。减小填料尺寸，填料数目可以增加，填料层的比表面积也增大，而空隙率减少，流动阻力亦相应增加。若填料尺寸过小，还会使填料的造价提高，反之，若填料尺寸过大，在靠近塔壁处，填料层空隙很大，将有大量气体由此短路流过。为控制这种气流分布不均的现象，填料尺寸不应大于塔径的 1/10～1/8。

此外，从经济、实用及可靠的角度考虑，填料还应具有质量轻、造价低、坚固耐用、不易堵塞、耐腐蚀并具有一定的机械强度等特点。各种填料往往不能完全具备上述各项条件，实际应用时，应根据具体情况加以选择。

(2)填料的种类

填料的种类很多，现代工业用填料大致分为实体和网体两大类。实体填料有拉西环、鲍尔环、矩鞍形填料、单螺旋环、十字格环、阶梯环、波纹填料等；网体填料有鞍形网、θ 网、波纹网等。

下面介绍几种常见的和重点推广的填料。

①拉西环。拉西环是工业生产中应用最广最古老的填料。常用的拉西环为外径与高度相等的空心圆柱，如图 6-10(a)所示，其壁厚在强度允许的情况下尽量薄一些，以提高空隙率，降低堆积密度(单位体积堆积填料的质量)。拉西环在填料塔中有两种充填方式：乱堆和整砌。乱堆填料装卸方便，但是气体阻力较大。一般直径在 50 mm 以下的填料都采用乱堆方式；直径在 50 mm 以上的填料可采用整砌(整齐排列)的方式。除常用的陶瓷环和金属环外，拉西环还有用石墨、塑料等材质制造，以适应不同介质的要求。

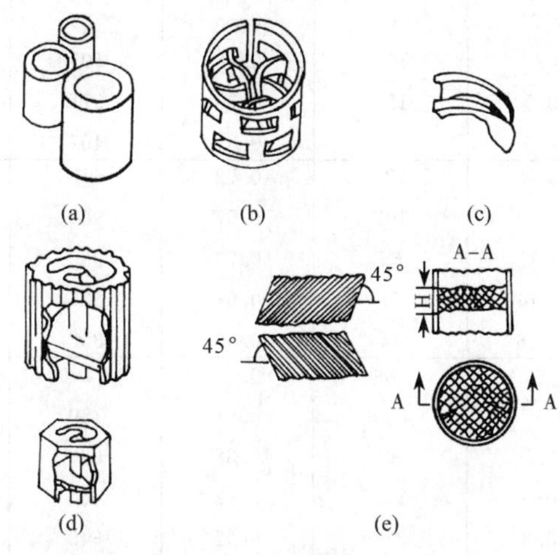

图 6-10 几种填料的形状

拉西环的主要缺点是液体的壁流现象较严重，操作弹性范围较狭窄，气体阻力较大等。但由于拉西环的结构简单，容易制造，且对其研究较为充分，所以至今工业上仍广泛采用。

②鲍尔环。鲍尔环是针对拉西环存在的缺点加以改进而研制的填料，它是在普通的拉西环壁上开有上下两层长方形窗孔，窗孔部分的环壁，形成叶片，向环中心弯入，在环中心相搭，上下两层小窗位置交叉，如图 6-10(b)所示。鲍尔环的优点是气体阻力小，压降低，液体分布比较均匀，传质效率较高及稳定操作范围较大等，因此，广泛应用于工业生产中。

③矩鞍形填料。矩鞍形填料是一种敞开型填料。填装于塔内侧互相处于套接状态。因而稳定性较好，表面利用率较高，如图 6-10(c)所示。其优点是具有较大的空隙率，阻力较小，效率较高，且因液体流道通畅，生产中不易被固体悬浮物所堵塞。

实践证明，矩鞍及鲍尔环是两种较理想的工业用实体填料。由于矩鞍制造较鲍尔环更简单些，且易于用陶瓷等廉价的耐腐蚀材料制造，因此，更具有发展前景。此外，应用于生产中的还有单螺旋环，如图 6-10(d)所示、十字格环、阶梯环、波纹填料等。

④网体填料。网体填料是用丝网或多孔金属片为基本材料制成一定形状的填料。如压延环、θ 网环、鞍形环、波纹网填料，如图 6-10(e)所示。其特点是网材薄，填料尺寸小，比表面积和空隙率都很大，液体均布能力强。因此，网体填料的气体阻力小，传质效率高。尽管这种填料的造价高，但由于其优良的性能使其在工业上的应用日益广泛。

几种常用填料的特性数据列于表 6-2 中。

表 6-2　几种填料的特性数据

填料种类	尺寸 mm	比表面积 $\sigma(m^2 \cdot m^{-3})$	空隙率 $\varepsilon(m^3 \cdot m^{-3})$	堆积密度 $\rho_p(kg \cdot m^{-3})$	个数 n $1 \cdot m^{-3}$	填料因子 $\phi(1 \cdot m^{-1})$
陶瓷拉西环（乱堆）	6.4×6.4×0.8	789	0.39	737	3 110 000	3 200
	8×8×1.5	570	0.64	600	1 465 000	2 500
	10×10×1.5	440	0.70	700	720 000	1 500
	15×15×2	330	0.70	690	250 000	1 020
	16×16×2	305	0.73	730	192 500	940
	25×25×2	190	0.78	505	49 000	450
	40×40×3.5	126	0.75	577	12 700	350
	50×50×4.5	93	0.81	457	6 000	205
陶瓷拉西环（整砌）	50×50×4.5	124	0.72	673	8 830	
	80×80×9.5	102	0.57	962	2 580	
	100×100×13	65	0.72	930	1 060	
	125×125×14	51	0.68	825	530	
	150×150×16	44	0.68	802	318	
金属拉西环（乱堆）	6.4×6.4×0.3	789	0.73	2 100	3 110 000	2 300
	8×8×0.3	630	0.91	750	1 550 000	1 580
	10×10×0.5	500	0.88	960	800 000	1 200
	15×15×0.5	350	0.92	660	248 000	600
	25×25×0.8	220	0.92	640	55 000	390
	35×35×1	150	0.93	570	19 000	260
	50×50×1	110	0.95	430	7 000	175
	76×76×1.6	68	0.95	400	1 870	105
陶瓷螺旋环	75×75	140	0.59	930	2 260	
	100×100	100	0.60	900	955	
	150×150	65	0.67	750	283	
陶瓷矩鞍（乱堆）	6	993	0.75	677	4 170 000	2 400
	13	630	0.78	548	735 000	870
	19	338	0.77	563	231 000	480
	25	258	0.775	548	84 000	320
	38	197	0.81	483	252 000	170
	50	120	0.79	532	9 400	130
金属鲍尔环（乱堆）	16×16×0.4	364	0.94	467	235 000	230
	25×25×0.6	209	0.94	480	51 000	160
	38×38×0.8	130	0.95	379	13 400	92
	50×50×0.9	103	0.95	355	6 200	66

注：环形填料尺寸为外径×高×壁厚

3. 填料支撑装置

填料支撑装置是用来支撑塔内填料及其所持有的液体质量的，因此，支撑装置要有足够的机械强度，支撑装置的自由截面积应大于填料的空隙率，否则在气速增大时，支撑装置处将首先发生液泛。

栅板填料支撑装置如图 6-11 所示。这种支撑装置是用扁钢条和扁钢圈焊接而成。

扁钢条之间的距离应小于填料的外径(一般为外径的 60%～70%)。有时为了获得必要的自由截面积,扁钢条之间缝隙也可大于主体填料的外径。这时须在钢条上先铺上一层直径较大的带隔板的环形填料,然后再将主体填料装上。

4. 液体分布装置

(1)液体分布器

液体分布器用来把液体均匀地分布在填料表面上。由于填料塔的气液接触是在润湿的填料表面上进行的,故液体在填料塔内的均匀分布是非常重要的,它直接影响到填料表面的有效利用率。如果液体分布不均匀,填料表面不能充分润湿,就降低了塔内填料层中气液接触面积,致使塔的效率降低。为此,要求填料层上方的液体分布器能为填料层提供良好的液体初始分布,即能够提供足够多的均匀分布的喷淋点,且各喷淋点的喷淋液体量相等。对喷淋点的要求为:每 30～60 cm^2 塔截面上有一个喷淋点,大直径塔的喷淋点可以少些。除此之外,要求喷淋装置不易被堵塞,不至于产生过细的雾滴,以免被上升气体带走。液体分布装置的种类很多,常用的两种介绍如下:

①莲蓬头式喷洒器。如图 6-12 所示为一常用的莲蓬头式喷洒器,喷头下部为半球形多孔板。通常取莲蓬头直径 d 为塔径 D 的 1/5～1/3,球面半径为(0.5～1.0)d,喷洒角 $\alpha \leqslant 80°$。喷洒器外圈距塔壁 x=(70～100) mm,莲蓬头距填料层高度 y=(0.5～1)D,小孔直径为 3～10 mm,作同心圆排列。此种喷洒器一般用于直径小于 0.6 m 的塔中。

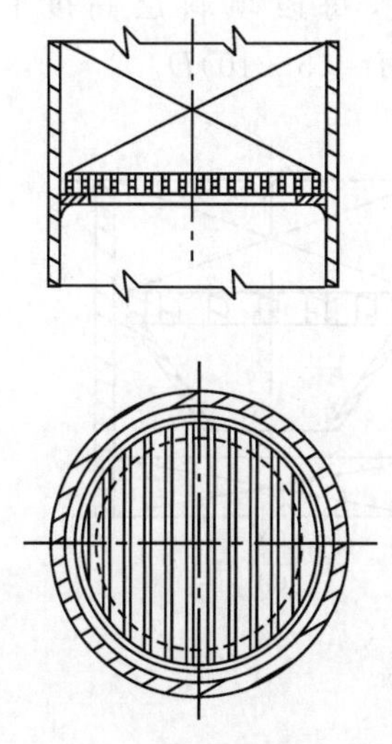
图 6-11　栅板填料支撑装置

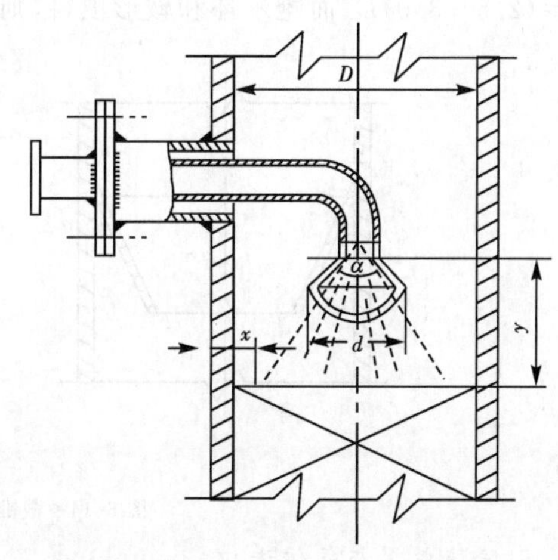

图 6-12　莲蓬头式喷洒器

②盘式分布器。如图 6-13 所示,液体从进口管流到分布盘上,盘上开有 3～10 mm 的筛孔,或装有管径为 15 mm 以上的溢流管。前者称为筛孔式,后者称为溢流管式。在溢流管的上端开有缺口,这些缺口位于同一水平面上,便于液体均匀下流。分布盘的直径为塔径的 65%～80%倍。这种分布器用于直径大于 0.8 m 的较大塔中。

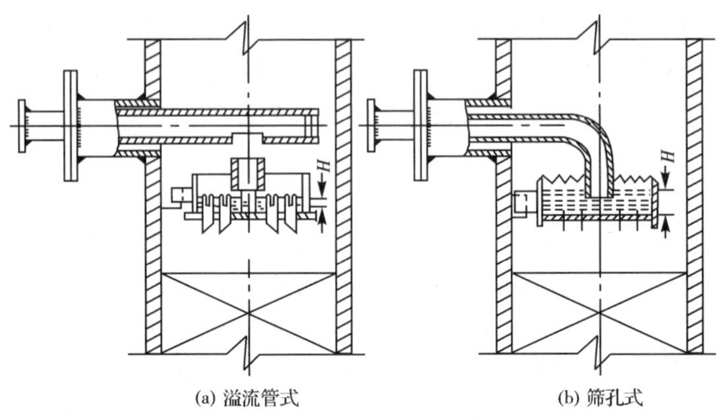

图 6-13　盘式分布器

(2)液体再分布器

液体再分布器是用来改善液体在填料层内的壁流效应的,所以,每隔一定高度的填料层就设置一个再分布器,将沿塔壁流下的液体导向填料层内。常用的为截锥式液体再分布器(如图 6-14 所示),适用于直径 0.8m 以下的塔。图 6-13(a)的截锥内没有支撑板,能全部堆放填料,不占空间。当考虑需要分段卸出填料时,则采用图 6-13(b)图的形式,截锥上设有支撑板,截锥下要隔一段距离再堆填料。每段填料层高度 H 因填料种类和塔径 D 的不同而异,如拉西环填料壁流效应较为严重,每段填料层高度宜取小值,$H=(2.5\sim3.0)D$;而鲍尔环和鞍形填料,则取值较大,$H=(5\sim10)D$。

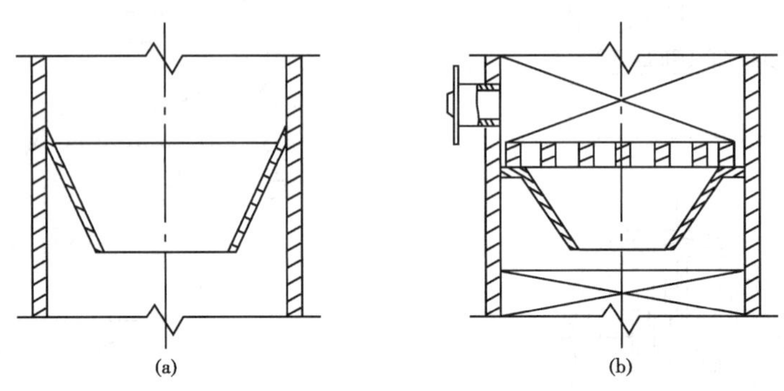

图 6-14　截锥式液体再分布器

5. 除沫装置与气体进口

除沫装置安装在液体分布器上方的气体出口处,用以除去出口气体中夹带的液滴。常用的除沫器有折流板除沫器、旋流板除沫器及丝网除沫器等。

填料塔的气体进口的构型,除考虑防止液体倒灌外,更重要的是要有利于气体均匀地进入填料层。对于小塔,常见的方式是使进气管伸至塔截面的中心位置,管端做成 45°向下倾斜的切口或向下弯的喇叭口;对于大塔,应采取其他更为有效的措施。

6.5.2 填料塔的流体力学特性

填料塔的流体力学主要讨论气体通过填料层的压强降、液泛速度、持液量、液体和气体分布及它们之间的相互关系。这是选择填料类型和填料塔设计计算中首先要考虑的因素。

1.气体通过填料层的压强降与气速的关系

在逆流操作的填料塔内，气体自下而上与液体自上而下流经一定高度的填料层。当液体自塔顶借重力在填料表面向下作膜状流动时，膜内平均流速取决于流动的阻力。而此阻力来自液膜与填料表面及液膜与上升气流之间的摩擦阻力。当气体流速不大时，吸收速率很低，流体阻力也较小。当气体流速增大处于湍流状态时，吸收速率和流体阻力突然增大。为便于计算，气体流速一般以空塔气速来表示，所谓空塔气速是以全部塔截面计算的气体流速。

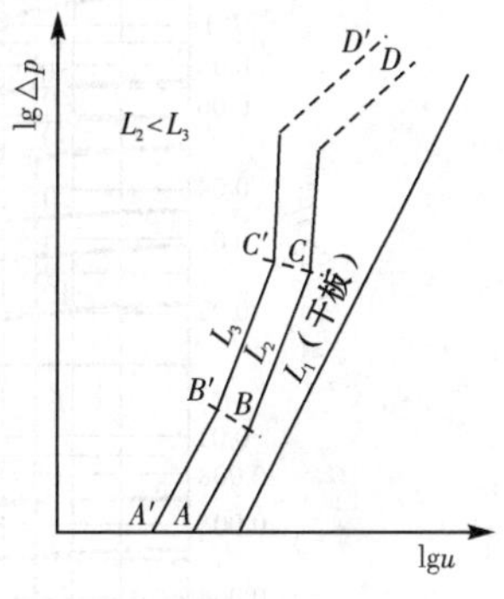

图 6-15 填料塔的流体力学状态

图 6-15 表示在不同喷淋密度下气体的空塔速度 u 和单位填料层高度的压强降 Δp 的对数关系。

图中最右侧的一条直线表示没有液体喷淋即 $L_1=0$ 时，压强降 Δp 与空塔速度 u 的关系。当喷淋量是 L_2 或 L_3 时，得到如 $ABCD$ 或 $A'B'C'D'$ 所示的折线，折线中出现两个转折点，这两点将压降线划分成三段直线，代表三个区域。

当气速较小时，气体对沿填料表面流动的液体无牵制作用，压强降比干填料时稍大些。这是因为填料表面附有一层液膜，占据一部分填料层的空隙。

当气速增大时，气体开始牵制下流的液体，填料表面滞液量增加，直线的斜率变大。通常将开始拦液的 B 点称为载点或拦液点，相应的气速称为载点气速。

当气速增大到某一临界值时，气体的摩擦阻力使液体不能向下畅流，填料层内局部积液，压强降—流速线上出现另一个转折点 C。这时塔内液体由分散相变成连续相，而气体由连续相变成分散相以气泡状穿过液体而流动，这种现象称为液泛。通常将开始出现液泛的 C 点称为泛点，相应的气速称为液泛速度。

当气速继续增大时，压强降急剧增大，液体随气体大量带出，通常认为，泛点是填料塔稳定操作的极限状况。

由于载点难于目测，而泛点易于目测，液泛速度较易确定，通常以液泛速度为上限确定操作气速。选定气速时要考虑到保证操作正常和有一定的操作弹性，传质情况良好和压强降较小等因素。实际空塔速度通常取泛点气速的 50%～80%。

2.压强降与液泛气速的关联

影响气体通过填料层的压强降及液泛速度的因素很多，其中包括气体和液体的质量流量、气体和液体的密度、填料的比表面积以及空隙率等。因此，目前工程设计中较常采用的是埃克特通用关联图法，此法所关联的参数较全面，可靠性较高，计算并不复杂，且其结果在一定范围内尚能符合实际情况。

图 6-16 所示为填料塔泛点和压降的通用关联图。

图中纵坐标为：$\dfrac{u^2\phi\Psi}{g}\left(\dfrac{\rho_V}{\rho_L}\right)\mu_L^{0.2}$

横坐标为：$\dfrac{w_L}{w_V}\left(\dfrac{\rho_V}{\rho_L}\right)^{0.5}$

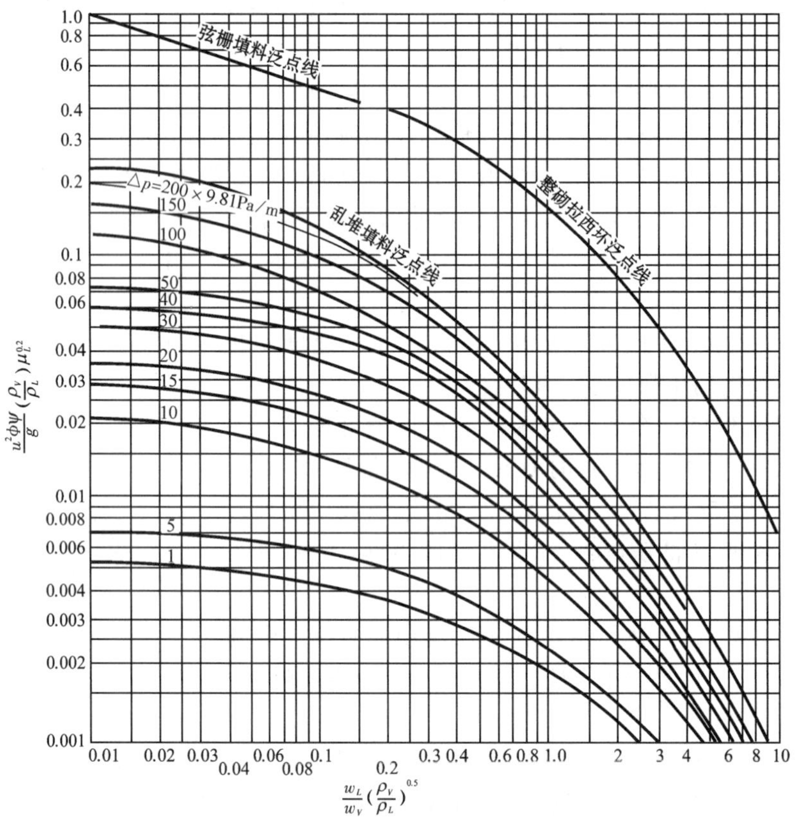

图 6-16 填料塔泛点和压降的通用关联图

式中 u——气体的空塔速度,用液泛线时,即液泛速度,m/s;

ρ_L、ρ_V——液体和气体的密度,kg/m^3;

w_L、w_V——液体和气体的质量流量,kg/s;

ϕ——填料因子,1/m;

Ψ——水的密度和液体密度之比;

μ——液体的黏度,mPa·s;

g——重力加速度,9.81 m/s^2。

此图适用于乱堆的拉西环、弧鞍形填料、矩鞍形填料、鲍尔环等。图中也制作了拉西环和弦栅填料两种整砌填料的泛点线。但在应用此泛点线时,纵坐标中的 ϕ 应改为干填料因子($\frac{\sigma}{\varepsilon^3}$),并非有效填料因子,此点应予以注意。

由此可见,填料特性(集中反映了填料因子 ϕ),流体的物理性质(密度、黏度等)及液、气比都是影响液泛速度的主要因素。

应用通用关联图 6-16,可以计算气体的液泛速度,进而算出填料塔中的操作气速及气体通过每米填料层的压强降。方法如下:

按气、液流量及密度算出($\frac{w_L}{w_V}(\frac{\rho_V}{\rho_L})^{0.5}$),如果使用乱堆填料,则在乱堆填料泛点线上读取与$(\frac{w_L}{w_V}(\frac{\rho_V}{\rho_L})^{0.5})$相对应的纵坐标值$(\frac{u_f^2\phi\Psi}{g}(\frac{\rho_V}{\rho_L})\mu_L^{0.2})$，再由已知的$\phi$、$\Psi$、$\rho_V$、$\rho_L$及$\mu_L$求出泛点空塔速度$u_f$。操作气速可用泛点气速乘以某个合适的百分数(泛点百分数)求得。

对于常用填料，由泛点气速计算实际操作气速，可按下列经验数据选取与检验：

对拉西环填料 $u=(60\sim80)\%u_f$

对弧鞍形填料 $u=(65\sim80)\%u_f$ (6-37)

对矩鞍形填料 $u=(65\sim85)\%u_f$

欲求气体通过每米填料层的压降时，纵坐标中u以操作气速代入，根据求出的纵坐标和横坐标值，再从图上读得相应曲线的第三参数Δp，即气流通过每米填料层的压强降(图中Δp数值的单位为mm水柱/m填料；Δp数值×9.81后的单位为Pa/m)。如果已给定气流通过每米填料层的压降Δp时，则可由$(\frac{w_L}{w_V}(\frac{\rho_V}{\rho_L})^{0.5})$及$\Delta p$线直接从图上读得纵坐标值，求出操作气速。

【例6-7】 甲苯和二甲苯的气体混合物在50 mm钢制鲍尔环为填料的塔内进行分离，已知操作温度为138 ℃，压强为124 kPa。试计算此填料塔每米填料层的压强降。已知：气体密度ρ_V:3.68 kg/m^3；液体密度ρ_L:757 kg/m^3；气体流量w_V:13 900 kg/h；液体流量w_L:15 300 kg/h；液体黏度μ_L:0.23 mPa·s；填料因子ϕ:66(1/m)。

解：(1)求适宜的空塔气速u

①液泛气速u_f的计算

横坐标： $\frac{w_L}{w_V}\cdot\sqrt{\frac{\rho_V}{\rho_L}}=\frac{15\ 300}{13\ 900}\sqrt{\frac{3.68}{757}}=\frac{15\ 300}{13\ 900}\times0.069\ 7=0.077$

查图6-16乱堆填料的泛点曲线上纵坐标值，得$\frac{u_f^2\phi\Psi}{g}\cdot(\frac{\rho_V}{\rho_L})\mu_L^{0.2}=0.155$

已知$\Psi=\frac{\rho_{H_2O}}{\rho_L}=\frac{1\ 000}{757}=1.32$，并将已知各物理量值代入，得泛点气速为：

$$
\begin{aligned}
u_f &= \left[0.155\frac{g\rho_L}{\phi\Psi\rho_V\mu^{0.2}}\right]^{0.5} \\
&= \left[0.155\times\frac{9.81\times757}{66\times1.32\times3.68\times0.23^{0.2}}\right]^{0.5} \\
&= (4.82)^{0.5} \\
&= 2.19(\mathrm{m/s})
\end{aligned}
$$

②操作气速u的计算

$$u = 60\%u_f = 0.6\times2.19 = 1.32(\mathrm{m/s})$$

(2)在操作气速下求压降

$$\frac{u^2\phi\Psi}{g}(\frac{\rho_V}{\rho_L})\mu_L^{0.2} = \frac{1.32^2\times66\times1.32}{9.81}\times\frac{3.68}{757}\times(0.23)^{0.2} = 0.056$$

根据 $\frac{u^2\phi\Psi}{g}(\frac{\rho_V}{\rho_L})\mu_L^{0.2}=0.056$及$\frac{w_L}{w_V}\sqrt{\frac{\rho_V}{\rho_L}}=0.077$

查图 6-16，得 $\Delta p=38$(mm 水柱/m 填料)

此例中如将填料改为 50 mm 钢质拉西环时，其填料因子为 175(1/m)，通过同样计算，其泛点气速将为 1.35 m/s，如操作气速同样取为泛点气速的 60%，即 $u=0.81$ m/s，则压降为 46(mm 水柱/m 填料)。可见在同样条件下鲍尔环填料压降较拉西环小。

6.5.3 填料塔的工艺设计

填料塔的工艺设计主要是确定塔径及填料层高度。

1. 塔径

塔径可按下式计算

$$D=\sqrt{\frac{4V_s}{\pi u}} \tag{6-38}$$

式中 D——塔径，m；

V_s——在操作条件下，塔内最大的气体体积流量，m^3/s；

u——空塔气速，m/s。

选择较小气速，则压降低，动力费用小，操作弹性较大，但塔径增大，使设备费用增加，传质系数下降。选用过高而接近液泛的气速时，不但压降很大，且会出现气速及压降的波动，使操作不平稳。因此，采用的泛点百分数对填料塔的影响较大，设计时一定要结合实际情况选得合适一些。

塔径算出后，应按压力容器公称直径标准进行圆整。公称直径标准有 400，500，600，700，800，900，1 000，1 200，1 400(单位均为 mm)等。

【例 6-8】 根据例 6-7 数据，计算填料塔的塔径。

解：气体体积流量 V_s 为

$$V_s=\frac{w_V}{3\ 600\rho_V}=\frac{13\ 900}{3\ 600\times 3.68}=1.05(m^3/s)$$

由例 6-7 得操作气速 $u=1.32$ m/s

则塔径 D 为

$$D=\sqrt{\frac{4V_s}{\pi u}}=\sqrt{\frac{4\times 1.05}{3.14\times 1.32}}=\sqrt{1.01}=1.005(m)$$

圆整：$D=1.0$ m

2. 填料层高度的计算

填料层高度的计算方法很多，有对数平均推动力法、传质单元高度法、图解积分法等。在此仅介绍对数平均推动力法。其他方法用时可查阅有关文献。

(1)填料层高度的基本计算式。为了计算填料塔的塔高，就必须计算填料层的高度。填料层高度 Z 可用下式计算

$$Z=\frac{V_P}{\Omega}=\frac{F}{a\Omega} \tag{6-39}$$

式中 Z——填料层的高度，m；

V_p——填料层的体积，m^3；

F——吸收所需的传质面积，m^2；

a——单位体积填料的有效传质面积，1/m；

Ω——塔的截面积，m^2，Ω 等于 $\pi D^2/4$，其中 D 为塔径，m。

有效传质面积 a 的数值总是比填料比表面积小，应根据液相流量及物性、填料形式及大小，视具体情况用有关经验式校正，只有在缺乏数据的情况下，才近似取填料比表面积计算。

可见，要计算填料层高度 Z，就必须运用吸收速率方程式算出吸收过程所需传质面积 F。因此，填料层高度原则上可通过物料衡算和吸收速率方程式联立求解得到。

在吸收操作中，填料塔不同横截面上的传质推动力是变化的。因此，对于全塔吸收速率方程而言，应该用全塔的平均推动力 ΔY_m（或 ΔX_m）作为吸收速率方程中的推动力。这样，以摩尔比差为推动力的吸收速率方程式可以写成

$$N_A = G_A/F = K_Y \Delta Y_m$$

则
$$G_A = K_Y F \Delta Y_m \tag{6-40}$$

或
$$G_A = K_X F \Delta X_m \tag{6-41}$$

也可将上面二式改写成

$$F = \frac{G_A}{K_Y \cdot \Delta Y_m} \tag{6-40a}$$

$$F = \frac{G_A}{K_X \cdot \Delta X_m} \tag{6-41a}$$

式中 G_A——单位时间内吸收的物质量，kmol/s；

F——吸收所需传质面积，m^2；

ΔY_m、ΔX_m——在全塔范围内以摩尔比表示的平均传质推动力。

吸收的物质量 G_A 可由全塔物料衡算式(6-28)即 $G_A=V(Y_1-Y_2)=L(X_1-X_2)$ 求出。

吸收总系数可按式(6-22)或式(6-23)计算。这样，为了计算 F，必须解决平均推动力 ΔY_m 或 ΔX_m 的计算问题。

(2)用对数平均推动力法计算填料层高度。由填料层高度的基本计算式(6-39)、吸收速率方程式(6-40)和全塔总物料衡算式(6-28)，可得填料吸收塔所需填料高度的具体计算式如下

$$Z = \frac{V(Y_1 - Y_2)}{K_Y a \Omega \Delta Y_m} \tag{6-42}$$

或
$$Z = \frac{L(X_1 - X_2)}{K_X a \Omega \Delta X_m} \tag{6-43}$$

当吸收操作达到稳定时，式中 a、Ω、V、L 均为定值，若吸收总系数 K_Y 或 K_X 也可取为定值或取全塔平均值（入塔气体浓度不超过 10% 的低浓度气体吸收过程，K_Y 可取为定值，难溶或具有中等溶解度的气体吸收过程，K_X 也可取为定值），则填料层高度的计算便取决于吸收过程平均推动力 ΔY_m 或 ΔX_m 的计算。

应该指出，吸收时由于传质系数 K_Y（或 K_X）和 a 不但与填料的类型有关，还随气液两相的流量、物性而变。有效表面积 a 尤其不易直接测定，所以，在式(6-42)或式(6-43)的具体应用中，还广泛存在着一种称为体积传质系数的概念。这就是将传质系数 K_Y（或

K_X)和 a 结合成一体,如 K_Ya(或 K_Xa)。这样,传质系数所依据的就不再是不易测定的有效接触面积,而是塔的单位填充体积,因此就使体积传质系数 K_Ya(或 K_Xa)的测定以及塔的计算大为简化。

如前所述,计算填料层高度的关键在于算出吸收过程的平均推动力 ΔY_m(或 ΔX_m)。ΔY_m(或 ΔX_m)计算方法有多种,其简繁随平衡线是否为直线而异,现将对数平均推动力法叙述如下。

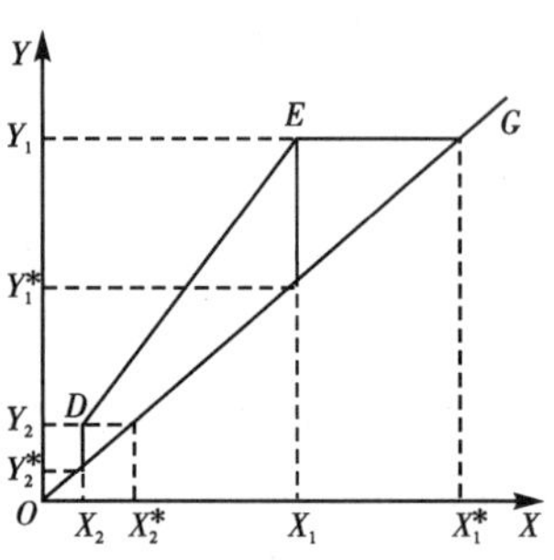

图 6-17 ΔY_m 或 ΔX_m 的图解法

对数平均推动力法适用于平衡线为直线或至少在所涉及的范围内其平衡线为一直线的场合,由于在 $Y—X$ 坐标图中的平衡线是一条直线(如图 6-17 所示),所以过程的平均推动力 ΔY_m(或 ΔX_m)可取吸收塔或所涉及范围内进出口处推动力的对数平均值来计算。

对于气相

$$\Delta Y_m = \frac{(Y_1 - Y_1^*) - (Y_2 - Y_2^*)}{\ln \dfrac{Y_1 - Y_1^*}{Y_2 - Y_2^*}} \tag{6-44}$$

或

$$\Delta Y_m = \frac{\Delta Y_1 - \Delta Y_2}{\ln \dfrac{\Delta Y_1}{\Delta Y_2}} \tag{6-44a}$$

对于液相

$$\Delta X_m = \frac{(X_1^* - X_1) - (X_2^* - X_2)}{\ln \dfrac{X_1^* - X_1}{X_2^* - X_2}} \tag{6-45}$$

或

$$\Delta X_m = \frac{\Delta X_1 - \Delta X_2}{\ln \dfrac{\Delta X_1}{\Delta X_2}} \tag{6-45a}$$

式中 Y_1、Y_2——吸收塔底和塔顶的气相组成(摩尔比);

Y_1^*、Y_2^*——与吸收塔底和塔顶液相组成相平衡的气相组成(摩尔比);

X_1、X_2——吸收塔底和塔顶的液相组成(摩尔比);

X_1^*、X_2^*——与吸收塔底和塔顶气相组成相平衡的液相组成(摩尔比);

ΔY_1、ΔY_2——吸收塔底和塔顶的气相推动力(摩尔比);

ΔX_1、ΔX_2——吸收塔底和塔顶的液相推动力(摩尔比)。

与传热类似,当 $\dfrac{Y_1 - Y_1^*}{Y_2 - Y_2^*} < 2$ 或 $\dfrac{X_1^* - X_1}{X_2^* - X_2} < 2$ 时,则 ΔY_m 或 ΔX_m 可用算术平均值代替。

【例 6-9】 空气和氨的混合气在直径为 0.8 m 的填料塔内用清水吸收其中所含氨的 99.5%。每小时送入的混合气量为 1 400 kg。混合气体的总压为 101.3 kPa,其中氨的分压为 1.333 kPa,实际吸收剂用量为最小耗用量的 1.4 倍。操作温度(20 ℃)下的平衡关系为 $Y^* = 0.75X$,气相体积传质系数 $K_Ya = 0.088\ \text{kmol/(m}^3\cdot\text{s)}$。求每小时的用水量与所需的填料层高度。

解:(1)求吸收剂用量

依题意

$$Y_1=\frac{1.333}{101.3-1.333}=0.0133$$

$$Y_2=0.0133\times(1-0.995)=0.000066$$

$$X_2=0$$

混合气体中氨的含量很少,因此混合气体的摩尔质量近似地等于空气的摩尔质量 29 kg/kmol,故

混合气体量$=\frac{1400}{29}=48.3(\mathrm{kmol/h})$

塔截面积 $\Omega=\frac{\pi}{4}(0.8)^2=0.5(\mathrm{m}^2)$

惰性气体量可认为近似等于混合气体量,即

$$V=48.3(\mathrm{kmol/h})$$

由式(6-35)

$$L_{\min}=V\frac{Y_1-Y_2}{\frac{Y_1}{m}-X_2}=48.3\times\frac{0.0133-0.000066}{\frac{0.0133}{0.75}-0}=36(\mathrm{kmol/h})$$

吸收剂用量 $L=1.4\times L_{\min}=1.4\times36=50.4(\mathrm{kmol/h})$

(2)用平均推动力法求填料层高度

溶液出塔浓度 $X_1=\frac{V(Y_1-Y_2)}{L}+X_2$

$$=\frac{48.3\times(0.0133-0.000066)}{50.4}+0=0.0127$$

$$Y_1^*=0.75X_1=0.75\times0.0127=0.0095\quad Y_2^*=0$$

$$\Delta Y_1=Y_1-Y_1^*=0.0133-0.0095=0.0038$$

$$\Delta Y_2=Y_2-Y_2^*=0.000066-0=0.000066$$

$$\Delta Y_m=\frac{\Delta Y_1-\Delta Y_2}{\ln\frac{\Delta Y_1}{\Delta Y_2}}=\frac{0.0038-0.000066}{\ln\frac{0.0038}{0.000066}}=0.000921$$

根据式(6-42)得

$$Z=\frac{V(Y_1-Y_2)}{K_Ya\cdot\Omega\cdot\Delta Y_m}=\frac{\frac{48.3}{3600}\times(0.0133-0.000066)}{0.088\times0.5\times0.000921}=4.38(\mathrm{m})$$

3. 填料塔的设计步骤

(1)确定工艺条件。操作温度及压强,气、液相负荷或其他数值,气、液相密度,液相的黏度等。

(2)选择填料。选定填料尺寸时要考虑塔径。塔径与填料直径(或主要线性尺寸)之比不能太小,否则填料与塔壁不能靠紧而留出的空隙过大,易使大量液体沿塔壁流下,因而使截面上液体分布严重不均匀。一般认为上述比值至少要等于 8,对拉西环填料还要

大一些，对于大塔塔径最好大于拉西环填料直径的20～30倍。一般可预先选定填料尺寸的大小，然后计算塔径，最后验算塔径与填料直径之比是否符合要求。

(3)计算塔径。填料塔的直径尺寸决定于气体的体积流量与适宜的空塔气速，前者由生产条件决定，后者在设计时规定，而后依前述先按图6-16计算液泛气速u_f，然后按式(6-37)算出适宜空塔气速u，进而按式(6-38)算出塔径D，最后按标准进行圆整。通常直径在1 m以下间隔为100 mm，直径在1 m以上间隔为200 mm。

填料塔的传质效率高低与液体的分布及填料的润湿情况密切相关。前面在吸收剂用量选择的讨论中曾指出，为使填料获得良好的润湿，应保证塔内液体的喷淋量不低于某一下限数值。所以，在算出塔径后，还应验算塔内液体的喷淋量是否大于最小喷淋密度。若喷淋密度过小，则可采用增大液气比或在吸收操作中采用液体再循环等方法加大液体流量，或在允许范围内减小塔径，适当增加填料层高度予以补偿。

(4)计算气相的压强降。按图6-16计算出气相的压强降，在一般常压塔中，气相压强降Δp为(147～490) Pa/m填料层或(15～50) mmH_2O/m填料层较为合理，在真空塔中，Δp在78 Pa/m填料层或8 mmH_2O/m填料层以下为宜。如果计算出的Δp超过上述要求时，则需按允许的Δp值从图6-16中反过来求出操作的气速u，重新计算所需塔径。

(5)计算填料层高度。填料塔的高度主要取决于填料层高度。计算填料层高度时，应根据具体情况，选定前述方法中的一种进行计算。

为了避免液体沿填料层下流时出现壁流的趋势，若填料层的总高度与塔径之比超过一定界限，则填料需分段装填，并在各填料段之间加装液体再分布器。每个填料段的高度Z_0(m)与塔径之比Z_0/D的上限值列于表6-3中。对于直径在400 mm以下的小塔，可取较大值。对于大直径的塔，每个填料段的高度，不应超过6m。一般认为上述限制必须遵守，否则将严重影响填料的表面利用率。

表6-3　填料段高度的最大值

填料种类	$(Z_0 \cdot D^{-1})_大$	Z_0/m
拉西环	2.5～3	<6
金属填料环	5～10	<6
矩　鞍	5～8	<6

【例6-10】 用清水吸收体积分数为9%SO_2及91%空气的气体混合物中的SO_2，假定吸收塔是在20 ℃及101.3 kPa的条件下进行操作，所处理的混合气体总量为1 000 m^3/h，在吸收后溶液中的SO_2的浓度$X_1=0.002\ 92$。塔内选用25 mm×25 mm×2 mm的陶质拉西环(乱堆)，并假定被全部润湿，SO_2的回收率为98%，且已知气相吸收总系数为50.7 kg/m^2·h，取空塔速度为液泛速度的80%。操作条件下的平衡关系为$Y^*=27.23X$。试计算吸收塔的塔径和填料层高度。

解：1.组成换算

$$Y_1=\frac{9}{91}=0.099$$

$$Y_2 = (1 - 98\%)Y_1 = 0.02 \times 0.099 = 0.001\ 98$$
$$X_1 = 0.002\ 92$$
$$X_2 = 0$$

2.塔径的计算

塔径的计算首先要确定实际用水量及混合气体量。

(1)实际用水量的确定

$$L = \frac{V(Y_1 - Y_2)}{X_1 - X_2}$$

式中 $$V = \frac{1\ 000 \times 91\%}{22.4} \times \frac{273}{293} = 37.8(\text{kmol/h})$$

将 V 代入上式,得实际用水量为

$$L = \frac{37.8(0.099 - 0.001\ 98)}{0.002\ 92 - 0}$$
$$= 1\ 256(\text{kmol/h})$$
$$= 22\ 600(\text{kg/h}) = 22.6(\text{m}^3/\text{h})$$

(2)混合气体密度的计算

$$M_{混} = 29 \times 0.91 + 64 \times 0.09 = 32.15(\text{kg/kmol})$$

根据理想气体状态方程可得

$$\rho_V = \frac{MP}{RT}$$
$$\because R = 8.31\ \text{kJ/kmol} \cdot \text{K}, T = 273 + 20 = 293\text{K}$$
$$\therefore \rho_V = \frac{32.15 \times 101.3}{8.31 \times 293} = 1.338(\text{kg/m}^3)$$

(3)塔径的计算

①液泛速度 u_f 的计算

应用填料塔泛点与压强降关联图,有

横坐标:$\frac{w_L}{w_V}\left(\frac{\rho_V}{\rho_L}\right)^{0.5} = \frac{22.6 \times 1\ 000}{1\ 000 \times 1.338} \times \left(\frac{1.338}{1\ 000}\right)^{0.5} = 0.62$

由图 6-16 查出对应于乱堆填料泛点的纵坐标,得

$$\frac{u_f^2 \phi \Psi}{g} \cdot \frac{\rho_V}{\rho_L} \cdot \mu_L^{0.2} = 0.033$$

式中 $$\Psi = \frac{\rho_{H_2O}}{\rho_L} = \frac{1\ 000}{1\ 000} = 1$$

由表 6-2 查得 $$\phi = 450(1/\text{m})$$

$$\mu_L = 1.0(\text{mPa} \cdot \text{s})$$

将已知各物理量代入上式,得泛点气速为

$$u_f = \left(0.033 \frac{g \rho_L}{\phi \Psi \rho_V \mu_L^{0.2}}\right)^{0.5}$$

$$=\left[0.033\times\frac{9.81\times1\ 000}{450\times1\times1.338\times(1.0)^{0.2}}\right]^{0.5}$$

$$=(0.54)^{0.5}=0.73(\mathrm{m/s})$$

②适宜空塔速度 u 的计算

按题意,取 $u=0.8u_f=0.8\times0.73=0.58(\mathrm{m/s})$

③塔径 D 的计算

由式(6-38)得

$$D=\sqrt{\frac{V_S}{\frac{\pi}{4}u}}=\sqrt{\frac{1\ 000/3\ 600}{0.785\times0.58}}=0.78(\mathrm{m})$$

圆整后取 $D=800$ mm。

3.用对数平均推动力法求填料层高度

(1)ΔY_m 的计算。由式(6-44)得

$$\Delta Y_m=\frac{(Y_1-Y_1^*)-(Y_2-Y_2^*)}{\ln\frac{Y_1-Y_1^*}{Y_2-Y_2^*}}$$

$Y_1^*=27.23\times0.002\ 92=0.079\ 5$,$Y_2^*=0$ 将已知数值代入上式,得

$$\Delta Y_m=\frac{(0.099-0.079\ 5)-(0.001\ 98-0)}{\ln\frac{0.099-0.079\ 5}{0.001\ 98-0}}=\frac{0.017\ 52}{\ln\frac{0.019\ 5}{0.001\ 98}}=0.008$$

(2)Ω 和 a 的求取

$$\Omega=\frac{\pi}{4}D^2=0.785\times(0.8)^2=0.502(\mathrm{m}^2)$$

依题中已知条件,查表 6-2 得

$\sigma=190\ \mathrm{m}^2/\mathrm{m}^3$,按题意 $a=\sigma=190\ \mathrm{m}^2/\mathrm{m}^3$。

(3)填料层高度 Z 的计算

已知 $K_Y=50.7\ \mathrm{kg/(m^2\cdot h)}=\frac{50.7\ \mathrm{kg/(m^2\cdot h)}}{64\ \mathrm{kg/kmol}}=0.792\ 2\ \mathrm{kmol/(m^2\cdot h)}$

由式(6-42)得

$$Z=\frac{V(Y_1-Y_2)}{K_Ya\Omega\Delta Y_m}=\frac{37.8\times(0.099-0.001\ 98)}{0.792\ 2\times190\times0.502\times0.008}=6.07(\mathrm{m})$$

4.校核

(1)塔径与填料直径之比

$$\frac{D}{d}=\frac{800}{25}=32\quad\text{符合要求}$$

(2)填料段高度与塔径之比

将填料塔中填料分为三段,每段 $\frac{6.07}{3}=2.02(\mathrm{m})$,使之符合表 6-3 的要求。

(3)压强降

$$u = \frac{V_s}{\frac{\pi}{4}D^2} = \frac{\frac{1\ 000}{3\ 600}}{0.785 \times (0.8)^2} = 0.553(\text{m/s})$$

在操作气速下

$$\frac{u^2\phi\Psi}{g} \cdot \frac{\rho_V}{\rho_L} \cdot \mu_L^{0.2} = \frac{(0.553)^2 \times 450 \times 1}{9.81} \times \frac{1.338}{1\ 000} \times (1.0)^{0.2} = 0.018\ 77$$

根据 $\frac{u^2\phi\Psi}{g} \cdot \frac{\rho_V}{\rho_L} \cdot \mu_L^{0.2} = 0.018\ 77$ 及 $\frac{w_L}{w_V}\left(\frac{\rho_V}{\rho_L}\right)^{0.5} = 0.62$

查图6-16,得 $\Delta p = 38\ \text{mmH}_2\text{O/m}$ 填料层,符合要求。

6.6 解 吸

6.6.1 解吸方法

使溶解于液相中的气体释放出来的操作称为解吸,解吸是吸收的逆过程。在化工生产中,解吸操作有两个目的:其一,获得所需较纯的气体溶质;其二,使溶剂得以再生,返回吸收塔循环使用,使生产过程经济、合理。

如植物油生产中,用液状石蜡吸收浸出车间尾气中的溶剂而得到含有溶剂的液状石蜡溶液,为了得到纯净的溶剂,同时使液状石蜡循环使用,需将液状石蜡和溶剂分开的操作就是解吸。

由此可见,解吸就是气体溶质从液相转入气相的过程。因此,进行解吸过程的必要条件及推动力恰与吸收过程相反。解吸的必要条件为:$p < p^*$ 或 $Y < Y^*$ 即气相中溶质的分压 p(或组成 Y)必须小于与液相中溶质平衡的分压 p^*(或组成 Y^*)。其差值即解吸过程的推动力。

解吸过程可以通过不同的方法来实现。常用的解吸方法有如下四种:

1.将溶液加热升温

解吸是吸收的相反过程,因此不利于吸收的因素均有利于解吸。溶液加热升温可提高溶质的平衡分压 p^*,减小溶质的溶解度,从而有利于溶质与溶剂的分离。

2.减压闪蒸

若将原来处于较高压力的溶液进行减压,则因总压降低后气相中溶质的分压 p 也相应降低,因此,即使不加热升温也能实现 $p^* > p$ 的条件。所以减压对解吸是有利的。

3.在惰性气体中解吸

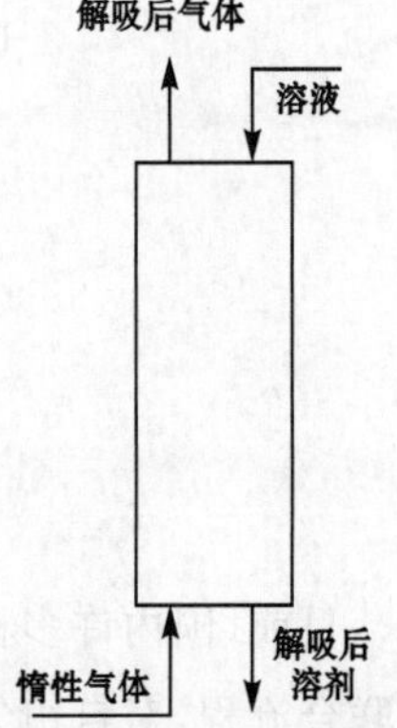

图6-18 解吸塔操作
(在惰性气体中解吸)

这种解吸操作的流程如图6-18所示。将溶液加热后送至解吸塔顶使其与塔底通入的惰性气体(或水蒸气)进行逆流接触,由于入塔惰性气体中溶质的分压 $p=0$,因此可达解吸目的。

4. 采用精馏方法将溶质与溶剂分离

在生产中,具体采用什么方法,须结合工艺特点,对具体情况进行具体分析。此外,也可以将几种方法联合起来加以应用。

6.6.2 吸收与解吸的联合流程

当需要将吸收剂回收再循环使用时,吸收完成后即将吸收所得溶液进行解吸。在工业生产中,为回收吸收剂并使其循环使用和借以获得较纯净的吸收质气体,多采用吸收与解吸的联合操作(如图 6-19 所示)。由吸收塔 1 出来的溶液由富油泵 2 抽送,经热交换器 3 和加热器 4 后,进入解吸塔 5,在解吸塔中释放出所吸收的溶质气体。经解吸后的吸收剂,从解吸塔出来先由贫油泵 6 抽送到热交换器 3 与即将加热解吸的溶液进行热交换后,再经冷却器 7 而回到吸收塔循环使用。整个吸收过程中,自由气体经两次串联逆流吸收后,由抽风机 8 将惰性气体排空。

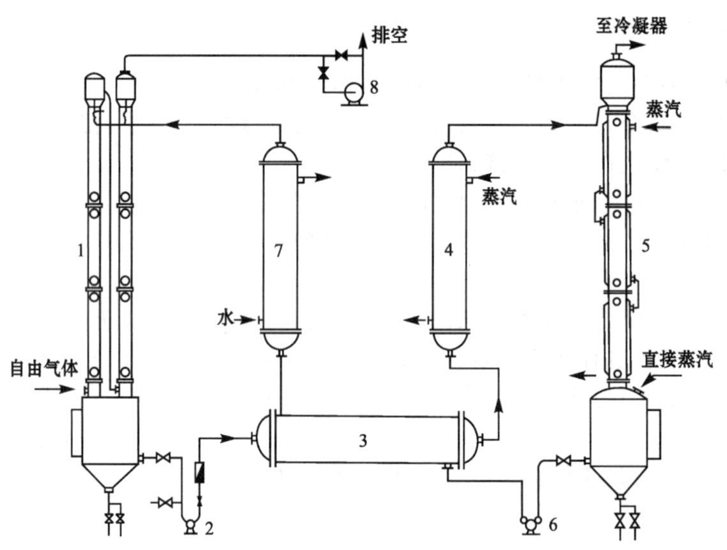

1. 吸收塔 2. 富油泵 3. 热交换器 4. 加热器 5. 解吸塔
6. 贫油泵 7. 冷却器 8. 抽风机

图 6-19 吸收与解吸的联合流程

目前,国内许多植物油厂就是利用食用级液状石蜡作为吸收剂,采用上述吸收与解吸的联合流程,对自由气体中的溶剂蒸气进行回收的。通常所用的解吸塔结构与填料吸收塔结构相类似。

习 题

1. 含乙醇(C_2H_5OH)12%(质量)的水溶液,试求:(1)乙醇的摩尔分数;(2)乙醇溶液的平均摩尔质量。(答:$x_A=0.05$;$M=19.4$ kg/kmol)

2. 设空气中氧的体积百分数为21%,氮为79%,且总压为101.3 kPa。试求(1)氧和氮的分压;(2)氧和氮的摩尔分数;(3)氧和氮的质量分数;(4)空气的平均摩尔质量。(答:(1)$p_A=21.3$ kPa;$p_B=80$ kPa (2)$y_A=0.21$;$y_B=0.79$ (3)$y_{WA}=0.233$;$y_{WB}=0.767$ (4)$M_m=28.84$ kg/kmol)

3. 空气和氨的混合气的总压是101.3 kPa,氨的体积百分数是5%。取空气的平均摩尔质量为29 kg/kmol。求氨的摩尔比、质量比和分压。(答:$Y_A=0.053$;$Y_{WA}=0.031$;$p_A=5.065$ kPa)

4. 含有水蒸气的空气中,水蒸气的分压是20.27 kPa,混合气的总压是106.66 kPa。取空气的平均摩尔质量为29 kg/kmol。求水蒸气的摩尔分数、摩尔比和质量比。(答:$y_A=0.19$;$Y_A=0.23$;$Y_{WA}=0.15$)

5. 含有3%(体积)NH_3的气体用水吸收,试求氨水的最大浓度,已知塔内的总压强为202.6 kPa,在上述情况下,氨在水中的溶解度服从亨利定律,在操作温度时的平衡关系为$p^*=267x$ kPa,其中x是溶液中氨的摩尔分数。(答:$x^*=0.023$)

6. 混合气中含CO_2 2%(体积),其余是空气,混合气的温度是30 ℃。压强是0.5 MPa。CO_2水溶液的亨利系数$E=188\ 000$ kPa,试求相平衡常数m,并计算与该气体相平衡的100 kg水中可溶解多少CO_2。CO_2在水中平衡组成很低,服从亨利定律。(答:$m=376$;0.013 kg/100 kg 水)

7. 某吸收塔每小时能从混合气体中吸收200 kg SO_2,已知该塔的实际用水量比最小耗用量大65%。试计算每小时实际用水量(m^3)。进塔的气体中含SO_2 18%(质量分数)。其余为惰性气体,平均摩尔质量可取为28。在操作温度20 ℃和压强101.3 kPa下,溶液的平衡关系为:$Y^*=26.7X$。(答:$V_h=25.83$ m^3/h)

8. 在20 ℃和101.3 kPa下,用清水分离氨和空气的混合气体。混合气中NH_3的分压是13.3 kPa,经吸收后氨的分压下降到0.006 8 kPa。混合气的流量是1 020 kg/h,操作条件下的平衡关系$Y^*=0.755X$。试计算最小吸收剂用量。如果适宜吸收剂用量是最小用量的2倍,试求吸收剂实际用量。(答:$L_{min}=22.94$ kmol/h;$L=45.88$ kmol/h)

9. 在一要将煤气中所含轻油(可假定全部为苯)用洗油加以吸收的吸收塔中,吸收塔的操作条件如下:每小时从塔底送入煤气1 000 m^3,压强为107.0 kPa,温度为25 ℃,其中含轻油2%(体积),轻油被吸收的量占原含量的95%。洗油从塔顶送入,温度也为25 ℃。其中含少量苯($X_2=0.005\ 02$),洗油的用量为最小值的1.5倍。求洗油消耗量和出塔液体实际组成。吸收平衡线方程为$Y^*=\frac{0.113X}{1+0.887X}$。(答:$L=5.86$ kmol/h;$X_1=0.145$)

10. 试求油类吸收苯的气相吸收平均推动力,已知苯在气体中的最初组成为4%(体积)，并在塔中吸去80%苯。离开吸收塔的油类中苯的组成为0.02(摩尔比)。吸收平衡线方程式为：$Y^*=0.126X$。(答：$\Delta Y_m=0.020\ 1$)

11. 填料吸收塔用水吸收烟道气中的CO_2，烟道气中的CO_2的含量为13%(体积)，为计算方便，其他可视为空气，烟道气通过塔后，CO_2的吸收率为90%。塔底送出的溶液中每1 m³纯水中含有CO_2 0.2 kg。已知每小时处理量为1 000 m³烟道气(20 ℃及101.3 kPa)；气相吸收总系数$K_Y=0.087$ kmol/(m²·h)。吸收平衡关系为$Y^*=1\ 420X$。试计算每小时用水量和所需吸收面积。(答：$L=59\ 581.1$ kmol/h；$F=2\ 441.6$ m²)

12. 计算第11题中的液气比和最小液气比。(答：$L/V=1\ 646.34$；$(L/V)_{min}=1\ 278$)

13. 某填料吸收塔在101.3 kPa和30 ℃条件下用清水从气体中吸收甲醇蒸气。进塔气体中甲醇含量是每1 m³惰性气体(以操作条件计算的体积)中含有0.1 kg甲醇。吸收率是98%。水自吸收塔流出时的组成是最大组成X_1^*的67%。平衡线方程是$Y^*=1.15X$。气体的空塔速度是0.4 m/s，吸收系数$K_Y=0.5$ kmol/(m²·h)。填料是25×25×2 mm陶瓷拉西环(乱堆)。惰性气体的流量是1 200 m³/h(操作条件下)。求塔径、填料层高度和清水用量。(答：$D=1.06$ m；$Z=4.71$ m；$L=81.67$ kmol/h)

14. 含有7%(体积分数)SO_2的炉气(其余气体的性质可认为与空气一样)在以25×25×2 mm陶瓷拉西环为填料的塔内用铵盐溶液进行吸收。已知气体流量为3 000 m³/h (101.3 kPa和25 ℃)，气体经塔后，SO_2近于完全吸收；溶液流量为14 000 kg/h，密度$\rho=1\ 230$ kg/m³，黏度$\mu_L=2.5$ mPa·s。取适宜空塔速度为液泛气速的70%，试计算塔径和每米填料层的压降。(答：$D=0.95$ m；$\Delta p=47$ mmH₂O/m=461.07 Pa/m)

15. 拟设计一用水吸收氨的填料塔。混合气体的处理量为3 000 m³/h，其组成为5.65%氨(体积)，94.35%空气(体积)，操作压力为101.3 kPa，操作温度为25 ℃。氨的回收率定为99.5%。填料塔采用不规则堆放的25 mm陶瓷拉西环。操作时的实际用水量为最小用水量的1.6倍。在操作条件下，吸收的平衡关系为：$Y^*=0.8X$。已知气相总吸收系数$K_Y=1.35$ kmol/(m²·h)。假定填料被全部润湿。(答：$D=0.93$ m，圆整后$D=1$ m；$Z=6.73$ m；校核：$D/d=40$；$Z_0=6.73/3=2.24$ m；$Z_0/D=2.24$ m；$\Delta p=42$ mmH_2O/m=412 Pa/m，经校核完全符合要求)

模块6 气体吸收在线自测

模块 7　液体精馏

7.1 概　述

7.1.1 精馏操作在化工中的应用

精馏是分离液体均相混合物典型的单元操作，在化工、炼油等工业生产中应用很广，例如石油精馏可得到汽油、煤油和柴油等；液态空气精馏可得到纯的液氧和液氮等。

精馏分离的依据是液体混合物中各组分的挥发性不同。在一定的外界压力下，混合物中沸点低的组分容易挥发，称为易挥发组分或轻组分，以 A 表示；而沸点高的组分难挥发，称为难挥发组分或重组分，以 B 表示。当它们在气、液两相趋于平衡时，各组分在两相中的相对含量不同，其中的易挥发组分在气相中的相对含量较液相中的高，而难挥发组分在液相中的相对含量较气相中的高。

精馏操作通过气、液两相的直接接触，使易挥发组分由液相向气相传递，难挥发组分由气相向液相传递，是气、液两相之间的传质过程。

7.1.2 精馏的分类

工业上精馏操作可按以下方法分类：

(1)按操作方式：可分为间歇精馏和连续精馏。间歇精馏用于小批量生产或某些有特殊要求的场合；连续精馏是工业生产中经常采用的操作。

(2)按物系中组分数目：可分为双组分精馏和多组分精馏。

(3)按物系分离的难易：可分为精馏和特殊精馏。当混合液中两组分的挥发度相差较大时，可采用精馏；当混合液中两组分的挥发度相差不大时，需要加入第三种组分，用萃取精馏或恒沸精馏等特殊精馏方法分离。

(4)按操作压强，可分为常压精馏、减压精馏和加压精馏。工业生产中一般采用常压精馏。对在常压下的物系沸点较高，或在高温下易发生分解、聚合等变质现象的物系(即热敏性物系)，常采用减压精馏。对常压下物系的沸点在室温以下的混合物或气态混合物，则采用加压精馏。

本模块重点讨论在常压条件下，双组分物系的连续精馏。

7.2 双组分溶液的气液相平衡

7.2.1 双组分溶液的气液相平衡

精馏过程是物质(组分)在两相间,由一相转移到另一相的传质过程。气、液两相达到平衡状态是传质过程的极限。气液相平衡关系是分析精馏原理和解决精馏计算问题的理论基础。

1. 双组分理想溶液的气液相平衡关系

气液相平衡关系,是指溶液与其上方的蒸气达到平衡时,气、液两相间各组分组成之间的关系。

(1)理想溶液及拉乌尔定律

实验表明,理想溶液的气液相平衡关系遵循拉乌尔定律。

拉乌尔定律表示:在一定温度下,气、液两相达到平衡时,溶液上方气相中任意组分的平衡分压,等于该组分在纯态时、相同温度下的饱和蒸气压与该组分在液相中的摩尔分数之乘积。即

$$p_A = p_A^0 x_A \tag{7-1}$$

$$p_B = p_B^0 x_B = p_B^0 (1 - x_A) \tag{7-1a}$$

式中 p_A, p_B——溶液上方组分 A、B 的平衡分压,Pa;

x_A, x_B——溶液中组分 A、B 的摩尔分数;

p_A^0, p_B^0——同温度下纯组分 A、B 的饱和蒸气压,Pa。

纯组分的饱和蒸气压是温度的函数,即

$$p_A^0 = f(t) \tag{7-2}$$

$$p_B^0 = \phi(t) \tag{7-2a}$$

纯组分的饱和蒸气压可直接从理化手册中查得。

理想物系气相服从道尔顿分压定律,设平衡时溶液上方的蒸气总压为 p,则

$$p = p_A + p_B \tag{7-3}$$

将拉乌尔定律代入式(7-3)中,即

$$p = p_A^0 x_A + p_B^0 (1 - x_A)$$

整理得

$$x_A = \frac{p - p_B^0}{p_A^0 - p_B^0} \tag{7-4}$$

式(7-4)又称为泡点方程,该式表示平衡物系的温度和液相组成的关系,在一定压强下,液体混合物开始沸腾产生第一个气泡的温度,称为泡点温度(简称泡点)。

同理,溶液上方蒸气的组成为

$$y_A = \frac{p_A}{p} = \frac{p_A^0 x_A}{p} = \frac{p_A^0}{p}\frac{p - p_B^0}{p_A^0 - p_B^0} \tag{7-5}$$

式(7-5)又称为露点方程。该式表示平衡物系的温度和气相组成的关系。在一定压强下，混合蒸气冷凝开始出现第一个液滴时的温度，称为露点温度(简称露点)。

严格而言，实际上理想溶液是不存在的，仅对于那些由性质极相近、分子结构相似的组分所组成的溶液，例如苯-甲苯、甲醇-乙醇、烃类同系物等可视为理想溶液。

(2)气液平衡相图

相图表达的气液相平衡关系清晰直观，在双组分精馏中应用相图使得计算过程更为简便，而且影响精馏过程的因素可在相图上直接予以反映。常用的相图为恒压下的t-x-y图和y-x图。x和y分别指物系中易挥发组分的液相和气相组成。

①t-x-y图

该图表示在一定总压下，温度与气、液相组成之间的关系。

在总压为 101.33 kPa 下，苯-甲苯混合液的t-x-y图如图 7-1 所示。通常，t-x-y关系的数据由实验测得。对于理想溶液，也可用纯组分的饱和蒸气压数据进行计算。

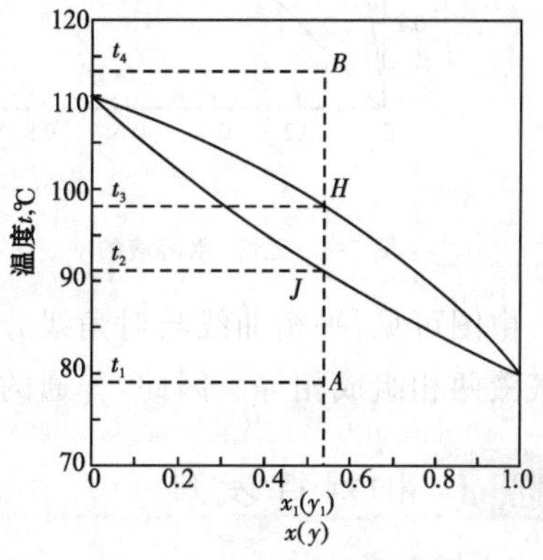

图 7-1 苯-甲苯混合液的t-x-y图

在图 7-1 中，以温度t为纵坐标，以平衡组成x或y为横坐标。图中有两条曲线，下方曲线为t-x线，代表平衡时泡点温度与液相组成间的关系，此曲线称为饱和液体线或泡点线。上方曲线为t-y线，代表平衡时露点温度与气相组成间的关系，此曲线称为饱和蒸气线或露点线。上述两条线将t-x-y图分为三个区域。饱和液体线以下区域代表液体尚未沸腾，称为过冷液相区；饱和蒸气线以上区域，表示溶液全部汽化，称为过热蒸气区；两曲线之间的区域，表示气液两相同时存在，称为气液共存区。

若将组成为x_1、温度为t_1的混合液(图中点A)加热升温至t_2(点J)时，溶液开始沸腾，产生第一个气泡，相应的温度称为泡点温度。同样，若将组成为y_1、温度为t_4(点B)的过热蒸气冷却，当温度降到t_3(点H)时，混合气体开始冷凝，产生第一滴液体，相应温度称为露点温度。

②y-x图

在一定外压下，以y为纵坐标，以x为横坐标，建立气相-液相平衡图，即y-x图，图中曲线代表气液相平衡时的气相组成y与液相组成x之间的关系。

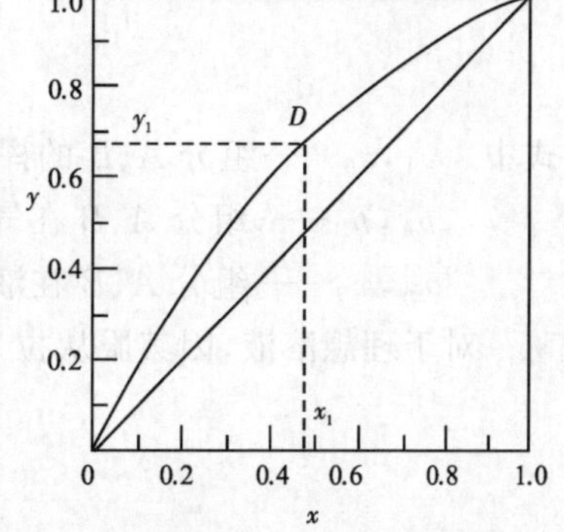

图 7-2 苯-甲苯混合液的y-x图

图 7-2 为苯-甲苯混合液在外压为 101.33 kPa 下的y-x图。如图中曲线的D点表示组成为x_1的液相与组成为y_1的气相互成平衡。该曲线又称为平衡曲线。

对于理想溶液，由于平衡时气相组成y恒大于液相组成x，故平衡曲线在对角线上方。平衡曲线偏离对角线愈远,表示该溶液愈易分离。

2. 双组分非理想溶液的气液平衡关系

对于非理想溶液,若非理想程度不严重,则其 t-x-y 图及 y-x 图的形状与理想溶液的相仿;若非理想程度严重,则可能出现恒沸点和恒沸组成。非理想溶液可分为与理想溶液发生正偏差的溶液和负偏差的溶液。例如,乙醇-水物系是具有正偏差的非理想溶液;硝酸-水物系是具有负偏差的非理想溶液。它们的 y-x 图分别如图 7-3 和图 7-4 所示。

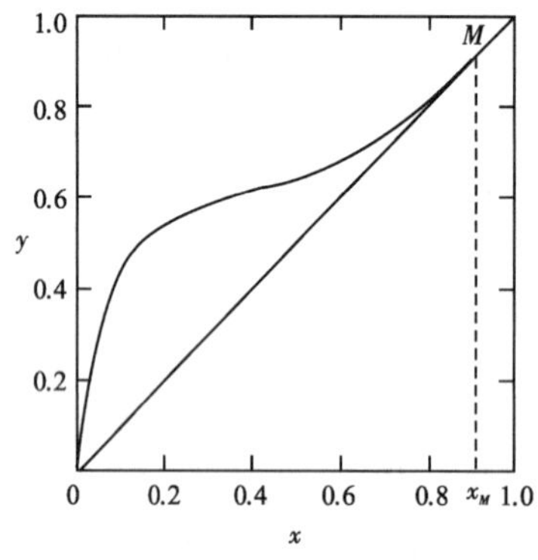

图 7-3 乙醇-水溶液的 y-x 图

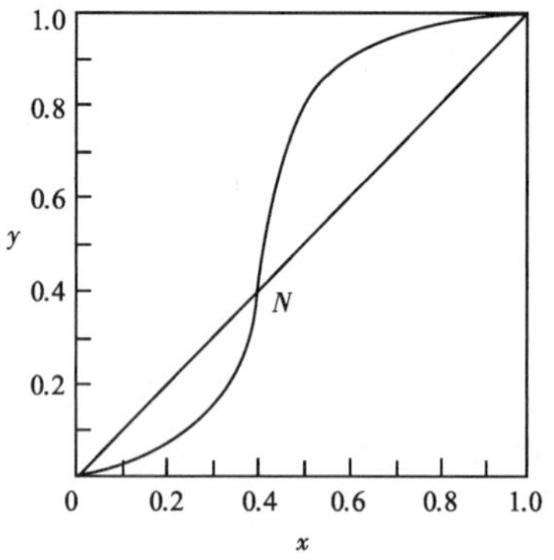

图 7-4 硝酸-水溶液的 y-x 图

由图可见,平衡曲线与对角线分别交于点 M 和点 N,交点处的组成称为恒沸组成,表示气液两相组成相等。因此,普通的精馏方法不能用于分离恒沸溶液。

7.2.2 相对挥发度

1. 挥发度

挥发度可表示物质挥发的难易程度。纯物质的挥发度可用该物质在一定温度下的饱和蒸气压来表示。同一温度下,蒸气压愈大,表示挥发性愈大。对于混合液,因组分间的相互影响,使其中各组分的蒸气压要比纯组分的蒸气压低,故混合液中组分的挥发度可用该组分在气相中的平衡分压与其在液相中的组成(摩尔分数)之比表示,即

$$v_A = \frac{p_A}{x_A} \tag{7-6}$$

$$v_B = \frac{p_B}{x_B} \tag{7-6a}$$

式中 v_A, v_B——组分 A、B 的挥发度,Pa;

p_A, p_B——组分 A、B 在气相中的平衡分压,Pa;

x_A, x_B——组分 A、B 在液相中的摩尔分数。

对于理想溶液,因其服从拉乌尔定律,故

$$v_A = \frac{p_A}{x_A} = \frac{p_A^0 x_A}{x_A} = p_A^0 \tag{7-7}$$

$$v_B = \frac{p_B}{x_B} = \frac{p_B^0 x_B}{x_B} = p_B^0 \tag{7-7a}$$

即理想溶液中各组分的挥发度等于其饱和蒸气压。

2. 相对挥发度

在精馏操作中，溶液是否容易分离，起决定作用的是各组分挥发程度的对比，因而引出相对挥发度的概念。

相对挥发度，即混合液中两组分挥发度之比，用 α 表示。对两组分物系，习惯上将易挥发组分作为分子，即

$$\alpha=\frac{v_A}{v_B}=\frac{p_A/x_A}{p_B/x_B} \tag{7-8}$$

当操作压强不高时，气相遵循道尔顿分压定律，$p_A=py_A$，$p_B=py_B$。对两组分溶液，$x_B=1-x_A$，$y_B=1-y_A$，则式(7-8)可表示为

$$\alpha=\frac{py_A/x_A}{py_B/x_B}=\frac{y_A/x_A}{y_B/x_B}=\frac{y_A/y_B}{x_A/x_B}=\frac{y_A/(1-y_A)}{x_A/(1-x_A)} \tag{7-9}$$

整理上式并略去下标得到

$$y=\frac{\alpha x}{1+(\alpha-1)x} \tag{7-10}$$

或

$$x=\frac{y}{\alpha-(\alpha-1)y} \tag{7-10a}$$

式(7-10)、式(7-10a)称为气液相平衡方程，它表示在同一总压下互成平衡的气、液两相组成之间的关系。若已知两组分的相对挥发度，则可利用平衡方程求得平衡时气、液两相组成。

相对挥发度的大小反映了溶液用精馏分离的难易程度。α 愈大，表明 A、B 两组分的挥发度差别愈大，愈容易分离；$\alpha=1$，由式(7-10)可知 $y=x$，说明该溶液所产生的气相组成与液相组成相同，此混合物不能用普通精馏方法分离。

对于理想溶液，则有

$$\alpha=\frac{p_A^0}{p_B^0} \tag{7-11}$$

式(7-11)表明，理想溶液中两组分间的相对挥发度等于同温度下两组分的饱和蒸气压之比。当温度变化时，由于 p_A^0 和 p_B^0 均随着温度沿相同的方向变化，因此两者的比值变化不大，故一般可视为常数，或可取为操作温度范围的平均值，称为平均相对挥发度，以 α_m 表示。

【例 7-1】 计算不同温度下的正庚烷与正辛烷的相对挥发度，并求出其算术平均值。

解：此溶液为理想溶液，可由式(7-11)计算平均相对挥发度 α_m。p_A^0、p_B^0 见表 7-1。计算结果见表 7-2。

表 7-1 正庚烷(*A*)和正辛烷(*B*)的饱和蒸气压与温度关系数据

温度 t/℃	p_A^0/kPa	p_B^0/kPa	温度 t/℃	p_A^0/kPa	p_B^0/kPa
98.4	101.3	44.4	115	160.0	74.8
105	125.3	55.6	120	180.0	86.6
110	140.0	64.5	126.6	205.0	101.3

表 7-2 计算结果

温度 t/℃	98.4	105	110	115	120	126.6
$\alpha=p_A^0/p_B^0$	2.28	2.25	2.17	2.13	2.08	2.02

平均相对挥发度 α_m 为

$$\alpha_m=\frac{2.28+2.25+2.17+2.13+2.08+2.02}{6}=2.16$$

由此可见，α 随温度变化，但变化不大，所以利用式(7-10)计算相平衡关系时，式中 α 可用 α_m 代替。

7.3 精馏过程分析

7.3.1 精馏原理

精馏过程原理可用气液平衡相图说明，如图 7-5 所示。若将组成为 x_F、温度低于泡点的某混合液加热到泡点以上，使其部分汽化，并将气相和液相分开，则所得气相组成为 y_1，液相组成为 x_1，且 $y_1>x_F>x_1$，此时气液相量可用杠杆规则确定。若将组成为 y_1 的气相混合物进行部分冷凝，则可得到组成为 y_2 的气相和组成为 x_2 的液相；又若将组成为 y_2 的气相部分冷凝，则可得到组成为 y_3 的气相和组成为 x_3 的液相，且 $y_3>y_2>y_1$，可见气体混合物经多次部分冷凝后，在气相中可获得高纯度的易挥发组分。同时，若将组成为 x_1 的液相经加热器加热，使其部分汽化，则可得到组成为 x'_2 的液相和组成为 y'_2(图中未标出)的气相，再将组成为 x'_2 的液相进行部分汽化，可得到组成为 x'_3 的液相和组成为 y'_3(图中未标出)的气相，且 $x'_3<x'_2<x_1$，可见液体混合物经过多次部分汽化，在液相中可获得高纯度的难挥发组分。

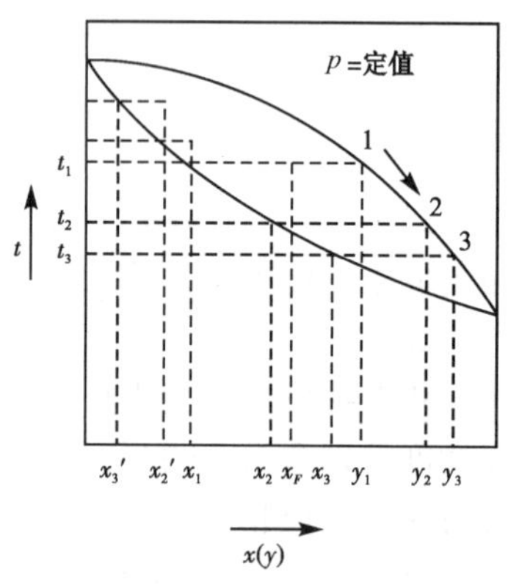

图 7-5　多次部分汽化和部分冷凝

精馏原理

综上所述，通过多次部分汽化和多次部分冷凝的方法分离液体均相混合物，可使混合物得到较为完全的分离，但这种方法若用于工业生产中会有不少实际困难，如纯产品的产率很低、设备庞杂、能耗很大等。在实际的工业装置中是通过板式或填料精馏塔来实现的。本章以板式塔为例来介绍精馏过程与设备。

7.3.2 精馏装置的流程

精馏装置主要由精馏塔、塔顶冷凝器、塔底再沸器、回流液泵等组成，如图 7-6 所示。原料液经预热后，送入精馏塔内。操作时，从塔底排出的液体进入再沸器中，部分液体汽化，产生上升蒸气，依次通过各层塔板。其余液体连续从再沸器流出作为塔底产品(釜残液)，塔顶蒸气进入冷凝器中被全部冷凝，并将部分冷凝液借助重力作用(也可用泵)送回塔顶作为回流液体，其余部分经冷凝器后被送出作为塔顶产品(馏出液)。

通常将原料液进入的那层板称为加料板，加料板以上的塔段称为精馏段，加料板以下的塔段(包括加料板)称为提馏段。原料从塔的中部附近的进料板连续进入塔内,沿塔向下流到再沸器。液体在再沸器中被加热而部分汽化,蒸气中易挥发组分的组成大于液相中易挥发组分的组成。蒸气沿塔向上流动,与下降液体逆流接触,因气相温度高于液相温度,气相进行部分冷凝,同时把热量传给液体,使液相进行部分汽化。因此,难挥发组分从气相向液相传递,易挥发组分从液相向气相传递。结果,上升气相中易挥发组分逐渐增多,难挥发组分逐渐减少;而下降液相中易挥发组分逐渐减少,难挥发组分逐渐增多。

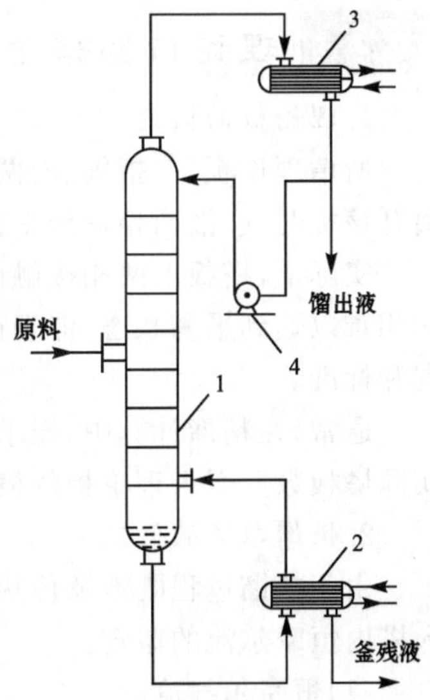

1. 精馏塔 2. 再沸器 3. 冷凝器 4. 回流液泵

图 7-6 连续精馏装置流程

7.3.3 塔板与回流的作用

塔内气、液两相每经过一块塔板,上升蒸气中易挥发组分和下降液相中难挥发组分分别同时得到一次提浓,因此,经过的塔板数越多,提浓程度越高。通过整个精馏过程,最终在塔顶得到高纯度的易挥发组分(塔顶馏出液),塔釜得到的基本上是难挥发组分。概括来说,每一块塔板是一个混合分离器,进入塔板的气流和液流之间同时发生传质和传热过程,结果是两相各自得到提浓。

连续精馏装置

精馏过程需要气、液两相逐板接触,使混合物中两组分在气、液两相之间进行传热与传质,以达到两组分分离的目的,为此需要回流。精馏过程的回流包括塔顶的液相回流和塔釜的气相回流,从而保证每块塔板上都有下降的液流和上升气流。回流既是构成气、液两相传质的必要条件,又是维持精馏操作连续稳定的必要条件。塔顶的液相回流为第一块塔板提供向下流动的液相;同时又是蒸气发生部分冷凝的冷凝剂。塔底气相回流为最后一块塔板提供上升气相,同时又是液体产生部分汽化的加热剂。

塔顶蒸气冷凝器可分为全凝器和分凝器两种。全凝器用得较多,所以通常称其为冷凝器。

7.4 双组分连续精馏的计算

精馏过程的计算可分为设计型和操作型两类。本章重点讨论板式塔的设计型计算。

精馏过程设计型计算,通常已知原料液流量、组成及分离程度,需要计算和确定的内容有:①选定操作压强和进料热状态等;②确定产品流量和组成;③确定精馏塔的理论板数和加料位置;④选择精馏塔的类型,确定塔径、塔高和塔板结构尺寸,并进行流体力学校核;⑤计算冷凝器和再沸器的热负荷,并确定两者的类型和尺寸。本章重点介绍前四项。

7.4.1 理论板的概念及恒摩尔流的假定

1. 理论板的概念

所谓理论板，是指气、液两相在该板上充分接触混合，塔板上不存在温度差、浓度差，离开该板时气、液两相达到平衡状态，即两相温度相等，组成互为平衡。

实际上，塔板上两相接触面积和接触时间是有限的，因此在任何形式的塔板上，气、液两相难以达到平衡状态，即理论板是不存在的。理论板仅用作衡量实际板分离效率的依据和标准。

通常，在精馏计算中，先求得理论板，然后利用塔板效率予以修正，从而确定出所需的实际塔板数。引入理论板的概念，对精馏过程的分析和计算是十分有用的。

2. 恒摩尔流的假定

由于精馏过程既涉及传热又涉及传质，相互影响的因素较多，为了简化计算，通常引入塔内恒摩尔流的假定。

(1)恒摩尔气流

恒摩尔气流是指在精馏塔内，在没有中间加料(或出料)条件下，各层板上升蒸气的摩尔流量相等，即

精馏段 $V_1=V_2=V_3=\cdots=V=$常数

提馏段 $V_1'=V_2'=V_3'=\cdots=V'=$常数

但两段的上升蒸气摩尔流量不一定相等。

(2)恒摩尔液流

恒摩尔液流是指在精馏塔内，在没有中间加料(或出料)条件下，各层板下降液体的摩尔流量相等，即

精馏段 $L_1=L_2=L_3=\cdots=L=$常数

提馏段 $L_1'=L_2'=L_3'=\cdots=L'=$常数

但两段的下降液体摩尔流量不一定相等。

上述两项假设总称为恒摩尔流假定。在塔板上气、液两相接触时，若有 n kmol/h 的蒸气冷凝，相应有 n kmol/h 的液体汽化，这样恒摩尔流的假定才能成立。为此应满足以下条件：①混合物中各组分的摩尔汽化热相等；②气、液两相因温度不同而交换的显热不计；③塔设备保温良好，热损失可忽略。

由此可见，对基本上符合以上条件的系统，在塔内可视为恒摩尔流动。以后介绍的精馏计算是以恒摩尔流为前提的。

7.4.2 物料衡算-操作线方程

1. 全塔的物料衡算

物料衡算——操作线方程

通过对全塔的物料衡算，可以求出馏出液和釜残液的流量、组成与进料流量、组成之间的关系。

对图 7-7 所示的间接蒸气加热的连续精馏塔做全塔物料衡算，并以单位时间为基准，则

$$F=D+W \tag{7-12}$$

易挥发组分　　$Fx_F = Dx_D + Wx_W$　　(7-12a)

式中　F——原料液流量,kmol/s;

D——塔顶产品(馏出液)流量,kmol/s;

W——塔底产品(釜残液)流量,kmol/s;

x_F——原料液中易挥发组分的摩尔分数;

x_D——馏出液中易挥发组分的摩尔分数;

x_W——釜残液中易挥发组分的摩尔分数。

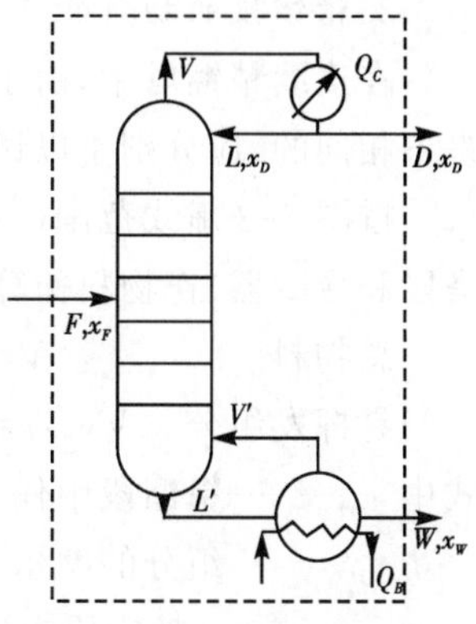

图 7-7　精馏塔的物料衡算

在式(7-12)和式(7-12a)中,通常 F 和 x_F 为已知,因此只要再给定两个参数,即可求出其他参数。

联立式(7-12)和式(7-12a)可求出馏出液的采出率 D/F 和釜残液的采出率 W/F。

$$\frac{D}{F} = \frac{x_F - x_W}{x_D - x_W} \tag{7-13}$$

$$\frac{W}{F} = \frac{x_D - x_F}{x_D - x_W} \tag{7-13a}$$

在精馏计算中,分离程度除用两产品的摩尔分数表示外,有时还用回收率表示,即

$$\text{塔顶易挥发组分回收率} = \frac{Dx_D}{Fx_F} \times 100\% \tag{7-14}$$

$$\text{塔底难挥发组分回收率} = \frac{W(1-x_W)}{F(1-x_F)} \times 100\% \tag{7-14a}$$

【例 7-2】 在连续精馏塔中分离苯-甲苯混合液,已知原料液流量为 15 000 kg/h,其中苯含量为 40%(质量分类,下同),要求塔顶馏出液中苯的回收率为 97.1%,釜残液中含苯不高于 2%,试求馏出液和釜残液的流量及组成。

解:苯的摩尔质量为 78 kg/kmol,甲苯的摩尔质量为 92 kg/kmol。

进料组成　　$x_F = \frac{40/78}{40/78 + 60/92} = 0.44$

釜残液组成　　$x_W = \frac{2/78}{2/78 + 98/92} = 0.023\ 5$

原料液的平均摩尔质量　$M_F = 0.44 \times 78 + 0.56 \times 92 = 85.8$

原料液流量　　$F = 15\ 000/85.8 = 174.8\ \text{(kmol/h)}$

依题意知　　$Dx_D/Fx_F = 0.971$

所以　　$Dx_D = 0.971 \times 174.8 \times 0.44 = 74.7$　　(a)

全塔物料衡算　　$D + W = F = 174.8$　　(b)

$Dx_D + Wx_W = Fx_F$

或　　$Dx_D + 0.023\ 5W = 174.8 \times 0.44$　　(c)

联立式(a),式(b),式(c),解得

$D = 80.7\ \text{kmol/h}\quad W = 94.1\ \text{kmol/h}\quad x_D = 0.926$

2. 精馏段的物料衡算

在连续精馏塔中，由于原料液不断地进入塔内，因此精馏段与提馏段两者的操作关系是不相同的，应分别予以讨论。

按图 7-8 虚线范围(包括精馏段第 $n+1$ 层塔板以上塔段和冷凝器)作物料衡算，以单位时间为基准，即

总物料 $$V=L+D \tag{7-15}$$

易挥发组分 $$Vy_{n+1}=Lx_n+Dx_D \tag{7-15a}$$

式中 x_n——精馏段中任意第 n 层板下降液体中易挥发组分的摩尔分数；

y_{n+1}——精馏段中任意第 $n+1$ 层板上升蒸气中易挥发组分的摩尔分数。

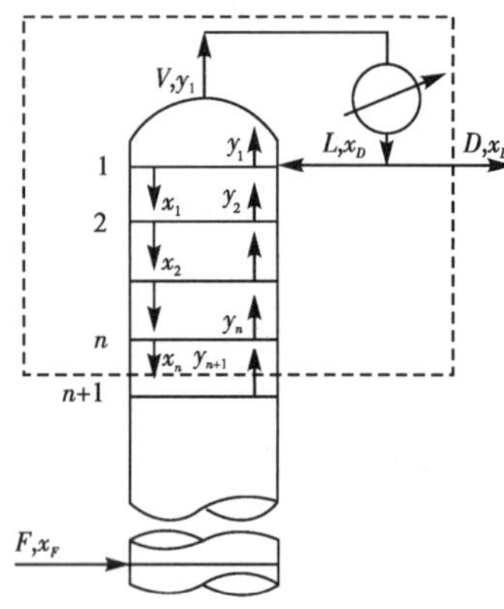

图 7-8 精馏段操作线方程的推导

将式(7-15)代入式(7-15a)，并整理得

$$y_{n+1}=\frac{L}{L+D}x_n+\frac{D}{L+D}x_D \tag{7-16}$$

若将上式等号右边的两项的分子和分母同时除以 D，可得

$$y_{n+1}=\frac{L/D}{L/D+1}x_n+\frac{1}{L/D+1}x_D$$

令 $L/D=R$，代入上式得

$$y_{n+1}=\frac{R}{R+1}x_n+\frac{1}{R+1}x_D \tag{7-17}$$

式中 R 称为回流比，它是精馏操作的重要参数之一。其值一般由设计者选定。R 值的确定将在后面讨论。

式(7-16)和式(7-17)称为精馏段操作线方程。此二式表示在一定操作条件下，精馏段内自任意第 n 层板下降的液相组成 x_n 与其相邻的下一层板(第 $n+1$ 层板)上升蒸气气相组成 y_{n+1} 之间的关系。该式在 x-y 直角坐标图上为直线，其斜率为 $R/(R+1)$，截距为 $x_D/(R+1)$，如图 7-9 中直线 ab。

3. 提馏段的物料衡算

按图 7-10 虚线范围(包括提馏段第 m 层板以下塔段及再沸器)作物料衡算，以单位时间为基准，即

总物料 $$L'=V'+W \tag{7-18}$$

易挥发组分 $$L'x'_m=V'y'_{m+1}+Wx_W \tag{7-18a}$$

式中 x'_m——提馏段第 m 层板下降液体中易挥发组分的摩尔分数；

y'_{m+1}——提馏段第 $m+1$ 层板上升蒸气中易挥发组分的摩尔分数。

将式(7-18)代入式(7-18a)，并整理可得

$$y'_{m+1}=\frac{L'}{L'-W}x'_m-\frac{W}{L'-W}x_W \tag{7-19}$$

式(7-19)称为提馏段操作线方程。此式表示在一定操作条件下，提馏段内自任意第 m 层板下降液体组成 x'_m 与其相邻的下一层板(第 $m+1$ 层)上升蒸气组成 y'_{m+1} 之间的关系。根据恒摩尔流的假定，L' 为定值，且在稳定操作时，W 和 x_W 也为定值，故式(7-19)

在 x-y 图上也是直线，如图 7-10 中直线 cd。

应予指出，提馏段的液体流量 L' 不如精馏段的液体流量 L 那样容易求得，因为 L' 除与 L 有关外，还受进料量及进料热状态的影响。

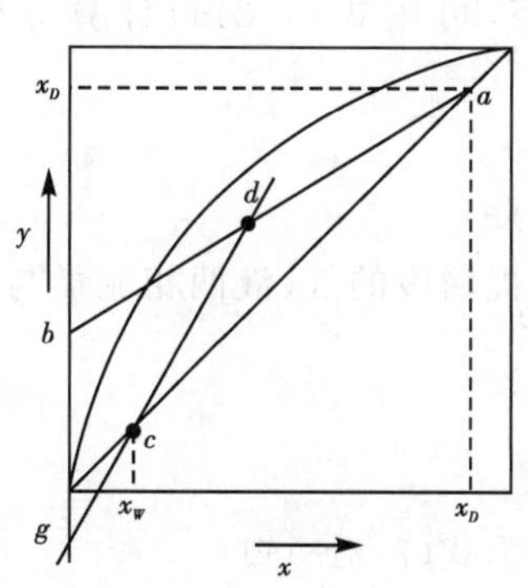

图 7-9　精馏塔的操作线

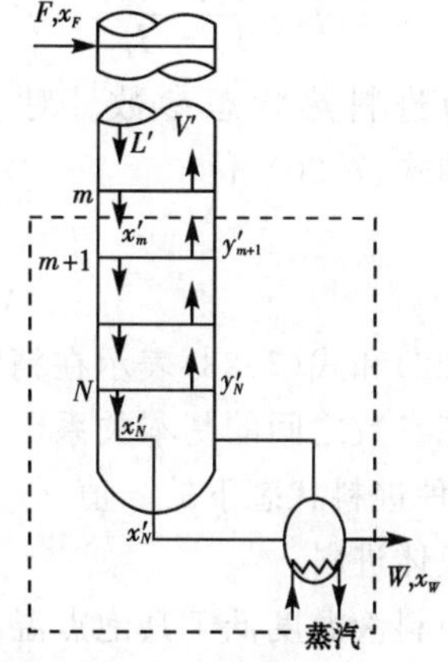

图 7-10　提馏段操作线方程的推导

7.4.3 进料热状态对操作线的影响

1. 进料热状态

在生产中，加入精馏塔中的原料可能有以下五种热状态：

(1)冷液体进料，原料温度为低于泡点的冷液体；

(2)饱和液体进料，原料温度为泡点的饱和液体，又称泡点进料；

(3)气液混合物进料，原料温度介于泡点和露点之间的气液混合物；

(4)饱和蒸气进料，原料温度为露点的饱和蒸气，又称露点进料；

(5)过热蒸气进料，原料温度为高于露点的过热蒸气。

2. 进料热状态参数

(1)进料板的物料衡算与热量衡算

对图 7-11 所示的进料板分别作物料衡算及热量衡算，即

$$F + V' + L = V + L' \tag{7-20}$$

$$FI_F + V'I_{V'} + LI_L = VI_V + L'I_{L'} \tag{7-20a}$$

式中　I_F——原料液的焓，kJ/kmol；

I_V，$I_{V'}$——进料板上、下饱和蒸气的焓，kJ/kmol；

I_L，$I_{L'}$——进料板上、下饱和液体的焓，kJ/kmol。

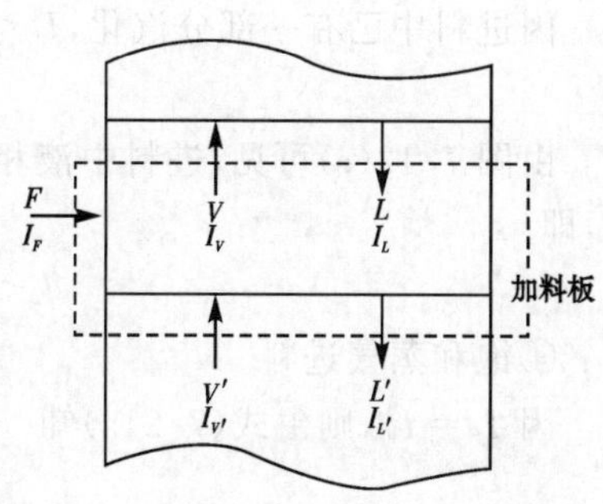

图 7-11　进料板上的物料衡算和热量衡算

由于与进料板相邻的上、下板的温度及气、液相组成各自都很相近，故有

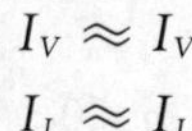

$$I_V \approx I_{V'}$$

$$I_L \approx I_{L'}$$

将上述关系代入式(7-20a),联立解式(7-20)和式(7-20a)可得

$$\frac{L'-L}{F}=\frac{I_V-I_F}{I_V-I_L} \tag{7-21}$$

令
$$q=\frac{I_V-I_F}{I_V-I_L}=\frac{\text{将 1 kmol 原料变为饱和蒸气所需热量}}{\text{原料液的千摩尔汽化热}} \tag{7-21a}$$

q 称为进料热状态参数。对各种进料热状态,可用式(7-21a)计算 q 值。根据式(7-21)和式(7-20)可得

$$L'=L+qF \tag{7-22}$$

$$V'=V+(q-1)F \tag{7-23}$$

式(7-22)和式(7-23)表示在精馏塔内精馏段和提馏段的气、液两相流量与进料量及进料热状态参数之间的基本关系。

(2)各种进料状态下的 q 值

①冷液体进料

因为原料液温度低于其泡点温度,故 $I_F<I_L$,则由式(7-21a)知

$$q>1$$

由图 7-12(a)可见,提馏段内下降液体流量 L'包括三部分:精馏段下降的液体流量 L;原料液流量 F;为将原料液加热到板上泡点温度必然会有部分自提馏段上升的蒸气被冷凝下来,冷凝液量也成为 L'的一部分。

故
$$L'>L+F \qquad V'>V$$

②饱和液体进料

由于原料液的温度与板上液体的温度相近,故 $I_F=I_L$,则由式(7-21a)知

$$q=1$$

由图 7-12(b)可见,进入提馏段的液体量为精馏段下降的液体量与进料量之和,而两段的上升蒸气流量则相等,即

$$L'=L+F \qquad V'=V$$

③气液混合物进料

因进料中已有一部分汽化,$I_L<I_F<I_V$,则由式(7-21a)知

$$0<q<1$$

由图 7-12(c)可见,进料中液相部分成为 L'的一部分,而蒸气部分则成为 V 的一部分,即

$$L<L'<L+F \qquad V'<V$$

④饱和蒸气进料

因 $I_F=I_V$,则由式(7-21a)知

$$q=0$$

由图 7-12(d)可见,整个进料变为 V 的一部分,而两段的下降液体流量则相等,即

$$L=L' \qquad V=V'+F$$

⑤过热蒸气进料

因 $I_F>I_V$,则由式(7-21a)知

$$q<0$$

由图 7-12(e)可见，精馏段上升蒸气流量 V 包括以下三部分：提馏段上升蒸气流量 V'；原料液流量 F；为将进料温度降至板上泡点温度，必然会有一部分来自精馏段下降的液体被汽化，汽化的蒸气量也成为 V 的一部分。

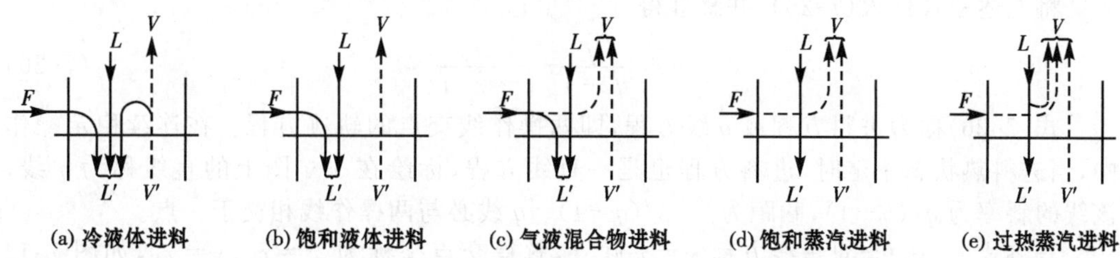

图 7-12　进料热状态对进料板上、下各流量的影响

故　$L'<L \qquad V>V'+F$

若将式(7-22)代入式(7-19)，则提馏段操作线方程可改写为

$$y'_{m+1}=\frac{L+qF}{L+qF-W}x'_m-\frac{W}{L+qF-W}x_W \tag{7-24}$$

对一定的操作条件而言，式(7-24)中的 L、F、W、x_W 及 q 为已知值或易于求得的值。

【例 7-3】　分离【例 7-2】中的溶液时，若进料为饱和液体，选用的回流比 $R=2.5$，试求提馏段操作线方程，并说明操作线的斜率和截距的数值。

解：由例 7-2 知

$x_W=0.0235 \quad W=94.1\ \text{kmol/h} \quad F=174.8\ \text{kmol/h} \quad D=80.7\ \text{kmol/h}$

而　$L=RD=2.5\times80.7=201.8\ (\text{kmol/h})$

因饱和液体进料，故　$q=\dfrac{I_V-I_F}{I_V-I_L}=1$

将以上数值代入式(7-24)，即可求得提馏段操作线方程

$$y'_{m+1}=\frac{201.8+1\times174.8}{201.8+1\times174.8-94.1}x'_m-\frac{94.1}{201.8+1\times174.8-94.1}\times0.0235$$

或　$y'_{m+1}=1.333x'_m-0.00783$

该操作线的斜率为 1.333，在 y 轴上的截距为 -0.00783。由计算结果可看出，本题提馏段的截距值是很小的，一般情况下也是如此。

3. 进料方程(或 q 线方程)

(1)提馏段操作线的作法

由图 7-13 可见，提馏段操作线的截距数值很小，因此提馏段操作线 cd 不易准确作出，而且这种作图方法不能直接反映出进料热状态的影响。因此，通常是先找出提馏段操作线与精馏段操作线的交点 d，再连接 cd 即可得到提馏段操作线。两操作线的交点可由联解两操作线方程而得到。若略去式(7-15a)和(7-18a)中变量的上下标，可得

$$Vy=Lx+Dx_D$$
$$V'y=L'x-Wx_W$$

上二式相减可得

$$(V'-V)y=(L'-L)x-(Dx_D+Wx_W) \tag{7-25}$$

由式(7-22)、式(7-23)和式(7-12a)可知

$$L' - L = qF$$
$$V' - V = (q-1)F$$
$$Fx_F = Dx_D + Wx_W$$

将上述三式代入(7-25),并整理得

$$y = \frac{q}{q-1}x - \frac{x_F}{q-1} \tag{7-26}$$

式(7-26)称为进料方程或 q 线方程,即两操作线交点的轨迹方程。在连续稳定操作中,当进料热状态一定时,进料方程也是一直线方程,标绘在 x-y 图上的直线称为 q 线。该线的斜率为 $q/(q-1)$,截距为 $-x_F/(q-1)$。q 线必与两操作线相交于一点。

若将式(7-26)与对角线方程 $y=x$ 联立,解得交点坐标为 $x=x_F$,$y=x_F$,如图 7-13 中点 e。再过 e 点作斜率为 $q/(q-1)$ 的直线,如图中直线 ef,即 q 线。q 线与精馏段操作线 ab 相交于点 d,该点即两操作线交点。连接点 $c(x_W, x_W)$ 和点 d,直线 cd 即提馏段操作线。

(2)进料热状态对 q 线及操作线的影响

进料热状态不同,q 值及 q 线的斜率也就不同,故 q 线与精馏段操作线的交点因进料热状态不同而变动,从而提馏段操作线的位置也就随之而变化。当进料组成、回流比及分离要求一定时,进料热状态对 q 线及操作线的影响如图 7-14 所示。进料热状态对 q 值及 q 线的影响列于表 7-3 中。

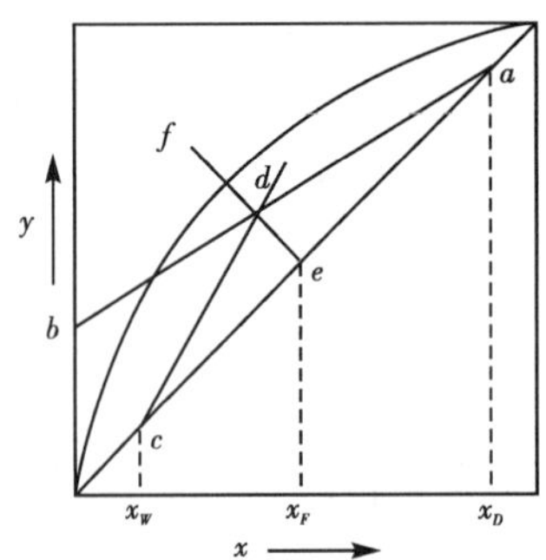

图 7-13 q 线与操作线的作法

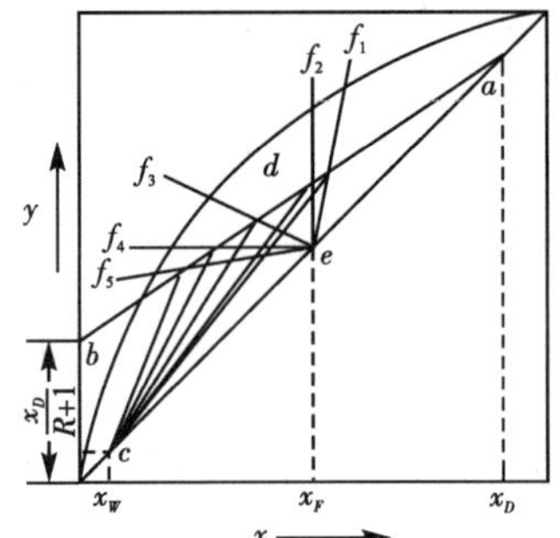

-14 进料热状态对 q 线及操作线的影响

表 7-3 进料热状态对 q 值及 q 线的影响

进料热状态	进料的焓 I_F	q 值	$q/(q-1)$	q 线在 x-y 图上位置
冷液体	$I_F<I_L$	>1	+	ef_1(↗)
饱和液体	$I_F=I_L$	1	∞	ef_2(↑)
气液混合物	$I_L<I_F<I_V$	$0<q<1$	−	ef_3(↖)
饱和蒸气	$I_F=I_V$	0	0	ef_4(←)
过热蒸气	$I_F>I_V$	<0	+	ef_5(↙)

7.4.4 理论板数的求法

当气、液两相在实际板上接触传质时,一般不能达到平衡状态,因此实际板数总应多于理论板数。对双组分连续精馏,通常采用逐板计算法或图解法确定精馏塔理论板数。在计算理论板数时一般需已知原料液组成、进料热状态、操作回流比以及要求的分离程度,并利用以下基本关系:

① 气液平衡关系,即平衡方程;

② 塔内相邻两板气、液相组成之间的关系,即操作线方程。

1.逐板计算法

参见图 7-15,若塔顶采用全凝器,从塔顶最上一层板(第 1 层)上升的蒸气进入冷凝器中被全部冷凝,因此塔顶馏出液组成及回流组成均与第 1 层的上升蒸气组成相同,即

$$y_1 = x_D = \text{已知值}$$

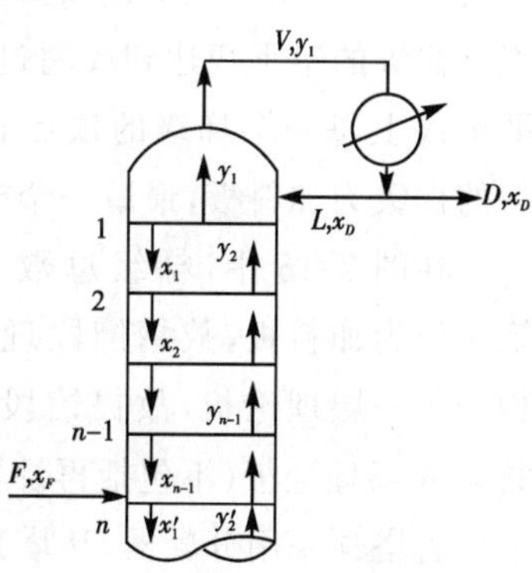

图 7-15 逐板计算法

由于离开每层理论板的气、液相组成是互成平衡的,故可由 y_1 利用气液平衡方程求得 x_1 即

$$x_1 = \frac{y_1}{\alpha - (\alpha - 1)y_1}$$

由于从下一层(第 2 层)板的上升蒸气组成 y_2 与 x_1 符合精馏段操作关系,故利用精馏段操作线方程可由 x_1 求得 y_2,即

$$y_2 = \frac{R}{R+1}x_1 + \frac{x_D}{R+1}$$

同理,y_2 与 x_2 互成平衡,即可用平衡方程由 y_2 求得 x_2,再用精馏段操作线方程由 x_2 求得 y_3,如此重复计算,直至计算到 $x_n \leqslant x_q$(x_q 为两操作线交点处的液相组成)时,说明第 n 层理论板是加料板,因此精馏段所需理论板层数为$(n-1)$。应予注意,在计算过程中,每使用一次平衡关系,表示需要一层理论板。

此后,可改用提馏段操作线方程,继续用与上述相同的方法求提馏段的理论板层数。因 $x_1{}'=x_n=$已知值,故可用提馏段操作线方程求 $y_2{}'$,即

$$y_2{}' = \frac{L+qF}{L+qF-W}x_1{}' - \frac{W}{L+qF-W}x_W$$

然后利用平衡方程由 $y_2{}'$求 $x_2{}'$,如此重复计算,直至计算到 $x_m{}' \leqslant x_W$ 为止。因一般再沸器内气、液两相视为平衡,再沸器相当于一层理论板,故提馏段所需理论板层数为$(m-1)$。

逐板计算法是计算理论板数的基本方法,计算结果准确,且可同时求得各层塔板上的气液相组成。但该法比较繁杂,尤其当理论板数较多时更甚,但由于计算机技术的普及,故一般在双组分精馏计算中仍被广泛应用。

2.图解法

图解法求理论板的基本原理与逐板计算法完全相同,只不过是用平衡曲线和操作线分别代替平衡方程和操作线方程,简便清晰,因此在双组分连续精馏计算中被广泛应用。

参见图 7-16,图解法求理论板的步骤如下:

(1)在 x-y 图上作平衡曲线和对角线。

(2)依照前面介绍的方法作精馏段操作线 ab,q 线 ef,提馏段操作线 cd。

(3)由塔顶即图中点 $a(x=x_D, y=x_D)$开始,在平衡线和精馏段操作线之间作直角梯级,当梯级跨过两操作线交点 d 时,则改在提馏段操作线与平衡线之间绘梯级,直至梯级的铅垂线达到或超过 c 点(x_W, x_W)为止。图中平衡线上每一个梯级的顶点表示一层理论板,其中过 d 点的梯级为加料板,最后一个梯级为再沸器。

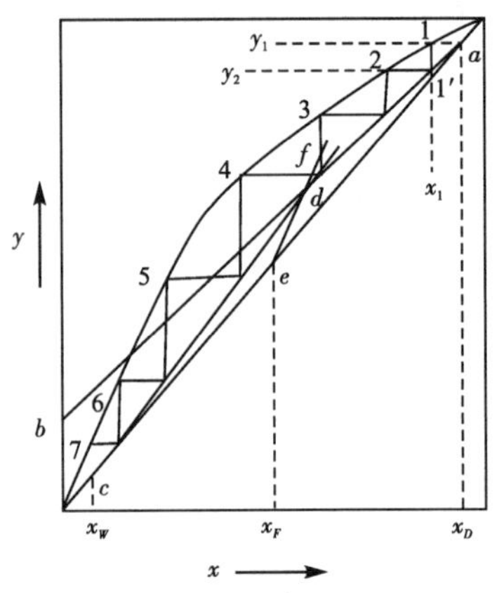

图 7-16 求理论板数的图解法

在图 7-16 中,梯级总数为 7,第 4 级跨过点 d,即第 4 级为加料板,故精馏段理论板层数为 3。因再沸器相当于一层理论板,故提馏段理论板层数为 3。该过程共需 6 层理论板(不包括再沸器)。

若塔顶采用分凝器,从塔顶出来的蒸气先在分凝器中部分冷凝,冷凝液作为回流液,未冷凝的蒸气再用全凝器冷凝,冷凝液作为塔顶产品。因为离开分凝器的气相与液相可视为互相平衡,故分凝器也相当于一层理论板。此时精馏段的理论层数应比相应的梯级数少一层。

【例 7-4】 在常压连续精馏塔中,分离苯-甲苯混合液。已知原料液流量为 116.6 kmol/h,进料中苯的含量为 0.44(摩尔分数,下同),要求馏出液组成为 0.975,釜残液组成为 0.023 5,回流比为 3.5,全塔物系的平均相对挥发度为 2.47,塔顶采用全凝器,泡点回流。进料温度为 20 ℃冷液体,塔釜采用间接蒸气加热,试用逐板计算法求理论板数。已知操作条件下苯的汽化热为 389 kJ/kg,甲苯的汽化热为 360 kJ/kg,原料液的平均比热容为 158 kJ/(kmol·℃)。苯-甲苯混合液的气液平衡数据(t-x-y)如图 7-1 所示,苯和甲苯的摩尔质量分别为 78 kg/kmol 和 92 kg/kmol。

解:由全塔物料衡算可得

$$D + W = F = 116.6 \tag{a}$$

及

$$Dx_D + Wx_W = Fx_F$$

即

$$0.975D + 0.0235W = 116.6 \times 0.44 \tag{b}$$

联立式(a)和(b)解得

$$D = 51.0(\text{kmol/h})$$

$$W = 65.5(\text{kmol/h})$$

精馏段内上升蒸气和下降液体的流量分别为

$$V = (R+1)D = (3.5+1) \times 51.0 = 230(\text{kmol/h})$$

$$L = RD = 3.5 \times 51.0 = 178.5(\text{kmol/h})$$

进料热状态参数为

$$q = \frac{I_V - I_F}{I_V - I_L} = \frac{c_p(t_s - t_F) + r}{r}$$

其中由图 7-1 查得 $x_F=0.44$ 时进料泡点温度为

$$t_s = 93\ ℃$$

原料液的平均汽化热为

$$r = 0.44 \times 389 \times 78 + 0.56 \times 360 \times 92 = 31\ 898(\text{kJ/kmol})$$

及

$$c_p = 158\ \text{kJ/(kmol} \cdot ℃)$$

故

$$q = 1 + \frac{158 \times (93 - 20)}{31\ 898} = 1.362$$

精馏段操作线方程为

$$y = \frac{R}{R+1}x + \frac{x_D}{R+1} = \frac{3.5}{3.5+1}x + \frac{0.975}{3.5+1} \tag{c}$$
$$= 0.778x + 0.217$$

q 线方程为

$$y = \frac{q}{q-1}x - \frac{x_F}{q-1} = \frac{1.362}{1.362-1}x - \frac{0.44}{1.362-1} = 3.76x - 1.215 \tag{d}$$

提馏段操作线方程为

$$y = \frac{L+qF}{L+qF-W}x - \frac{W}{L+qF-W}x_W$$
$$= \frac{178.5 + 1.362 \times 116.6}{178.5 + 1.362 \times 116.6 - 65.5}x - \frac{65.5}{178.5 + 1.362 \times 116.6 - 65.5} \times 0.023\ 5$$
$$= 1.24x - 0.005\ 7 \tag{e}$$

平衡方程为

$$x_n = \frac{y_n}{\alpha - (\alpha - 1)y_n} = \frac{y_n}{2.47 - 1.47y_n} \tag{f}$$

因本题为冷液进料，计算中先用平衡方程和精馏段操作线方程进行逐板计算，直至 $x_n \leqslant x_q$（注意此时 x_q 不是 x_F）为止，然后改用提馏段操作线方程和平衡方程继续逐板计算，直至 $x_m{}' \leqslant x_W$ 为止。

x_q 为 q 线和精馏段操作线的交点坐标，可由式(c)和式(d)联立解得

$$x_q = 0.48$$

因塔顶采用全凝器，故

$$y_1 = x_D = 0.975$$

x_1 由平衡方程式(f)求得，即

$$x_1 = \frac{0.975}{2.47 - 1.47 \times 0.975} = 0.940\ 4$$

y_2 由精馏段操作线方程式(c)求得，即

$$y_2 = 0.778 \times 0.940\ 4 + 0.217 = 0.948\ 6$$

依上述方法逐板计算，当求得 $x_n \leqslant 0.48$ 时该板为加料板。然后改用提馏段操作线方程式(e)和平衡方程式(f)进行计算，直至 $x_m \leqslant 0.023\ 5$ 为止。计算结果见表 7-4。

表 7-4　　理论板计算结果

序　号	y	x	备　注
1	0.975	0.940 4	
2	0.948 6	0.882 0	
3	0.903 2	0.790 7	
4	0.832 2	0.667 5	
5	0.736 3	0.530 6	
6	0.629 8	0.407 9$<x_q$	加料板
7	0.500 1	0.288 3	改用提馏段操作线方程
8	0.351 8	0.180 2	
9	0.217 8	0.101 3	
10	0.119 9	0.052 27	
11	0.059 12	0.024 81	
12	0.025 06	0.010 30$<x_W$	再沸器

计算结果表明，该分离过程所需理论板数为 11(不包括再沸器)，第 6 层为进料板。

【例 7-5】 分离【例 7-4】中的苯一甲苯混合液，试用图解法求理论板数。

解：图解法求理论板数的步骤如下：

1. 在直角坐标图上利用平衡方程绘平衡曲线，并绘对角线，如图 7-17 所示。

2. 在对角线上定点 $a(0.975, 0.975)$，在 y 轴上截距为

$$\frac{x_D}{R+1}=\frac{0.975}{3.5+1}=0.217$$

据此在 y 轴上定出点 b，连接 ab 即精馏段操作线。

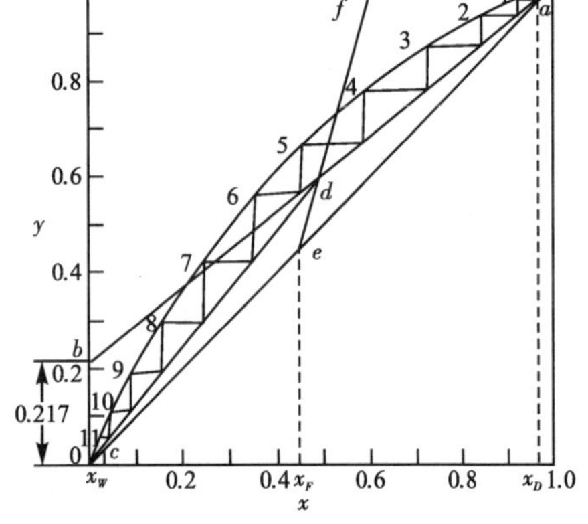

图 7-17　例 7-5 附图

3. 在对角线上定出点 $e(0.44, 0.44)$，过点 e 作斜率为 3.76 的直线 ef，即 q 线。q 线与精馏段操作线相交于点 d。

4. 在对角线上定出点 $c(0.023\ 5, 0.023\ 5)$，连接 cd，该直线即提馏段操作线。

5. 自点 a 开始在平衡线和精馏段操作线间绘由水平线和垂直线构成的梯级，当梯级跨过点 d 后更换操作线，即在平衡线和提馏段操作线间绘梯级，直到梯级达到或跨过点 c 为止。

图解法结果所需理论板数为 10(不包括再沸器)，自塔顶往下的第 5 层为进料板。

图解法结果与【例 7-4】逐板计算的结果基本一致。

7.4.5 回流比

回流比

前已指出，回流是保证精馏塔连续稳定操作的必要条件之一，因此回流比是精馏过程的重要参数，它的大小影响精馏塔的投资费用和操作费用，也

影响精馏塔的分离程度。在精馏塔的设计中，对于一定的分离任务（α、F、x_F、q、x_D 及 x_W 一定），设计者应选定适宜的回流比。回流比有两个极限值，分别为全回流和最小回流比。

1. 全回流和最少理论板数

将精馏塔塔顶上升蒸气经全凝器冷凝后，全部回流至塔内，这种回流方式称为全回流。在全回流操作下，塔顶产品量 $D=0$，通常进料量 F 和塔底产品量 W 均为零，即既不向塔内进料，也不从塔内取出产品。此时生产能力为零。因此对正常的生产无实际意义。但在精馏操作的开车阶段或在实验研究中，多采用全回流操作，这样便于过程的稳定控制和比较。

全回流时回流比为

$$R=L/D=L/0=\infty$$

因此，精馏段操作线的截距为 $\dfrac{x_D}{R+1}=0$

精馏段操作线的斜率为 $\dfrac{R}{R+1}=1$

可见，在 x-y 图上，精馏段操作线及提馏段操作线与对角线重合如图 7-18 所示，全塔无精馏段和提馏段之分。全回流时操作线方程可写为

$$y_{n+1}=x_n \tag{7-27}$$

全回流时操作线距平衡线为最远，表示塔内气、液两相间传质推动力最大，因此对于一定的分离任务而言，所需理论板数为最少，以 $N_{\min}$ 表示。

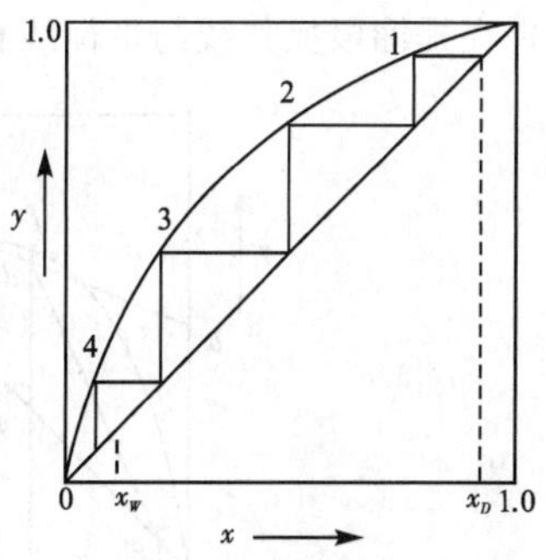

图 7-18　全回流时理论板数

$N_{\min}$ 可由在 x-y 图上平衡线和对角线之间绘梯级求得，同样也可用平衡线方程和对角线方程逐板计算得到；后者可推导出求算 $N_{\min}$ 的解析式，称为芬斯克方程，即

$$N_{\min}=\frac{\lg\left[\left(\dfrac{x_D}{1-x_D}\right)\left(\dfrac{1-x_W}{x_W}\right)\right]}{\lg\alpha_m}-1 \tag{7-28}$$

式中　$N_{\min}$——全回流时最少理论板数（不包括再沸器）；

α_m——全塔平均相对挥发度，可近似取塔顶和塔底 α 的几何平均值；为简化计算也可取它们的算术平均值。

2. 最小回流比

如图 7-19 所示，对于一定的分离任务，若减小回流比，精馏段操作线的斜率变小，两操作线的位置向平衡线靠近，表示气液两相间的传质推动力减小。因此，对特定分离任务所需理论板数增多。当回流比减小到某一数值时，使两操作线的交点 d 落在平衡曲线上，此时，若在交点附近用图解法求塔板，则需无穷多块塔板才能接近 d 点，表示所需的理论板数为无穷多，相应的回流比即最小回流比，以 $R_{\min}$ 表示。

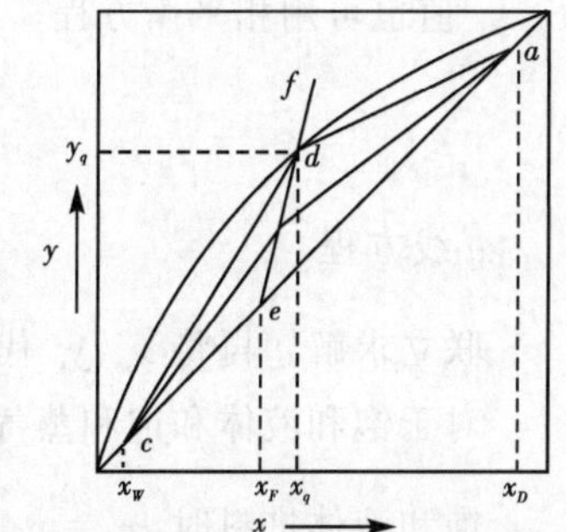

图 7-19　最小回流比的确定

在最小回流比下,两操作线和平衡线的交点 d 称为夹点,而在点 d 前后各板之间(通常在加料板附近)区域,气液两相组成基本上没有变化,即无增浓作用,故此区域称为恒浓区(又称夹紧区)。

最小回流比 R_{min} 可用作图法或解析法求得。

(1)作图法

设 d 点的坐标为(x_q,y_q),最小回流比可依如图 7-19 中 ad 线的斜率求出

$$\frac{R_{min}}{R_{min}+1}=\frac{x_D-y_q}{x_D-x_q} \tag{7-29}$$

解得

$$R_{min}=\frac{x_D-y_q}{y_q-x_q} \tag{7-30}$$

式中 x_q,y_q——q 线与平衡线的交点坐标,可由图中读得。

对于不规则的平衡曲线(有拐点,即平衡线有下凹部分),如图 7-20 所示。此种情况下夹点可能在两操作线与平衡线交点前出现,如图 7-20(a)的夹点 g 先出现在精馏段操作线与平衡线相切的位置,所以应根据此时的精馏段操作线斜率求 R_{min}。图 7-20(b)的夹点先出现在提馏段操作线与平衡线相切的位置,同样,应根据此时的精馏段操作线斜率求得 R_{min}。

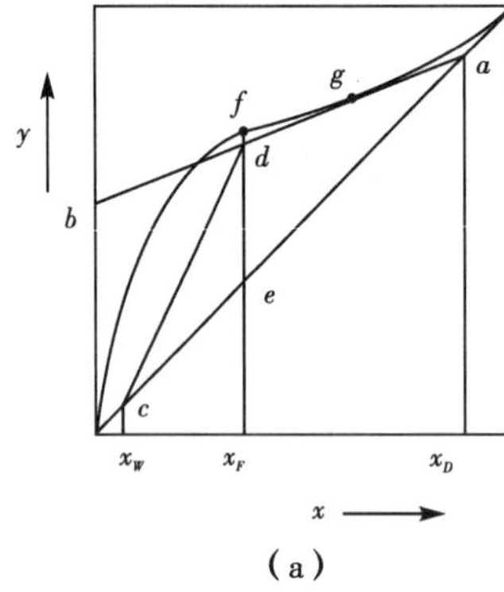

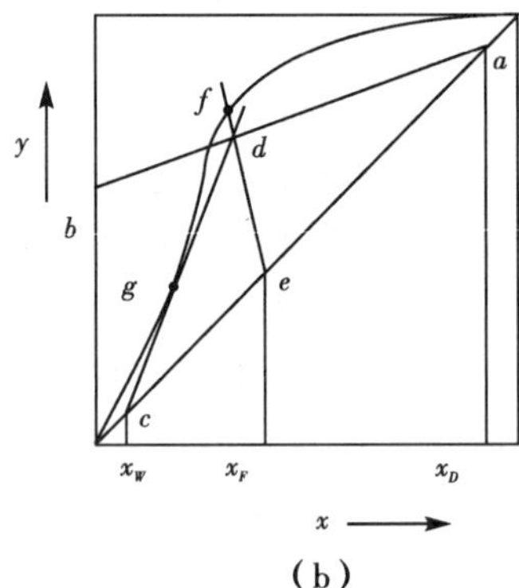

图 7-20 不规则平衡曲线的 R_{min} 的确定

(2)解析法

当平衡曲线为正常情况,相对挥发度 α 可取为常数(或取为平均值)的理想溶液,则 x_q,y_q 值也可用相平衡方程

$$y_q=\frac{\alpha x_q}{1+(\alpha-1)x_q}$$

q 线方程

$$y_q=\frac{q}{q-1}x_q-\frac{x_F}{q-1}$$

联立求解。再将 x_q、y_q 代入式(7-30)即可求出 R_{min}。

对于饱和液体和饱和蒸气进料状态,R_{min} 也可以直接采用下面公式计算。

饱和液体进料时,$x_q=x_F$,故 $R_{min}=\dfrac{1}{\alpha-1}\left[\dfrac{x_D}{x_F}-\dfrac{\alpha(1-x_D)}{1-x_F}\right]$ (7-31)

饱和蒸气进料时,$y_q=y_F$,故 $R_{min}=\dfrac{1}{\alpha-1}\left[\dfrac{\alpha x_D}{y_F}-\dfrac{1-x_D}{1-y_F}\right]-1$ (7-32)

3. 适宜回流比

在实际设计时，适宜回流比应通过经济核算确定。这要从精馏过程的设备费用与操作费用两方面考虑来确定。设备费用与操作费用之和为最低时的回流比称为适宜回流比。

在精馏设计中，通常采用由实践总结出来的适宜回流比范围

$$R=(1.1\sim 2)R_{\min} \tag{7-33}$$

【例 7-6】 在常压连续精馏塔中分离苯-甲苯混合液。原料液组成为 0.4(苯的摩尔分数，下同)，馏出液组成为0.95，釜残液组成为 0.05。操作条件下物系的平均相对挥发度为 2.47。试分别求以下两种进料热状态下的最小回流比。

解：(1)饱和液体进料 $x_q=x_F=0.4$

由式(7-31)得

$$R_{\min}=\frac{1}{\alpha-1}\left[\frac{x_D}{x_F}-\frac{\alpha(1-x_D)}{1-x_F}\right]$$

$$=\frac{1}{2.47-1}\left[\frac{0.95}{0.4}-\frac{2.47\times(1-0.95)}{1-0.4}\right]=1.48$$

(2)饱和蒸气进料 $y_q=y_F=0.4$

由式(7-32)得

$$R_{\min}=\frac{1}{\alpha-1}\left[\frac{\alpha x_D}{y_F}-\frac{1-x_D}{1-y_F}\right]-1=\frac{1}{2.47-1}\left[\frac{2.47\times 0.95}{0.4}-\frac{1-0.95}{1-0.4}\right]-1=2.93$$

计算结果表明，不同进料热状态下，$R_{\min}$ 值是不相同的，一般热进料时的 $R_{\min}$ 较冷进料时的 $R_{\min}$ 为高。

7.5 板式塔

塔设备是实现气液传质过程的设备，广泛应用于化工、石油等工业中。塔设备按其结构分为板式塔和填料塔两大类。虽然这两类塔都能进行气液传质过程，但在工业生产中，当处理量大时多采用板式塔，而当处理量小时多采用填料塔。对于一个具体的工艺过程，选用何种塔型，需要根据两类塔型各自特点和工艺本身的要求而定。

关于填料塔已在吸收一章中做过介绍，本节只对板式塔做简单介绍。

7.5.1 板式塔的主要类型和结构特点

板式塔通常是由呈圆柱形的塔体及按一定间距水平设置的若干块塔板构成的，在塔体上下两端分别设有气体和液体的进口和出口。塔内气体在压差作用下由下而上、液体在自身重力作用下由上而下呈逆流流动，但由于板式塔内实际气液接触过程是在一块块塔板上逐级进行的，在每块塔板上气液呈错流流动，即液体横向流过塔板，经降液管进入下层塔板，而气体则由下而上穿过板上的液层，在液层中实现气液两相密切接触，然后离

开液层，在该板上方空间汇合后进入上层塔板。因此，对每一块塔板而言，既要求进入该板的气流和液流充分接触以实现高效传质，又要求经过传质后的气液两相完全分离，各自进入相邻的塔板。图 7-21 表示板式塔的一般结构。

板式塔内流体的流动

板式塔的种类很多，主要有泡罩塔、筛板塔、浮阀塔、喷射塔及各种形式的穿流塔等。目前，国内外主要使用的塔板类型有泡罩塔、筛板塔、浮阀塔。

1. 泡罩塔

泡罩塔是工业上最早使用的板式塔(如图 7-22 所示)。每层塔板上设有许多供蒸气通过的升气管，其上覆以钟形泡罩，升气管与泡罩之间形成环形通道。泡罩周边开有很多称为齿缝的长孔，齿缝全部浸在板上液体中形成液封。操作时，气体沿升气管上升，经升气管与泡罩间的环隙，通过齿缝被分散成许多细小的气泡，气泡穿过液层使之成为泡沫层，以加大两相间的接触面积。液体由上层塔板降液管流到下层塔板的一侧，横过板上的泡罩后，开始分离所夹带的气泡，再超过溢流堰进入另一侧降液管，在管中气、液进一步分离，分离出的蒸气返回塔板上方空间，液体流到下层塔板。一般小塔采用圆形降液管，大塔采用弓形降液管。泡罩塔已有一百多年历史，但由于结构复杂、生产能力较低、压强降偏高等缺点，已逐渐被筛板塔、浮阀塔所取代，然而因它有操作稳定、技术比较成熟、对脏物料不敏感等优点，故在要求稳定性高的场合仍在使用。

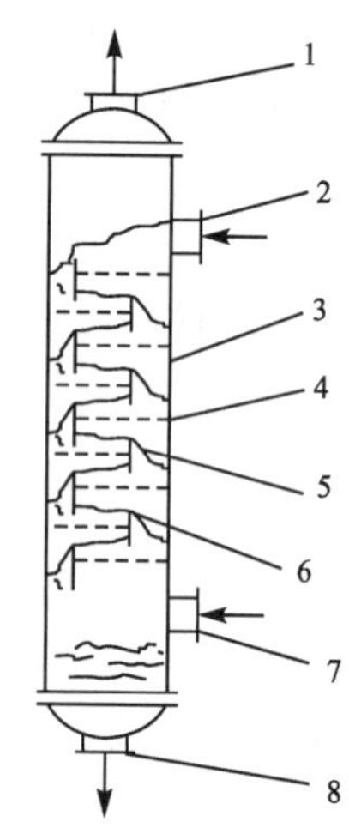

1. 气体出口 2. 液体入口 3. 塔壳 4. 塔板 5. 降液管 6. 出口溢流堰 7. 气体入口 8. 液体出口

图 7-21 板式塔结构简图

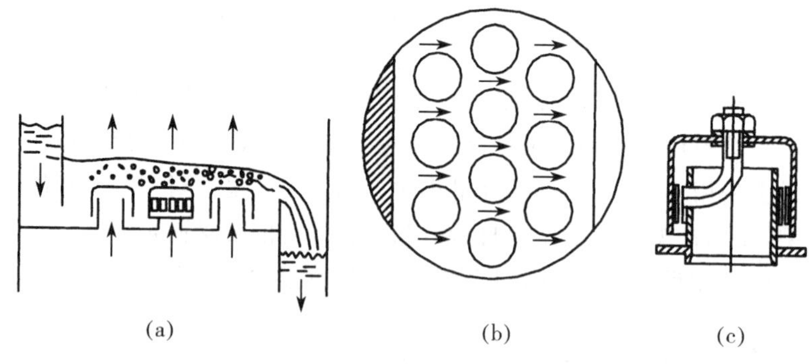

(a) (b) (c)

图 7-22 泡罩塔板及泡罩

2. 筛板塔

筛板塔是一种应用较早的塔型，它的结构简单，塔板上开有大量均匀分布的小孔，称为筛孔。筛孔的直径为 3～8 mm，呈三角形排列。上升蒸气通过筛孔分散成细小的流束，在板上液层中鼓泡而出，与液体密切接触。塔板设置溢流堰，从而使板上维持一定的液层高度。在正常操作范围内，通过筛孔上升的蒸气应能阻止液体经筛孔向下渗漏，液体通过降液管逐板流下。

筛板塔的突出优点是结构简单、金属耗量小,造价低廉;气体压降小,板上液面落差较小;生产能力及板效率较泡罩塔高。其主要缺点是操作弹性小,易发生漏液,筛孔易堵塞。

近年来出现的导向筛板是在筛板的基础上作了两项改进:一是在塔板上开设有一定数量的导向孔,导向孔开口方向与液流方向相同,有利于推进液体和克服液面落差;二是在液流的入口处增加促进塔板鼓泡结构,即使入口处的塔板翘起一定角度,有助于使液体一进入塔板就有较好的气液接触,因而处理能力增大,传质效果好。

3. 浮阀塔

浮阀塔是 20 世纪 50 年代开发的一种较好的塔型,其板效率较高。目前已成为国内许多工厂进行精馏操作时广泛采用的一种塔型。

浮阀塔板的结构与泡罩塔板相似,在带有降液管的塔板上开有若干直径较大(标准孔径为 39 mm)的均匀圆孔,孔上覆以可在一定范围内自由活动的浮阀。由孔上升的气流,经过浮阀与塔板间的间隙与塔板上横流的液体接触。浮阀的形式很多,图 7-23 所示为常用的浮阀,其中图 7-23(a)所示的 F1 型(国外称为 V-1 型)结构简单,广泛用于化工及炼油工艺中。F1 型浮阀又分为轻阀与重阀两种,重阀采用厚度为 2 mm 的薄钢板冲压而成,约重 33 g;轻阀采用厚 1.5 mm 的薄钢板冲压而成,约重 25 g。操作中重阀比轻阀稳定,漏液少,效率较高,但压强降稍大一些,一般情况都采用重阀。

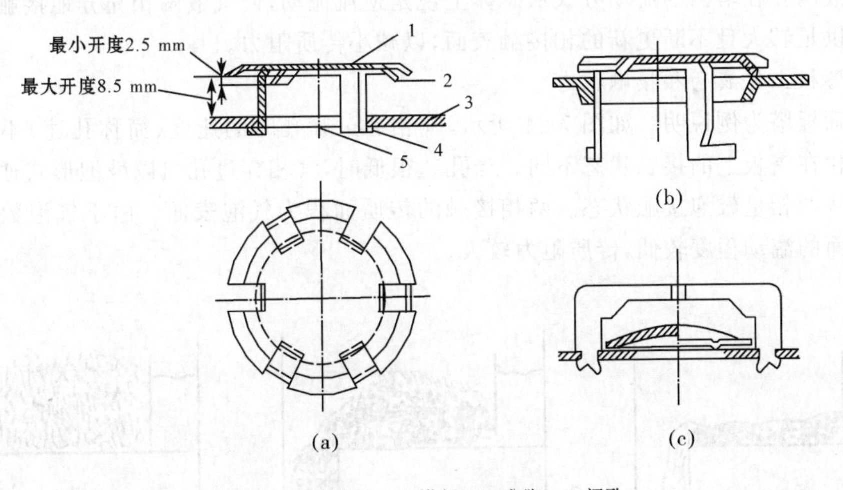

1. 阀片 2. 定距片 3. 塔板 4. 底脚 5. 阀孔

图 7-23 几种浮阀型式

V-4 型浮阀如图 7-23(b)所示,其特点是阀孔被冲压成向下弯曲的文丘里型,用以减小气体通过塔板的压降。阀片除腿部相应加长外,其余结构尺寸与 F1 型轻阀无异。V-4 型浮阀适用减压系统。

T 型浮阀的结构比较复杂,如图 7-23(c)所示。此型浮阀是借助固定于塔板上的支架以限制拱形阀片的运动范围,多用于易腐蚀、含颗粒或易聚合的介质。

各种错流塔板性能见表 7-5。

表 7-5 各种错流塔板性能一览表

塔板类型	特点	相对生产能力	相对效率	压强降	适用范围
泡罩塔板	①比较成熟 ②操作稳定,弹性大,板效率比较高 ③结构复杂,造价高,压强降大	1	1	高	某些要求操作稳定性高的特殊场合
筛板	①结构简单,造价低 ②板效率较高 ③安装要求高 ④易堵 ⑤弹性小	1.2～1.4	1.1	低	分离要求高,适用于塔板要求多的工艺过程
浮阀塔板	①生产能力大,操作弹性大 ②板效率高 ③结构简单,但阀要用不锈钢材料制造 ④液面落差较小	1.2～1.4	1.1～1.2	中等	适用于分离要求高、负荷变化大、介质只能有一般聚合现象的场合

7.5.2 塔板上气液流动和接触状态

1. 塔板上气液流动方式

气液两相在塔内的流动方式从总体上说是逆流流动,使气液两相充分地接触,为传质过程提供足够大且不断更新的相接触表面,以减小传质阻力。

2. 塔板上气液两相接触状态

以筛板塔为例说明。如图 7-24 所示,气相通过筛孔时的速度(简称孔速)不同,可使气液两相在塔板上的接触状态不同。当孔速很低时,气相穿过孔口以鼓泡形式通过液层,板上气液两相呈鼓泡接触状态。两相接触的传质面积为气泡表面。由于气泡数量不多,气泡表面的湍动程度较低,传质阻力较大。

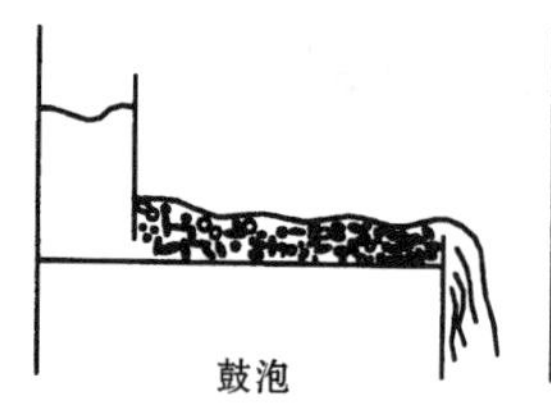

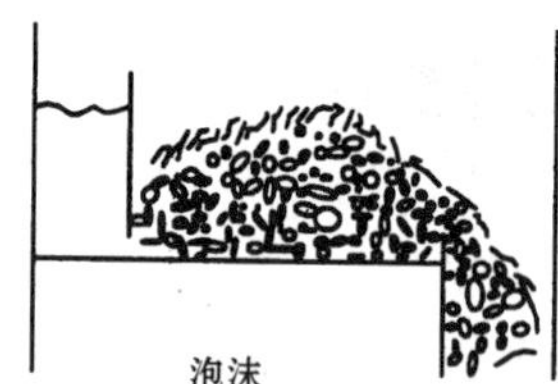

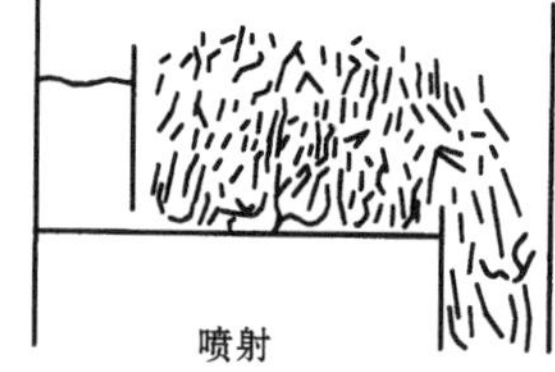

图 7-24 塔板上的气液接触状态

随着孔速增大,气泡数量增多,气泡表面连成一片并不断发生合并与破裂,板上液体大部分以高度活动的泡沫形式存在于气泡之中,仅在靠近塔板表面处才有少量清液。这种操作状态为泡沫接触状态。这种接触状态,由于泡沫层的高度湍动,为两相传质创造了较好的流体力学条件。

当孔速继续增大,动能很大的气体从筛孔喷出穿过液层,将板上的液体破碎成许多大小不等的液滴而抛向塔板上方空间，当液滴落到板上又汇集成很薄的液层并再次被破碎成液滴抛出。气液两相的这种接触状态称为喷射接触状态。此时就整体而言，板上气相在连续液相中分散，变成液体在连续气相中分散，即发生相转变。喷射接触为两相传质创造了良好的流体力学条件。

工业上实际使用的筛板，两相接触不是泡沫状态就是喷射状态，很少采用鼓泡接触状态的。

7.5.3 全塔效率和单板效率

1. 全塔效率(总板效率)

在塔设备的实际操作中，由于受到传质时间和传质接触面积的限制，一般不可能达到气液平衡状态，因此实际板数总应多于理论板数。理论板只是衡量实际板分离效果的标准。从这个概念出发，可以定义全塔效率为理论板数与实际板数之比，即

$$E_T = \frac{N_T}{N_P} \times 100\% \tag{7-34}$$

式中　E_T——全塔效率，%；

N_T——理论板数；

N_P——实际板数。

全塔效率反映全塔各层塔板的平均效率(注意不是全塔各层单板效率的平均值)，其值恒低于 100%。若已知在一定操作条件下的全塔效率，则可由式(7-34)求得实际板数。

全塔效率与系统的物性因素、操作因素及塔板结构因素等有关。因此目前还不能用纯理论公式计算全塔效率。设计时全塔效率一般可用经验或半经验公式估算，也可采用生产实际的经验数据。

2. 单板效率

全塔效率为塔中所有塔板的总效率，用全塔效率计算实际塔板数最为简便。但全塔效率是一种平均的概念，实际上塔内各板的传质情况不尽相同，即各板的传质效率往往不相等，所以研究每块板的传质效率更具有实际意义。

单板效率又称默弗里板效率，它用气相(或液相)经过一实际板时组成的变化与经过一理论板时组成变化的比值来表示。对第 n 层塔板，板效率分别可用气相或液相表示，即

$$E_{mV} = \frac{y_n - y_{n+1}}{y_n^* - y_{n+1}} \tag{7-35}$$

$$E_{mL} = \frac{x_{n-1} - x_n}{x_{n-1} - x_n^*} \tag{7-36}$$

式中　E_{mV}——气相默弗里效率；

E_{mL}——液相默弗里效率；

y_n^*——与 x_n 呈平衡的气相组成，摩尔分数；

x_n^*——与 y_n 呈平衡的液相组成，摩尔分数。

$(y_n - y_{n+1})$及$(x_{n-1} - x_n)$是气相及液相通过第 n 层板时的实际组成的变化；而$(y_n^* - y_{n+1})$及$(x_{n-1} - x_n^*)$是气、液两相分别通过该层塔板时的理论上的组成变化。

单板效率一般可通过实验测定。

【例 7-7】 在连续操作的板式精馏塔中，分离某两组分理想溶液。在全回流下测得塔中相邻两层塔板下降液相的组成分别为 0.38 和 0.26（摩尔分数），试求其中下一层塔板的单板效率（以气相表示）。在实验条件和组成范围内，气液平衡关系可表示为

$$y^* = 1.25x + 0.09$$

解：相邻两板中下一板的单板效率可表示为

$$E_{mV} = \frac{y_n - y_{n+1}}{y_n^* - y_{n+1}}$$

因在全回流下操作，故操作线方程为

$$y_{n+1} = x_n$$

依据已知的液相组成，可得

$$y_{n+1} = x_n = 0.26$$

$$y_n = x_{n-1} = 0.38$$

而
$$y_n^* = 1.25 \times 0.26 + 0.09 = 0.415$$

故
$$E_{mV} = \frac{0.38 - 0.26}{0.415 - 0.26} = 0.77 = 77\%$$

7.5.4 板式塔的工艺设计

虽然带有降液管的板式塔型式很多，但其设计原则与步骤却基本相同。下面以筛板塔为例，介绍这类板式塔的工艺计算。

筛板塔的工艺计算包括塔高、塔径以及塔板上主要部件工艺尺寸的计算，塔板的流体力学验算，最后画出操作负荷性能图。

1. 塔高和塔径

（1）塔高

板式塔的高度由所有各层塔板之间的有效高度、顶部空间高度、底部空间高度以及支座高度等几部分所组成，其中主要是有效高度，即

$$Z = \frac{N_T}{E_T} H_T \tag{7-37}$$

式中 Z——塔的有效高度，m；

N_T——塔内所需的理论板层数；

E_T——总板效率（全塔效率）；

H_T——塔板间距（简称板距），m。

板距 H_T 的大小对塔的生产能力、操作弹性及塔板效率都有影响。采用较大的板距能允许较高的空塔气速，而不致产生严重的雾沫夹带现象，因而对于一定的生产任务，塔径可以小些，但塔高要增加。反之，采用较小的板距，只允许较小的空塔气速，塔径就要增大，但塔高可降低一些。实际选取时还应考虑物料的起泡性、塔的清洗和维修等因素，最终的板距应在设计过程中经多次计算和调整后求得。表 7-6 所列经验数据可作为初步选取时的参考。

表 7-6 塔板间距和塔径的经验关系

塔径 D/m	0.3～0.5	0.5～0.8	0.8～1.6	1.6～2.0	2.0～2.4	>2.4
塔板间距 H_T/m	0.2～0.3	0.3～0.35	0.35～0.45	0.45～0.6	0.6～0.8	≥0.8

塔顶空间高度是指塔顶第一块塔板到顶部封头切线的距离。为了减小出口气体中夹带的液体量，这段高度常大于塔板间距，通常取 1.2～1.5 m。

塔底空间高度是指最末一块塔板到底部封头切线的距离。液体自离开最末一块塔板至流出塔外，需要有 10～15 min 的停留时间，据此由釜液流量和塔径即可求出此段高度。

(2)塔径

依流量公式计算塔径，即

$$D=\sqrt{\frac{4V_h}{3\,600\pi u}} \tag{7-38}$$

式中 D——塔径，m；

V_h——塔内气相的流量，m^3/h；

u——气相的空塔速度，m/s。

对精馏塔，由于精馏段和提馏段气体体积流量不一定相等，故应分开计算塔径。在同一塔段内应取流量的平均值。

由式 7-38 可见，计算塔径的关键在于确定适宜的空塔气速 u。

当生产任务一定时，增大空塔气速，塔径减小，但雾沫夹带量增大，还可能发生液泛；反之，减小空塔气速，塔径增大，雾沫夹带量减小，板间距可取得小些。若气速过小，又会发生漏液，影响板上气液接触状况。

首先计算出气体最大允许空塔气速，即塔内可能发生液泛时的气速，又称极限空塔气速用 u_{max} 表示，u_{max} 采用下面的半经验公式计算

$$u_{max}=C\sqrt{\frac{\rho_L-\rho_V}{\rho_V}} \tag{7-39}$$

式中 u_{max}——极限空塔气速，m/s；

C——操作时的负荷系数，m/s。

研究结果表明：C 值与气、液流量及密度、板上液滴沉降空间的高度以及液体的表面张力有关。史密斯等人汇集了若干泡罩、筛板和浮阀塔的数据，整理成负荷系数与这些影响因素间的关系曲线，如图 7-25 所示。

图中：h_L——板上清液层高度，m，对常压塔一般选取 $h_L=50$～100 mm，对减压塔应取较低的值，为 25～30 mm；

C_{20}——物系表面张力为 20 mN/m 时的负荷系数，m/s；

V_h，L_h——分别为塔内气液两相的体积流量，m^3/h；

ρ_V，ρ_L——分别为塔内气液两相的密度，kg/m^3。

图中参数 H_T-h_L 反映液滴在两层实际塔板间的沉降高度，横坐标 $(L_h/V_h)(\rho_L/\rho_V)^{\frac{1}{2}}$ 为无因次比值，称为液气动能参数。由图看出：对一定的气液系统而言，(H_T-h_L) 越大，负荷系数值越大，极限空塔速度 u_{max} 也越大，说明随着分离高度加高，雾沫夹带现象减轻，允许的极限速度就可以增高。

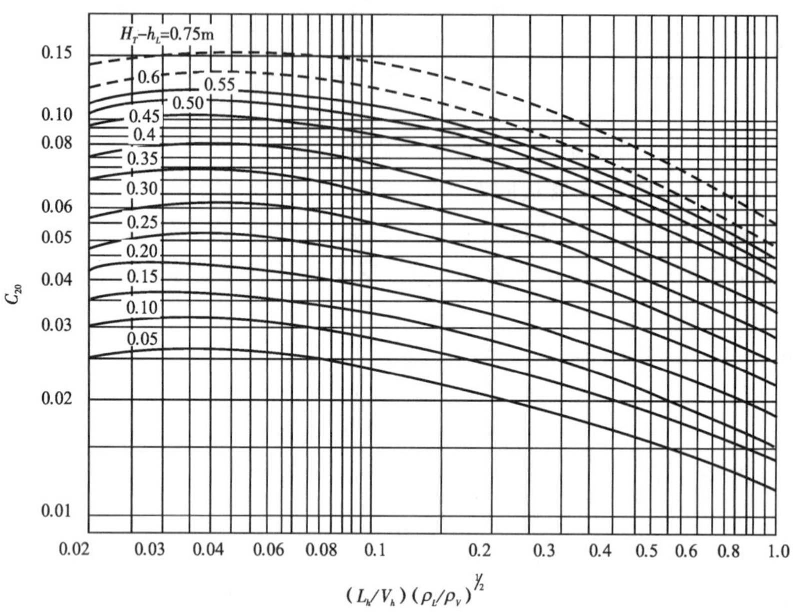

图 7-25　史密斯关联图

图 7-25 是按液体表面张力 σ=20 mN/m 的物系绘制的，若所处理的物系表面张力为其他值，则须按下式校正查出的负荷系数 C_{20}，即

$$C = C_{20}\left(\frac{\sigma}{20}\right)^{0.2} \tag{7-40}$$

式中　C_{20}——物系表面张力为 20 mN/m 时的负荷系数，m/s；

σ——操作物系的液体表面张力，mN/m。

考虑到流速的变化以及对处理能力给予一定裕度，因此实际操作时的空塔速度也应给予一定的裕度，设计时取空塔气速为极限空塔气速的 60%～80%。

按式(7-39)求出 u_{max}之后，乘以安全系数，便得适宜的空塔速度

$$u = (0.6 \sim 0.8)u_{max} \tag{7-41}$$

对直径较大、板间距较大及加压或常压操作的塔以及不易起泡的物系，可取较高的安全系数；对直径较小及减压操作的塔以及严重起泡的物系，应取较低的安全系数。

将求得的空塔气速 u 代入式(7-38)算出塔径后，还需根据塔直径系列标准予以圆整。最常用的标准塔径为 0.6，0.7，0.8，0.9，1.0，1.2，1.4，1.6，1.8，2.0，2.2，…，4.2 m 等。

2. 溢流装置

板式塔的溢流装置是指溢流堰和降液管。降液管有圆形和弓形之分。圆形降液管的流通截面小，没有足够的空间分离液体中的气泡，气相夹带较严重，降低塔板效率。同时，降液管溢流周边的利用也不充分，影响塔的生产能力。所以，除小塔外，一般不采用圆形降液管。弓形降液管具有较大的容积，又能充分利用塔板面积，应用较为普遍。

降液管的布置，规定了板上液体流动的途径，一般有如图 7-26 所示的几种形式，即 U 形流(a)、单溢流(b)、双溢流(c)及阶梯式双溢流(d)。

U 形流亦称回转流，降液和受液装置都安排在塔的同一侧，如图 7-26(a)所示。弓形

的一半作受液盘，另一半作降液管，沿直径以挡板将板面隔成U形流道。U形流的液体流径最长，塔板面积利用率也最高，但液面落差大，仅用于小塔及液体流量小的情况。

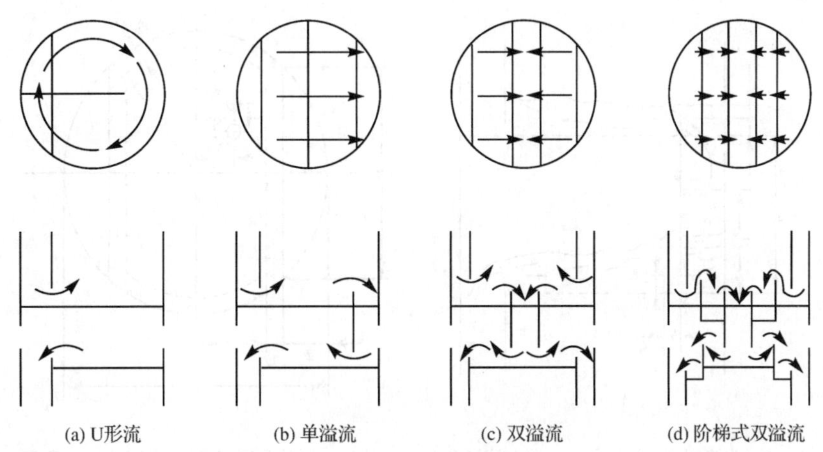

图 7-26 塔板溢流类型

单溢流又称直径流，如图 7-26(b)，液体横过整个塔板，自受液盘流向溢流堰。液体流径长，塔板效率较高。塔板结构简单，广泛应用于直径 2.2 m 以下的塔中。

双溢流又称半径流，来自上层塔板的液体分别从左、右两侧的降液管进入塔板，横过半个塔板进入中间的降液管，在下层塔板上液体则分别流向两侧的降液管。这种溢流式可减小液面落差，但塔板结构复杂，且降液管占塔板面积较多，一般用于直径 2 m 以上的大塔中。

阶梯式双溢流，塔板做成阶梯式，目的在于减少液面落差而不缩短液体流径。每一阶梯均有溢流堰。这种塔板结构最复杂，只适用于塔径很大、液量很大的特殊场合。

总之，液体在塔板上的流径愈长，气液接触时间就愈长，有利于提高分离效果；但是液面落差也随之加大，不利于气体均匀分布，使分离效果降低。由此可见流径的长短与液面落差的大小对效率的影响是相互矛盾的。选择溢流类型时，应根据塔径大小及液体流量等条件，做全面的考虑。

表 7-7 列出了溢流类型与液体负荷及塔径大小的经验关系，可供设计时参考。

表 7-7　溢流类型与液体负荷及塔径的经验关系

塔径 D,mm	液体流量 L_h,m^3/h			
	U形流	单溢流	双溢流	阶梯式双溢流
1 000	7以下	45以下		
1 400	9以下	70以下		
2 000	11以下	90以下	90～160	
3 000	11以下	110以下	110～200	200～300
4 000	11以下	110以下	110～230	230～350
5 000	11以下	110以下	110～250	250～400
6 000	11以下	110以下	110～250	250～450

下面以弓形降液管为例,介绍溢流装置的设计。塔板及溢流装置的各部分尺寸可参阅图 7-27。

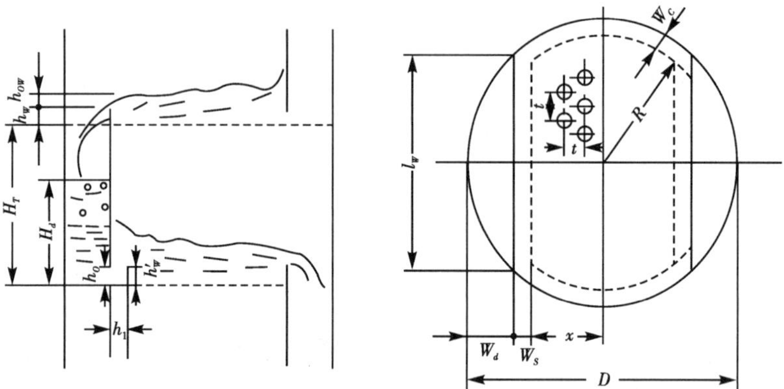

h_W——出口堰高(m);h_{OW}——堰上液层高度(m);h_O——降液管底隙高度(m);h_1——进口堰与降液管间的水平距离(m);h'_W——进口堰高(m);H_d——降液管中清液层高度(m);H_T——板距(m);l_W——堰长(m);W_d——弓形降液管宽度(m);W_s——破沫区宽度(m);W_c——无效周边宽度(m);D——塔径(m);R——鼓泡区半径(m);x——鼓泡区宽度的 1/2(m);t——同一排的筛孔中心距(m)

图 7-27 筛板塔的塔板结构参数

(1)出口堰(外堰)尺寸

①堰长 l_W。堰长 l_W 是指弓形降液管的弦长,由液体负荷及溢流类型而决定。对于单溢流,一般取 l_W 为(0.6~0.8)D,对于双溢流,取为(0.5~0.6)D,其中 D 为塔径。

②堰高 h_W。为了保证塔板上有一定高度的液层,降液管上端必须超出塔板板面一定高度,这一高度即堰高,以 h_W 表示。板上液层高度为出口堰高与堰上液层高度之和,即

$$h_L = h_W + h_{OW} \tag{7-42}$$

式中 h_L——板上液层高度,m;

h_W——出口堰高,m;

h_{OW}——堰上液层高度,m。

堰上液层高度(平堰)可由弗朗西斯(Francis)经验公式计算,即

$$h_{OW} = \frac{2.84}{1\ 000}E\left(\frac{L_h}{l_W}\right)^{\frac{2}{3}} \tag{7-43}$$

式中 L_h——塔内液体流量,m^3/h;

l_W——堰长,m;

E——液流收缩系数,可借用博尔斯(Bolles. W. L)就泡罩塔所提出的液流收缩系数计算图求取,由图 7-28 查得。

对常压塔板上液层高度 h_L 可在 0.05~0.1 m 范围内选取,因此,在求出 h_{OW} 之后即可按下式给出的范围确定 h_W,即

$$0.1 - h_{OW} \geqslant h_W \geqslant 0.05 - h_{OW} \tag{7-44}$$

出口堰高 h_W 一般在 0.03~0.05 m 范围内,减压塔的 h_W 应适当低些。

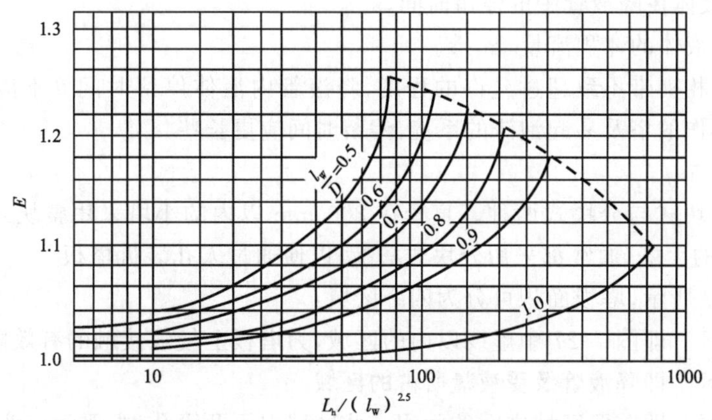

图 7-28 液流收缩系数 E 的关联

(2)降液管底隙高度

降液管底隙高度是指降液管底边与塔板间的距离。确定降液管底隙高度的原则是：保证液体流经此处时的阻力不太大，同时要有良好的液封。

为简便起见，h_O 一般按下式求取，即

$$h_O = h_W - 0.006 \tag{7-45}$$

式中各项的单位均为 m。

降液管底隙高度一般不宜小于 20～25 mm，否则易于堵塞，或因安装偏差而使液流不畅，造成液泛。在设计中，塔径较小时可取 h_O 为 25～30 mm，塔径较大时可以取为40 mm 左右，最大时可达 150 mm。

(3)进口堰及受液盘

在较大的塔中，有时在液体进入塔板处设有进口堰，以保证降液管的液封，并使液体在塔板上分布均匀。但对于弓形降液管而言，液体在塔板上的分布一般比较均匀，而进口堰又要占用较多板面，还易使沉淀物淤积此处造成阻塞，故多数不采用进口堰。

(4)弓形降液管的宽度和截面积

弓形降液管的宽度 W_d 及截面积 A_f 可根据堰长与塔径之比 l_W/D 查图 7-29 或与该图相应的数表求出。图中 A_T 为塔的截面积。

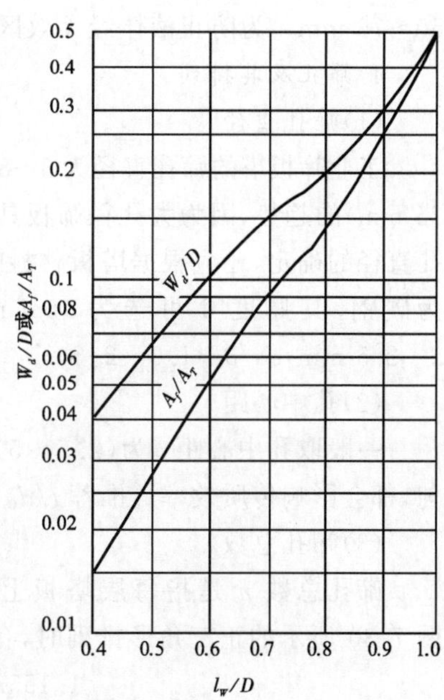

图 7-29 引形降液管的宽度与面积

降液管应有足够的横截面积，以保证液体在降液管内有足够的停留时间来分离出其中夹带的气泡。因此，在求得降液管截面积 A_f 之后，应按下式验算降液管内液体停留时间 θ，即

$$\theta = \frac{A_f H_T}{L_s} \tag{7-46}$$

式中 θ——液体在降液管中的停留时间，s；

L_s——液体的体积流量，m^3/s。

为保证气相夹带不致超过允许的程度，降液管内液体停留时间 θ 不应小于 3～5 s。对于高压下操作的塔及易起泡沫的系统，停留时间应更长些。

3. 塔板布置

塔板有整块式与分块式两种。直径在 800 mm 以内的小塔采用整块式塔板，直径在 900 mm 以上的大塔，通常都采用分块式塔板，以便通过人孔装拆塔板。

如图 7-27 所示，塔板面积可分为四个区域：

(1)鼓泡区。即图 7-27 中虚线以内的区域，为塔板上气液接触的有效区域。

(2)溢流区。即降液管及受液盘所占的区域。

(3)破沫区。即前两区域之间的面积。此区域内不开筛孔，主要为在液体进入降液管之前，有一段不鼓泡的安定地带，以免液体大量夹带泡沫进入降液管。破沫区也叫安定区，其宽度 W_s 可按以下范围选取，即：

当 $D<1.5$ m 时，$W_s=60\sim75$ mm；

当 $D>1.5$ m 时，$W_s=80\sim110$ mm；

直径小于 1 m 的塔，W_s 可适当减小。

(4)无效区。即靠近塔壁的部分，需要留出一圈边缘区域，供支持塔板的边梁之用。这个无效区也叫边缘区，其宽度视塔板支撑的需要而定，小塔为 30～50 mm，大塔可达 50～75 mm。为防止液体经无效区流过而产生“短路”现象，可在塔板上沿塔壁设置挡板。

4. 筛孔及其排列

(1)筛孔直径

工业筛板塔的筛孔直径为 3～8 mm，一般推荐用 4～5 mm。近年来有采用大孔径(10～25 mm)的趋势，因为大孔径筛板具有加工制造简单、造价低、不易堵塞等优点。此外，筛孔直径的确定，还应根据塔板材料的厚度考虑加工的可能性，当用冲压法加工时，若板材为碳钢，其厚度 δ 可选为 3～4 mm，$d_0/\delta\geqslant1$；若板材为合金钢，其厚度 δ 可选为 2～2.5 mm，$d_0/\delta\geqslant1.5\sim2$。

(2)孔中心距

一般取孔中心距 t 为 $(2.5\sim5)d_0$。t/d_0 过小，易使气流相互干扰；过大则鼓泡不均匀，都会影响传质效率。推荐 t/d_0 的范围为 3～4。

(3)筛孔总数

筛孔总数 n 是指每层塔板上筛孔的数目。当采用如图 7-30 所示的正三角形排列时，有

$$n=\frac{1.155A_a}{t} \tag{7-47}$$

式中 t——筛孔中心距，m；

A_a——鼓泡区面积，m^2。

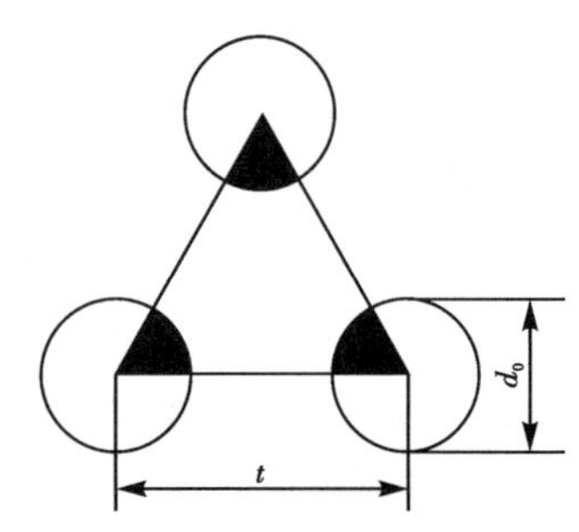

图 7-30 筛孔按正三角形排列的情况

对单溢流型塔板，鼓泡区面积用下式计算

$$A_a = 2\left(x\sqrt{R^2 - x^2} + \frac{\pi R^2}{180}\arcsin\frac{x}{R}\right) \tag{7-48}$$

式中，$\arcsin\frac{x}{R}$是以角度表示的反三角函数，其他符号同前。

(4)开孔率

开孔率 ϕ 是指一层塔板上筛孔总面积 A_0 与该板上鼓泡区面积 A_a 的比值，即

$$\phi = \frac{A_0}{A_a} \times 100\% \tag{7-49}$$

式中 A_0——每层塔板上筛孔总面积，m^2。

筛孔按正三角形排列时，可以推导出

$$\phi = \frac{A_0}{A_a} \times 100\% = 0.907\left(\frac{d_0}{t}\right)^2 \tag{7-50}$$

以上是筛板塔塔板工艺尺寸计算的基本内容。

5.筛板塔的流体力学验算

塔板的流体力学验算，目的在于核验上述各项工艺尺寸已经确定的塔板，在设计任务规定的气液负荷下能否正常操作，其内容包括对塔板压强降、液泛、雾沫夹带、漏液、液面落差等项的验算。其中，筛板塔板上的液面落差一般很小，可以忽略。

(1)气体通过塔板的压强降

气体通过塔板时的压强降大小是影响板式塔操作特性的重要因素，也是设计任务规定的指标之一。在保证较高效率的前提下，应力求减小塔板压强降，以降低能耗及改善塔的操作性能。

经塔板上升的气流需要克服以下几种阻力：塔板本身的干板阻力，即板上各部件造成的阻力；板上充气液层的静压强及液体的表面张力所造成的阻力。

按照目前广泛采用的加和计算方法，气体通过一层塔板时的压强降应为

$$h_p = h_c + h_l + h_\sigma \tag{7-51}$$

式中 h_p——与气流通过一层筛板塔板时的压强降相当的液柱高度，m 液柱；

h_c——与气流克服干板阻力所产生的压强降相当的液柱高度，m 液柱；

h_l——与气流克服板上充气液层的静压强所产生的压强降相当的液柱高度，m 液柱；

h_σ——与气流克服液体表面张力所产生的压强降相当的液柱高度，m 液柱。

上述计算塔板压强降的加和模型，其物理意义并不是很明确的。但因这种方法简单易行，故仍广泛采用。

①干板阻力

采用下面的经验公式估算干板流动阻力

$$h_c = 0.051\left(\frac{u_0}{C_0}\right)^2 \frac{\rho_V}{\rho_L}\left[1 - \left(\frac{A_0}{A_a}\right)^2\right] \tag{7-52}$$

一般筛孔的开孔率 $\phi=\frac{A_0}{A_a}$为 5%～15%，故$\left[1-\left(\frac{A_0}{A_a}\right)^2\right]$约为 1，于是式(7-52)可以简化为

$$h_c \approx 0.051\left(\frac{u_0}{C_0}\right)^2\left(\frac{\rho_V}{\rho_L}\right) \tag{7-52a}$$

式中 u_0——气体通过筛孔的速度，m/s；

C_0——流量系数，当筛孔直径 $d_0 <$ 10 mm时，其值由图 7-31 查取。若 $d_0 \geqslant 10$ mm 时，由图 7-31 查出的 C_0 乘以校正系数 1.15。

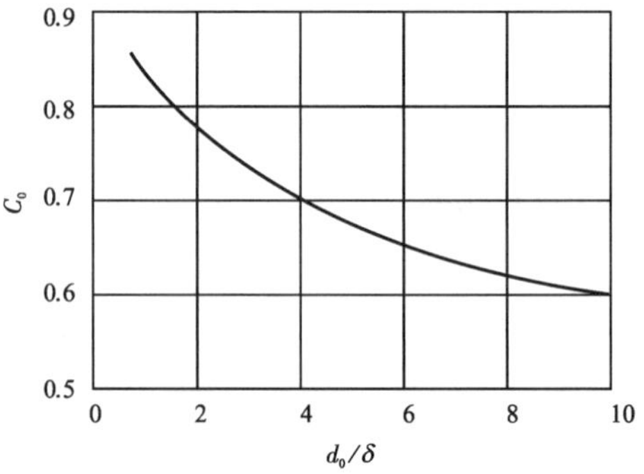

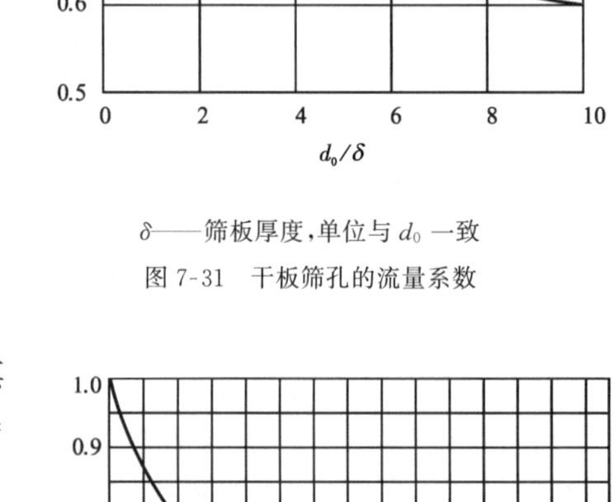

δ——筛板厚度，单位与 d_0 一致

图 7-31 干板筛孔的流量系数

②气体通过板上充气液层阻力

板上充气液层阻力受堰高、气速及溢流强度等因素的影响，关系复杂。一般采用下面的经验公式计算 h_l，即

$$h_l = \varepsilon_0' h_L \tag{7-53}$$

式中 h_L——板上液层高度，m；

ε_0'——反映板上液层充气程度的因素，称为充气系数，无因次。其值由图 7-32 查得，通常可取 $\varepsilon_0' = 0.5 \sim 0.6$。

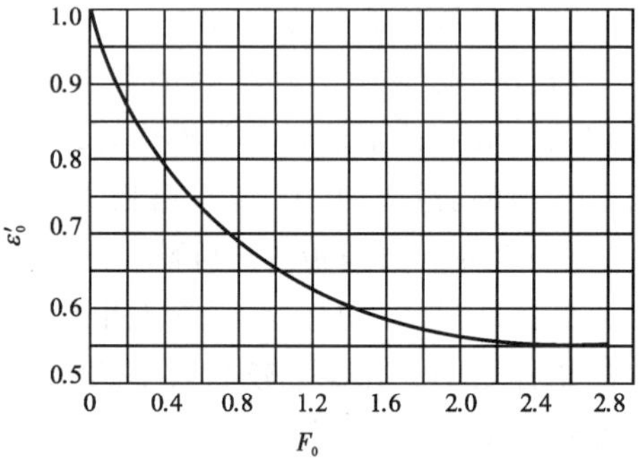

图 7-32 中 F_0 为气相动能因数，可由下式计算

$$F_0 = u_a \sqrt{\rho_V} \tag{7-54}$$

式中 F_0——为气相动能因数，$\sqrt{\text{kg/m}}/\text{s}$；

u_a——按板上液层上方有效流通面积计算的气速，m/s。

图 7-32 充气系数关联图

对单溢流塔板按下式计算

$$u_a = \frac{V_s}{A_T - A_f} \tag{7-55}$$

式中 V_S——气相流量，m^3/s；

A_T——塔的截面积，m^2；

A_f——降液管的截面积，m^2。

③液体表面张力所引起的阻力

液体表面张力所引起的阻力，可用下式计算，即

$$h_\sigma = \frac{4\sigma}{d_0 \rho_L g} \tag{7-56}$$

式中 σ——液体表面张力，N/m。

筛板塔的 h_σ 值通常很小，计算时可以忽略。

(2)液泛(俗称淹塔)

为使液体能由上一层塔板稳定地流入下一层塔板，降液管内必须维持一定高度的液柱。若气液两相中有一相流量加大，使降液管液体不能向下畅流，管内液体逐渐积累而增高，当它增高而越过溢流堰顶部使上下两板间的液体相连，而且这种情况依次向上面各层板延伸，这种现象称为液泛或淹塔，此时全塔操作被破坏。

影响液泛的因素除气、液相流量外,还有塔板结构,特别是板间距。

降液管内的清液层高度 H_d 用来克服相邻两层塔板间的压强降、板上液层阻力和液体流过降液管的阻力,因此 H_d 可用下式计算

$$H_d = h_p + h_L + h_d \tag{7-57}$$

式中 h_p——与上升气体通过一层塔板的压强降相当的液柱高度,m;

h_L——板上清液高度,m;

h_d——与液体流过降液管的压强降相当的液柱高度,m。

式(7-57)中,h_p 可由式(7-51)计算,h_L 为已知。h_d 可按下面的经验公式计算:

塔板上不设进口堰时

$$h_d = 0.153\left(\frac{L_s}{l_W h_O}\right)^2 = 0.153(u'_0)^2 \tag{7-58}$$

塔板上设置进口堰时

$$h_d = 0.2\left(\frac{L_s}{l_W h_O}\right)^2 = 0.2(u'_0)^2 \tag{7-59}$$

式中 L_s——液体流量,m^3/s;

l_W——堰长,即降液管底隙长度,m;

h_O——降液管底隙高度,m;

u'_0——液体通过降液管底隙时的流速,m/s。

按式(7-57)可得出降液管中当量清液层高度 H_d。实际降液管中液体和泡沫的总高度大于此值。为了防止液泛,应保证降液管中泡沫液体总高度不超过上层塔板的出口堰。为此,在设计中令

$$H_d \leqslant \phi(H_T + h_W) \tag{7-60}$$

式中,ϕ 为系数,是考虑到降液管内液体充气及操作安全两种因素的校正系数。对于一般的物系,取 0.3~0.4;对不易发泡的物系,取 0.6~0.7。

(3)雾沫夹带

雾沫夹带是指板上液体被上升气体带入上一层塔板的现象。过多的雾沫夹带将导致塔板效率严重下降。为了保证板式塔能维持正常的操作效果,应使每千克上升气体夹带到上一层塔板的液体量不超过0.1 kg,即控制雾沫夹带量 $e_V<0.1$ kg 液体/kg 气体。

影响雾沫夹带量的因素很多,最主要的是空塔气速和塔板间距。空塔气速增高,雾沫夹带量增大;板间距增大,雾沫夹带量减小。

常用亨特方法计算雾沫夹带量,即

$$e_V = \frac{5.7\times10^{-6}}{\sigma}\left(\frac{u_a}{H_T - h_f}\right)^{3.2} \tag{7-61}$$

式中 e_V——雾沫夹带量,kg 液体/kg 气体;

σ——液体表面张力,N/m;

h_f——塔板上鼓泡层高度,m。

式(7-61)只适用于 $u_a/(H_T-h_f)$ 小于 12 s^{-1} 的情况。其中鼓泡层高度 h_f 可按清液

层 2.5 倍考虑，即

$$h_f = 2.5h_L \tag{7-62}$$

也可以用图 7-33 查取 $e_V\sigma$，由图看出，当 $u_a/(H_T - h_f) > 12\ s^{-1}$ 时，关系线趋于水平。

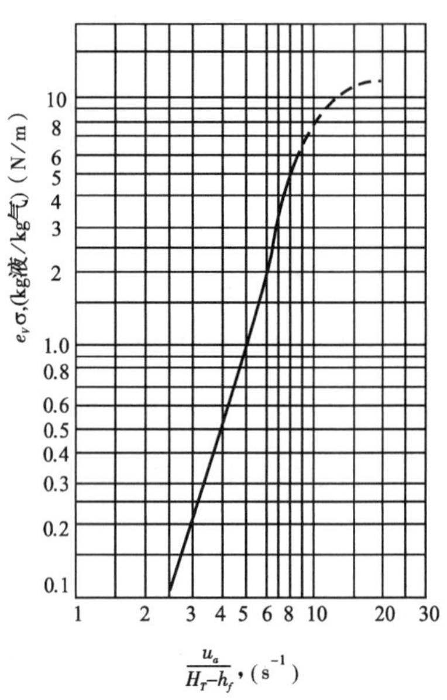

图 7-33 雾沫夹带量

(4)漏液

当上升气体流速减小，致使气体的动能不足以阻止液体向下流动时，液体就会由筛孔向下层塔板泄漏，开始泄漏的瞬间称为漏液点。严重的泄漏使筛板上不能积液，破坏正常操作，故漏液点的气速 $u_{0,\min}$ 为操作时的下限气速。

若考虑漏液点的干板压强降与表面张力的综合作用为板上清液层高度的函数，则推荐用下式计算漏液点的干板阻力 $h_{c,\min}$，有

$$h_{c,\min} = 0.005\,6 + 0.13h_L - h_\sigma \tag{7-63}$$

将式(7-63)代入式(7-52a)，整理得

$$u_{0,\min} = 4.43C_0\sqrt{\frac{(0.005\,6 + 0.13h_L - h_\sigma)\rho_L}{\rho_V}} \tag{7-64}$$

式中 $h_{c,\min}$——漏液点时与干板压强降相当的液柱高度，m；

$u_{0,\min}$——漏液点的筛孔速度，m/s。

当 $h_L < 30$ mm，或筛孔直径 $d_0 < 3$ mm 时，式(7-64)为

$$u_{0,\min} = 4.43C_0\sqrt{\frac{(0.005\,1 + 0.05h_L)\rho_L}{\rho_V}} \tag{7-64a}$$

当筛孔直径 $d_0 > 12$ mm 时，式(7-64)为

$$u_{0,\min} = 4.43C_0\sqrt{\frac{(0.01 + 0.13h_L - h_\sigma)\rho_L}{\rho_V}} \tag{7-64b}$$

气体通过筛孔的实际速度 u_0 与漏液点气速 $u_{0,\min}$ 之比称为稳定系数，即

$$K = \frac{u_0}{u_{0,\min}} \tag{7-65}$$

式中 K——稳定系数，无因次。

K 值应大于 1，推荐 1.5～2，才能使塔有较大的操作弹性，且无严重漏液现象。如果稳定系数偏低，可适当减小塔板开孔率或降低 h_W。

6. 塔板的负荷性能图

影响板式塔操作状态和分离效果的主要因素包括物料性质、气液负荷及塔板结构尺寸等。在系统物性、塔板结构尺寸已经确定的前提下，要维持塔的正常操作，必须把气、液负荷限制在一定范围之内。在以 V_s、L_s 分别为纵、横轴的直角坐标系中，标绘各种界限条件 V_s-L_s 关系曲线图对于检验塔板设计是否合理及了解塔的操作稳定性、增产的潜力及减负荷运转的可能性，都有一定的指导意义。

筛板塔的负荷性能图大致如图 7-33 所示。它通常是由下列几条边界线圈定的：

(1)雾沫夹带线

雾沫夹带量上限线表示雾沫夹带量 $e_V<0.1$ kg(液)/kg(气)时的 V_s-L_s 关系，塔板的适宜操作区应在此线以下，否则将因过多的雾沫夹带而使板效率严重下降。此线可根据式(7-55)和式(7-62)分别整理成 u_a-V_s 及 h_f-L_s 的关系然后将这些关系代入式(7-61)中，得到 L_s-V_s 的关系，标绘在 L_s-V_s 坐标图中，该线即雾沫夹带线，如图7-34中线 1 所示。

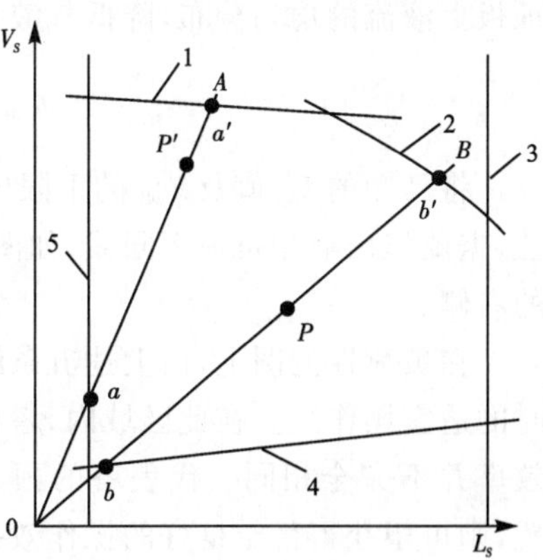

1. 雾沫夹带线　2. 液泛线　3. 液相负荷上限线
4. 漏液线　5. 液相负荷下限线

图 7-34　塔板负荷性能图

(2)液泛线

液泛线表示降液管内泡沫层高度达到最大允许值时的 V_s-L_s 关系，塔板的适宜操作区也应在此线以下，否则将可能发生液泛现象，破坏塔的正常操作。由式(7-60)、式(7-57)、式(7-51)和式(7-42)的关系得到：

$$\phi(H_T+h_W)=h_p+h_L+h_d=h_c+h_l+h_\sigma+h_W+h_{OW}+h_d \tag{7-66}$$

上式中的 h_σ 可以忽略。ϕ 及 h_W 为定值，若分别找出 h_c-V_s、h_l-L_s、h_{OW}-L_s 及 h_d-L_s 的关系，将它们代入式(7-66)整理成 L_s-V_s 的关系，标绘在 L_s-V_s 的坐标图上，该线即液泛线，如图 7-33 中线 2 所示。

(3)液相负荷上限线

液相负荷上限线又称为降液管负荷线。此线反映对于液体在降液管内停留时间的起码要求。对于尺寸已经确定的降液管，若液体流量超过某一限度，使液体在降液管内停留时间过短，则其中气泡来不及放出就进入下层塔板，造成气相返混，降低塔板效率。

由式(7-46)知液体在降液管内停留时间为

$$\theta=\frac{A_fH_T}{L_s}$$

式中 θ 不应小于 3～5 s，若按 $\theta=5$ s 计算，则

$$L_s=\frac{A_fH_T}{5}$$

依此式可求得液相负荷上限 L_s 的数值(常数)，据此作出液相负荷上限线如图 7-34 中线 3 所示。塔板的适宜操作区应在竖直线 3 的左方。

(4)漏液线

漏液线又称为气相负荷下限线。此线表明不发生泄漏现象的最低气体负荷。塔板的适宜操作区应在此线的上方。参考式(7-64)，先找出 $u_{0,\min}$-V_s 及 h_L-L_s 的关系，然后将它们代入式(7-64)整理成 L_s-V_s 的关系，并标绘在 L_s-V_s 的坐标图中，该线即漏液线，如图 7-33 中线 4 所示。

(5)液相负荷下限线

对于平堰上液层高度 $h_{OW}=0.006$ m 作为液相负荷下限条件，低于此限时，便不能保

证板上液流的均匀分布,降低气液接触效果。由式(7-43)知

$$h_{OW}=\frac{2.84}{1\ 000}E\left(\frac{3\ 600L_s}{l_W}\right)^{\frac{2}{3}}$$

将已知的 l_W 值及 h_{OW} 的下限值(0.006 m)代入上式,并取 $E=1$,便可求得 L_s 的下限值,据此作出液相负荷下限线,如图 7-33 中线 5 所示。塔板的适宜操作区应在该竖直线的右侧。

在负荷性能图上,由上述五条线所包围的区域,应是所设计的塔板用于处理指定物系时的适宜操作区。在此区域内,塔板上的流体力学状况是正常的,但该区域内各点处的板效率并不完全相同。代表塔的预定气、液负荷的设计点 P 如能落在该区域内的适中位置,则可望获得稳定良好的操作效果。如果操作点紧靠某一条边界线,则当负荷稍有波动时便会使效率急剧下降,甚至完全破坏塔的操作。

对于一定的物系,塔板负荷性能图的形状因塔板类型、塔板结构尺寸的不同而不同。当塔板类型及各部分尺寸已确定,该塔板的负荷性能图便随之确定,设计方案的好坏,可由负荷性能图分析其操作弹性的大小来比较。如图 7-33 所示,OA 及 OB 线分别为不同气液相负荷下的操作线。操作线与负荷性能图上关系线的两个交点,如图中点 a,a' 及 b,b' 分别表示塔的上、下操作极限,两极限的气体流量之比,即操作弹性。操作弹性大,表明塔的操作范围大,即允许的气液相负荷变化范围就大,说明塔的适应能力强。在设计时,应尽量使正常操作下的设计点位于负荷性能图的流体力学上下限所围区域的中部以增加操作弹性,必要时,可根据设计点的位置,调整塔板结构参数,使图中流体力学上下限发生移动,以改善塔板的负荷性能,增加其操作弹性。

此外还应指出,对于内有多层塔板而直径均一的塔来说,由于从底到顶各层塔板上的操作条件(温度、压强等)及物料组成和性质(密度等)有所不同,因而各层塔板上的气、液负荷都是不同的。设计计算中应考虑到这一问题,对处于最不利情况下的塔板进行验算,看其操作点是否在适宜操作区之内,并按此薄弱环节上的条件确定该塔所允许的操作负荷范围。

习题

1. 已知苯-甲苯混合液中苯的质量分数为 0.25,试求其摩尔分数和混合液的平均摩尔质量。(答:$x_{苯}=0.282$,$x_{甲苯}=0.718$,$\overline{M}=88.1$ kg/kmol)

2. 苯-甲苯混合液在压强为 101.33 kPa 下的 t-x-y 图如图 7-1 所示。若该混合液中苯的初始组成为 0.5(摩尔分数),试求:

(1)该溶液的泡点温度及瞬间平衡气相组成。

(2)将该溶液加热到 95 ℃时,试问溶液处于什么状态?各相组成?

(3)将该溶液加热到什么温度,才能使其全部汽化为饱和蒸气?此时的蒸气组成?

(答:(1)泡点温度 92 ℃,$y=0.71$;(2)气液混合,$x=0.41$,$y=0.63$;(3)99 ℃,$y=0.5$)

3. 在连续精馏塔中分离二硫化碳(A)和四氯化碳(B)混合液。原料液流量为 5 000 kg/h,

组成为 0.45(组分 A 的质量分数,下同)。若要求二硫化碳在馏出液中含量为 90%,釜残液含量不大于 0.05,试求馏出液流量和釜残液流量(以摩尔流量表示)。(答:D=29.42 kmol/h,W=18.06 kmol/h)

4.在连续精馏塔中分离某两组分混合液。原料液流量为 10 000 kg/h,其中易挥发组分含量为 0.4(摩尔分数,下同),要求馏出液中易挥发组分的回收率为 90%,釜残液中易挥发组分含量不高于 7%,试求馏出液的摩尔流量及摩尔分数。已知易挥发组分的摩尔质量为 114 kg/kmol,难挥发的摩尔质量为 128 kg/kmol。(答:D=35.05 kmol/h,x_D=0.839 2)

5.在常压连续精馏塔中分离某两组分理想溶液。原料液流量为 1 000 kmol/h,组成为 0.3(易挥发组分的摩尔分数,下同),泡点进料。馏出液组成为 0.95,釜残液组成为 0.05,操作回流比为 2.5,试求:

(1)塔顶和塔底产品流量,kmol/h;

(2)精馏段与提馏段的上升蒸气流量和下降液体流量,kmol/h。

(答:(1)D=277.8 kmol/h,W=722.2 kmol/h;(2)L=694.5 kmol/h,V=972.3 kmol/h,L'=1 694.5 kmol/h,V'=972.3 kmol/h)

6.在连续精馏塔中分离两组分理想溶液,原料液流量为 80 kmol/h,泡点进料。若已知精馏段操作线方程和提馏段操作线方程分别为:

$$y = 0.723x + 0.263$$

$$y = 1.25x - 0.018$$

试求:(1)精馏段和提馏段的下降液体流量,kmol/h;

(2)精馏段和提馏段的上升蒸气流量,kmol/h。

(答:(1)L=109.8 kmol/h,V=151.8 kmol/h;(2)L'=189.8 kmol/h,V'=151.8 kmol/h)

7.在常压连续精馏塔中,分离甲醇—水溶液。若原料液组成为 0.4(甲醇的摩尔分数),温度为 40 ℃,试求进料热状态参数。已知进料的泡点温度为 75.3 ℃,操作条件下甲醇和水的汽化热分别为 1 055 kJ/kg 和 2 320 kJ/kg,甲醇和水的比热容分别为 2.68 kJ/(kg·℃)和 4.019 kJ/(kg·℃)。(答:q=1.071)

8. 在连续精馏塔中,已知精馏段操作线方程和 q 线方程分别为:

$$y = 0.75x + 0.21$$

$$y = -0.5x + 0.66$$

试求:(1)进料热状态参数 q;

(2)原料液组成 x_F;

(3)精馏段操作线和提馏段操作线的交点坐标 x_q 和 y_q。

(答:(1)q=1/3;(2)x_F=0.44;(3)x_q=0.36,y_q=0.48)

9.在连续精馏塔中分离两组分理想溶液。已知原料组成为 0.4(易挥发组分的摩尔分数,下同),要求塔顶产品组成为 0.96,釜残液组成为 0.02,操作回流比为 2.5,试绘出下列不同进料热状态下的精馏段和提馏段操作线。

(1)泡点进料;(2)气液混合进料,气液的摩尔流量各占一半;(3)露点进料。(答:略)

10. 在连续精馏塔中分离两组分理想溶液。原料液流量为 100 kmol/h，组成为 0.4（易挥发组分的摩尔分数，下同），泡点进料，馏出液组成为 0.95，釜残液组成为 0.05，操作回流比为 2.3，试写出精馏段操作线方程和提馏段操作线方程。

（答：$y=0.697x+0.288$，$y=1.48x-0.024$）

11. 连续精馏塔的操作线方程如下：

精馏段：$y=0.75x+0.205$

提馏段：$y=1.25x-0.020$

试求泡点进料时，原料液、馏出液、釜液组成及回流比。

（答：$x_F=0.45$，$x_D=0.82$，$x_W=0.08$，$R=3$）

12. 在连续精馏塔中分离两组分理想溶液。已知原料液组成为 0.45（易挥发组分的摩尔分数，下同），露点进料，馏出液组成为 0.95，操作回流比为 2.0，物系的平均相对挥发度为 3.5，塔顶为全凝器，试用逐板计算法求精馏段理论板数。（答：精馏段理论板数共6 块）

13. 连续精馏塔中分离苯-甲苯混合液。原料液组成为 0.44（苯的摩尔分数，下同），气液混合物进料，其中液化率为 1/3。若馏出液组成为 0.975，釜残液组成为 0.023 5，回流比为 2.5，试求理论板数和适宜的进料位置。

苯-甲苯气液平衡数据见表 7-8。

表 7-8　苯-甲苯气液平衡数据

t/℃	80.1	85	90	95	100	105	110.6
x	1.000	0.780	0.581	0.412	0.258	0.130	0.00
y	1.000	0.900	0.777	0.633	0.456	0.262	0.00

（答：理论板数为 17 块不包括再沸器；第 9 块为进料板）

14. 在常压连续精馏塔中分离甲醇-水溶液。原料组成为 0.4（甲醇的摩尔分数，下同），泡点进料。馏出液组成为 0.95，釜残液组成为 0.03。回流比为 1.6。塔顶采用全凝器，塔釜采用间接蒸气加热。试求理论板数和适宜的进料位置。甲醇-水的气液平衡数据见表 7-9。（答：理论板数为 6 块不包括再沸器；第 5 块为进料板）

表 7-9　常压下甲醇-水的气液平衡数据

温度 t/ ℃	液相中甲醇的摩尔分数	气相中甲醇的摩尔分数	温度 t/℃	液相中甲醇的摩尔分数	气相中甲醇的摩尔分数
100	0.0	0.0	75.3	0.40	0.729
96.4	0.02	0.134	73.1	0.50	0.779
93.5	0.04	0.234	71.2	0.60	0.825
91.2	0.06	0.304	69.3	0.70	0.870
89.3	0.08	0.365	67.6	0.80	0.915
87.7	0.10	0.418	66.0	0.90	0.958
84.4	0.15	0.517	65.0	0.95	0.979
81.7	0.20	0.579	64.5	1.0	1.0
78.0	0.30	0.665			

15.在连续精馏塔中分离两组分理想溶液。原料液组成为0.45(易挥发组分的摩尔分数,下同),馏出液组成为0.95,物系的平均相对挥发度为2.0,回流比为最小回流比的1.5倍,试求以下两种进料情况下的操作回流比。

(1)饱和液体进料;

(2)饱和蒸气进料。(答:(1)$R=2.894$;(2)$R=4.697$)

16.在连续精馏塔中分离两组分理想溶液。塔顶采用全凝器。实验测得塔顶第一层塔板的单板效率$E_{mL1}=0.6$。物系的平均相对挥发度为2.8,精馏段操作线方程为$y=0.833x+0.15$。试求离开塔顶第二层塔板的上升蒸气组成y_2。(答:$y_2=0.828\ 6$)

17.在常压连续精馏塔中分离某理想溶液,原料液组成为0.4(易挥发组分的摩尔分数,下同),馏出液组成为0.95,操作条件下物系的相对挥发度为2.0,若操作回流比为最小回流比的1.6倍,进料热状态参数$q=1.5$,塔顶采用全凝器,试计算第二块理论板上升蒸气组成和下降液体组成。(答:$y_2=0.916\ 6$,$x_2=0.846\ 0$)

18.在常压连续精馏塔中,分离习题13中的苯—甲苯混合物。原料液流量为100 kmol/h,全塔操作平均温度可取为81.3 ℃,空塔气速为0.8 m/s,板间距为0.35 m,全塔效率为60%,试求:(1)塔径;(2)塔的有效高度。(答:(1)$D=1.4$ m;(2)$Z=9.8$ m)

模块7 液体精馏
在线自测

模块 8　固体干燥

8.1 概　述

8.1.1 固体物料的去湿方法

化工生产中的固体物料,通常含有水分或其他溶剂(统称为湿分)。为了便于加工、运输、储存和使用,往往需要将其中的部分湿分除去,以使物料中的含湿量达到规定的要求,这种操作称为去湿。常用的去湿方法有机械去湿法和加热去湿法。

1.机械去湿法

当固体物料中的含湿量较高时,可先采用沉降、过滤、离心分离等机械分离法,除去其中的大部分湿分。这种去湿过程中没有相变化,能耗较少,费用较低,但去湿不彻底,一般用于初步去湿。

2.加热去湿法

对固体物料加热,使所含的湿分汽化,并及时移走所生成的蒸气,使固体物料中的含湿量达到规定要求,这种去湿方法称为固体干燥。固体干燥过程中湿分发生相变化,故其热能消耗较多。

工业生产中,通常将上述两种去湿方法进行联合操作,先用机械去湿法除去物料中的大部分湿分,然后再用干燥的方法进一步去湿,使物料中含湿量达到规定的标准。

干燥操作不仅用于化工、石油化工等工业中,还应用于医药、食品、核能、纺织、建材、采矿以及农产品等行业中。例如,合成树脂必须进行干燥以防止在加工成塑料制品中生成气泡,谷物、蔬菜经干燥后可以长期储存,纸张、木材经干燥后便于使用和储存等。

8.1.2 干燥过程的分类

(1)按操作的压强,可分为常压干燥和真空干燥。真空干燥适用于热敏性、易氧化或要求产品含湿量极低的物料干燥。

(2)按操作方式,可分为连续干燥和间歇干燥。连续干燥的特点是生产能力大,热效率高,产品质量均匀及劳动条件好;间歇干燥的特点是费用低,操作易于控制,适用于小批量、多品种或要求干燥时间较长的物料干燥。

(3)按热能传给湿物料的方式,可分为传导干燥、对流干燥、辐射干燥和介电干燥以及由其中两种或三种方式组成的联合干燥。

传导干燥是指热能以传导方式通过金属壁传给湿物料的干燥方法。通常用水蒸气作为间接加热介质,其热能利用程度高,但是物料易过热而变质。

对流干燥是指热能以对流的方式传给与其直接接触的湿物料。通常用热空气作为直接加热的干燥介质,提供湿物料中湿分汽化所需要的热量,并且带走湿物料中汽化的蒸气。在对流干燥中,热空气的湿度容易调节,物料不致过热,但在热空气离开干燥器时,可将相当大的一部分热能带走,热能利用程度较传导干燥低。

辐射干燥是指热能以电磁波的形式由辐射器发射,至湿物料表面被其吸收再转变为热能,将湿分加热汽化而除去。辐射器可分为电能和热能两种,发射的是红外线。用红外线干燥比上述的传导或对流干燥的生产强度要大几十倍,产品干燥均匀而洁净,但能量消耗大。

介电加热干燥是将湿物料置于高频电场内,由于高频电场的交变作用使物料加热而达到干燥的目的。介电加热干燥根据电场的频率分为高频加热和超高频加热。介电干燥所用的时间较短,干燥过程中湿物料受热均匀,表面不易结壳或皱皮,内部湿分易于除去,但其所需费用较高。

目前在工业上应用最普遍的是对流干燥。本模块主要介绍以热空气为干燥介质,除去的湿分为水分的对流干燥。

8.1.3 对流干燥过程的传热与传质

对流干燥过程的传热和传质如图 8-1 所示。图中 t 为空气的主体温度、t_w 为湿物料表面的温度、p 为空气中水蒸气分压、p_w 为湿物料表面的水蒸气分压、Q 为单位时间内空气传给物料的热量、N 为单位时间内从物料表面汽化出的水蒸气量、δ 为物料表面的虚拟气膜厚度。热空气与湿物料直接接触,热空气将热能 Q 传到湿物料表面,再由表面传到物料内部,这是一个传热过程,传热的推动力为空气温度 t 与湿物料表面温度 t_w 的温度差 $\Delta t = t - t_w$;与此同时,物料表面的水分由于受热汽化,使物料内部和表面之间产生水分差,物料内部的水分以液态或气态的形式向表面扩散,然后汽化的水分再通过物料表面的气膜而扩散到气流主体,并由气体带走,这是一个传质过程,传质推动力为湿物料表面的水蒸气分压 p_w 与空气中水蒸气分压 p 的分压差 $\Delta p = p_w - p$。由此看出,干燥是传热和传质相结合的操作,干燥速率是由传热速率和传质速率共同控制的。

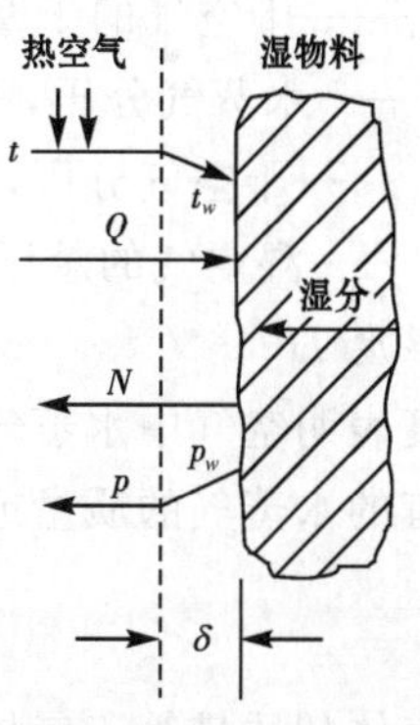

图 8-1　热空气和物料表面间的传热和传质情况

综上所述,在对流干燥操作中,空气既要为物料提供水分汽化所需的热量,又要带走所汽化的水分。因此空气既是载热体又是载湿体。空气在进入干燥器之前需要经预热器加热到一定温度,在干燥器中,空气从进口到出口逐渐降温、增湿,最后作为废气排出。

8.2 湿空气的性质和湿度图

8.2.1 湿空气的性质

湿空气是干空气和水蒸气的混合物，在对流干燥操作中，一般可视为理想气体来处理，即有关理想气体的一切定律均适用于干燥操作中所用的湿空气。在干燥过程中，湿空气中的水蒸气量是变化的，而其中干空气仅作为湿和热的载体，它的质量是不变的。因此，为了计算方便，在讨论湿空气的主要物理性质或状态参数及其相互关系时，是以单位质量的干空气为基准的。

1. 湿空气中水蒸气分压 p

依据分压定律，湿空气的总压 P 等于干空气的分压 p_a 和水蒸气的分压 p 之和。总压一定时，空气中水蒸气分压 p 越大，则空气中水蒸气含量也越大。湿空气中水蒸气和干空气的千摩尔数之比等于其分压之比，即

$$P = p_a + p \tag{8-1}$$

$$\frac{n}{n_a} = \frac{p}{p_a} = \frac{p}{P - p} \tag{8-1a}$$

式中 n——水蒸气的千摩尔数，kmol；

n_a——干空气的千摩尔数，kmol；

p——水蒸气分压，Pa 或 kPa；

p_a——干空气分压，Pa 或 kPa；

P——湿空气的总压，Pa 或 kPa。

2. 湿度 H

湿度表明空气中水蒸气的含量，又称为湿含量或绝对湿度，即湿空气中单位质量干空气所带有的水蒸气的质量或湿空气中所含水蒸气的质量与干空气质量的比值，即

$$\text{湿度} = \frac{\text{湿空气中水蒸气的质量}}{\text{湿空气中绝干空气的质量}}$$

因气体的质量等于气体的摩尔数乘以摩尔质量，则有

$$H = \frac{Mn}{M_a n_a} \tag{8-2}$$

式中 H——湿空气的湿度，kg 水/kg 干空气；

M——水蒸气的摩尔质量，kg/kmol；

M_a——干空气的摩尔质量，kg/kmol。

将 $M=18$ kg/kmol，$M_a=29$ kg/kmol 及式(8-1a)代入式(8-2)，可得

$$H = \frac{18p}{29(P - p)} = 0.622\frac{p}{P - p} \tag{8-3}$$

由上式可知，湿度与湿空气的总压及其中水蒸气的分压有关。当总压一定时，湿度仅

决定于水蒸气分压。

若湿空气中水蒸气分压 p 等于同温度下水的饱和蒸气压 p_s，则表明湿空气呈饱和状态，此时湿空气的绝对湿度称为饱和湿度 H_s。用下式表示为

$$H_s = 0.622 \frac{p_s}{P - p_s} \tag{8-4}$$

在一定温度及总压下，湿空气的绝对湿度与饱和湿度之比的百分数称为绝对湿度百分数，用 Ψ 表示。由式(8-3)和式(8-4)可得

$$\Psi = \frac{H}{H_s} \times 100\% = \frac{p(P - p_s)}{p_s(P - p)} \times 100\% \tag{8-5}$$

3. 相对湿度 φ

在一定温度及总压下，湿空气中水蒸气分压 p 与同温度下水的饱和蒸气压 p_s 之比称为相对湿度。即

$$\varphi = \frac{p}{p_s} \text{或} \varphi = \frac{p}{p_s} \times 100\% \tag{8-6}$$

在一定温度下，空气相对湿度是随其中水蒸气分压的不同而改变的。当 $\varphi=100\%$ 时，表明湿空气中水蒸气含量已达到饱和状态，此时水蒸气分压等于同温度下水的饱和蒸气压；$\varphi=0$ 时，表明此空气中水蒸气分压为零，即干空气。一般湿空气中的水蒸气均未达到饱和，相对湿度 φ 越低，表明该空气偏离饱和程度越远，其干燥能力也越强。所以，用相对湿度可以反映出湿空气吸收水蒸气的能力，而湿度只能表明湿空气中含水蒸气的绝对量，未能反映这样的湿空气继续吸收水蒸气的能力。

将式(8-6)代入式(8-3)可得

$$H = 0.622 \frac{\varphi p_s}{P - \varphi p_s} \tag{8-7}$$

由上式可知，当总压一定时，只要知道湿空气的湿度和温度，即可由温度查出水的饱和蒸气压并代入式(8-7)后，求出相对湿度。

4. 湿空气的比容 v_H

当湿空气的温度为 t、湿度为 H、总压为 P 时，以 1 kg 绝干空气为基准的湿空气体积称为湿空气的比容，又称湿容积。即

$$v_H = \left(\frac{1}{29} + \frac{H}{18}\right) \times 22.4 \times \frac{273 + t}{273} \times \frac{101\ 330}{P}$$

或

$$v_H = (0.773 + 1.244H) \times \frac{273 + t}{273} \times \frac{101\ 330}{P} \tag{8-8}$$

式中 v_H——湿空气的比容，m^3 湿空气/kg 干空气。

由式(8-8)可知，湿空气的比容随其温度和湿度的增加而增大。

5. 湿空气的比热容 c_H

当湿空气的温度为 t，湿度为 H 时，以 1 kg 绝干空气为基准的湿空气温度升高(或降低)1 ℃所需吸收(或放出)的热量，称为湿空气的比热容，简称湿热。即

$$c_H = c_a + cH \tag{8-9}$$

式中 c_H——湿空气的比热容，kJ/(kg 干空气·℃)；

c_a——干空气的比热容，kJ/(kg 干空气·℃)；

c——水蒸气的比热容，kJ/(kg 水蒸气·℃)。

在工程计算中，通常取 $c_a=1.01$ kJ/(kg 绝干空气·℃)，$c=1.88$ kJ/(kg 水蒸气·℃)，代入式(8-9)得

$$c_H = 1.01 + 1.88H \tag{8-10}$$

由上式可知，湿热 c_H 仅随空气湿度 H 的变化而变化。

6. 湿空气的焓 I_H

当湿空气的温度为 t、湿度为 H 时，以 1 kg 绝干空气为基准的湿空气的焓。即

$$I_H = I_a + IH \tag{8-11}$$

式中 I_H——湿空气的焓，kJ/kg 干空气；

I_a——绝干空气的焓，kJ/kg 干空气；

I——水蒸气的焓，kJ/kg 水蒸气。

上述湿空气的焓是以干空气和液态水在 0 ℃时的焓值为零作为基准而计算的。因此，对于温度为 t 及湿度为 H 的湿空气，其焓值包括由 0 ℃的水变成 0 ℃的水蒸气所需的潜热以及湿空气由 0 ℃升温至 t 所需的显热之和。即

$$I_H = (c_a + cH)t + r_0 H$$

式中 r_0——0 ℃时水的汽化热，取 2 492 kJ/kg。

将 c_a、c 和 r_0 的数值代入上式，得：

$$I_H = (1.01 + 1.88H)t + 2\,492H \tag{8-12}$$

由上式可知，湿空气的温度越高，湿度越大，则焓越大。湿空气的焓是随空气的温度和湿度而变的。

7. 湿空气的温度——干球温度、湿球温度、绝热饱和温度及露点

(1)干球温度 t

在湿空气中，用普通温度计所测得的温度即干球温度，它是湿空气的真实温度，简称温度 t。

(2)湿球温度 t_w

将湿球温度计放在湿空气气流中所测得的温度称为湿球温度。如图 8-2 所示，是由两个温度计组合而成的干湿球温度计。左面的是普通温度计，所测得的温度是空气的干球温度。右面的温度计感温部分包以纱布，纱布的下端浸入水中，由于纱布的毛细管作用，纱布被水完全润湿，这就是湿球温度计，用其测得的温度即湿球温度。

从下面湿球温度的测量方法可进一步认识湿球温度的物理意义及湿球温度名称的由来。

如图 8-3 所示，设有大量的温度为 t、湿度为 H 的不饱和空气流过湿球温度计的湿纱布表面。假设测量刚开始时湿纱布中水分的温度与空气的温度相等，但由于湿空气是不饱和的，必然会发生湿纱布中的水分向湿空气气流中汽化和扩散的现象。又因湿空气和湿纱布中水分之间没有温度差，所以水分汽化所需的热量只能来自水分本身，从而使水的温度下降。当水分的温度低于湿空气的干球温度时，热量则由湿空气传递给湿纱布中的水分，其传

热速率随两者温度差的增加而提高，直到由湿空气至纱布的传热速率刚好等于纱布表面汽化水分所需的传热速率时，湿纱布中水温就保持恒定，此恒定的水温即湿球温度计所指示的温度 t_w。我们称它为湿空气在温度为 t、湿度为 H 时的湿球温度，这是因为湿球温度是由空气的干球温度 t、湿度 H 或相对湿度 φ 等物理性质所决定的，是表明空气的状态或性质的一个参数。

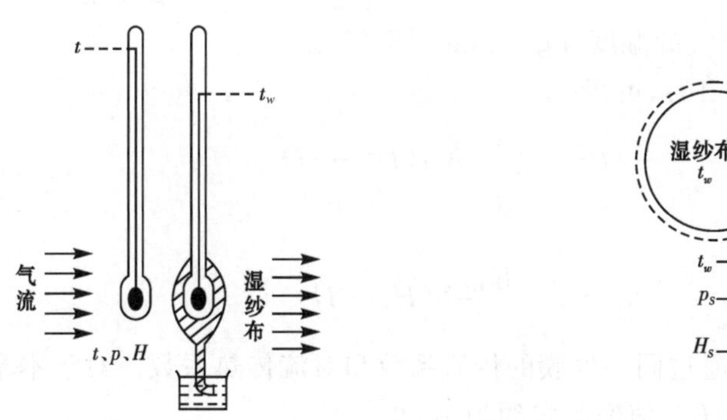

图 8-2 干湿球温度计

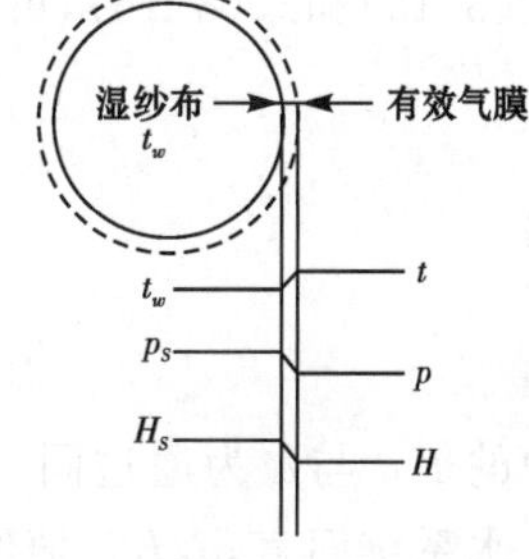

图 8-3 湿球温度测定机理

当空气的干球温度 t 一定时，湿度 H 越小，则水分从湿纱布表面扩散至空气中的推动力越大，水分的汽化速率越快，传热速率也越大，所达到的湿球温度 t_w 也越低。反之，空气的湿度 H 越大，则湿球温度 t_w 越接近于干球温度 t。湿空气的干、湿球温度的差值 $(t-t_w)$ 与相对湿度 φ 有关，也表明空气吸收汽化水分的能力。通常不饱和空气的湿球温度低于其干球温度。而对于饱和空气，即 $\varphi=100\%$ 时，湿球温度等于干球温度。

在实际干燥操作中，对于表面保持润湿的湿物料，它的表面温度可以认为是干燥器中空气的湿球温度，由此即可确定空气至湿物料表面的传热温度差 $\Delta t=t-t_w$。

上述的大量不饱和空气与少量水接触的过程中，可认为空气的干球温度和湿度保持不变。当达到平衡时，湿球周围的气膜内外两侧之间的温度差为 $t-t_w$，水蒸气从湿纱布表面扩散至空气主体的推动力为气膜内外两侧之间的水蒸气分压差 p_s-p（p_s 为湿球温度 t_w 时水的饱和蒸气压）。则在单位时间内，由空气传至湿纱布的热量为

$$Q=\alpha A(t-t_w) \tag{8-13}$$

式中 Q——传热速率，kW；

α——空气至湿纱布的对流传热系数，$kW/(m^2 \cdot ℃)$；

A——湿纱布与空气的接触面积，m^2；

t、t_w——空气的干、湿球温度，℃。

当达到热平衡时，此热量就等于水分汽化所需的热量。即

$$Q=W'r_w \tag{8-14}$$

式中 W'——汽化水分量，kg/s；

r_w——水在湿球温度时的汽化热，kJ/kg。

由式(8-13)和式(8-14)可得

$$\frac{W'}{A}=\frac{\alpha}{r_w}(t-t_w) \tag{8-15}$$

此外，水蒸气扩散的推动力也可用对应的湿度差(H_s-H)来表示。根据水蒸气通过气膜的传质方程式，则可写出

$$\frac{W'}{A}=K_H\Delta H=K_H(H_s-H) \tag{8-16}$$

式中　K_H——以湿度差ΔH为推动力的传质系数，$kg/(m^2\cdot s\cdot\frac{kg\ 水}{kg\ 干空气})$；

H_s——t_w时饱和空气的湿度，kg 水/kg 干空气。

合并式(8-15)和式(8-16)，可得

$$\frac{\alpha}{r_w}(t-t_w)=K_H(H_s-H)$$

整理得

$$t_w=t-\frac{K_Hr_w}{\alpha}(H_s-H) \tag{8-17}$$

上式中的K_H与α为通过同一气膜的传质系数和对流传热系数。对于本章主要讨论的湿空气－水系统而言，α/K_H值经测定约为1.09。

由式(8-17)可看出，空气的湿球温度t_w仅随空气的干球温度t和湿度H而变，当t和H一定时，t_w必为某一定值。

在实际干燥操作中，我们常用图8-2所示的干湿球组合温度计测定空气的t和t_w后，由式(8-17)求得空气的湿度H。

(3)绝热饱和温度t_{as}

当空气在绝热条件下被水汽所饱和时，所显示的温度称为绝热饱和温度，用t_{as}表示。如图8-4所示，设有温度为t、湿度为H的不饱和空气在绝热饱和器内，与大量的水密切接触，水用泵循环，所以可以认为水温完全均匀。因在绝热情况下，故水向空气中汽化时所需的潜热，只能取自空气中的显热，即空气的湿度在增加，而温度则在下降，但空气的焓是不变的。这一过程称为绝热冷却增湿过程。

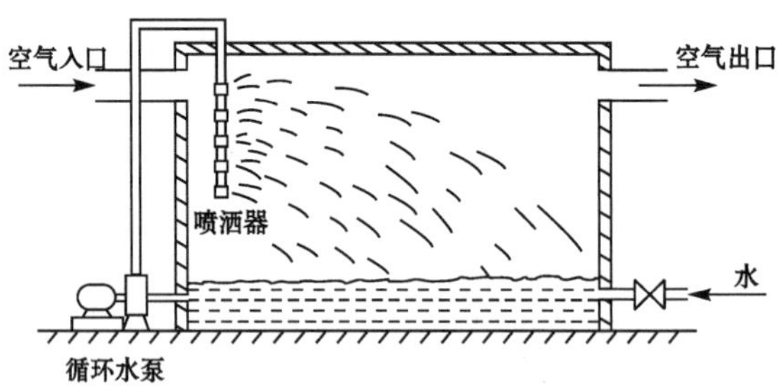

图8-4　绝热饱和器

绝热冷却过程进行至空气被水汽所饱和，即达到稳定状态，此时空气的温度不再下降，而等于循环水的温度，此稳定状态的温度即上述空气的绝热饱和温度。在上述绝热冷却增湿过程中，虽然湿空气将其显热传给水分，但是水分汽化后又将等量的汽化热带回空气中。因此湿空气的温度和湿度均随过程的进行而变化，而焓值却是不变的。可以说绝热冷却过程是一个等焓的过程。

设进入和离开绝热饱和器的湿空气焓值分别为 I_{H1} 和 I_{H2}，则

$$I_{H1} = c_H t + r_0 H = (1.01 + 1.88H)t + r_0 H$$

$$I_{H2} = c_{H_{as}} t_{as} + r_0 H_{as} = (1.01 + 1.88H_{as})t_{as} + r_0 H_{as}$$

式中　H_{as}——空气在 t_{as} 时的饱和湿度，kg 水/kg 干空气。

由于湿度 H 及饱和湿度 H_{as} 与 1 相比都很小，故上两式中的湿空气比热容 c_H 和 $c_{H_{as}}$ 可视为不随湿度而变。即

$$c_H = 1.01 + 1.88H = 1.01 + 1.88H_{as}$$

故在等焓过程中

$$c_H t + r_0 H = c_{H_{as}} t_{as} + r_0 H_{as}$$

整理上式得

$$t_{as} = t - \frac{r_0}{c_H}(H_{as} - H) \tag{8-18}$$

由上式可知，空气的绝热饱和温度 t_{as} 随空气的干球温度 t 和湿度 H 而变，它是空气在焓不变的情况下，绝热冷却增湿而达到饱和时的温度，也是表明湿空气性质的一个参数。

将式(8-17)和式(8-18)比较，两者在形式上完全相同。若 $\alpha/K_H \approx c_H$，则 $t_w \approx t_{as}$。尽管绝热饱和温度 t_{as} 和湿球温度 t_w 是两个完全不同的概念，但两者都是湿空气的温度和湿度的函数。经实验测定证明，当空气温度不太高，相对湿度不太低时，对于水蒸气—空气系统的计算，由于 $\alpha/K_H \approx 1.09$，近似等于 c_H，因此可以认为绝热饱和温度 t_{as} 和湿球温度 t_w 的数值近似相等。这将给水蒸气—空气系统干燥过程的计算带来一定的便利。但对水蒸气—空气以外的系统，因 $\alpha/K_H \neq c_H$，故 $t_w \neq t_{as}$。

(4)露点 t_d

将不饱和的空气在总压和湿度保持不变(不与水或湿物料接触)的条件下，进行冷却而达到饱和状态时的温度，称为空气的露点，以 t_d 表示。相应的湿度称为露点下水的饱和湿度，以 H_{sd} 表示，其数值等于此湿空气的湿度 H。当空气从露点继续冷却时，其中的部分水蒸气便会以露珠的形式凝结出来。

由式(8-4)可得

$$H_{sd} = 0.622\frac{p_{sd}}{P - p_{sd}}$$

式中　H_{sd}——露点下湿空气的饱和湿度，kg 水/kg 干空气；

p_{sd}——露点下水的饱和蒸气压，Pa。

整理上式得

$$p_{sd} = \frac{H_{sd}P}{0.622 + H_{sd}} \tag{8-19}$$

由于露点是将空气等湿冷却达到饱和时的温度，因此，只要知道空气的总压和湿度，即可由式(8-19)求得 t_d 下水的饱和蒸气压 p_{sd}，而后再由水蒸气表查出对应的温度，即该空气的露点。同样，如果已知空气的总压和露点，可依 t_d 查出 p_{sd} 后，求出空气的湿度。这就是露点法测定空气湿度的依据。

综上所述，对于表示湿空气性质的三个温度，即干球温度 t、湿球温度 t_w(或绝热饱和温度 t_{as})与露点 t_d，有以下关系：

对于不饱和湿空气　　　　　　$t>t_w>t_d$

对于饱和湿空气　　　　　　$t=t_w=t_d$

【例 8-1】 已知湿空气的总压为 101.3 kPa,相对湿度为 70%,干球温度为 20 ℃。试求:(1)湿度 H;(2)水蒸气分压 p;(3)露点 t_d;(4)比容 v_H;(5)焓 I_H;(6)如将空气预热到 97 ℃进入干燥器,对于每小时 100 kg 干空气,所需热量为多少?(7)每小时送入预热器的湿空气体积。

解:已知 $P=101.3$ kPa,$\varphi=70\%$,$t=20$ ℃。由饱和水蒸气表查得,水在 20 ℃时的饱和蒸气压 $p_s=2.34$ kPa。

(1)湿度 H。由式(8-7)得

$$H=0.622\times\frac{\varphi p_s}{P-\varphi p_s}=0.622\times\frac{0.70\times2.34}{101.3-0.70\times2.34}=0.0102(\text{kg 水/kg 干空气})$$

(2)水蒸气分压 p。由式(8-6)得

$$p=\varphi p_s=0.70\times2.34=1.638(\text{kPa})$$

(3)露点 t_d。露点是空气的湿度(或水蒸气分压)不变的情况下,冷却而达到饱和的温度。所以,由饱和水蒸气表查得与 $p=1.638$ kPa 相对应的饱和温度,即 $t_d=15$ ℃。

(4)比容 v_H。由式(8-8)得

$$\begin{aligned}v_H&=(0.773+1.244H)\frac{t+273}{273}\\&=(0.773+1.224\times0.0102)\times\frac{20+273}{273}\\&=0.843(\text{m}^3/\text{kg 干空气})\end{aligned}$$

(5)焓 I_H。由式(8-12)得

$$\begin{aligned}I_H&=(1.01+1.88H)t+2\,492H\\&=(1.01+1.88\times0.0102)\times20+2\,492\times0.0102\\&=46.0(\text{kJ/kg 干空气})\end{aligned}$$

(6) 每小时预热 100 kg 干空气及其所带水蒸气所需的热量 Q。由传热量的计算可知

$$\begin{aligned}Q&=100\times c_H(t-20)=100\times(1.01+1.88\times0.0102)\times(97-20)\\&=100\times1.029\times77=7\,923.3(\text{kJ/h})=2.2(\text{kW})\end{aligned}$$

(7)每小时送入预热器的湿空气体积 V。由式(8-8)求 v_H,然后求总体积。即

$$\begin{aligned}V&=100v_H=100\times(0.773+1.244\times0.0102)\times\frac{293}{273}\\&=100\times0.786\times1.073=84.4(\text{m}^3/\text{h})\end{aligned}$$

8.2.2 湿空气的湿度图及其应用

由上述讨论及【例 8-1】的计算过程可知,表示湿空气物理性质的各状态参数之间是存在一定函数关系的。这些函数关系除了用相当烦琐的公式表示,还可绘成图线。由以上讨论可知,φ,c_H,v_H,t_w,t_{as}等都随 t 和 H 的变化而变化。如果选择这两个参数为坐标将各参数间的关联式绘制成算图,利用算图来查取湿空气的各项参数的数值,对

湿空气的湿度图及其应用

于干燥器的物料和热量衡算或空气—水蒸气系统的计算则带来极大的方便。

工程计算中广泛采用的是湿空气的温度—湿度图（t—H 图）。此外也有用湿空气的焓—湿度图（I—H 图）的。

1. 湿度图的构造

如图 8-5 所示，该图是采用以温度 t 为横坐标、湿度 H 为纵坐标所绘制的温度—湿度图（t—H 图），简称湿度图。图 8-5 是在总压 $P=101.3$ kPa 条件下绘制的。图上任何一点都代表一定温度和湿度的湿空气的状态。图中各线的意义如下：

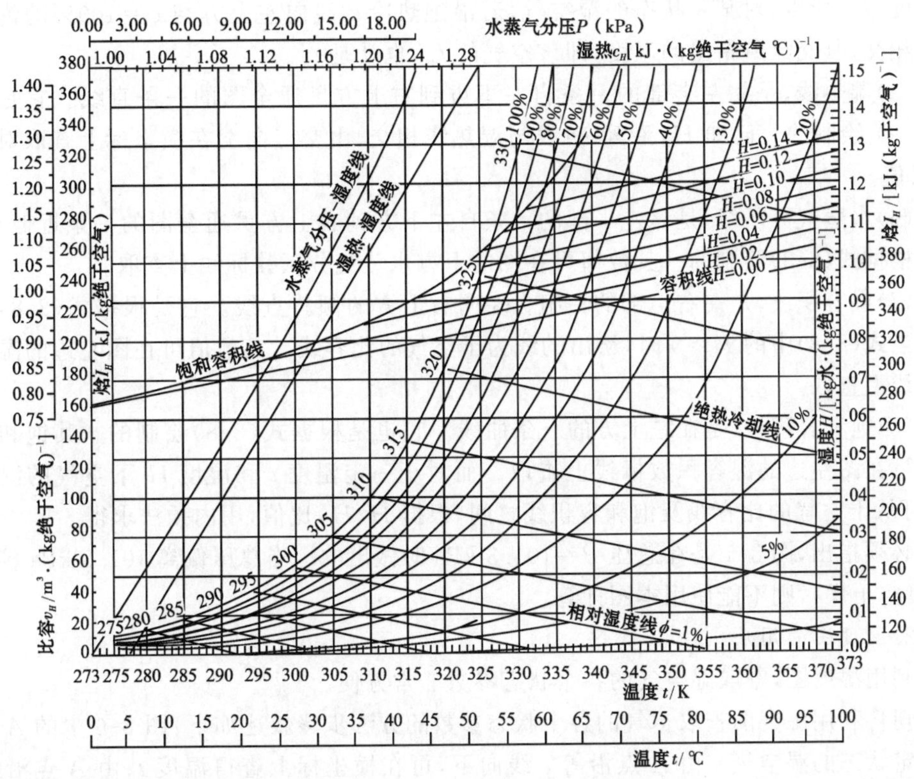

图 8-5 湿空气的 t—H 图（总压 101.3 kPa）

（1）等温线，简称等 t 线，是与纵坐标平行的一组直线。在同一根等 t 线上都具有相同的温度值。

（2）等湿线，简称等 H 线，是与横坐标平行的一组直线。在同一根等 H 线上都具有相同的湿度值。

（3）等相对湿度线，简称等 φ 线，是一组从坐标系原点（$t=0$，$H=0$）的附近发散出来的曲线，它是根据式（8-7）绘制的，当 P 一定时，对于某一定值的 φ，已知温度 $t(p_s)$，就可以算得一个对应的湿度 H。将许多（t，H）点连接起来，就成为某一百分数的等 φ 线。

从式（8-7）或湿度图可知，当湿空气的 H 一定时，t 越高，则 φ 越低，作为干燥介质时吸水能力越强。所以，空气进入干燥器前必须加热升温。这是为了提高湿空气的焓值使其作为载热体，同时也为了降低其相对湿度而作为载湿体。

图中 $\varphi=100\%$ 的曲线称为饱和空气线，这时空气完全被水蒸气所饱和，饱和空气线的左上方是过饱和区域，这时湿空气呈雾状，不能用来干燥物料。饱和空气线的右下方是不饱和区域，这个区域中的空气可以作为干燥介质。因此，对于干燥操作有意义的是$\varphi=100\%$以下的不饱和区。

(4)绝热冷却线，简称等焓线，是一组在不饱和区域内从左上方至右下方互不平行的倾斜线段，它是根据式(8-18)绘制的。自右下方沿线向左上方与$\varphi=100\%$的饱和空气线相交的线段，表明湿空气从干球温度t绝热冷却增湿至t_{as}而达到饱和的过程。

对于空气—水系统，绝热冷却线与等湿球温度线重合。故绝热冷却线又可称为等湿球温度线。所以，对某一状态的湿空气，若沿绝热冷却线向左上方与$\varphi=100\%$的饱和空气线相交，其交点所指出的温度，即该空气的t_{as}，也就是t_w。

(5)湿热线，是靠左半部的一条自左下方到右上方贯通全图的一条直线。它是根据式(8-9)绘制的。已知H，沿等H线与湿热线相交，由交点向上在横坐标上查取对应的c_H数值。

(6)水蒸气分压线，是靠左半部的一条自左下方到右上方贯通全图的一条近似直线，它是根据式(8-3)绘制的。其数值可在图的上方水蒸气分压数标线上查取。

(7)湿容积线，是在右上部的一组自左向右上方的倾斜直线。它是根据式(8-8)绘制的。当式(8-8)中的$H=0$时，绘出的线为干空气的比容线。其数值可在图左边的湿容积数标线上查取。

(8)饱和容积线，是在左上方的一条曲线。它也是根据式(8-8)绘制的。其饱和容积数值可在图左边的湿容积数标线上查取。而对于一定温度t和湿度H下空气的湿容积v_H，可从干空气的比容线及饱和容积线之间，根据H/H_s比值，用内插法求得。

必须指出，图8-5是在总压$P=101.3$ kPa时做出的。当总压偏离101.3 kPa较大时(如真空干燥)，则不能使用本图计算。

2.湿度图的用法

利用湿度图，查取湿空气的各个状态参数非常方便。

现将利用湿度图查取空气的各个状态参数的方法步骤叙述如下：图8-6中的A点代表一定状态的湿空气。由A点沿等t线向下，可在横坐标上查得温度t；由A点沿等H线向右，可在纵坐标上查得湿度H；由A点沿等H线向左与$\varphi=100\%$等φ线相交于C点(A点空气在湿度不变时冷却到饱和状态)，再由C点沿等t线向下，在横坐标上查得露点t_d；由A点沿绝热冷却线向左上方与$\varphi=100\%$等φ线相交于D点，再由D点沿等t线向下，在横坐标上查得绝热饱和温度t_{as}(湿球温度t_w)，若由D点沿等H线向右，则在纵坐标上可查得达到t_{as}时的饱和湿度H_{as}；由A点沿等t线向上与$\varphi=100\%$等φ线相交于B点，再由B点沿等H线向右，在纵坐标上可查得在干球温度下达到饱和时的饱和湿度H_s；由A点沿等H线向左与湿热线相交于E点，由E点沿等t线向上，在图上边的湿热数标线上可查得湿热比c_H；由A点沿等t线向上与湿容积线相交于G点，再由G点沿等H线向左，在图左边的湿容积数标线上可查得对应的湿容积v_H；由A点作相邻两条绝热冷却线的平行线向左上方或右下方与图左边或右边湿空气的焓值数标线相交，可得对应的焓值；由A点沿等H线向左与水蒸气分压线相交于K点，再由点K垂直向上，可在图上边的蒸气分压数标线上查得对应的水蒸气分压p。

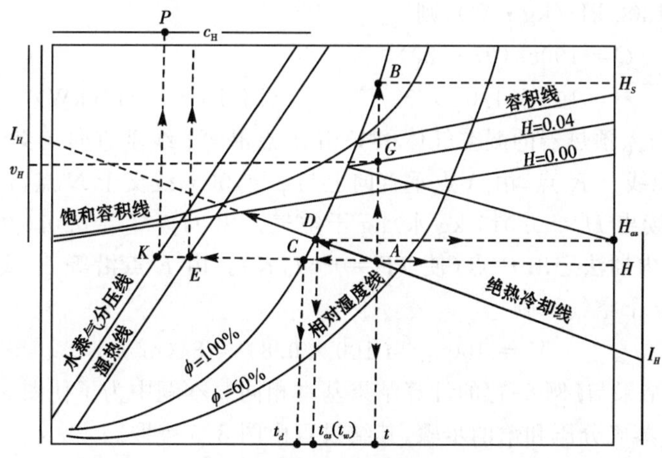

图 8-6 湿度图的用法

由以上叙述可知，应用湿度图查取湿空气的状态参数时，须先确定代表湿空气状态的 A 点。通常是依下述已知条件之一来确定 A 点的。可能的已知条件是：(1)干球温度 t 和湿球温度 t_w；(2)干球温度 t 和露点 t_d；(3)干球温度 t 和相对湿度 φ。上述三种条件下确定湿空气状态点的方法可由图 8-7 表明。

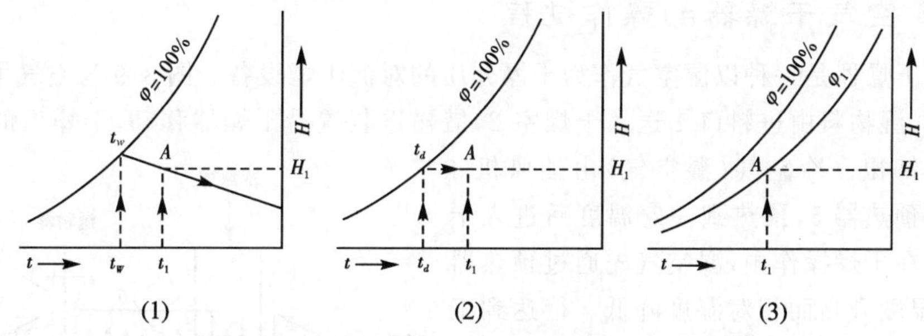

图 8-7 湿空气状态在湿度图上的确定

【例 8-2】 现以【例 8-1】为例，进一步说明 t-H 图的用法。已知 $t=20$ ℃，$\varphi=70\%$，首先在横坐标上找出 20 ℃的 t 点，沿等 t 线向上与 $\varphi=70\%$线相交于 A 点(如图 8-8 所示)。

(1)湿度 H。由 A 点沿等 H 线向右交纵坐标于C点，读出湿度 $H_1=0.01$ kg 水/kg 干空气。

(2)露点 t_d。由 A 点沿等湿线向左交 $\varphi=100\%$线于 D 点，垂直向下交横坐标于 t_d 点，读出 $t_d=14$ ℃。

(3)将每小时 100 kg 干空气从 20 ℃升温至 97 ℃所需的热量 Q。由 A 点沿等 H 线向左交湿热线于 F，再垂直向上交横坐标于

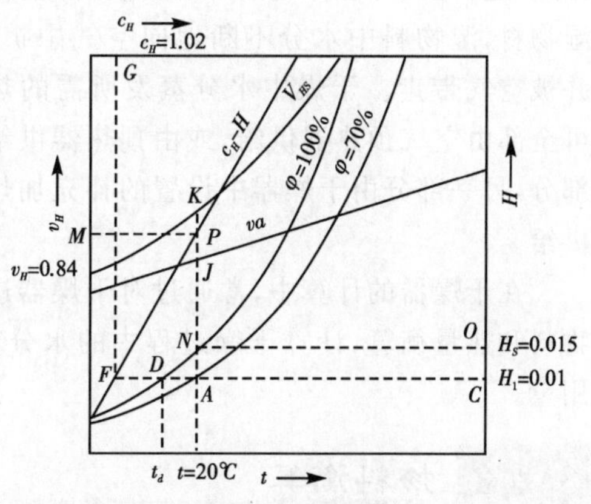

图 8-8 t-H 图的用法

G 点，读出 $c_H=1.02\ \text{kJ/(kg·℃)}$，则

$$Q=100c_H(97-20)$$
$$=100\times1.02\times77=7\ 850(\text{kJ/h})=2.18(\text{kW})$$

(4)每小时送入预热器的湿空气体积 V 由 A 点沿等 t 线垂直向上交于空气比容线于 J 点，交饱和容积线于 K 点，由 A 点垂直向上与 $\varphi=100\%$线交于 N 点，再向右沿等 H 线交纵轴于 O 点，读出 $H_s=0.015$ kg 水/kg 干空气。由 $H_1/H_S=0.010/0.015=0.666\ 7$ 在 JK 线段中用内插法定出 P 点（使 $JP=0.67JK$）。由 P 点沿等 H 线向左读出 M 点 $v_H=0.84\ \text{m}^3/\text{kg}$ 干空气。则

$$V=100v_H=100\times0.84=84(\text{m}^3)$$

【例 8-2】的结果与【例 8-1】的计算结果基本相同。本题中为了使图 8-8 更清楚明了，故省略了查取水蒸气分压和焓的步骤，其结果可由图 8-5 查取。

8.3 干燥器的物料衡算和热量衡算

8.3.1 空气干燥器的操作过程

空气干燥器是一种以湿空气作为干燥介质的对流干燥设备。图 8-9 为空气干燥器的操作简图，湿物料由进料口 1 送入干燥室 2，借输送装置沿干燥器移动，干燥后的物料经卸料口 3 卸出。冷空气（湿空气）由抽风机 4 抽入空气预热器 5，预热到一定温度后进入干燥器中。在干燥操作中，湿空气先通过预热器被加热，温度升高而相对湿度降低。待达到工艺要求的温度后，通入干燥器中与湿物料密切接触，进行湿和热的交换。热空气把热量传给湿物料，湿物料中水分不断地向空气中扩散，并被空气带走。干燥中水分蒸发所需的热量可全部由空气预热器供给，或由预热器供给一部分，另一部分由干燥器中设置的补充加热器供给。

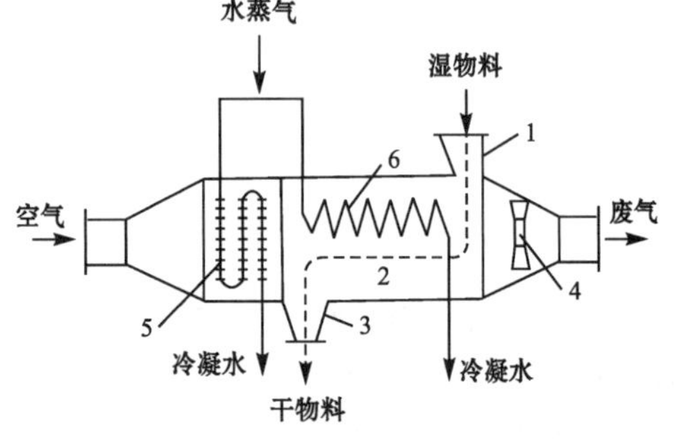

1. 进料口 2. 干燥室 3. 卸料口
4. 抽风机 5、6. 空气预热器和补充加热器

图 8-9 空气干燥器的操作简图

在干燥器的计算中，常通过对干燥器进行物料和热量衡算，计算干燥过程中的水分蒸发量、空气消耗量和加热蒸气用量。

物料衡算

8.3.2 物料衡算

物料衡算要解决的问题有：一是计算湿物料干燥到指定的含水量所需蒸发的水分量；二是计算完成指定干燥任务所需的空气消耗量。在实际计算干燥器时，通常已知湿物料

的处理量及其最初和最终含水量。因此，要首先了解物料中水分含量的表示方法。

1. 物料含水量的表示方法

在干燥过程中，物料的含水量通常用湿基或干基含水量来表示。

(1)湿基含水量是指在整个湿物料中水分所占的质量百分数，以 w 表示。即

$$w=\frac{\text{湿物料中水分的质量}}{\text{湿物料的总质量}}\times 100\% \quad (\text{kg 水/kg 湿物料})$$

湿基含水量是以湿物料为基准的水分含量的表示方法。

(2)干基含水量是指湿物料中的水分质量与绝干物料质量之比的百分数，以 X 表示。即

$$X=\frac{\text{湿物料中水分的质量}}{\text{湿物料中绝干物料的质量}}\times 100\% \quad (\text{kg 水/kg 绝干物料})$$

干基含水量是以绝干物料为基准的水分含量的表示方法。在干燥过程中，湿物料总量是变化的，而绝干物料量不变，因此，在干燥过程的物料衡算中，用干基含水量计算要方便得多。

上述两种含水量表示法之间的换算关系如下

$$X=\frac{w}{1-w} \tag{8-20}$$

$$w=\frac{X}{1+X} \tag{8-20a}$$

2. 水分蒸发量 W

对图 8-10 所示的连续干燥器作物料衡算。

图 8-10 连续干燥器的物料衡算

令 G_c——绝干物料的质量流量，kg /s；

G_1——进干燥器的湿物料的质量流量，kg /s；

G_2——出干燥器的产品的质量流量，kg /s；

w_1、w_2——湿物料与产品的湿基含水量，质量分数或质量百分数，kg 水/kg 湿物料；

X_1、X_2——湿物料和产品的干基含水量，kg 水/kg 绝干物料；

L——干空气的质量流量，kg 干空气/s；

H_1、H_2——进、出干燥器的湿空气的湿度，kg 水/kg 干空气。

如果在干燥器中无物料损失，对绝干物料作物料衡算，则

$$G_c=G_1(1-w_1)=G_2(1-w_2) \tag{8-21}$$

对进、出干燥器的水分作物料衡算

$$G_cX_1+LH_1=G_cX_2+LH_2 \tag{8-22}$$

整理式(8-22)得

$$W=G_c(X_1-X_2)=L(H_2-H_1) \tag{8-23}$$

式中 W——水分蒸发量，kg 水/s。

3. 空气消耗量 L

由式(8-23)可知，干燥过程所消耗的干空气量为

$$L = \frac{W}{H_2 - H_1} \tag{8-24}$$

蒸发 1 kg 的水分所消耗的干空气的量为

$$l = \frac{1}{H_2 - H_1} \tag{8-25}$$

式中　l——单位空气消耗量，kg 干空气/kg 水。

在干燥装置中风机所需的风量是根据湿空气的体积流量 V_S(m^3/s)而定。湿空气的体积可由干空气的质量流量 L 与湿容积 v_H 的乘积求取。即

$$V_S = Lv_H = L(0.773 + 1.244H)\frac{t + 273}{273} \tag{8-26}$$

式中空气的温度 t 和湿度 H 由风机所在部位的空气状态而定。

【例 8-3】 某化工厂使用一干燥器，每小时处理湿物料 2 100 kg，经干燥后使物料的湿基含水量由 13%降至 9%。干燥介质是空气，初温 20 ℃，相对湿度 60%，经预热器加热至 115 ℃后进入干燥器。设空气离开干燥器时的温度是 40 ℃，相对湿度达 75%。试求：

(1)水分蒸发量 W；

(2)空气消耗量 L；单位空气消耗量 l；

(3)如干燥得率为 97%，求干燥产品量 G_2'；

(4)如风机在常压下工作，且设在新鲜空气进口处，求风机的风量 V_S。

解：(1)水分蒸发量 W

已知 $w_1=13\%$，$w_2=9\%$，由式(8-20)将物料湿基含水量换算成干基含水量，即

$$X_1 = \frac{w_1}{1-w_1} = \frac{0.13}{1-0.13} = 0.149 \quad (\text{kg 水 /kg 绝干物料})$$

$$X_2 = \frac{w_2}{1-w_2} = \frac{0.09}{1-0.09} = 0.099 \quad (\text{kg 水 /kg 绝干物料})$$

送入干燥器的绝干物料量

$$G_c = G_1(1-w_1) = 2\,100 \times (1-0.13) = 1\,827 \quad (\text{kg 绝干物料/h})$$

则水分蒸发量由式(8-23)得

$$W = G_c(X_1 - X_2) = 1\,827 \times (0.149 - 0.099) = 91.35 \quad (\text{kg 水/h})$$

(2)空气消耗量 L 及单位空气消耗量 l

由湿空气的 t—H 图查得，当 $t_0=20$ ℃时，$\varphi_0=60\%$时，$H_0=0.009$ kg 水/kg 干空气；当 $t_2=40$ ℃，$\varphi_2=75\%$时，$H_2=0.036$ kg 水/kg 干空气。由式(8-24)得

$$L = \frac{W}{H_2 - H_1}$$

又因空气通过预热器时，其湿度不变，即 $H_0=H_1$，所以有

$$L = \frac{W}{H_2 - H_1} = \frac{W}{H_2 - H_0} = \frac{91.35}{0.036 - 0.009} = 3\,383 \quad (\text{kg 干空气 /h})$$

$$l = \frac{1}{H_2 - H_1} = \frac{1}{H_2 - H_0} = \frac{1}{0.036 - 0.009} = 37.04 \quad (\text{kg 干空气 /kg 水})$$

(3)干燥产品量 G_2'

由干燥得率

$$\eta = \frac{实际获得产品产量}{理论产品量} \times 100\% = \frac{G_2'}{G_2} \times 100\%$$

$$G_2' = G_2\eta = (G_1 - W)\eta = (2\ 100 - 91.35) \times 97\% = 1\ 948.39(\text{kg/h})$$

(4)风机的风量 V_s

因风机输送的是新鲜湿空气,此时 $t_0 = 20$ ℃,$H_0 = 0.009$ kg 水/kg 干空气。由式(8-26) 得

$$V_s = Lv_H = L(0.773 + 1.244H_0)\frac{t_0 + 273}{273}$$

$$= 3\ 383 \times (0.773 + 1.244 \times 0.009) \times \frac{293}{273} = 2\ 847(\text{m}^3/\text{h}) = 0.79(\text{m}^3/\text{min})$$

8.3.3 热量衡算

热量衡算可以确定干燥过程中消耗的热量和各项热量的分配情况,可作为计算空气预热器的传热面积、加热剂用量、干燥器尺寸、干燥器的热效率和干燥效率的依据。

现对图 8-11 所示的连续干燥器作热量衡算。图中所示冷空气(t_0,φ_0,H_0,I_0)流经预热器加热至 t_1,湿度不变,即 $H_1 = H_0$,其他状态参数即 t_1,φ_1 及 I_1 都发生变化。热空气通过干燥器时,空气的湿度增加而温度下降,离开干燥器时为 t_2,φ_2,H_2 及 I_2。进入干燥器的干空气质量流量为 L。物料进出干燥器时的干基含水量分别为 X_1 和 X_2,温度为 θ_1 和 θ_2,湿物料和产品的质量流量为 G_1 和 G_2。

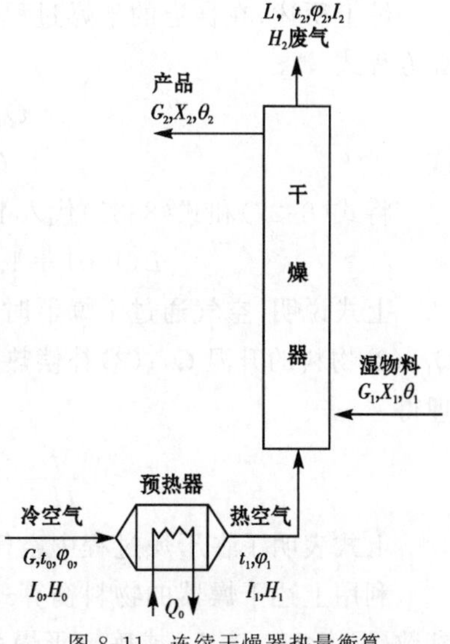

图 8-11　连续干燥器热量衡算

当上述干燥过程达到稳定后,热量衡算方程式中各项数值可由下列各式算出。

1. 输入热量

预热器将空气从 t_0 加热至 t_1 所需要的热量 Q_0(kW),即

$$Q_0 = Lc_H(t_1 - t_0) = L(1.01 + 1.88H_0)(t_1 - t_0) \tag{8-27}$$

上式表明,热消耗量 Q_0 是随 t_0 的降低而增加的。所以,计算预热器的传热面积时,应以热消耗量最大的冬季为基准。

2. 输出热量

(1)蒸发 W kg 水/s(由 θ_1℃的水变为 t_2 的水蒸气时)所需的热量 Q_1(kW),即

$$Q_1 = W(I_2 - c_W\theta_1)$$

式中　c_W——水的比热容,取 4.187 kJ/(kg·℃);

I_2——温度为 t_2 的水蒸气的焓,kJ/kg。

$$I_2 = ct_2 + r_0 = 1.88t_2 + 2\ 492$$

式中　c——水蒸气的比热容，取 1.88 kJ/(kg・℃)。

代入上式得

$$Q_1 = W(1.88t_2 + 2\ 492 - 4.187\theta_1) \tag{8-28}$$

(2)被干物料由 θ_1℃升温至 θ_2℃所需的热量 Q_2(kW)，即

$$Q_2 = G_c c_m(\theta_2 - \theta_1) \tag{8-29}$$

式中　c_m——湿物料的比热容，kJ/(kg 绝干料・℃)。

$$c_m = c_s + c_w X_2 \tag{8-30}$$

式中　c_s——绝干物料的比热容，kJ/(kg 绝干料・℃)。

(3)干燥器的热损失 Q_3(kW)。

(4)废气带走的热量 Q_4(kW)。因 Wkg/s 水汽带走的热量已计入 Q_1 中，所以，随废气带走的热量 Q_4，可按空气湿度为 H_0 计算，即将 H_0、t_0 的空气升温至 t_2，所需的热量 Q_4 为

$$Q_4 = Lc_H(t_2 - t_0) = L(1.01 + 1.88H_0)(t_2 - t_0) \tag{8-31}$$

综上所述，在稳定的干燥过程中，输入热量应等于输出的热量，故可写出下列热量衡算方程式

$$Q_0 = Q_1 + Q_2 + Q_3 + Q_4$$

或

$$Q_0 - Q_4 = Q_1 + Q_2 + Q_3$$

将式(8-27)和式(8-31)代入上式得

$$L(1.01 + 1.88H_0)(t_1 - t_2) = Q_1 + Q_2 + Q_3 \tag{8-32}$$

上式说明，空气通过干燥器时，温度由 t_1 降至 t_2 所放出的热量，只用于：(1)蒸发水分 Q_1；(2)物料的升温 Q_2；(3)补偿热损失 Q_3。又因 $H_0 = H_1$，将式(8-24)代入式(8-32)，整理得

$$\frac{t_1 - t_2}{H_2 - H_0} = \frac{Q_1 + Q_2 + Q_3}{W(1.01 + 1.88H_0)} \tag{8-33}$$

上式表明了在干燥过程中空气的温度和湿度的变化关系。

利用上述干燥器的物料衡算式和热量衡算式相结合，可求出干燥器排出废气的状态参数(湿度 H_2、焓 I_2)或确定干燥系统所消耗的热量及加热剂用量。

8.3.4 干燥器的热效率和干燥效率

1. 干燥器的热效率 η'

空气在干燥器内所放出的热量 Q_e 与空气在预热器中所获得的热量 Q_0 的比值，称为干燥器的热效率，以 η'表示。即

$$\eta' = \frac{Q_e}{Q_0} \times 100\% \tag{8-34}$$

$$Q_0 = L(1.01 + 1.88H_0)(t_1 - t_0)$$

$$Q_e = L(1.01 + 1.88H_0)(t_1 - t_2)$$

式中　Q_0——空气经过预热器时所获得的热量，kW；

　　　Q_e——空气通过干燥器时，温度由 t_1 降至 t_2 所放出的热量，kW。

2. 干燥器的干燥效率 η

蒸发水分所需的热量 Q_1 与空气在干燥器内放出的热量 Q_e 的比值，称为干燥器的干燥效率，以 η 表示。即

$$\eta=\frac{Q_1}{Q_e}\times 100\% \qquad (8\text{-}35)$$

$$Q_1=W(1.88t_2+2\ 492-4.187\theta_1)$$

式中 Q_1——蒸发水分所需的热量，kW。

干燥操作中干燥器的热效率和干燥效率表示干燥器操作的性能，热效率越高表示热利用程度越好。

由式(8-24)和式(8-34)可知，如果降低干燥器出口空气的温度 t_2，增加出口空气的湿度 H_2，能节省空气消耗量，提高热效率，降低输送空气的能量消耗。但是空气的湿度增加，会使物料和空气间的传质推动力(H_w-H)减小。一般对吸水性物料的干燥，空气出口的温度应高一些，而湿度应低些。通常，在实际干燥操作中，空气出干燥器的温度 t_2 需比进入干燥器时的绝热饱和温度高 20～50 ℃。这样可保证在干燥器以后的设备中空气不致分出水滴，以免造成设备的腐蚀和管道的堵塞。此外，废气中热量的回收利用对提高干燥操作的热效率也具有实际意义，同时也要加强干燥设备和管路的保温，以减少干燥系统的热损失。

【例 8-4】 某植物油厂使用一逆流操作的转筒干燥器，对大豆进行去水处理。已知筒径 1.4m，筒长 7m，大豆的湿基含水量为 16.5%，经去水处理后，大豆的湿基含水量为 13%，干燥器的生产能力 2 200 kg/h。冷空气为 20 ℃，$\varphi=60\%$，流经预热器(器内加热水蒸气的饱和温度为 115 ℃)后被加热至 92 ℃，送入干燥器。空气离开干燥器的温度是 57 ℃，大豆在干燥器中温度由 20 ℃升至 60 ℃而排出，绝干物料的比热容为 1.675 kJ/(kg·℃)，干燥器的热损失约为 7.14 kW。试求：(1)水分蒸发量 W；(2)空气消耗量 L；(3)空气出口时的湿度 H_2；(4)预热器中加热蒸气的消耗量 D(热损失为 15%)；(5)干燥器中各项热量的分配；(6)干燥器的热效率 η' 和干燥效率 η。

解：(1)水分蒸发量 W

$w_1=16.5\%$，$w_2=13\%$，由式(8-20)得

$$X_1=\frac{w_1}{1-w_1}=\frac{0.165}{1-0.165}=0.198(\text{kg 水 /kg 绝干物料})$$

$$X_2=\frac{w_2}{1-w_2}=\frac{0.13}{1-0.13}=0.149(\text{kg 水 /kg 绝干物料})$$

送入干燥器的绝干物料量

$$G_c=G_1(1-w_1)=2\ 200(1-0.165)=1\ 837(\text{kg 绝干物料 /h})=0.51(\text{kg 绝干物料 /s})$$

由式(8-23)得

$$W=G_c(X_1-X_2)=1\ 837(0.198-0.149)$$
$$=90.01(\text{kg 水 /h})=0.025\ 0(\text{kg 水 /s})$$

(2)空气消耗量 L

由式(8-32)可求得 L 值，即

$$L=\frac{Q_1+Q_2+Q_3}{(1.01+1.88H_0)(t_1-t_2)}$$

已知 $t_0=20$ ℃，$\varphi_0=60\%$，查 t—H 图得，$H_0=0.009\ 0$ kg 水/kg 干空气

又 $t_1=92$ ℃，$t_2=57$ ℃，$\theta_1=20$ ℃，$\theta_2=60$ ℃，由式(8-28)求得蒸发水分所需的热量 Q_1

$$\begin{aligned}Q_1&=W(1.88t_2+2\ 492-4.187\theta_1)\\&=0.025\times(1.88\times57+2\ 492-4.187\times20)\\&=62.89(\text{kW})\end{aligned}$$

由式(8-29)求得物料升温所需的热量 Q_2

$$Q_2=G_c c_m(\theta_2-\theta_1)=G_c(c_s+c_w X_2)(\theta_2-\theta_1)$$

又因 $c_s=1.675$ kJ/(kg·℃)，$c_w=4.187$ kJ/(kg·℃)，则

$$Q_2=0.51\times(1.675+4.187\times0.149)\times(60-20)=46.90(\text{kW})$$

而 $$Q_3=7.14(\text{kW})$$

将上列 Q_1、Q_2、Q_3、H_0、t_1 及 t_2 的数值代入式(8-32)得

$$\begin{aligned}L&=\frac{Q_1+Q_2+Q_3}{(1.01+1.88H_0)(t_1-t_2)}\\&=\frac{62.89+46.90+7.14}{(1.01+1.88\times0.009)(92-57)}=3.25(\text{kg/s})\end{aligned}$$

(3)空气出口时的湿度 H_2

因 $H_0=H_1$，由式(8-24)得

$$H_2=\frac{W}{L}+H_0=\frac{0.025}{3.25}+0.009=0.016\ 7(\text{kg 水/kg 干空气})$$

(4)预热器中加热蒸气的消耗量 D

空气通过预热器时获得的热量

$$\begin{aligned}Q_0&=L(1.01+1.88H_0)(t_1-t_0)\\&=3.25\times(1.01+1.88\times0.009)\times(92-20)=240.30(\text{kW})\end{aligned}$$

若热损失为预热器总热量的 15%，则总热量

$$Q'_0=\frac{Q_0}{1-0.15}=\frac{240.30}{0.85}=282.71(\text{kW})$$

加热水蒸气的饱和温度为 115 ℃，设在饱和温度下排出冷凝液。115 ℃水蒸气的汽化热为 2 216.4 kJ/kg，则加热水蒸气消耗量

$$D=\frac{282.71}{2\ 216.4}=0.127\ 6(\text{kg/s})$$

单位水蒸气消耗量

$$\frac{D}{W}=\frac{0.127\ 6}{0.025\ 0}=5.10(\text{kg/kg 水})$$

(5)干燥器中各项热量的分配

空气由 t_0 预热至 t_1 时，输入的热量

$$Q_0=240.30(\text{kW})$$

输出热量的分配如下：

蒸发水分：$\frac{Q_1}{Q_0}\times 100\%=\frac{62.89}{240.30}\times 100\%=26.17\%$

物料升温：$\frac{Q_2}{Q_0}\times 100\%=\frac{46.90}{240.30}\times 100\%=19.5\%$

热损失：$\frac{Q_3}{Q_0}\times 100\%=\frac{7.14}{240.30}\times 100\%=2.98\%$

随废气带走

$$\begin{aligned}\frac{Q_4}{Q_0}\times 100\% &= \frac{Q_0-(Q_1+Q_2+Q_3)}{Q_0}\times 100\% \\ &= \frac{240.30-(62.89+46.90+7.14)}{240.30}\times 100\% \\ &= 51.33\%\end{aligned}$$

(6)干燥器的热效率 η' 和干燥效率 η

热效率 η' 由式(8-34)得

$$\eta'=\frac{Q_e}{Q_0}\times 100\%=\frac{t_1-t_2}{t_1-t_0}\times 100\%=\frac{92-57}{92-20}\times 100\%=48.6\%$$

干燥效率 η 由式(8-35)得

$$\eta=\frac{Q_1}{Q_e}\times 100\%=\frac{62.89}{116.81}\times 100\%=53.8\%$$

式中

$$\begin{aligned}Q_e &= L(1.01+1.88H_0)(t_1-t_2) \\ &= 3.25\times(1.01+1.88\times 0.009)\times(92-57)=116.81(\text{kW})\end{aligned}$$

8.4 干燥速率

前面讨论了湿空气的性质、干燥器的物料和热量衡算，由此求得为完成一定干燥任务所需的空气量和热量，可以作为计算或选用鼓风机和预热器的依据。至于干燥器的大小和干燥周期的长短，必须通过干燥速率和干燥时间的计算来确定。前已指出，干燥过程中所除去的水分是由物料内部扩散到表面，然后汽化到空气主体中。因此，干燥过程中水分在气体和物料之间的平衡关系、干燥速率和干燥时间不仅与空气的性质和操作条件有关，而且与物料中所含水分的性质有关。

8.4.1 物料中所含水分的性质

物料内部的结构复杂多样，物料中所含水分与物料的结合方式也各不相同。用干燥方法从物料中除去水分的难易程度，随物料种类和物料中水分性质的不同而有很大差别。

在干燥操作中，通常把物料中所含水分划分为：平衡水分和自由水分，非结合水分和结合水分。这是为了便于说明干燥过程的限度和难易程度而划分的，并且被干燥实验所证实。

1. 平衡水分和自由水分

根据在一定的空气条件下，物料中所含水分能否用干燥方法除去，划分为平衡水分和自由水分。

大多数固体物料与一定状态的湿空气共存时，物料中必有一定量不可除去的水分。这部分不能除去的水分，称为平衡水分。平衡水分的数值不仅与物料的性质有关，还受空气状态的影响。湿空气的相对湿度越大或温度越低.则平衡水分的数值越大。

各种物料的平衡水分的数值（干基含水量）由实验测定。通常是测定在一定温度下，物料的平衡含水量 X^* 与空气相对湿度 φ 之间的关系。平衡水分是在一定空气状态下物料可能干燥的最大限度。

图 8-12 是某些物料在 25 ℃时的平衡含水量 X^* 与空气相对湿度 φ 之间的关系曲线——干燥平衡曲线。

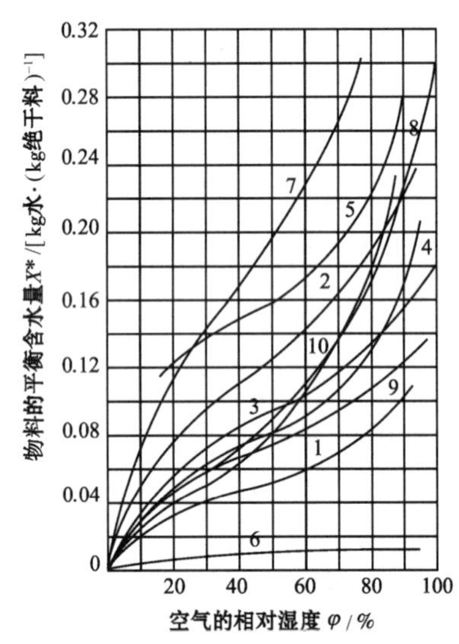

1.新闻纸 2.羊毛、毛织物 3.硝化纤维
4.丝 5.皮革 6.陶土 7.烟叶
8.肥皂 9.牛皮胶 10.木材

图 8-12 25 ℃时某些物料的干燥平衡曲线

从图中可以看出，当空气的 φ 值增加时，X^* 值也增高；当 $\varphi=0$ 时，X^* 值都等于零。因此，只有使物料与 $\varphi=0$ 的绝对干空气长时间接触，才有可能获得绝对干料。

物料的含水量大于平衡含水量时，含水量与平衡含水量之差称为自由水分或自由含水量：自由水分是在一定空气状态下能用干燥的方法除去的水分。但在实际干燥操作中，自由水分往往也只能被除去一部分，物料所含总水分是自由水分和平衡水分之和。

2.结合水分和非结合水分

根据物料中水分被除去的难易程度，划分为结合水分和非结合水分。

结合水分是指存在于物料渗透膜内部、溶液中和毛细管中的水分。它与固体物料结合力强，是较难除去的水分。其蒸气压低于同温度下纯水的饱和蒸气压。若物料中只存在结合水分时，干燥过程中水汽至空气主体的扩散推动力是随过程的进行逐渐下降的。

非结合水分是指存在于物料表面的吸附水分以及较大孔隙中的水分。它与固体物料结合力弱，是容易除去的水分。其蒸气压等于同温度下纯水的饱和蒸气压。

在一定温度下，划分平衡水分和自由水分是根据物料的性质和所接触的空气状态而定，而划分结合水分和非结合水分只是根据物料的性质而定，与空气状态无关。固体物料中几种水分的关系如图 8-13 所示，图中 AB 是平衡曲线，A 点表示在空气相对湿度为 φ 的情况下物料的平衡水分，而大于 A 点的水分是自由水分。B 点是平衡曲线与 $\varphi=100\%$ 的交点，B 点以下的水分是结合水分，而大于

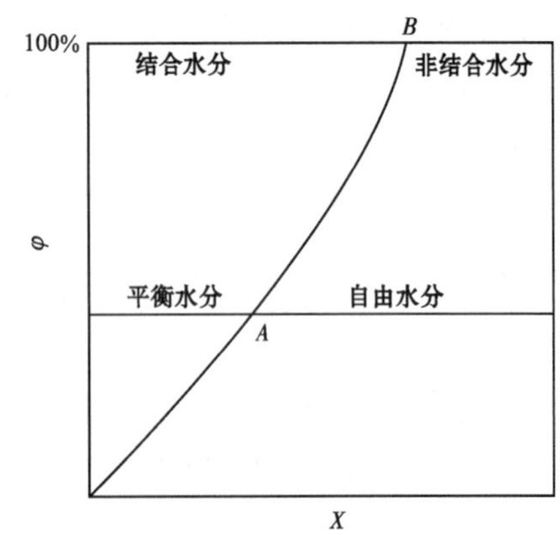

图 8-13 固体物料中的水分

B 点的水分是非结合水分。

3. 几种水分的关系

物料中所含水分：
- 自由水分：
  - 非结合水分——首先被除去的水分
  - 能被除去的结合水分
- 平衡水分——不能被除去的结合水分

【例 8-5】　图 8-14 是某物料在 25 ℃时的平衡曲线。设物料的含水量为 0.30 kg 水/kg 绝干物料，若与 $\varphi=70\%$ 的空气接触，试划分该物料的平衡水分和自由水分、结合水分和非结合水分。

解：由 $\varphi=70\%$ 作水平线交平衡线于 A 点，读出平衡水分 $X^*=0.08$ kg 水/kg 绝干物料，则自由水分 $X=0.30-0.08=0.22$ kg 水/kg 绝干物料。

由于平衡曲线与 $\varphi=100\%$ 水平线的交点为 B，B 点以下的水分为结合水分，即结合水分为 0.20 kg 水/kg 绝干物料，所以非结合水分 X= 0.30－0.20 = 0.10 kg 水/kg 绝干物料。

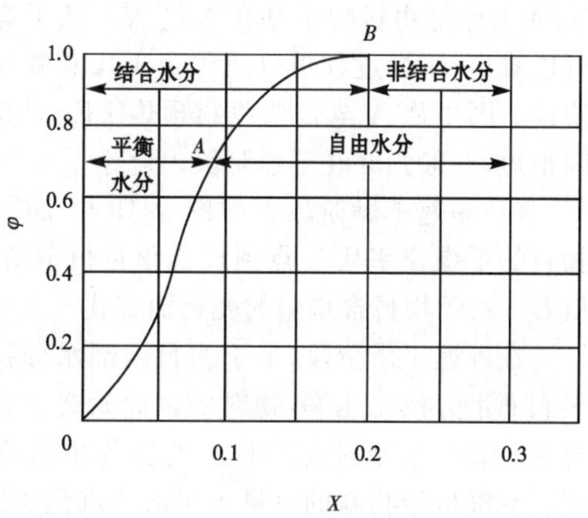

图 8-14　25 ℃时，某物料的平衡曲线

8.4.2　干燥速率及其影响因素

1. 干燥速率和干燥速率曲线

单位时间内在单位干燥面积上汽化的水分质量，称为干燥速率，用符号 U 表示，单位是 kg/(m² · s)。如用微分式表示，则有：

$$U=\frac{\mathrm{d}W'}{A\,\mathrm{d}\tau} \tag{8-36}$$

式中　U——干燥速率，kg/(m² · s)；

W'——物料表面上汽化的水分质量，kg；

A——干燥面积，m²；

τ——干燥时间，s。

又因 $\mathrm{d}W'=-G_c'\mathrm{d}X$，则上式可改写为

$$U=-\frac{G_c'\mathrm{d}X}{A\,\mathrm{d}\tau} \tag{8-37}$$

式中　G_c'——绝干物料的质量，kg；

$\mathrm{d}X$——湿物料含水量的增值，kg 水/kg 绝干物料。

式(8-37)中的负号表示物料含水量随着干燥时间的增加而减少。由式(8-37)可知，干燥所需时间与干燥速率成反比。在其他条件不变的情况下，干燥器的生产能力由干燥速率决定。由于干燥速率受很多因素的影响，目前关于这方面的研究尚不够充分，仍缺乏一个理想的具有概括性的计算方法。

在绝大多数情况下，物料的干燥速率仍是用实验的方法，针对具体的物料和具体的干

燥器进行测定。实验时，空气的温度和湿度等状态参数、流速以及与物料接触的方式在整个干燥过程中都保持恒定，称为恒定干燥条件。

在恒定干燥条件下，干燥速率 U 与物料含水量 X 之间的关系，可由实验测定。图 8-15为在恒定干燥条件下典型的干燥速率曲线。图中纵坐标是干燥速率 U，横坐标是物料的干基含水量 X。从干燥速率曲线可以看出，干燥过程可分成等速干燥和降速干燥两个阶段。图中从 A 至 B 为物料预热阶段，此阶段所需时间很短，一般归并在等速阶段内讨论。

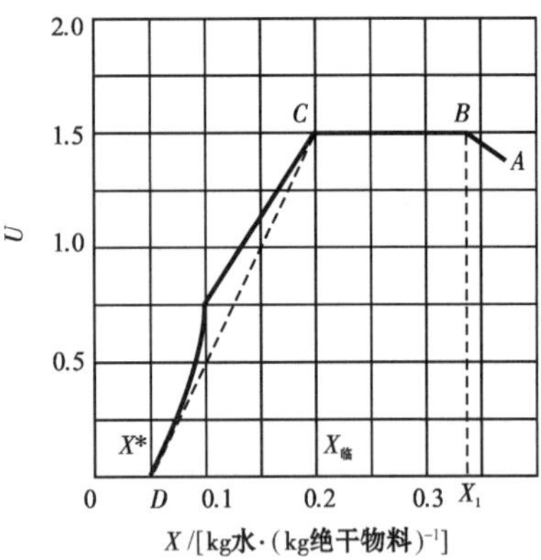

图 8-15 恒定干燥条件下干燥速率曲线

(1)等速干燥阶段。如图 8-15 中 BC 线段所示，物料的干燥速率从 B 点到 C 点保持恒定值，且为最大值 U_1，不随物料含水量的变化而变化。

在等速干燥阶段，由于物料内部水分扩散速率大于表面水分汽化速率，物料的表面始终存在一层非结合水。表面水分的蒸气压 p_s 与空气中水蒸气分压 p 之差即表面汽化推动力 Δp 保持不变。空气传给物料的热量等于水分汽化所需的热量。这时干燥速率主要决定于表面水分汽化速率与空气的性质，而与湿物料的性质关系很小。

等速干燥阶段也称为表面汽化控制阶段。对于空气—水蒸气系统，在绝热干燥过程的等速阶段内，物料表面的温度始终保持为空气的湿球温度。

(2)降速干燥阶段。如图 8-15 中 CD 线段所示，物料的干燥速率从 C 点降至 D 点，近似地与湿物料的自由水分含量成正比。

干燥操作进行到一定时间后，内部水分扩散速率小于表面水分汽化速率，物料表面的润湿面积不断减少，干燥速率 U_2 逐渐降低。这时干燥速率主要决定于内部水分扩散速率与物料本身的结构、形状和大小等性质，而与空气的性质关系很小。

降速干燥阶段也称为内部水分移动控制阶段，由于空气传给湿物料的热量大于水分汽化所需的热量，物料表面的温度不断上升。

干燥速率曲线的转折点(C 点)称为临界点，该点的干燥速率 $U_{临}$ 与等速干燥阶段的干燥速率 U_1 相等，对应的物料含水量 $X_{临}$ 称为临界含水量。临界点是划分物料中非结合水分与结合水分的界限。物料中大于临界含水量 $X_{临}$ 的那一部分是非结合水分，在临界含水量以下的是结合水分。干燥速率曲线与横坐标的交点 D 所表示的物料含水量 X^* 是平衡含水量(平衡水分)。

综上所述，当物料的含水量大于临界含水量 $X_{临}$ 时，属于等速干燥阶段；当物料含水量小于 $X_{临}$ 时，属于降速干燥阶段。在平衡含水量 X^* 时，干燥速率 U 等于零。实际生产中物料常被干燥到 $X_{临}$ 和 X^* 之间。

2.影响干燥速率的因素

影响干燥速率的因素主要是物料的状况、干燥介质的状态、干燥设备的结构和物料流程等几个方面。现就其中较为重要的影响因素讨论如下：

(1)湿物料的性质和形状，包括湿物料的物理结构、化学组成、形状及大小、物料层的厚薄以及水分的结合方式等。

(2)湿物料本身的温度。湿物料本身的温度愈高,则干燥速率愈大。在干燥器中湿物料的温度又与干燥介质的状态有关。

(3)物料的含水量,包括物料的最初、最终的含水量以及临界含水量。

(4)物料的堆置方法。对细粒物料,可使其悬浮或分散在气流中,若悬浮受到限制,则可加强搅拌。而对既不能悬浮又不能搅拌的大块物料,则可将其悬挂而使其全部表面充分暴露在气流之中。

(5)干燥介质的温度。当干燥介质(热空气)的湿度不变时,其温度愈高,则干燥速率愈大,但要以不损害被干燥物料的品质为前提。此外,要防止由于干燥过快,物料表面形成硬壳而减小以后的干燥速率,使总的干燥时间加长。

(6)干燥介质的湿度。当干燥介质(热空气)的温度不变时,其相对湿度愈低,水分的汽化愈快,尤其是在表面汽化控制时最为显著。

(7)干燥介质的速度。增加干燥介质的速度,可以提高表面汽化控制阶段的干燥速率;在内部扩散控制阶段,气速对干燥速率影响不大。

(8)干燥介质的流向。流动方向与物料的汽化表面垂直时,干燥速率最快,平行时则差。其原因可用气体边界层的厚薄来解释。即干燥介质流动方向与物料的汽化表面垂直时的边界层厚度要比平行时薄。

(9)干燥器的构造。上述各项因素都和干燥器的构造有关。许多新型干燥器就是针对某些有关因素而设计的。

当然,上述影响干燥速率的因素还不够全面,而且目前还不能完整地用数学表达式将干燥速率与这些因素联系起来。因此,在设计干燥器时,只能根据具体情形,选用适合的实验数据作为计算的依据,或在小型实验装置中测定有关数据作为放大设计计算的根据。

8.5 干燥设备

在化工生产中,由于被干燥物料的形状和性质都各不相同,生产规模或生产能力亦相差悬殊,对于干燥产品的要求也不尽相同,所以采用的干燥器类型和干燥方式也是多种多样的。一般对于干燥器有下列要求:

(1)能满足产品的工艺要求。如能达到指定的干燥程度,干燥质量均匀;有的产品要求保持结晶形状;有的要求不能龟裂变形等。

(2)干燥速率快。这样,可以减少设备尺寸,缩短干燥时间。

(3)干燥器的热效率高。在干燥操作中,热能的利用是主要的技术经济指标。

(4)干燥系统的流体阻力要小。这样可以降低输送机械的能量消耗。

(5)操作控制方便,劳动条件良好,附属设备简单。

一般干燥器按加热方式可分为下列四类:

(1)对流干燥器。如厢式干燥器、转筒干燥器、气流干燥器、沸腾床干燥器、喷雾干燥器等。

(2)传导干燥器。如滚筒式干燥器、减压干燥厢、真空耙式干燥器、冷冻干燥器等。

(3)辐射干燥器。如红外线干燥器。

(4)介电加热干燥器。如微波干燥器。

本节主要介绍化工生产中最常用的几种对流干燥器。

8.5.1 厢式干燥器

图 8-16 是一台间歇操作的厢式干燥器，又称盘式干燥器。厢式干燥器是目前还在使用的一种古老的干燥器。其主要构造是一外壁绝热的方形干燥室和放在小车支架上的放料盘，盘数和干燥室的大小由所处理的物料量和所需干燥面积而定。图中放料盘分成三组，盘中物料层的厚度一般是 10～100 mm。空气经空气预热器 4 加热升温后，被送风机 3 吸入，沿图中箭头指示方向流过下层放料盘，再经中间空气预热器 5 加热后流过中层放料盘，最后经另一中间空气预热器 6 加热后流过上层放料盘，而后排出。热空气流过放料盘时，盘内湿物料中水分汽化被空气带走，而物料被干燥。空气分段加热和废气部分循环，可以使厢内温度均匀，提高干燥效率。

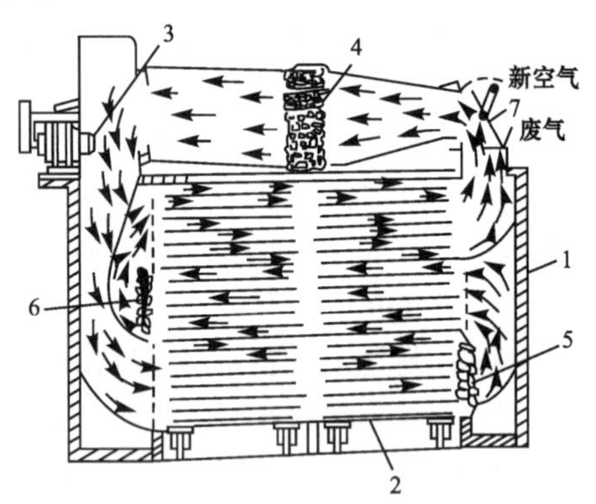

1. 干燥室　2. 小车　3. 送风机
4、5、6. 空气预热器　7. 蝶形阀

图 8-16　厢式干燥器

厢式干燥器的优点是构造简单，容易制造，适应性强。它既适合于干燥粒状、片状、膏状物料和较贵重的物料，又适合于批量小、干燥程度要求高、不允许粉碎的易碎脆性物料以及随时需要改变空气流量、温度和湿度等干燥条件的场合。厢式真空干燥器适用于热敏性、易氧化或燃烧的物料。

厢式干燥器的缺点是干燥不均匀。由于物料层是静止的，故所需的干燥时间较长，装卸物料时劳动强度大，操作条件差。

8.5.2 转筒干燥器

转筒干燥器又称为回转圆筒干燥器(如图 8-17 所示)。

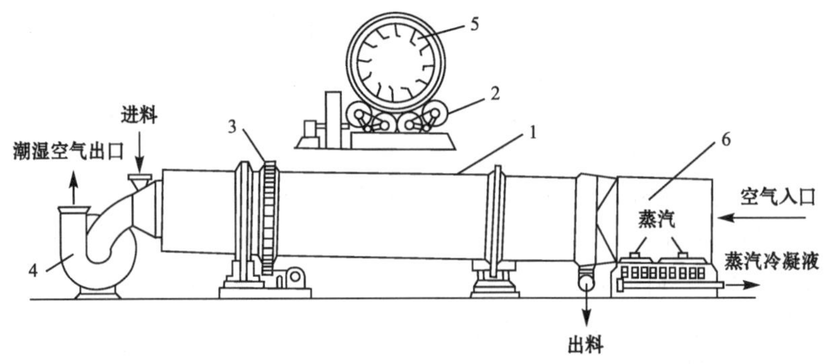

1. 旋转圆筒　2. 托轮　3. 齿轮(齿圈)　4. 风机　5. 抄板　6. 蒸气加热器

图 8-17　转筒干燥器

转筒干燥器的主要部分为一个倾斜角度为 0.5°～6°的横卧旋转圆筒：直径为 0.5～3 m，长度一般为 2～7 m，最长可达 50 m。圆筒的全部质量被托轮支撑，筒身被齿轮带动而回转,转速一般为1～8 r/min。物料从较高的一端送入,与另一端进入的热空气逆流接触,随着圆筒的旋转,物料在重力的作用下流向较低的一端时,被干燥完毕而排出。通常在圆筒内壁装有若干块抄板,其作用是将物料抄起后再洒下,以增大干燥表面积,使干燥速度加快,同时还促使物料向前运行。抄板的形式很多,常用的如图8-18所示,其中直立式抄板适用于处理黏性的或较湿的物料,45°和90°抄板适用于处理粒状或较干的物料。抄板基本上纵贯整个圆筒的内壁。在物料入口端的抄板也可制成螺旋形的,以促进物料的初始运动并导入物料。

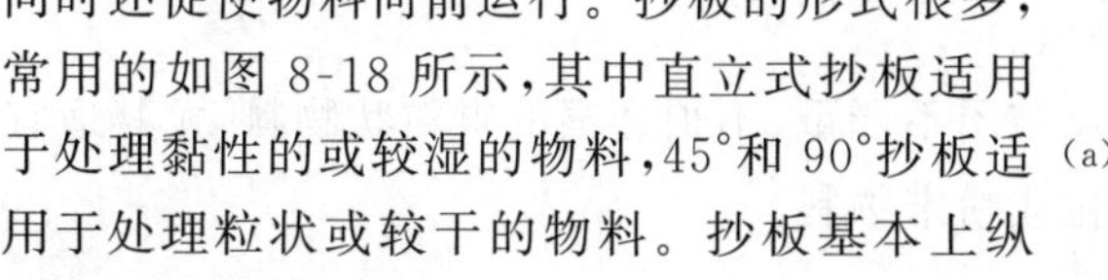

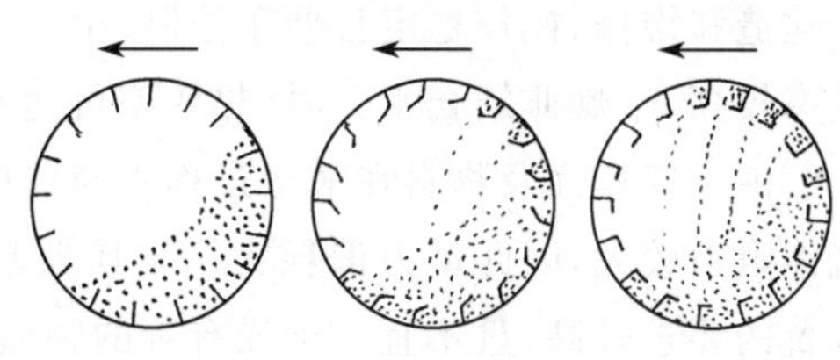

(a)直立抄板　(b)45°抄板　(c)90°抄板

图8-18　常用的抄板形式

转筒干燥器的特点是:生产能力大,水分蒸发量可高达10 t/h;能适应被干燥物料的性质变化,即使加入物料的水分、粒度等有很大变化,亦能适用;干燥器的结构具有耐高温的特点,能使用高温热风;热效率为50%左右,若使排风大量循环,则热效率可达80%;但结构复杂,传动部件需经常维修,且消耗钢材量多,设备费用较高,占地面积大。

转筒干燥器适用于大量生产的粒状、块状、片状物料的干燥,例如各种结晶、有机肥料、无机肥料、矿渣、水泥等物料。所处理物料的含水量范围为3%～50%,产品含水量可降至0.5%左右,甚至可降到0.1%。

8.5.3 气流干燥器

对于能在气体中自由流动的颗粒物料,可采用气流干燥器除去其中水分,其干燥过程是利用高流速的热气流,使粉粒状的物料悬浮在气流中,在气力输送过程中进行干燥(如图8-19所示)。

气流干燥器的主体是一根长10～20 m的直立圆筒。操作时,新鲜空气由风机吸入,经预热器加热到指定温度,然后进入干燥管以20～40 m/s的高速在气流干燥器中流动。物料由加料器连续送入。在干燥管中被高速气流分散并悬浮在气流中,热气流与物料在流过干燥管的过程中进行传质与传热,使物料得以干燥,并随气流进入旋风分离器经分离后,由底部排出。废气经风机而放空。

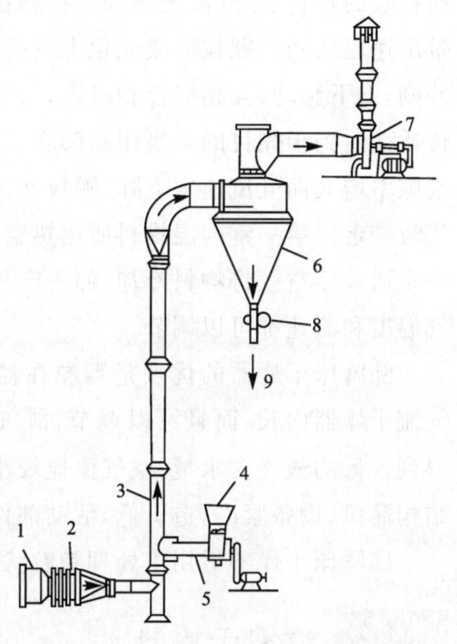

1.空气过滤器　2.预热器　3.干燥管
4.加料器　5.螺旋加料器　6.旋风分离器
7.风机　8.气封　9.产品出口

图8-19　气流干燥器

气流干燥器的特点为:由于器内气体的速度高,而且物料颗粒悬浮于气流之中,因此气、固相间传热系数和传热表面积都很大,干燥效果较好,缩短了干燥时间,对于大多数物料,在器中只需停留0.5～2 s,最多不超过5 s;可采用较高的气体温度,以提高气、固相间的传热温度差,即使吹入的热风温度高达 700～800 ℃，干燥产品的温度亦不超过 70～90 ℃；结构简单，活动部件少，易于建造和维修，操作稳定且便于控制；由于气流干燥器的散热面积较小，热损失少，一般热效率较高，干燥非结合水分时，热效率可达 60%左右，但干燥结合水分时，只有 20%左右。

由于气速高及物料在输送过程中与壁面的碰撞及物料之间的摩擦，整个干燥系统的流体阻力较大，因此动力消耗大。干燥器的主体较高，在 10 m 以上。此外，对粉尘回收装置的要求较高，且不宜于干燥有毒的物质。

气流干燥器适宜于干燥非结合水分及结团不严重、不怕磨损的颗粒状物料，尤其适宜于干燥热敏性物料或临界含水量低的细粒或粉末物料。

8.5.4 沸腾床干燥器

沸腾床干燥器也称为流化床干燥器，将流化技术应用在干燥操作中。为了使物料和气体之间有相对运动，在干燥器中把气流速度控制在一定范围内，既保证物料汽化表面能够更新，又不致被气流带出。这样气、固两相可以充分接触，从而提高干燥速率。沸腾床干燥器就是为了达到这一目的而设计的。

图 8-20 是一台卧式多室沸腾床干燥器。干燥器内用垂直挡板分隔成 4～8 室，挡板与多孔分布板之间留有一定间隙，使物料能通过。湿物料依次由第一室流到最后一室。热气流自下而上通过分布板和松散的粉状或粒状的物料层，气流速度保持在颗粒临界流化速度和带出速度之间。颗粒形成流化态，在器内被热气流猛烈冲刷，上下翻动，互相混合和碰撞，与热气体进行传热和传质而达到干燥目的。当床层膨胀至一定高度时，床层空隙率增大而气流速度下降，颗粒又重新落下而不致被气流带走。第一室内湿物料所用热空气量较大，而最后一室通入冷空气将物料冷却，便于产品储藏。各室的空气温度和流速都可以调节。

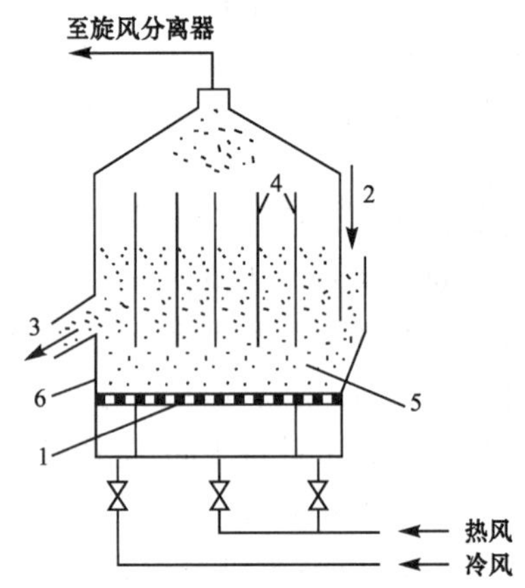

1. 多孔分布板　2. 加料口　3. 出料口　4. 挡板　5. 物料通隙　6. 出口堰板

图 8-20　卧式多室沸腾床干燥器

沸腾床干燥器的优点是颗粒在器内停留时间比在气流干燥器内长，而且可以调节，故气、固相接触好，能得到较低的最终含水量；空气流速较小，物料与设备磨损较轻，压强降小；热能利用率高，结构简单，设备紧凑，造价低，活动部件少，维修费用低。

沸腾床干燥器适用于处理粉粒状物料，由于优点较多而得到广泛使用。

8.5.5 喷雾干燥器

喷雾干燥器是用雾化器将原料液分散为雾滴，并以热空气干燥雾滴而获得产品的。原料液可以是溶液、乳浊液或悬浮液，也可以是熔融液或膏糊状稠浆。干燥产品可根据生产要求制成粉状、颗粒状、空心球或团粒状。

喷雾干燥器所处理的原料液虽然有很大的区别，产品也有一定程度的差异，但它们的流程基本上相同。图 8-21 是典型的喷雾干燥装置流程图。原料由料液贮槽 1 经原料液过滤器 2 用泵送至雾化器 8 喷成雾滴。空气经过空气滤器 4 由风机抽送至空气加热器 6 加热后送至空气分布器 7。在干燥室 10 中雾滴与热空气进行接触而被干燥。

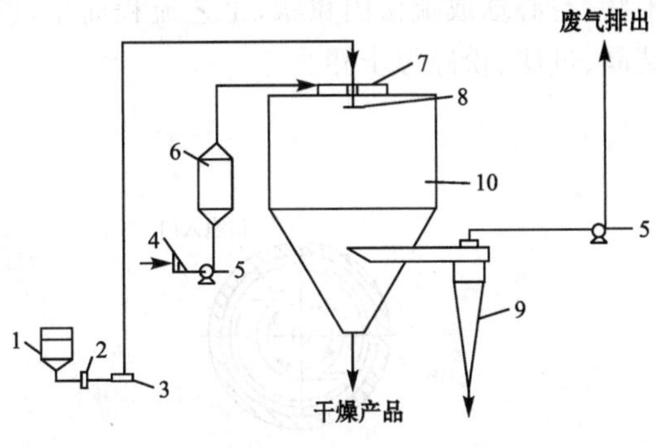

1.料液贮槽 2.原料液过滤器 3.泵 4.空气过滤器 5.风机 6.空气加热器 7.空气分布器 8.雾化器（喷雾器） 9.旋风分离器 10.干燥室

图 8-21 喷雾干燥装置流程

由于原料性质与对产品的要求不同，原料的预处理是十分重要的。例如，原料液若为悬浮液，喷雾时须搅拌均匀；原料液若为溶液，需滤去所含的悬浮杂质。喷雾干燥器所用的干燥介质多半是空气，但当原料液含易燃或易爆的溶剂时，就应使用惰性气体作干燥介质，例如氮气，且流程应改为封闭系统，以便使干燥介质循环使用。料液经图 8-21 的雾化器分散成 10～60 μm 的细雾滴，每立方米溶液喷成雾滴后可提供 100～600 m^2 的表面积，故干燥速率较快。雾滴的大小与均匀程度对产品质量影响很大。若雾滴不均匀，就会出现大颗粒还未干燥到规定指标，而小颗粒已干燥过度而变质的现象。因此，喷雾干燥器中雾化器是关键部分。常用的雾化器有：

(1)离心式雾化器。如图 8-22 所示，料液送入作高速旋转的圆盘中部，盘上有放射形叶片，液体受离心力的作用而被加速，到达周边时呈雾状甩出。一般圆盘转速为 4 000～20 000 r/min，圆周速率为 100～160 m/s。

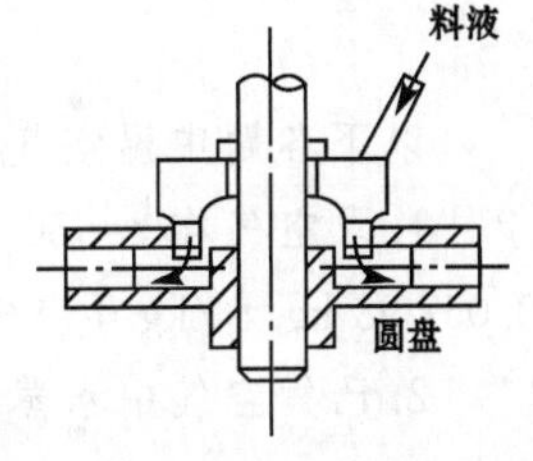

图 8-22 离心式雾化器

离心雾化器的主要特点是操作简便，使用范围广，料液通道大不易堵塞，动力消耗少，但需要有传动装置、液体分布装置和雾化轮，对加工制造要求高，检修不便。

(2)压强式雾化器。压强式雾化器采用高压泵将液体压强提高到 3 000～200 00 kPa，从切线口进入喷嘴旋转室中，液体在其中作高速旋转运动，然后从出口小孔处呈雾状喷出，如图 8-23 所示。

压强式雾化器结构简单，操作及检修方便，省动力，但需要有一台高压泵配合使用，喷嘴孔较小，易堵塞且磨损大。压强式雾化器适用于低黏度的液体雾化，不适用于高黏度液体及悬浮液。

(3)气流式雾化器。气流式雾化器如图 8-24 所示，用表压强为 100～700 kPa 的压缩空气压送料液经过喷嘴成雾滴而喷出。

气流式雾化器构造简单、磨损小，对各种黏度的料液均适用，操作压强不大，不必要采用高压泵，操作弹性大，可利用气、液比控制雾滴尺寸，但压缩空气用量大，消耗的动力多。气流雾化器是目前国内应用最广泛的雾化器。

喷雾干燥器的特点是：物料的干燥时间短，通常为 15～30 s，甚至更少；产品可制成粉末状、空心球或疏松团粒状；工艺流程简单，原料进入干燥室后即可获得产品，省去蒸发、结晶、过滤、粉碎等步骤。

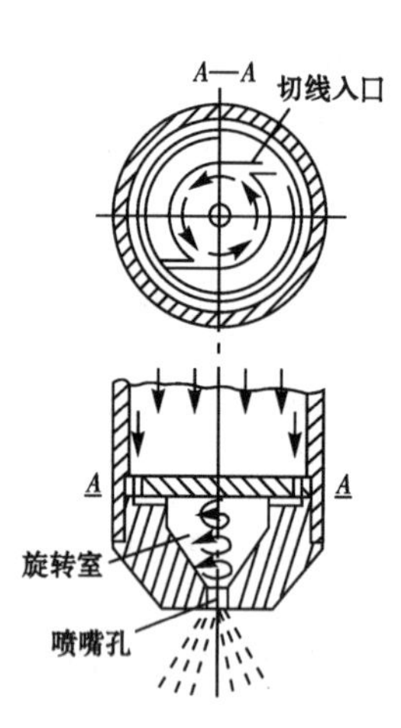

图 8-23 压强式雾化器

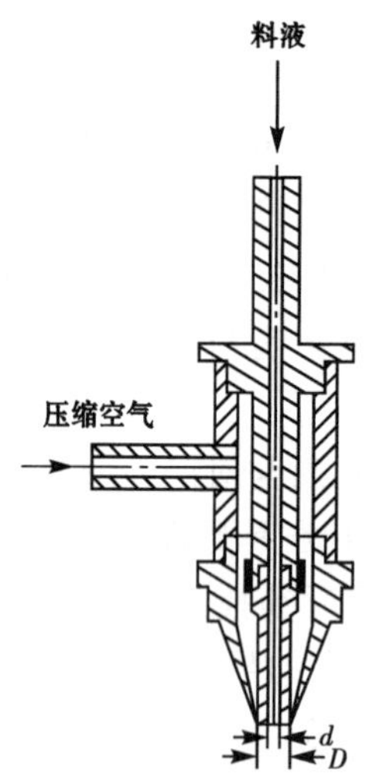

图 8-24 气流式雾化器

习题

以下各题中湿空气的总压都是 101.3 kPa

1. 求空气在 $t=50$ ℃和 $\varphi=70\%$ 时 I_H 和 H 值。（答：$I_H=200.4$ kJ/kg 干空气；$H=0.057\ 98$ kg 水/kg 干空气）

2. 已知空气中水蒸气分压是 10.13 kPa，求该空气在 $t=50$ ℃时的 φ 和 H 值。（答：$\varphi=82.09\%$；$H=0.069\ 11$ kg 水/kg 干空气）

3. 已知空气的 $t=50$ ℃，$t_w=30$ ℃，求该空气的下列参数：H、I_H、φ、p 和 t_d。（答：$H=0.018\ 23$ kg 水/kg 干空气；$I_H=97.64$ kJ/kg 干空气；$\varphi=23.37\%$；$p=2.884$ kPa；$t_d=22.9$ ℃）

4. 空气的 $t=70$ ℃，水蒸气分压是 10.67 kPa，求该空气的 H、I_H、φ、t_w 和 t_d。（答：$H=0.073\ 43$ kg 水/kg 干空气；$I_H=263.3$ kJ/kg 干空气；$\varphi=34.24\%$；$t_W=50$ ℃；$t_d=46.4$ ℃）

5. 空气的 $t=23$ ℃，$\varphi=70\%$，求空气的下列参数：H、p、c_H、v_H、t_d、t_w 和 I_H。（答：$H=0.012\ 42$ kg 水/kg 干空气；$p=1.982\ 8$ kPa；$c_H=1.033$ kJ/(kg 干空气·℃)；$v_H=0.085\ 49$ m^3/kg 干空气；$t_d=16.85$ ℃；$t_w=19$ ℃；$I_H=54.74$ kJ/kg 干空气）

6. 将 1 000 m^3 的饱和空气自 $t_d=23$ ℃冷却至 $t_d=5$ ℃，求应从空气中除去多少水分，以及冷却后空气的 v_H 值。（答：除去 14.47 kg 水；$v_H=0.794\ 0$ m^3/kg 干空气）

7. $t=60$ ℃和 $\varphi=20\%$的空气在逆流列管换热器内，用冷水冷却至露点，冷却水从 15 ℃

被加热到 25 ℃。已知换热器的传热面积 $A=15\ m^2$，传热系数 $K=50\ W/(m^2\cdot ℃)$，求：(1)被冷却的空气量；(2)空气中水蒸气分压；(3)冷却水用量。(答：(1)空气量 1 939 kg/h；(2)$p=3.984\ 6$ kPa；(3)冷却水用量 1 462 kg/h)

8. 将温度为 120 ℃，湿度为 0.15 kg 水/kg 干空气的空气在 101.3 kPa 的恒定总压下加以冷却，试分别计算冷却至以下温度每 1 kg 干空气所析出的水分：(1)冷却至 100 ℃；(2)冷却至 50 ℃；(3)冷却至 20 ℃。(答：(1)没有析出水分；(2)0.063 72 kg 水/kg 干空气；(3)0.135 3 kg 水/kg 干空气)

9. 某干燥器的湿物料处理量为 2 000 kg/h，新鲜空气的温度为 20 ℃，湿度为 0.01 kg 水/kg干空气，经预热器加热后进入干燥器，空气离开干燥器时的温度为 35 ℃，湿度为 0.028 kg 水/kg 干空气。物料进入和离开干燥器时的湿基含水量各为 50%和 13%。求(1)水分蒸发量 W；(2)空气消耗量 L；(3)若风机在常压下工作，且在新鲜空气进口处，求风机风量 V_h。(答：(1)$W=850.6$ kg 水/h；(2)$L=4.726\times10^4$ kg 干空气/h；(3)$V_h=3.984\times10^4\ m^3/h$)

10. 某湿物料的处理量为 3.89 kg/s，温度为 20 ℃，湿基含水量为 10%，在常压下用热空气进行干燥，要求干燥后产品湿基含水量不大于 1%，物料的出口温度由实验测得为 70 ℃。已知干物料的比热容为 1.4 kJ/(kg · ℃)，空气的初始温度为 20 ℃，相对湿度为 50%，若将空气预热至 403 K 进入干燥器，规定气体出口温度不低于 80 ℃，干燥过程热损失约为预热器供热量的 10%，试求：(1)水分蒸发量 W；(2)空气消耗量 L；(3)空气出口时的湿度 H_2；(4)空气通过预热器获得的热量；(5)干燥器的热效率。(答：(1)$W=0.353\ 6$ kg 水/s；(2)$L=28.97$ kg 干空气/s；(3)$H_2=0.019\ 46$ kg 水/kg 干空气；(4)$Q_0=1\ 483$ kW；(5)$\eta'=45.45\%$)

11. 常压下，已知 125 ℃时氧化锌物料的气、固两相水分的平衡关系，其中 $\varphi=100\%$ 时，$X^*=0.02$ kg 水/kg 绝干物料，当 $\varphi=40\%$ 时，$X^*=0.007$ kg 水/kg 绝干物料。设氧化锌的含水量为 0.25 kg 水/kg 绝干物料，若与 $t=25$ ℃，$\varphi=40\%$ 的恒定空气条件长时间充分接触，试问该物料的平衡含水量和自由含水量、结合水分和非结合水分的含量各为多少？

(答：平衡含水量 $X^*=0.007$ kg 水/kg 绝干物料；自由含水量 $X=0.243$ kg 水/kg 绝干物料；结合水分为 0.02 kg 水/kg 绝干物料；非结合水分为 0.23 kg 水/kg 绝干物料)

模块8 固体干燥
在线自测

参 考 文 献

[1] 姚玉英，陈常贵，柴诚敬. 化工原理（上册）[M]. 3 版. 天津：天津大学出版社，2010.

[2] 陈常贵，柴诚敬，姚玉英. 化工原理（下册）[M]. 3 版. 天津：天津大学出版社，2010.

[3] 陈津群，李殿宝. 化工过程及设备[M]. 北京：中国财政经济出版社，1999.

[4] 朱淑艳，茹立军. 化工单元操作（上）[M]. 天津：天津大学出版社，2019.

[5] 朱淑艳，茹立军. 化工单元操作（下）[M]. 天津：天津大学出版社，2019.

[6] 周长丽. 化工单元操作[M]. 3 版. 北京：化学工业出版社，2020.

[7] 杨祖荣. 化工原理[M]. 4 版. 北京：化学工业出版社，2021.

附　录

一、单位换算表

1. 长度

米，m	厘米，cm	英尺，ft	英寸，in
1	100	3.281	39.37
10^{-2}	1	0.032 81	0.393 7
0.304 8	30.48	1	12
0.025 4	2.54	0.083 3	1

2. 面积

米^2，m^2	厘米^2，cm^2	英尺^2，ft^2	英寸^2，in^2
1	10^4	10.76	1 550
10^{-4}	1	0.001 076	0.155
0.092 9	929	1	144
0.000 645 2	6.432	0.006 944	1

3. 体积

米^3，m^3	厘米^3，cm^3	升，L	英尺^3，ft^3	英加仑 Imperiagal	美加仑 U.S.gal
1	10^6	10^3	35.31	220	264.2
10^{-6}	1	10^{-3}	3.531×10^{-5}	0.000 22	0.000 264 2
10^{-3}	10^3	1	0.035 31	0.22	0.264 2
0.028 32	28 320	28.32	1	6.223	7.481
0.004 546	4 546	4.56	0.160 5	1	1.201
0.003 785	3 785	3.785	0.133 7	0.832 7	1

4. 质量

千克,kg	克,g	吨,t	磅,lb
1	10^3	10^{-3}	2.205
10^{-3}	1	10^{-6}	2.205×10^{-3}
9.807	9 807		
0.453 6	453.6	4.536×10^{-4}	

5. 力或质量

牛顿,N	达因,dyn	磅(力),lbf
1	10^5	0.224 8
10^{-5}	1	2.248×10^{-6}
9.807	9.807×10^5	2.205
4.448	4.448×10^5	1

6. 压力(压强)

帕斯卡,牛顿·米$^{-2}$ Pa=N·m^{-2}	巴,bar=10^6 dyn·cm^{-2}	物理大气压 atm	毫米汞柱 mmHg	磅(力)·英寸$^{-2}$ lbf/in^2
1	10^{-5}	9.869×10^{-6}	0.007 5	1.45×10^{-4}
10^5	1	0.986 9	750	14.5
9.807	9.807×10^{-5}	9.678×10^{-5}	0.073 55	0.001 422
1.013×10^5	1.013	1	760	14.7
9.807×10^4	0.980 7	0.967 8	735.5	14.22
133.3	0.001 333	0.001 316	1	0.019 3
6 895	0.068 95	0.068 04	51.72	1

7. 密度

千克·米$^{-3}$,kg·m^{-3}	克·厘米$^{-3}$,g·cm^{-3}	磅·英尺$^{-3}$,lb·ft^{-3}
1	10^{-3}	0.624 3
1 000	1	62.43
9.807	0.009 807	
16.02	0.016 02	1

8. 能量、功、热

焦耳 J=N·m	尔格 erg=dyn·cm	千卡 kcal=1000cal	千瓦时 kW·h	英尺·磅(力) ft·lbf	英热单位 Btu
1	10^7	2.39×10^{-4}	2.778×10^{-7}	0.737 6	9.486×10^{-4}
10^{-7}	1				
9.807		2.344×10^{-3}	2.724×10^{-6}	7.232	0.009 296
4 187		1	1.162×10^{-3}	3 088	3.968
3.6×10^6		860	1	2.655×10^6	3 413
1.356		3.239×10^{-4}	3.766×10^{-7}	1	0.001 285
1 055		0.252	2.928×10^{-4}	778.1	1

9. 功率，传热速率

千瓦 $kW=1000\ J\cdot s^{-1}$	尔格·秒$^{-1}$ $erg\cdot s^{-1}$	千卡·秒$^{-1}$ $kcal\cdot s^{-1}=1000cal\cdot s^{-1}$	英尺·磅(力)·秒$^{-1}$ $ft\cdot lbf\cdot s^{-1}$	英热单位·秒$^{-1}$ $Btu\cdot s^{-1}$
1	10^{10}	0.238 9	737.8	0.948 6
10^{-10}	1			
0.009 807		0.002 344	7.232	0.009 296
4.187		1	3 088	3.963
0.001 356		3.239×10^{-4}	1	0.001 285
1.055		0.252	778.1	1

10. 黏度(动力黏度)

泊肃叶 $pl=kg\cdot(m\cdot s)^{-1}$	泊 $P=g\cdot(cm\cdot s)^{-1}$	厘泊 cP	磅·(英尺·秒)$^{-1}$ $lb\cdot(ft\cdot s)^{-1}$
1	10	1 000	0.671 9
10^{-1}	1	100	0.067 19
10^{-3}	10^{-2}	1	6.719×10^{-4}
9.807	98.07	9 807	6.589
1.488	14.88	1 488	1

11. 运动黏度，扩散系数

米^2·秒$^{-1}$ $m^2\cdot s^{-1}$	沲，厘米^2·秒$^{-1}$ $St=cm^2\cdot s^{-1}$	米^2·时$^{-1}$ $m^2\cdot h^{-1}$	英尺^2·时$^{-1}$ $ft^2\cdot h^{-1}$
1	10^4	3 600	38 750
10^{-4}	1	0.36	3.875
2.778×10^{-4}	2.778	1	10.76
2.581×10^{-5}	0.258 1	0.092 9	1

注：1 厘沲$=10^{-2}$沲

12. 表面张力

牛顿·米$^{-1}$ N·m^{-1}	达因·厘米$^{-1}$ dyn·cm^{-1}	磅(力)·英尺$^{-1}$ lbf·ft^{-1}
1	1 000	0.068 52
0.001	1	6.852×10^{-5}
9.807	9 807	0.672
14.59	14 590	1

13. 导热系数

瓦·(米·开)$^{-1}$ W·(m·K)$^{-1}$	千卡·(米·秒·℃)$^{-1}$ kcal·(m·s·℃)$^{-1}$	卡·(厘米·秒·℃)$^{-1}$ cal·(cm·s·℃)$^{-1}$	千卡·(米·时·℃)$^{-1}$ kcal·(m·h·℃)$^{-1}$	英热单位·(英尺·时·°F)$^{-1}$ Btu·(ft·h·°F)$^{-1}$
1			0.859 8	0.577 8
4 187	1	10	3 600	2 419
418.7	10^{-1}	1	360	241.9
1.163			1	0.672
1.731			1.488	1

14. 焓、潜热

焦耳·千克$^{-1}$ J·kg^{-1}	千卡·千克$^{-1}$ kcal·kg^{-1}	卡·克$^{-1}$ cal·g^{-1}	英热单位·磅$^{-1}$ Btu@lb^{-1}
1	2.389×10^{-4}	2.389×10^{-4}	4.299×10^{-4}
4 187	1	1	1.8
2 326	0.555 6	0.555 6	1

15. 比热容、熵

焦耳·(千克·开)$^{-1}$ J·(kg·K)$^{-1}$	千卡·(千克·℃)$^{-1}$ kcal·(kg·℃)$^{-1}$	卡·(克·℃)$^{-1}$ cal·(g·℃)$^{-1}$	英热单位·(磅·°F)$^{-1}$ Btu·(lb·°F)$^{-1}$
1	2.389×10^{-4}	2.389×10^{-4}	2.389×10^{-4}
4 187	1	1	1

16. 传热系数

瓦·(米^2·℃)$^{-1}$ W·(m^2·K)$^{-1}$	千卡·(米^2·时·℃)$^{-1}$ kcal·(m^2·h·℃)$^{-1}$	英热单位·(英尺^2·时·°F)$^{-1}$ Btu·(ft^2·h·°F)$^{-1}$
1	0.859 8	0.176 1
1.163	1	0.204 9
5.678	4.882	1

17. 温度换算

①K＝273＋℃，℃＝(°F－32)/1.8

②°R＝460＋°F，°R＝1.8K

18. 重力加速度 g 值

以纬度45°平均海平线处重力加速度为准。

g ＝9.81 m/s^2

＝981 cm/s^2

＝32.17 ft/s^2

19.通用气体常数 R 值

R =8.314 kJ/(kmol · K)

=848 (kmol · K)

=82.06 atm · cm^3/(kmol · K)

=0.082 06 atm · m^3/(kmol · K)

=0.082 06 atm · L/(mol · K)

=1.987 cal/(mol · K)

=1.987 kcal/(kmol · K)

=1.987 Btu/(lb · mol · °R)

=1 544 lbf · ft/(lb · mol · °R)

二、干空气的物理性质

温度 t ℃	密度 ρ kg · m^{-3}	比热容 c_P kJ · (kg · ℃)$^{-1}$	导热系数 $\lambda\times10^2$ W · (m · ℃)$^{-1}$	黏度 $\mu\times10^5$ Pa · s	普兰德准数 Pr
−50	1.584	1.013	2.035	1.46	0.728
−40	1.515	1.013	2.117	1.52	0.728
−30	1.453	1.013	2.198	1.57	0.723
−20	1.395	1.009	2.279	1.62	0.716
−10	1.342	1.009	2.36	1.67	0.712
0	1.293	1.005	2.442	1.72	0.707
10	1.247	1.005	2.512	1.77	0.705
20	1.205	1.005	2.593	1.81	0.703
30	1.165	1.005	2.675	1.86	0.701
40	1.128	1.005	2.756	1.91	0.699
50	1.093	1.005	2.826	1.96	0.698
60	1.06	1.005	2.896	2.01	0.696
70	1.029	1.009	2.966	2.06	0.694
80	1	1.009	3.047	2.11	0.692
90	0.972	1.009	3.128	2.15	0.69
100	0.946	1.009	3.21	2.19	0.688
120	0.898	1.009	3.338	2.29	0.686
140	0.854	1.013	3.489	2.37	0.684
160	0.815	1.017	3.64	2.45	0.682
180	0.779	1.022	3.78	2.53	0.681
200	0.746	1.026	3.931	2.6	0.68
250	0.674	1.038	4.288	2.74	0.677
300	0.615	1.048	4.605	2.97	0.674
350	0.566	1.059	4.908	3.14	0.676
400	0.524	1.068	5.21	3.31	0.678
500	0.456	1.093	5.745	3.62	0.687
600	0.404	1.114	6.222	3.91	0.699
700	0.362	1.135	6.711	4.18	0.706
800	0.329	1.156	7.176	4.43	0.713
900	0.301	1.172	7.63	4.67	0.717
1 000	0.277	1.185	8.041	4.9	0.719
1 100	0.257	1.197	8.502	5.12	0.722
1 200	0.239	1.206	9.153	5.35	0.724

三、水的物理性质

温度 ℃	饱和蒸气压 kPa	密度 $kg \cdot m^{-3}$	焓 $kJ \cdot kg^{-1}$	比热容 $kJ \cdot (kg \cdot ℃)^{-1}$	导热系数 $\lambda \times 10^2$ $W \cdot (m \cdot ℃)^{-1}$	黏度 $\mu \times 10^5$ $Pa \cdot s$	体积膨胀系数 $\beta \times 10^4$ 1/℃	表面张力 $\sigma \times 10^5$ $N \cdot m^{-1}$	普兰德数 Pr
0	0.608 2	999.9	0	4.212	55.13	179.21	−0.63	75.6	13.66
10	1.226 2	999.7	42.04	4.191	57.45	130.77	+0.70	74.1	9.52
20	2.334 6	998.2	83.90	4.183	59.89	100.50	1.82	72.6	7.01
30	4.247 4	995.7	125.69	4.174	61.76	80.07	3.21	71.2	5.42
40	7.376 6	992.2	167.51	4.174	63.38	65.60	3.87	69.6	4.32
50	12.34	988.1	209.30	4.174	64.78	54.94	4.49	67.7	3.54
60	19.923	983.2	251.12	4.178	65.94	46.88	5.11	66.2	2.98
70	31.164	977.8	292.99	4.187	66.76	40.61	5.70	64.3	2.54
80	47.379	971.8	334.94	4.195	67.45	35.65	6.32	62.6	2.22
90	70.136	965.3	376.98	4.208	68.04	31.65	6.95	60.7	1.96
100	101.33	958.4	419.10	4.220	68.27	28.38	7.52	58.8	1.76
110	143.31	951.0	461.34	4.238	68.50	25.89	8.08	56.9	1.61
120	198.64	943.1	503.67	4.260	68.62	23.73	8.64	54.8	1.47
130	270.25	934.8	546.38	4.266	68.62	21.77	9.17	52.8	1.36
140	361.47	926.1	589.08	4.287	68.50	20.10	9.72	50.7	1.26
150	476.24	917.0	632.20	4.312	68.38	18.63	10.3	48.6	1.18
160	618.28	907.4	675.33	4.346	68.27	17.36	10.7	46.6	1.11
170	792.59	897.3	719.29	4.379	67.92	16.28	11.3	45.3	1.05
180	1 003.5	886.9	763.25	4.417	67.45	15.30	11.9	42.3	1.00
190	1 255.6	876.0	807.63	4.460	66.99	14.42	12.6	40.0	0.96
200	1 554.77	863.0	852.43	4.505	66.29	13.63	13.3	37.7	0.93
210	1 917.72	852.8	897.65	4.555	65.48	13.04	14.1	35.4	0.91
220	2 320.88	840.3	943.70	4.614	64.55	12.46	14.8	33.1	0.89
230	2 798.59	827.3	990.18	4.681	63.73	11.97	15.9	31	0.88
240	3 347.91	813.6	1 037.49	4.756	62.80	11.47	16.8	28.5	0.87
250	3 977.67	799.0	1 085.64	4.844	61.76	10.98	18.1	26.2	0.86
260	4 693.75	784.0	1 135.04	4.949	60.48	10.59	19.7	23.8	0.87
270	5 503.99	767.9	1 185.28	5.070	59.96	10.20	21.6	21.5	0.88
280	6 417.24	750.7	1 236.28	5.229	57.45	9.81	23.7	19.1	0.89
290	7 443.29	732.3	1 289.95	5.485	55.82	9.42	26.2	16.9	0.93
300	8 592.94	712.5	1 344.80	5.736	53.96	9.12	29.2	14.4	0.97
310	9 877.6	691.1	1 402.16	6.071	52.34	8.83	32.9	12.1	1.02
320	11 300.3	667.1	1 462.03	6.573	50.59	8.3	38.2	9.81	1.11
330	12 879.6	640.2	1 526.19	7.243	48.73	8.14	43.3	7.67	1.22
340	14 615.8	610.1	1 594.75	8.164	45.71	7.75	53.4	5.67	1.38
350	16 538.5	574.4	1 671.37	9.504	43.03	7.26	66.8	3.81	1.60
360	18 667.1	528.0	1 761.39	13.984	39.54	6.67	109	2.02	2.36
370	21 040.9	450.5	1 892.43	40.319	33.73	5.69	264	0.471	6.80

四、某些气体的重要物理性质

名称	分子式	密度 (0 ℃,101.33 kPa) kg/m³	比热 kJ·(kg·℃)⁻¹	黏度 $\mu\times10^5$, Pa·s	沸点 (101.33 kPa) ℃	汽化热 kJ·kg⁻¹	临界点 温度 ℃	临界点 压强 kPa	导热系数 W·(m·℃)⁻¹
空气		1.293	1.009	1.73	−195	197	−140.7	3 768.4	0.024 4
氧	O_2	1.429	0.653	2.03	−132.98	213	−118.83	5 036.6	0.024 0
氮	N_2	1.251	0.745	1.70	−195.78	199.2	−147.13	3 392.5	0.022 8
氢	H_2	0.089 9	10.13	0.842	−252.75	454.2	−239.9	1 296.6	0.163
氦	He	0.178 5	3.18	1.88	−268.95	19.5	−267.96	2 88.94	0.144
氩	Ar	1.782 0	0.322	2.09	−185.87	163	−122.44	4 862.4	0.017 3
氯	Cl_2	3.217	0.355	1.29(16 ℃)	−33.8	305	+144.0	7 708.9	0.007 2
氨	NH_3	0.771	0.67	0.918	−33.4	1373	+132.4	11 295	0.215
一氧化碳	CO	1.250	0.754	1.66	−191.48	211	−140.2	3 497.9	0.022 6
二氧化碳	CO_2	1.976	0.653	1.37	−78.2	574	+31.1	7 384.8	0.013 7
二氧化硫	SO_2	2.927	0.502	1.17	−10.8	394	+157.5	7 879.1	0.007 7
二氧化氮	NO_2		0.615		+21.2	712	+158.2	10 130	0.040 0
硫化氢	H_2S	1.539	0.804	1.166	−60.2	548	+100.4	19 136	0.013 1
甲烷	CH_4	0.717	1.70	1.03	−161.58	511	−82.15	4 619.3	0.030 0
乙烷	C_2H_6	1.357	1.44	0.850	−88.50	486	+32.1	4 948.5	0.018 0
丙烷	C_3H_8	2.020	1.65	0.795(18 ℃)	−42.1	427	+95.6	4 355.9	0.014 8
正丁烷	C_4H_{10}	2.673	1.73	0.810	−0.5	386	+152	3 798.8	0.013 5
正戊烷	C_5H_{12}		1.57	0.874	−36.08	151	+197.1	3 342.9	0.012 8
乙烯	C_2H_4	1.261	1.222	0.985	−103.7	481	+9.7	5 135.9	0.016 4
丙烯	C_3H_6	1.914	1.436	0.835(20 ℃)	−47.7	440	+91.4	4 599.0	
乙炔	C_2H_2	1.171	1.352	0.935	−83.66(升华)	829	+35.7	6 240.0	0.018 4
氯甲烷	CH_3Cl	2.308	0.582	0.989	−24.1	406	+148	6 685.8	0.008 5
苯	C_6H_6		1.139	0.72	+80.2	394	+288.5	4 832.0	0.008 8

五、某些固体的重要物理性质

名称	密度 kg·m⁻³	导热系数 W·(m·℃)⁻¹	比热容 kJ·(kg·℃)⁻¹
(1)金属			
钢	7 850	45.3	0.46
不锈钢	7 900	17	0.5
铸铁	7 220	62.8	0.5
铜	8 800	383.8	0.41
黄铜	8 000	64	0.38
黄铜	8 600	85.5	0.38
铝	2 670	203.5	0.92
镍	9 000	58.2	0.46
铅	11 400	34.9	0.13
(2)塑料			
酚醛	1 250—1 300	0.13—0.26	1.3—1.7
聚氯乙烯	1 380—1 400	0.16	1.8
低压聚乙烯	940	0.29	2.6
高压聚乙烯	920	0.26	2.2
有机玻璃	1 180—1 190	0.14—0.20	
(3)建筑、绝热、耐酸材料及其他			
黏土砖	1 600—1 900	0.47—0.67	0.92
耐火砖	1840	1.05(800 ℃ —1 100 ℃)	0.88—1.0
绝缘砖(多孔)	600—1 400	0.16—0.37	
石棉板	770	0.11	0.816
石棉水泥板	1 600—1 900	0.35	
玻璃	2 500	0.74	0.67
橡胶	1 200	0.06	1.38
冰	900	2.3	2.11

六、某些液体的重要物理性质

名称	分子式	密度 $kg \cdot m^{-3}$ (20 ℃)	沸点 ℃ (101.3 kPa)	汽化热 $kJ \cdot kg^{-1}$ (101.3 kPa)	比热容 $kJ \cdot (kg \cdot ℃)^{-1}$ (20 ℃)	黏度 $mPa \cdot s$ (20 ℃)	导热系数 $W \cdot (m \cdot ℃)^{-1}$ (20 ℃)	体积膨胀系数 $\beta \times 10^4$ 1/℃(20 ℃)	表面张力 $\sigma \times 10^3 N \cdot m^{-1}$ (20 ℃)
水	H_2O	998	100	2 258	4.183	1.005	0.599	1.82	72.8
氯化钠(25%)		1 186 (25 ℃)	107		3.39	2.3	0.57 (30 ℃)	(4.4)	
氯化钙(25%)		1 228	107		2.89	2.5	0.57	(3.4)	
硫酸	H_2SO_4	1 831	340 (分解)		1.47 (98%)	23	0.38	5.7	
硝酸	HNO_3	1513	86	481.1		1.17 (10 ℃)			
盐酸(30%)	HCl	1 149		2.55	2(31.5%)	0.42			
二硫化碳	CS_2	1 262	46.3	352	1.005	0.38	0.16	12.1	32
戊烷	C_5H_{12}	626	36.07	357.4	2.24 (15.6 ℃)	0.229	0.113	15.9	16.2
己烷	C_6H_{14}	659	68.74	335.1	2.31 (15.6 ℃)	0.313	0.119		18.2
庚烷	C_7H_{16}	684	98.43	316.5	2.21 (15.6 ℃)	0.411	0.123		20.1
辛烷	C_8H_{18}	703	125.67	306.4	2.19 (15.6 ℃)	0.540	0.131		21.8
三氯甲烷	$CHCl_3$	1 489	61.2	253.7	0.992	0.58	0.138 (30 ℃)	12.6	28.5 (10 ℃)
四氯化碳	CCl_4	1 594	76.8	195	0.850	1.0	0.12		26.8
苯	C_6H_6	879	80.10	393.9	1.704	0.737	0.148	12.4	28.6
甲苯	C_7H_8	867	110.63	363	1.70	0.675	0.138	10.9	27.9
邻二甲苯	C_8H_{10}	880	144.42	347	1.74	0.811	0.142		30.2
间二甲苯	C_8H_{10}	864	139.10	343	1.70	0.611	0.167	0.1	29.0
对二甲苯	C_8H_{10}	861	138.35	340	1.704	0.643	0.129		28.0
苯乙烯	C_8H_9	911 (15.6 ℃)	145.2	(352)	1.733	0.72			
氯苯	C_6H_5Cl	1 106	131.8	325	1.298	0.85	0.14 (30 ℃)		32
硝基苯	$C_6H_5NO_2$	1 203	210.9	396	1.47	2.1	0.15		41
苯胺	$C_6H_5NH_2$	1 022	184.4	448	2.07	4.3	0.17	8.5	42.9
酚	C_6H_5OH	1 050 (50 ℃)	181.8 (熔点 40.9 ℃)	511		3.4 (50 ℃)			
萘	$C_{10}H_8$	114 (固体)	217.9 (熔点 80.2 ℃)	314	1.80 (100 ℃)	0.59 (100 ℃)			
甲醇	CH_3OH	791	64.7	1 101	2.48	0.6	0.212	12.2	22.6
乙醇	C_2H_5OH	789	78.3	846	2.39	1.15	0.172	11.6	22.8
乙醇(95%)		804	78.2			1.4			
乙二醇	$C_2H_4(OH)_2$	1 113	197.6	780	2.35	23			47.7
甘油	$C_3H_5(OH)_3$	1 261	290 (分解)			1 499	0.59	5.3	63
乙醚	$(C_2H_5)_2O$	714	34.6	360	2.34	0.24	0.140	16.3	18
乙醛	CH_3CHO	783 (18 ℃)	20.2	574	1.9	1.3 (18 ℃)			21.2
糠醛	$C_5H_4O_2$	1 168	161.7	452	1.6	1.15 (50 ℃)			43.5
丙酮	CH_3COCH_3	792	56.2	523	2.35	0.32	0.17		23.7
甲酸	$HCOOH$	1 220	100.7	494	2.17	1.9	0.26		27.8
醋酸	CH_3COOH	1 049	118.1	406	1.99	1.3	0.17	10.7	23.9
乙酸乙酯	$CH_3COOC_2H_5$	901	77.1	368	1.92	0.48	0.14 (10 ℃)		

七、管子规格(摘录)

1. 水、煤气输送钢管

公称直径		外径(mm)	壁厚(mm)	
毫米(mm)	英寸(in)		普通管	加厚管
6	1/8	10	2	2.5
8	1/4	13.5	2.25	2.75
10	3/8	17	2.25	2.75
15*	1/2	21.25	2.75	3.25
20*	3/4	26.75	2.75	3.5
25	1	33.5	3.20	4
32*	1¼	42.25	3.25	4
40*	1½	48	3.5	4.25
50	2	60	3.5	4.5
70*	2½	75.5	3.75	4.5
80*	3	88.5	4	4.75
100*	4	114	4	5
125*	5	140	4.5	5.5
150	6	165	4.5	5.5

注:①适用于输送水、煤气及采暖系统和结构零件用的钢管。

②"*"为常用规格,目前1/2″、3/4″供应很少。

③依表面情况分镀锌的白铁管和不镀锌的黑铁管;依带螺纹与否分带螺纹的锥形或圆柱形螺纹管与不带螺纹的光滑管;依壁厚分变通钢管和加厚钢管。

④无螺纹的黑铁管长度为4～12 mm;带螺纹的和白铁管长度为4～9 mm。

2. 普通无缝钢管

(1) 热轧无缝钢管

外径(mm)	壁厚(mm)		外径(mm)	壁厚(mm)	
	从	到		从	到
32	2.5	8	140	4.5	36
38	2.5	8	152	4.5	36
45	2.5	10	159	4.5	36
57	3.0	(13)	168	5.0	(45)
60	3.0	14	180	5.0	(45)
63.5	3.0	14	194	5.0	(45)
68	3.0	16	203	6.0	50
70	3.0	16	219	6.0	50
73	3.0	(19)	245	(6.5)	50
76	3.0	(19)	273	(6.5)	75
83	3.5	(24)	299	(7.5)	75
89	3.5	(24)	325	8.0	75
95	3.5	(24)	377	9.0	75
102	3.5	28	426	9.0	75
108	4.0	28	480	9.0	75
114	4.0	28	530	9.0	75
121	4.0	30	560	9.0	75
127	4.0	32	600	9.0	75
133	4.0	32	630	9.0	75

注:①壁厚有2.5、2.8、3、3.5、4、4.5、5、5.5、6、(6.5)、7、(7.5)、8、(8.5)、9、(9.5)、10、11、12、(13)、14、(15)、16、(17)、18、(19)、20、22、(24)、25、(26)、28、30、32、(34)、(35)、36、(38)、40、(42)、(45)、(48)、50、56、60、63、(65)、70、75 mm。

②括号内尺寸不推荐使用。

③钢管长度为4～12.5 m。

(2)冷拔(冷轧)无缝钢管

外径(mm)	壁厚(mm)		外径(mm)	壁厚(mm)	
	从	到		从	到
6	0.25	1.6	32	0.40	8.0
8	0.25	2.5	38	0.40	9.0
10	0.25	3.5	44.5	1.0	9.0
16	0.25	5.0	50	1.0	12
20	0.25	6.0	56	1.0	12
25	0.40	7.0	63	1.0	12
28	0.40	7.0	70	1.0	12
75	1.0	12	120	(1.5)	12
85	1.4	12	130	3.0	12
95	1.4	12	140	3.0	12
100	1.4	12	150	3.0	12
110	1.4	12			

注:①壁厚有0.25、0.30、0.4、0.5、0.6、0.8、1.0、1.2、1.4、(1.5)、1.6、1.8、2.0、2.2、2.5、2.8、3.0、3.2、3.5、4.0、4.5、5.0、5.5、6.0、6.5、7.0、7.5、8.0、8.5、9.0、10、12、(13)、14 mm。

②钢管长度:壁厚≤1 mm,长度为1.7～7 m。

壁厚>1 mm,长度为1.5～9 m。

(3)交换器用普通无缝钢管

外径(mm)	壁厚(mm)	外径(mm)	壁厚(mm)
19	2	57	2.5
25	2		3.5
	2.5		
38	2.5	(51)	3.5

注:①括号内尺寸不推荐使用。

②管长有1 000、1 500、2 000、2 500、3 000、4 000及6 000 mm几种。

3.承插式铸铁管

公称直径(mm)	内径(mm)	壁厚(mm)	有效长度(mm)
75	75	9	3 000
100	100	9	3 000
125	125	9	4 000
150	151	9	4 000
200	201.2	9.4	4 000
250	252	9.8	4 000
300	302.4	10.2	4 000
(350)	352.8	10.6	4 000
400	403.6	11	4 000
450	453.8	11.5	4 000
500	504	12	4 000
600	604.8	13	4 000
(700)	705.4	13.8	4 000
800	806.4	14.8	4 000
(900)	908	15.5	4 000

注:括号内尺寸不推荐使用。

八、常用泵规格

1. Sh 型泵性能表

泵型号	流量 $m^3 \cdot h^{-1}$	扬程 m	转数 $r \cdot min^{-1}$	功率 kW 轴	功率 kW 电机	效率 %	允许吸上真空高度 m	叶轮直径 mm
6Sh－6	130 162 198	84 78 70	2 900	40 46.5 48.4	55	72 74 72	5	251
6Sh－6A	111.6 144 180	67 62 55	2 900	30 33.8 33.5	40	68 72 70	5	223
6Sh－9	130 170 220	52 47.6 35.0	2 900	25 27.6 31.3	40	73.9 79.8 67	5	200
6Sh－9A	111.6 144 180	43.8 40 35	2 900	18.5 20.9 24.5	30	72 75 70	5	186
8Sh－6	180 234 288	100 93.5 82.5	2 900	68 79.5 86.4	100	72 75 75	4.5	282

2. B 型(原 BA 型)水泵性能表

型 号	旧型号	流量 $m^3 \cdot h^{-1}$	扬程 m	转数 $r \cdot min^{-1}$	功率 kW 轴	功率 kW 电机	效率 %	允许吸上真空高度 m	叶轮直径 mm
2B31	2BA－6	10 20 30	34.5 30.8 24	2 900	1.87 2.60 3.07	4 (4.5)	50.6 64 63.5	8.7 7.2 5.7	162
2B31A	2BA－6A	10 20	28.5 25.2 20	2 900	14.5 2.06 2.54	3 (2.8)	54.5 65.6 64.1	8.7 7.2 5.7	148
2B31B	2BA－6B	10 20 25	22 18.8 16.3	2 900	1.10 1.56 1.73	2.2 (2.8)	54.9 65 64	8.7 7.2 6.6	132
2B19	2BA－9	11 17 22	21 18.5 16	2 900	1.10 1.47 1.66	2.2 (2.8)	56 68 66	8.0 6.8 6.0	127
2B19A	2BA－19A	10 17 22	16.8 15 13	2 900	0.85 1.06 1.23	1.5 (1.7)	54 65 63	8.1 7.3 6.5	117
2B19B	2BA－9B	10 15 20	13 12 10.3	2 900	0.66 0.82 0.91	1.5 (1.7)	51 60 62	8.1 7.6 6.8	106
3B57	3BA－6	30 45 60 70	62 57 50 44.5	2 900	9.3 11 12.3 13.3	17 (20)	54.4 63.5 66.3 64	7.7 6.7 5.6 4.4	218

（续表）

型　号	旧型号	流量 $m^3 \cdot h^{-1}$	扬程 m	转数 $r \cdot min^{-1}$	功率 kW		效率 %	允许吸上真空高度 m	叶轮直径 mm
					轴	电机			
3B57A	3BA－6A	30	45	2 900	6.65	10 (14)	55	7.5	192
		40	41.5		7.30		62	7.1	
		50	37.5		7.98		64	6.4	
		60	80		8.80		59	—	
3B33	3BA－9	30	35.5	2 900	4.60	7.5 (7)	62.5	7.0	168
		45	32.6		5.56		71.5	5.0	
		55	28.8		6.25		68.2	3.0	
3B33A	3BA－9A	25	26.2	2 900	2.83	5.5 (4.5)	63.7	7.0	145
		35	25		3.35		70.8	6.4	
		45	22.5		6.25		71.2	5.0	
3B19	3BA－13	32.4	21.5	2 900	2.5	4 (4.5)	76	6.5	132
		45	18.8		2.88		80	5.5	
		52.2	15.6		2.96		75	5.0	
3B19A	3BA－13A	29.5	17.5	2 900	1.86	3 (2.8)	75	6.0	120
		39.6	15		2.02		80	5.0	
		48.6	12		2.15		74	4.5	
3B19B	3BA－13B	28.0	13.5	2 900	1.57	2.2 (2.8)	63	5.5	110
		34.2	12.0		1.63		65	5.0	
		41.5	9.5		1.73		62	4.0	
4B91	4BA－6	65	98	2 900	27.6	55	63	7.1	272
		90	91		32.8		68	6.2	
		115	81		37.1		68.5	5.1	
4B91A	4BA－6A	65	82	2 900	22.9	40	63.2	7.1	250
		85	76		26.1		67.5	6.4	
		105	69.5		29.1		68.5	5.5	
4B54	4BA－8	70	59	2 900	17.5	30 (28)	64.5	5.0	218
		90	54.2		19.3		69	4.5	
		109	47.8		20.6		69	3.8	
		120	43		21.4		66	3.5	
4B54A	4BA－8A	70	48	2 900	13.6	20 (22)	67	5.0	200
		90	43		15.6		69	4.5	
		109	36.8		16.8		65	3.8	
4B35	4BA－12	65	37.7	2 900	9.25	17 (14)	72	6.7	178
		90	34.6		10.8		78	5.8	
		120	28		12.3		74.5	3.3	
4B35A	4BA－12A	60	31.6	2 900	7.4	13 (14)	70	6.9	163
		85	28.6		8.7		76	6.0	
		110	23.3		9.5		73.5	4.5	
4B20	4BA－18	60	22.6	2 900	5.32	10	75	5	143
		90	20		6.36		78		
		110	17.1		6.93		74		
4B20A	4BA－18A	60	17.2	2 900	3.8	5.5 (7.0)	74	5	130
		80	15.2		4.35		76		
		95	13.2		4.80		71.1		
4B15	4BA－25	54	17.6	2 900	3.69	5.5 (4.5)	70	5	126
		79	14.8		4.10		78		
		99	10		4.02		67		
4B15A	4BA－25A	50	14	2 900	2.80	4.0 (4.5)	68.5	5	114
		72	11		2.87		75		
		86	8.5		2.78		72		

注：括号内数字为 JO 型电机功率。

3. IS型离心泵性能表(摘录)

型号	转速 n	流量 Q		扬程	效率	功率(kW)		汽蚀余量 △h(m)
	(r·min^{-1})	(m^3·h)$^{-1}$	(L/S)	H(m)	η(%)	轴功率	电机功率	
IS65－50－125	2 900	15	4.17	21.8	58	1.54	3	2.0
		25	6.94	30	69	1.97		2.0
		30	8.33	18.5	68	2.22		2.5
	1 450	7.5	2.08	5.35	53	0.21	0.55	2.0
		12.5	3.47	5	64	0.27		2.0
		15	4.17	4.7	65	0.30		2.5
IS65－50－160	2 900	15	4.17	35	54	2.65	5.5	2.0
		25	6.94	32	65	3.35		2.0
		30	8.33	30	66	3.71		2.5
	1 450	7.5	2.08	8.8	50	0.36	0.75	2.0
		12.5	3.47	8.0	60	0.45		2.0
		15	4.17	7.2	60	0.49		2.5
IS65－40－200	2 900	15	4.17	53	49	4.42	7.5	2.0
		25	6.94	50	60	5.67		2.0
		30	8.33	47	61	6.29		2.5
	1 450	7.5	2.08	13.2	43	0.63	11	2.0
		12.5	3.47	12.5	55	0.77		2.0
		15	4.17	11.8	57	0.82		2.5
IS65－40－250	2 900	15	4.17	82	37	9.05	15	2.0
		25	6.94	80	50	1.89		2.0
		30	8.33	78	53	12.02		2.5
	1 450	7.5	2.08	21	35	1.23	2.2	2.0
		12.5	3.47	20	46	1.48		2.0
		15	4.17	19.4	48	1.65		2.5
IS65－40－315	2 900	15	4.17	127	28	18.5	30	2.0
		25	6.94	125	40	21.3		2.0
		30	8.33	123	44	22.8		3.0
	1 450	7.5	2.08	32.2	25	6.63	4	2.0
		12.5	3.47	32.0	37	2.94		2.0
		15	4.17	31.7	41	3.16		3.0

（续表）

型号	转速 n (r/min)	流量 Q		扬程 H(m)	效率 η(%)	功率(kW)		汽蚀余量 Δh(m)
		($m^3 \cdot h^{-1}$)	(L/S)			轴功率	电机功率	
IS80－65－125	2 900	30	8.33	22.5	64	2.87	5.5	3.0
		50	13.9	20	75	3.63		3.0
		60	16.7	18	74	3.98		3.5
	1 450	15	4.17	5.6	55	0.42	0.75	2.5
		25	6.94	5	71	0.48		2.5
		30	8.33	4.5	72	0.51		3.0
IS80－65－160	2 900	30	8.33	36	61	4.82	7.5	2.5
		50	13.9	32	73	5.97		2.5
		60	16.7	29	72	6.59		3.0
	1 450	15	4.17	9	55	0.67	1.5	2.5
		25	6.94	8	69	0.79		2.5
		30	8.33	7.2	68	0.86		3.0
IS80－50－200	2 900	30	8.33	53	55	7.87	15	2.5
		50	13.9	50	69	9.87		2.5
		60	16.7	47	71	10.8		3.0
	1 450	15	4.17	13.2	51	1.06	2.2	2.5
		25	6.94	12.5	65	1.31		2.5
		30	8.33	11.8	67	1.44		3.0
IS80－50－200	2 900	30	8.33	84	52	13.2	22	2.5
		50	13.9	80	63	17.3		2.5
		60	16.7	75	64	19.2		3.0
	1 450	15	4.17	21	49	1.75	3	2.5
		25	6.94	20	60	2.27		2.5
		30	8.33	18.8	61	2.52		3.0
IS80－50－315	2 900	30	8.33	128	41	25.5	37	2.5
		50	13.9	125	54	31.5		2.5
		60	16.7	123	57	35.3		3.0
	1 450	15	4.17	32.5	39	3.4	5.5	2.5
		25	6.94	32	52	4.19		2.5
		30	8.33	31.5	56	4.6		3.0

4. Y 型油泵性能表

型号	流量 $m^3 \cdot h^{-1}$	扬程 m	效率 %	功率 kW		允许气蚀余量 m	泵壳许用压强 Pa	结构
				轴	电机			
50Y－60B	9.9	38		2.93	5.5		1 570/2 550	单级悬臂
50Y－60×2	12.5	120	35	11.7	15	2.3	2 158/3 138	双级悬臂
50Y－60×2A	11.7	105		9.55	15		2 158/3 138	双级悬臂
50Y－60×2B	10.8	90		7.65	11		2 158/3 138	双级悬臂
50Y－60×2C	9.9	75		5.9	8		2 158/3 138	双级悬臂
65Y－60	25	60	55	7.5	11	2.6	1 570/2 550	单级悬臂
65Y－60A	22.5	49		5.5	8		1 570/2 550	单级悬臂
65Y－60B	19.8	38		3.75	5.5		1 570/2 550	单级悬臂
65Y－100	25	100	40	17	32	2.6	1 570/2 550	单级悬臂
65Y－100A	23	85		13.3	20		1 570/2 550	单级悬臂
65Y－100B	21	70		10	15		1 570/2 550	单级双臂
65Y－100×2	25	200	40	34	55	2.6	2 942/3 923	两级悬臂
65Y－100×2A	23.3	175		27.8	40		2 942/3 923	两级悬臂
65Y－100×2B	21.6	150		22	32		2 942/3 923	两级悬臂
65Y－100×2C	19.8	125		16.8	20		2 942/3 923	两级悬臂
80Y－60	50	60	64	12.8	15	3	1 570/2 550	单级悬臂
80Y－60A	45	49		9.4	11		1 570/2 550	单级悬臂
80Y－60B	39.5	38		6.5	8		1 570/2 550	单级悬臂
80Y－100	50	100	60	22.7	32	3.0	1 961/2 942	单级悬臂
80Y－100A	45	85		18.5	25		1 961/2 942	单级悬臂
80Y－100B	39.5	70		12.6	20		1 961/2 942	单级悬臂
80Y－100×2	50	200	60	45.4	75	3.0	2 942/3 923	两级悬臂
80Y－100×2A	46.6	175		37.0	55		2 942/3 923	两级悬臂
80Y－100×2B	43.2	150		29.5	40		2 942/3 923	两级悬臂
80Y－100×2C	39.6	125		22.7	32		2 942/3 923	两级悬臂

注：1. 转数均为 2950r/min；

2. 泵壳许用压强项中分子表示第 1 类材料相应的许用压强数，分母表示第 2、3 类材料相应的许用压强数。

5. F 型耐腐蚀泵性能表

泵型号	流量 $m^3 \cdot h^{-1}$	扬程 m	效率 %	功率 kW		允许吸上真空高度 m	叶轮直径 mm
				轴	电机		
25F－16	3.6	16.0	41	0.38	0.8	6	130
25F－16A	3.27	12.5	41	0.27	0.8	6	118
25F－25	3.6	25.0	27	0.908	1.5	6	146
25F－25A	3.27	20	27	0.696	1.1	6	133
25F－41	3.6	41	20	2.01	3.0	6	186
25F－41A	3.28	34	20	1.53	2.0	6	169
40F－16	7.2	15.7	50	0.615	0.8	6.5	117
40F－16A	6.55	12.0	50	0.429	0.8	6.5	106

（续表）

泵型号	流量 $m^3\cdot h^{-1}$	扬程 m	效率 %	功率 kW		允许吸上真空高度 m	叶轮直径 mm
				轴	电机		
40F－26	7.2	25.5	44	1.14	2.2	6	148
40F－26A	6.55	20.5	44	0.83	1.1	6	135
40F－40	7.2	40.0	35	2.24	3	6	184
40F－40A	6.55	33.4	35	1.71	2.2	6	168
40F－65	7.2	65	24	5.3	7.5	6	236
40F－65A	6.72	56	24	4.15	5.5	6	224
40F－65B	6.4	49	23	3.72	5.5	6	208
50F－25	14.4	24.5	53.5	1.8	3.0	6	145
50F－25A	13.4	20.5	50	1.47	2.2	6	132
50F－40	14.4	40	46	3.41	5.5	6	190
50F－40A	13.1	32.5	46	2.54	4.0	6	178
50F－63	14.4	63	35	7.05	10	5.5	220
50F－63A	13.5	55	33.5	6.05	10	5.5	208
50F－63B	12.6	48	35	5.71	7.5	5.5	205
50F－103	14.4	103	25	15.7	22	6	280
50F－103A	13.4	88	25	12.9	17	6	262
50F－103B	12.7	78	25	10.8	13	6	247
50F－103B	12.7	78	25	10.8	13	6	247
65F－16	28.8	15.7	71	1.74	4.0	6	122
65F－16A	26.2	12	69	1.24	2.2	6	112
65F－25	28.8	25	63	3.11	5.5	5.5	148
65F－25A	26.2	21.5	61	2.52	4.0	5.5	135
65F－40	28.8	40	60	5.23	7.5	6	182
65F－40A	26.3	32	58	3.95	5.5	6	166
65F－64	28.8	64	53	9.47	13	5.6	227
65F－64A	26.9	54	52	7.94	10	5.5	212
65F－64B	25.3	50	53	6.85	10	5.6	200
65F－100	28.8	100	40	19.6	30	6	278
65F－100A	26.9	87	40	15.9	22	6	260
65F－100B	25.3	77	40	13.2	17	6	245
80F－15	54	15	70	3.16	4	5.5	127
80F－15A	49.1	11.5	68	2.27	3	6	116
80F－24	54	24	72	4.91	7.5	5.5	150
80F－24A	46.8	19.5	66	3.74	5.5	5.5	136
80F－38	57.6	38	67	8.66	13	6	185
80F－38A	52.2	31	62	7.25	10	6	169
80F－60	54	60	63	14.0	22	5.8	225
80F－60A	50.5	5Z	59	11.65	17	5.5	210
80F－60B	47.5	46	57	10.45	13	5.5	198
80F－97	54	96.5	56	25.4	40	5.5	275
80F－97A	50.5	84	56	20.6	30	5.5	257
80F－97B	47.5	74	56	17.1	22	5.5	242

注：转数均为 2 960 r/min。

九、4—72—11 型离心通风机规格(摘录)

机号	转数 r·min^{-1}	全压系数	全压 mmH$_2$O	全压 Pa	流量系数	流量 m^3·h^{-1}	效率 %	所需功率 kW
6C	2 240	0.411	248	2 432.1	0.220	15 800	91	14.1
	2 000	0.411	198	1 941.8	0.220	14 100	91	10.0
	1 800	0.411	160	1 569.1	0.220	12 700	91	7.3
	1 250	0.411	77	755.1	0.220	8 800	91	2.53
	1 000	0.411	49	480.5	0.220	7 030	91	1.39
	800	0.411	30	294.2	0.220	5 610	91	0.73
8C	1 800	0.411	285	2 795	0.220	29 900	91	30.8
	1 250	0.411	137	1 343.6	0.220	20 800	91	10.3
	1 000	0.411	88	863.0	0.220	16 600	91	5.52
	630	0.411	35	343.2	0.220	10 480	91	1.51
10C	1 250	0.434	227	2 226.2	0.221 8	41 300	94.3	32.7
	1 000	0.434	145	1 422.0	0.221 8	32 700	94.3	16.5
	800	0.434	93	912.1	0.221 8	26 130	94.3	8.5
	500	0.434	36	353.1	0.221 8	16 390	94.3	2.3
6D	1 450	0.411	104	1 020	0.220	10 200	91	4
	960	0.411	45	441.3	0.220	6 720	91	1.32
8D	1 450	0.44	200	1961.4	0.184	20 130	89.5	14.2
	730	0.44	50	490.4	0.184	10 150	89.5	2.06
16B	900	0.434	300	2 942.1	0.221 8	121 000	94.3	127
20B	710	0.434	290	2 844.0	0.221 8	186 300	94.3	190

十、固体材料的导热系数

1. 常用金属材料的导热系数(W/(m·℃))

导热系数	温度℃				
	0	100	200	300	400
铝	228	228	228	228	228
铜	384	379	372	367	363
铁	73.3	67.5	61.6	54.7	48.9
铅	35.1	33.4	31.4	29.8	—
镍	93.0	82.6	73.3	63.97	59.3
银	414	409	373	362	359
碳钢	52.3	48.9	44.2	41.9	34.9
不锈钢	16.3	17.5	17.5	18.5	—

2. 常用非金属材料的导热系数(W/(m·℃))

名称	温度(℃)	导热系数	名称	温度(℃)	导热系数
石棉板	30	0.10～0.14	聚四氟乙烯	—	0.242
软木	30	0.043 0	泡沫塑料	—	0.046 5
保温灰	—	0.069 8	木材(横向)	—	0.14～0.175
锯屑	20	0.046 5～0.058 2	木材(纵向)	—	0.384
棉花	100	0.069 8	耐火砖	230	0.872
厚纸	20	0.14～0.349	耐火砖	1 200	1.64
玻璃	30	1.09	混凝土	—	1.28
泥土	20	0.698～0.930	绒毛毡	—	0.046 5
冰	0	2.33	85%氧化镁粉	0～100	0.069 8
软橡胶	—	0.129～0.159	聚氯乙烯	—	0.116～0.174
硬橡胶	0	0.150	聚乙烯	—	0.329

十一、某些液体的导热系数(W/(m·℃))

名称	温度(℃)	导热系数	名称	温度(℃)	导热系数
石油	20	0.180	四氯化碳	0	0.185
汽油	30	0.135	四氯化碳	68	0.163
煤油	20	0.149	二硫化碳	30	0.161
正戊烷	30	0.135	乙苯	30	0.149
正己烷	30	0.138	氯苯	10	0.144
正庚烷	30	0.140	硝基苯	30	0.164
正辛烷	60	0.14	氯化钙盐水 30%	30	0.55
丁醇,100%	20	0.182	氯化钙盐水 15%	30	0.59
丁醇,80%	20	0.237	氯化钙盐水 25%	30	0.57
乙醚	30	0.138	氨水溶液	20	0.45
氯甲烷	30	0.154	水银	28	0.36
丙酮	30	0.17	水	30	0.62

十二、某些固体材料的黑度

材料名称	温度(℃)	黑度,ε	材料名称	温度(℃)	黑度,ε
表面不磨光的铝	26	0.055	已氧化的灰色镀锌铁板	24	0.276
表面被磨光的铁	425～1 020	0.144～0.377	石棉纸板	24	0.96
用金刚砂冷加工后的铁	20	0.242	石棉纸	40～370	0.93～0.945
氧化后的铁	100	0.736	水	0～100	0.95～0.963
氧化后表面光滑的铁	125～525	0.78～0.82	石膏	20	0.903
未经加工处理的铸铁	925～1 115	0.87～0.95	表面粗糙未上过釉的硅砖	100	0.80
表面被磨光的铸铁件	770～1 040	0.52～0.56	表面粗糙未上过釉的硅砖	1 100	0.85
经过刮面加工的生铁	830～990	0.60～0.70	上过釉的黏土耐火砖	1 100	0.75
氧化铁	500～1 200	0.85～0.95	涂在铁板上的光泽的黑漆	25	0.875
无光泽的黄铜板	50～360	0.22	无光泽的黑漆	40～95	0.96～0.98
氧化铜	800～1 100	0.66～0.84	白漆	40～95	0.80～0.95
铬	100～1 000	0.08～0.26	平整的玻璃	22	0.937
有光泽的镀锌铁板	28	0.228	烟尘、发光的煤尘	95～270	0.952

十三、热交换器系列标准(摘录)

1. 固定管板式

(1)换热管为 ϕ19 mm 的换热器基本参数(D_N=159～1 800 mm)

公称直径 D_N (mm)	公称压力 P_N (MPa)	管程数 N	管子根数 n	中心排管数	管程流通面积 (m^2)	计算换热面积(m^2) 换热管长度,l(mm)					
						1 500	2 000	3 000	4 500	6 000	9 000
159	1.60	1	15	5	0.002 7	1.3	1.7	2.6	—	—	—
219	2.50		83	7	0.005 8	2.8	3.7	5.7	—	—	—
273	4.00	1	65	9	0.011 5	5.4	7.4	11.3	17.1	22.9	—
		2	56	8	0.004 9	4.7	6.4	9.7	14.7	19.7	—
325	6.40	1	99	11	0.017 5	8.3	11.2	17.1	26.0	34.9	—
		2	88	10	0.007 8	7.4	10.0	15.2	23.1	31.0	—
		4	68	11	0.003 0	5.7	7.7	11.8	17.9	23.9	—
400	0.60	1	174	14	0.030 7	14.5	19.7	30.1	45.7	61.3	—
		2	164	15	0.014 5	13.7	18.6	28.4	43.1	57.8	—
		4	146	14	0.006 5	12.2	16.6	25.3	38.3	51.4	—
450	1.00	1	237	17	0.041 9	19.8	26.9	41.0	62.2	83.5	—
		2	220	16	0.019 4	18.4	25.0	38.1	57.8	77.5	—
		4	200	16	0.008 8	16.7	22.7	34.6	52.5	70.4	—

（续表）

公称直径 D_N (mm)	公称压力 P_N (MPa)	管程数 N	管子根数 n	中心排管数	管程流通面积 (m^2)	计算换热面积(m^2) 换热管长度，l(mm)					
						1 500	2 000	3 000	4 500	6 000	9 000
500	1.60	1	275	19	0.048 6	—	31.2	47.6	72.2	96.8	—
		2	256	18	0.022 6	—	29.0	44.3	67.2	90.2	—
		4	222	18	0.009 8	—	25.2	38.4	58.3	78.2	—
600	2.50	1	430	22	0.076 0	—	48.8	74.4	112.9	151.4	—
		2	416	23	0.036 8	—	47.2	72.0	109.3	146.5	—
		4	370	22	0.016 3	—	42.0	64.0	97.2	130.3	—
		6	360	20	0.010 6	—	40.8	62.3	94.5	126.8	—
700	4.00	1	607	27	0.107 3	—	—	105.1	159.4	213.8	—
		2	574	27	0.050 7	—	—	99.4	150.8	202.1	—
		4	542	27	0.023 9	—	—	93.8	142.3	190.9	—
		6	518	24	0.015 3	—	—	89.7	136.0	182.4	—
800	0.60	1	797	31	0.140 8	—	—	138.0	209.3	280.7	—
		2	776	31	0.068 6	—	—	134.3	203.8	273.3	—
		4	722	31	0.031 9	—	—	125.0	189.8	254.3	—
		6	710	30	0.020 9	—	—	122.9	186.5	250.0	—
900	1.00	1	1009	35	0.178 3	—	—	174.7	265.0	355.3	536.0
		2	988	35	0.087 3	—	—	171.0	259.5	347.9	524.9
	1.60	4	938	35	0.041 4	—	—	162.4	246.4	330.3	498.3
		6	914	34	0.026 9	—	—	158.2	240.0	321.9	485.6

注：表中计算换热面积按式 $A=\pi d(l-2\delta-0.006)n$ 确定。式中 d 为换热管外径；l 为管长；n 为换热管排管数；δ 为管板厚度（假定为 0.05 m）。管子为正三角形排列，壳程数为 1。

（2）换热管为 ϕ25 mm 的换热器基本参数（D_N＝159～1 300 mm）

公称直径 D_N (mm)	公称压力 P_N (MPa)	管程数 N	管子根数 n	中心排管数	管程流通面积 (m^2)		计算换热面积(m^2) 换热管长度，l(mm)					
					$\phi25\times2$	$\phi25\times2.5$	1 500	2 000	3 000	4 500	6 000	9 000
325	1.60 2.50 4.00 6.40	1	57	9	0.019 7	0.017 9	6.3	8.5	13.0	19.7	26.4	—
		2	56	9	0.009 7	0.008 8	6.2	8.4	12.7	19.3	25.9	—
		4	40	9	0.003 5	0.003 1	4.4	6.0	9.1	13.8	18.5	—
400	0.60 1.00 1.60 2.50 4.00	1	98	12	0.033 9	0.030 8	10.8	14.6	22.3	33.8	45.4	—
		2	94	11	0.016 3	0.014 8	10.3	14.0	21.4	32.5	43.5	—
		4	76	11	0.006 6	0.006 0	8.4	11.3	17.3	26.3	35.2	—
450		1	135	13	0.046 8	0.042 4	14.8	20.1	30.7	46.6	62.5	—
		2	126	12	0.021 8	0.019 8	13.9	18.8	28.7	43.5	58.4	—
		4	106	13	0.009 2	0.008 3	11.7	15.8	24.1	36.6	49.1	—
500		1	174	14	0.060 3	0.054 6	—	26.0	39.6	60.1	80.6	—
		2	164	15	0.028 4	0.025 7	—	24.5	37.3	56.6	76.0	—
		4	144	15	0.012 5	0.011 3	—	21.4	32.8	49.7	66.7	—
600		1	245	17	0.084 9	0.076 9	—	26.5	55.8	84.6	113.5	—
		2	232	16	0.040 2	0.036 4	—	34.6	52.8	80.1	107.5	—
		4	222	17	0.019 2	0.017 4	—	33.1	50.5	76.7	102.8	—
		6	216	16	0.012 5	0.011 3	—	32.2	49.2	74.6	100.0	—
700	0.60 1.00 1.60 2.50 4.00	1	355	21	0.123 0	0.111 5	—	—	80.0	122.6	164.4	—
		2	342	21	0.059 2	0.053 7	—	—	77.9	118.1	158.4	—
		4	322	21	0.027 9	0.025 3	—	—	73.3	111.2	149.1	—
		6	304	20	0.017 5	0.015 9	—	—	69.2	105.0	140.8	—

（续表）

公称直径 D_N (mm)	公称压力 P_N (MPa)	管程数 N	管子根数 n	中心排管数	管程流通面积 (m^2)		计算换热面积(m^2) 换热管长度，l(mm)					
					ϕ25×2	ϕ25×2.5	1 500	2 000	3 000	4 500	6 000	9 000
800	0.60 1.60 2.50 4.00	1	467	23	0.161 8	0.146 6	—	—	106.3	161.3	216.3	—
		2	450	23	0.077 9	0.070 7	—	—	102.4	155.4	208.5	—
		4	442	23	0.038 3	0.034 7	—	—	100.6	152.7	204.7	—
		6	430	24	0.024 8	0.022 5	—	—	97.9	148.5	119.2	—
900		1	605	27	0.209 5	0.190 0	—	—	137.8	209.0	280.2	422.7
		2	588	27	0.101 8	0.092 3	—	—	133.9	203.1	272.3	410.8
		4	554	27	0.048 0	0.043 5	—	—	126.1	191.4	256.6	387.1
		6	538	26	0.031 1	0.028 2	—	—	122.5	185.8	249.2	375.9
1 000		1	749	30	0.259 4	0.235 2	—		170.5	258.7	346.9	523.3
		2	742	29	0.128 5	0.116 5	—	—	168.9	256.3	343.7	518.4
		4	710	29	0.061 5	0.055 7	—	—	161.6	245.2	328.8	496.0
		6	698	30	0.040 3	0.036 5	—	—	158.9	241.1	323.3	487.7
1 200		1	1 115	37	0.386 2	0.350 1	—	—	—	385.1	516.4	779.0
		2	1 102	37	0.190 8	0.173 0	—		—	380.6	510.4	769.9
		4	1 052	37	0.091 1	0.082 6	—	—	—	363.4	487.2	735.0
		6	1 026	36	0.059 2	0.053 7	—	—	—	354.4	475.2	716.8

(3)固定管板式换热器折流板间距(mm)

公称直径 D_N	管 长	折 流 板 间 距					
≤500	≤3 000	100	200	300	450	600	—
	4 500～6 000	—	200	300	450	600	—
600～800	1 500～6 000	150	200	300	450	600	—
900～1 300	≤6 000	—	200	300	450	600	—
	7 500,9 000	—	—	300	450	600	—
1 400～1 600	6 000	—	—	300	450	600	750
	7 500,9 000	—	—	—	450	600	750
1 700～1 800	6 000～9 000	—	—	—	450	600	750

2. 浮头式换热器

(1)型号及其表示方法

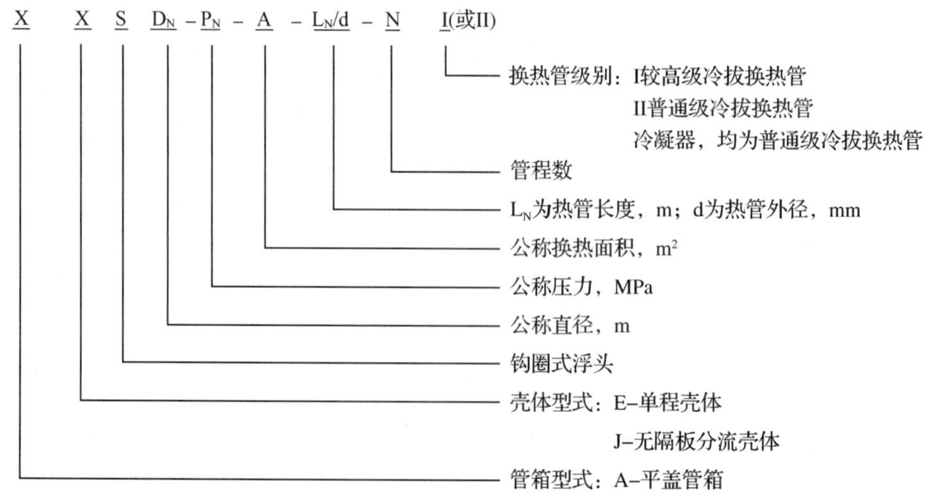

举例如下：

①浮头式内导流换热器

平盖管箱，公称直径 500 mm，管、壳程压力均为 1.6 MPa，公称换热面积为 55 m²，较高级冷拔换热管，外径 25 mm，管长 6 m，4 管程，单壳程的浮头式内导流换热器，其型号为：AES500－1.6－55－6/25－4Ⅰ

封头管箱，公称直径 600 mm，管、壳程压力均为 1.6 MPa，公称换热面积为 55 m²，普通级冷拔换热管，外径 19 mm，管长 3 m，2 管程，单壳程的浮头式内导流换热器，其型号为：BES600－1.6－55－3/19－2Ⅱ

②浮头式冷凝器

封头管箱，公称直径 600 mm，管、壳程压力均为 1.6 MPa，公称换热面积为 55 m²，普通级冷拔换热管，外径 19mm，管长 3 m，2 管程，单壳程的浮头式冷凝器，其型号为：BES600－1.6－55－3/19－2Ⅱ

(2)浮头式(内导流)换热器和冷凝器的主要参数

D_N mm	N	中心排管数				管程流通面积 (m²)			A (m²)					
		d				$d\times\delta$			l=3 m		l=4.5 m		l=6 m	
		19	25	19	25	19×2	25×2	25×2.5	19	25	19	25	19	25
325	2	60	32	7	5	0.005 3	0.005 5	0.005 0	10.5	7.4	15.8	11.1	—	—
	4	52	28	6	4	0.002 3	0.002 4	0.002 2	9.1	6.4	13.7	9.7	—	—
426	2	120	74	8	7	0.010 6	0.012 6	0.011 6	20.9	16.9	31.6	25.6	42.3	34.4
400	4	108	68	9	6	0.004 8	0.005 9	0.005 3	18.8	15.6	28.4	23.6	38.1	31.6
500	2	206	124	11	8	0.018 2	0.021 5	0.019 4	35.7	28.3	54.1	42.8	72.5	57.4
	4	192	116	10	9	0.008 5	0.010 0	0.009 1	33.2	26.4	50.4	40.1	67.6	53.7
600	2	324	198	14	11	0.028 6	0.034 3	0.031 1	55.8	44.9	84.8	68.2	113.9	91.5
	4	308	188	14	10	0.013 6	0.016 3	0.014 8	53.1	42.6	80.7	64.8	108.2	86.9
	6	284	158	14	10	0.008 3	0.009 1	0.008 3	48.9	35.8	74.4	54.4	99.8	73.1
700	2	468	268	16	13	0.041 4	0.046 4	0.042 1	80.4	60.6	122.2	92.1	164.1	123.7
	4	448	256	17	12	0.019 8	0.022 2	0.020 1	76.9	57.8	117.0	87.9	157.1	118.1
	6	382	224	15	10	0.011 2	0.012 9	0.011 6	65.6	50.6	99.8	76.9	133.9	103.4
800	2	610	366	19	15	0.053 9	0.063 4	0.057 5	—	—	158.9	125.4	213.5	168.5
	4	588	352	18	14	0.026 0	0.030 5	0.027 6	—	—	153.2	120.6	205.8	162.1
	6	518	316	16	14	0.015 2	0.018 2	0.016 5	—	—	134.9	108.3	181.3	145.5
900	2	800	472	22	17	0.070 7	0.081 7	0.074 1	—	—	207.6	161.2	279.2	216.8
	4	776	456	21	16	0.034 3	0.039 5	0.035 3	—	—	201.4	155.7	270.8	209.4
	6	720	426	21	16	0.021 2	0.024 6	0.022 3	—	—	186.9	145.5	251.3	195.6
1 000	2	1 006	606	24	19	0.089 0	0.105 0	0.095 2	—	—	260.6	206.6	350.6	277.9
	4	980	588	23	18	0.043 3	0.050 9	0.046 2	—	—	253.9	200.4	341.6	269.7
	6	892	564	21	18	0.026 2	0.032 6	0.029 5	—	—	231.1	192.2	311.0	258.7
1 100	2	1 240	736	27	21	0.110 0	0.127 0	0.116 0	—	—	320.3	250.2	431.3	336.8
	4	1 212	716	26	20	0.053 6	0.062 0	0.056 2	—	—	313.1	243.4	421.6	327.7
	6	1 120	692	24	20	0.032 9	0.039 9	0.036 2	—	—	289.3	235.2	389.6	316.7
1 200	2	1 452	880	28	22	0.129 0	0.152 0	0.138 0	—	—	374.4	298.6	504.3	402.2
	4	1 424	860	28	22	0.062 9	0.074 5	0.067 5	—	—	367.2	291.8	494.6	393.1
	6	1 348	828	27	21	0.039 6	0.047 8	0.043 4	—	—	347.6	280.9	468.2	378.4

注：①排管数按正方形旋转 45°排列计算。

②计算换热面积按光管及公称压力 2.5MPa 的管板厚度确定，$A=\pi d(l-2\delta-0.006)n$。

(3)浮头式换热器折流板(支持板)间距 S

管长(m)	公称直径 D_N	间距 S(mm)							
3	≤700	100	150	200	—	—			
4.5	≤700	100	150	200	—	—	—		
	800～1 200	—	150	200	250	300	—	450(或 480)	
6	400～1 100	—	150	200	250	300	350	450(或 480)	
	1 200～1 800	—	—	200	250	300	350	450(或 480)	
9	1 200～1 800	—	—	—	—	300	350	450	600

十四、某些液体的表面张力及常压下的沸点

液体	沸点(℃)	表面张力 σ		
		t(℃)	σ(N·m^{-1})	表面张力与温度的关系
液态氮	−209.9	−196	8.5×10^{-3}	
苯胺	184.4	−20	42.9×10^{-3}	
丙酮	56.2	0	26.2×10^{-3}	
		40	21.2×10^{-3}	
		60	18.6×10^{-3}	
苯	80.1	0	31.6×10^{-3}	
		30	27.6×10^{-3}	
		60	23.7×10^{-3}	
水	100	0	75.6×10^{-3}	
		20	72.8×10^{-3}	
		60	66.2×10^{-3}	$\sigma_t=\sigma_0-0.146\times10^{-3}(T-273)$
		100	58.9×10^{-3}	式中σ_t—热力学温度为 T 时的表面张力(N·m^{-1})
		130	52.8×10^{-3}	σ_0—表中查出的表面张力(N·m^{-1})
液态氧	−183	−183	13.2×10^{-3}	T—热力学温度(K)
乙酸	100.7	17	37.5×10^{-3}	
		80	30.8×10^{-3}	
二氧化碳	46.3	19	33.6×10^{-3}	
		46	29.4×10^{-3}	
甲醇	64.7	20	22.6×10^{-3}	
丙醇	97.2	20	23.8×10^{-3}	
乙醇	78.3	0	24.1×10^{-3}	$\sigma_t=\sigma_0-0.092\times10^{-3}(T-273)$
		20	22.8×10^{-3}	
		40	20.2×10^{-3}	
		60	18.4×10^{-3}	
甲苯	110.63	15	28.8×10^{-3}	
醋酸	118.1	20	27.8×10^{-3}	
氯仿	61.2	10	28.5×10^{-3}	
		60	21.7×10^{-3}	
四氯化碳	76.8	20	26.8×10^{-3}	
乙酸乙酯	77.1	20	23.9×10^{-3}	
乙醚	34.6	20	17.0×10^{-3}	

十五、某些水溶液的表面张力，N·m^{-1}

溶质	t(℃)	浓度×100(质量)			
		5	10	20	50
H_2SO_4	18		74.1×10^{-3}	75.2×10^{-3}	77.3×10^{-3}
HNO_2	20		72.7×10^{-3}	71.1×10^{-3}	65.4×10^{-3}
NaOH	20	74.6×10^{-3}	77.3×10^{-3}	85.8×10^{-3}	
NaCl	18	74.0×10^{-3}	75.5×10^{-3}		
Na_2SO_4	18	73.8×10^{-3}	75.2×10^{-3}		
$NaNO_3$	30	72.1×10^{-3}	72.8×10^{-3}	74.4×10^{-3}	79.8×10^{-3}
KCl	18	73.6×10^{-3}	74.8×10^{-3}	77.3×10^{-3}	
KNO_3	18	73.0×10^{-3}	73.6×10^{-3}	75.0×10^{-3}	
K_2CO_3	10	75.8×10^{-3}	77.0×10^{-3}	79.2×10^{-3}	106.4×10^{-3}
NH_4OH	18	66.5×10^{-3}	63.5×10^{-3}	59.3×10^{-3}	
NH_4Cl	18	73.3×10^{-3}	74.5×10^{-3}		
NH_4NO_3	100	59.2×10^{-3}	60.1×10^{-3}	61.6×10^{-3}	67.5×10^{-3}
$MgCl_2$	18	73.8×10^{-3}			
$CaCl_2$	18	73.7×10^{-3}			

十六、某些二元物系在 101.3 kPa 下的气液平衡组成

(1)苯—甲苯

苯(mol%)		温度(℃)	苯(mol%)		温度(℃)
液相中	气相中		液相中	气相中	
0.0	0.0	110.6	59.2	78.9	89.4
8.8	21.2	106.1	70.7	85.3	86.8
20.0	37.0	102.2	80.3	91.4	84.4
30.0	50.0	98.6	90.3	95.7	82.3
39.7	61.8	95.2	95.0	97.9	81.2
48.9	71.0	92.1	100.0	100.0	80.2

(2)乙醇—水

乙醇(mol%)		温度(℃)	乙醇(mol%)		温度(℃)
液相中	气相中		液相中	气相中	
0.00	0.00	100	32.73	58.26	81.5
1.90	17.00	95.5	39.65	61.22	80.7
7.21	38.91	89.0	50.79	65.64	79.8
9.66	43.75	86.7	51.98	65.99	79.7
12.38	47.04	85.3	57.32	68.41	79.3
16.61	50.89	84.1	67.63	73.85	78.74
23.37	54.45	82.7	74.72	78.15	78.41
26.08	55.80	82.3	89.43	89.43	78.15

(3)硝酸—水

硝酸(mol%)		温度(℃)	硝酸(mol%)		温度(℃)
液相中	气相中		液相中	气相中	
0	0	100.0	45	64.6	119.5
5	0.3	103.0	50	83.6	115.6
10	1.0	109.0	55	92.0	109.0
15	2.5	114.3	60	95.2	101.0
20	5.2	117.4	70	98.0	98.0
25	9.8	120.1	80	99.3	81.8
30	16.5	121.4	90	99.8	85.6
38.4	38.4	121.9	100	100	85.4
40	46.0	121.6			

(4)氯仿—苯

氯仿(质量分数)		温度(℃)
液相中	气相中	
10	13.6	79.9
20	27.2	79.0
30	40.6	78.1
40	53.0	77.2
50	65.0	76.0
60	75.0	74.6
70	83.0	72.8
80	90.0	70.5
90	96.1	67.0

十七、饱和水蒸气表(按温度排序)

温度 ℃	绝对压强 kPa	蒸气密度 kg/m^3	焓				汽化热	
			液体		蒸汽			
			kcal/kg	kJ/kg	kcal/kg	kJ/kg	kcal/kg	kJ/kg
0	0.608 2	0.004 8	0	0	595	2491.1	595	2491.1
5	0.873 0	0.006 8	5	20.94	597.3	2 500.8	592.3	2 479.9
10	1.226 2	0.009 4	10	41.87	599.6	2 510.4	589.6	2 468.5
15	1.706 8	0.012 8	15	62.80	602.0	2 520.5	587.0	2 457.7
20	2.334 6	0.017 2	20	83.74	604.3	2 530.1	584.3	2446.3
25	3.164 8	0.023 0	25	104.67	606.6	2 539.7	581.6	2 435.0
30	4.247 4	0.030 4	30	125.60	608.9	2 549.3	578.9	2 423.7
35	5.620 7	0.039 6	35	146.54	611.2	2 559.0	576.2	2 412.4
40	7.376 6	0.051 1	40	167.47	613.5	2 568.6	573.5	2 401.1
45	9.583 7	0.065 4	45	188.41	615.7	2 577.8	570.7	2 389.4
50	12.340	0.083 0	50	209.34	618.0	2 587.4	568.0	2 378.1
55	15.743	0.104 3	55	230.27	620.2	2 596.7	565.2	2 366.4
60	19.923	0.130 1	60	251.21	622.5	2 606.3	562.0	2 355.1
65	25.014	0.161 1	65	272.14	624.7	2 615.5	559.7	2 343.4
70	31.164	0.197 9	70	293.08	626.8	2 624.3	556.8	2 331.2
75	38.551	0.241 6	75	314.01	629.0	2 633.5	554.0	2 319.5

（续表）

温 度 ℃	绝对压强 kPa	蒸气密度 kg/m³	焓				汽化热	
			液 体		蒸 汽			
			kcal/kg	kJ/kg	kcal/kg	kJ/kg	kcal/kg	kJ/kg
80	47.379	0.292 9	80	334.94	631.1	2 642.3	551.2	2 307.8
85	57.875	0.353 1	85	355.88	633.2	2 651.1	548.2	2 295.2
90	70.136	0.422 9	90	376.81	635.3	2 659.9	545.3	2 283.1
95	84.556	0.503 9	95	397.75	637.4	2 668.7	542.4	2 270.9
100	101.33	0.597 0	100	418.68	639.4	2 677.0	539.4	2 258.4
105	120.85	0.703 6	105.1	440.03	641.3	2 685.0	536.3	2 245.4
110	143.31	0.825 4	110.1	460.97	643.3	2 693.4	533.1	2 232.0
115	169.11	0.963 5	115.2	482.32	645.2	2 701.3	530.0	2 219.0
120	198.64	1.119 9	120.3	503.67	647.0	2 708.9	526.7	2 205.2
125	232.19	1.296	125.4	525.02	648.8	2 716.4	523.5	2 191.8
130	270.25	1.494	130.5	546.38	650.6	2 723.9	520.1	2 177.6
135	313.11	1.715	135.6	567.73	652.3	2 731.0	516.7	2 163.3
140	361.47	1.962	140.7	589.06	653.9	2 737.7	513.2	2 148.7
145	415.72	2.238	145.9	610.85	655.5	2 744.4	509.7	2 134.0
150	476.24	2.543	151.0	632.21	657.0	2 750.7	506.0	2 118.5
160	618.28	3.252	161.4	675.75	659.9	2 762.9	498.5	2 087.1
170	792.59	4.113	171.8	719.29	662.4	2 773.3	490.6	2 054.0
180	1 003.5	5.145	182.3	763.25	664.6	2 782.5	482.3	2 019.3
190	1 255.6	6.378	192.9	807.64	666.4	2 790.1	473.5	1 982.4
200	1 554.8	7.840	203.5	852.01	667.7	2 795.5	464.2	1 943.5
210	1 917.7	9.567	214.3	897.23	668.6	2 799.3	454.4	1 902.5
220	2 320.9	11.60	225.1	942.45	669.0	2 801.0	443.9	1 858.5
230	2 798.6	13.98	236.1	988.50	668.8	2 800.1	432.7	1 811.6
240	3 347.91	16.76	247.1	1 034.56	668.0	2 796.8	420.8	1 761.8
250	3 977.67	20.01	258.3	1 081.45	664.0	2 790.1	408.1	1 708.6
260	4 693.75	23.82	269.6	1 128.76	664.2	2 780.9	394.5	1 651.7
270	5 503.99	28.27	281.1	1 176.91	661.2	2 768.3	380.1	1 591.4
280	6 417.24	33.47	292.7	1 225.48	657.3	2 752.0	364.6	1 526.5
290	7 443.29	39.60	304.4	1 274.46	652.6	2 732.3	348.1	1 457.4
300	8 592.94	46.93	316.6	1 325.54	646.8	2 708.0	330.2	1 382.5
310	9 877.96	55.59	329.3	1 378.71	640.1	2 680.0	310.8	1 301.3
320	11 300.3	65.95	343.0	1 436.07	632.5	2 648.2	289.5	1 212.1
330	12 879.6	78.53	357.5	1 446.78	623.5	2 610.5	266.6	1 116.2
340	14 618.5	93.98	373.3	1 562.93	613.5	2 568.6	240.2	1 005.7
350	16 538.5	113.2	390.8	1 636.20	601.1	2 516.7	210.3	880.5
360	18 667.1	139.6	413.0	1 729.15	583.4	2 442.6	170.3	713.0
370	21 040.9	171.0	451.0	1 888.25	549.8	2 301.9	98.2	411.1
374	22 070.9	322.6	501.1	2 098.0	501.1	2 098.0	0	0

十八、饱和水蒸气表(按压强排序)

绝对压强 kPa	温度 ℃	蒸气的密度 kg/m³	焓 kJ/kg		汽化热 kJ/kg
			液体	蒸汽	
1.0	6.3	0.007 73	26.48	2 503.1	2 476.8
1.5	12.5	0.011 33	52.26	2 515.3	2 463.0
2.0	17.0	0.014 86	71.21	2 524.2	2 452.9
2.5	20.9	0.018 36	87.45	2 531.8	2 444.3
3.0	23.5	0.021 79	98.38	2 536.8	2 438.4
3.5	26.1	0.025 23	109.30	2 541.8	2 432.5
4.0	28.7	0.028 67	120.23	2 546.8	2 426.6
4.5	30.8	0.032 05	129.00	2 550.9	2 421.9
5.0	32.4	0.035 37	135.69	2 554.0	2 418.3
6.0	35.6	0.042 00	149.06	2 560.1	2 411.0
7.0	38.8	0.048 64	162.44	2 566.3	2 403.8
8.0	41.3	0.055 14	172.73	2 571.0	2 398.2
9.0	43.3	0.061 56	181.16	2 574.8	2 393.6
10.0	45.3	0.067 98	189.59	2 578.5	2 388.9
15.0	53.5	0.099 56	224.03	2 594.0	2 370.0
20.0	60.1	0.130 68	251.51	2 606.4	2 854.9
30.0	66.5	0.190 93	288.77	2 622.4	2 333.7
40.0	75.0	0.249 75	315.93	2 634.1	2 312.2
50.0	81.2	0.307 99	339.80	2 644.3	2 304.5
60.0	85.6	0.365 14	358.21	2 652.1	2 393.9
70.0	89.9	0.422 29	376.61	2 659.8	2 283.2
80.0	93.2	0.478 07	390.08	2 665.3	2 275.3
90.0	96.4	0.533 84	403.49	2 670.8	2 267.4
100.0	99.6	0.589 61	416.90	2 676.3	2 259.5
120.0	104.5	0.698 68	437.51	2 684.3	2 246.8
140.0	109.2	0.807 58	457.67	2 692.1	2 234.4
160.0	113.0	0.829 81	473.88	2 698.1	2 224.2
180.0	116.6	1.020 9	489.32	2 703.7	2 214.3
200.0	120.2	1.127 3	493.71	2 709.2	2 204.6
250.0	127.2	1.390 4	534.39	2 719.7	2 185.4
300.0	133.3	1.650 1	560.38	2 728.5	2 168.1
350.0	138.8	1.907 4	583.76	2 736.1	2 152.3
400.0	143.4	2.161 8	603.61	2 742.1	2 138.5
450.0	147.7	2.415 2	622.42	2 747.8	2 125.4
500.0	151.7	2.667 3	639.59	2 752.8	2 113.2
600.0	157.7	3.168 6	670.22	2 761.4	2 091.1
700.0	164.7	3.665 7	696.27	2 767.8	2 071.5
800.0	170.4	4.161 4	720.96	2 773.7	2 052.7
900.0	175.1	4.652 5	741.82	2 778.1	2 036.2
1×10^3	179.9	5.143 2	762.68	2 782.5	2 019.7
1.1×10^3	180.2	5.633 9	780.34	2 785.5	2 005.1
1.2×10^3	187.8	6.124 1	797.92	2 788.5	1 990.6
1.3×10^3	191.5	6.614 1	814.25	2 790.9	1 976.7
1.4×10^3	194.8	7.103 8	829.06	2 792.4	1 963.7
1.5×10^3	198.2	7.593 5	843.86	2 794.5	1 950.7

（续表）

绝对压强 kPa	温 度 ℃	蒸气的密度 kg/m^3	焓 kJ/kg		汽化热 kJ/kg
			液 体	蒸 汽	
1.6×10^3	201.3	8.081 4	857.77	2 796.0	1 938.2
1.7×10^3	204.1	8.567 4	870.58	2 797.1	1 926.5
1.8×10^3	206.9	9.053 3	883.39	2 798.1	1 914.8
1.9×10^3	209.8	9.539 2	896.21	2 799.2	1 903.0
2×10^3	212.2	10.033 8	907.32	2 799.7	1 892.4
3×10^3	233.7	15.037 5	1 005.4	2 798.9	1 793.5
4×10^3	250.3	20.096 9	1 082.9	2 789.8	1 706.8
5×10^3	263.8	25.366 3	1 146.9	2 776.2	1 629.2
6×10^3	275.4	30.849 4	1 203.2	2 759.5	1 556.3
7×10^3	285.7	36.574 4	1 253.2	2 740.8	1 487.6
8×10^3	294.8	42.576 8	1 299.2	2 720.5	1 403.7
9×10^3	303.2	48.894 5	1 343.5	2 699.1	1 356.6
10×10^3	310.9	55.540 7	1 384.0	2 677.1	1 293.1
12×10^3	324.5	70.307 5	1 463.4	2 631.2	1 167.7
14×10^3	336.5	87.302 0	1 567.9	2 583.2	1 043.4
16×10^3	347.2	107.801 0	1 615.8	2 531.1	915.4
18×10^3	356.9	134.481 3	1 699.8	2 466.0	766.1
20×10^3	365.6	176.596 1	1 817.8	2 364.2	544.9